AF558157

Ernst/Schneider/Thielen

Unternehmensbewertungen erstellen und verstehen

Unternehmensbewertungen erstellen und verstehen

Ein Praxisleitfaden

von

Prof. Dr. Dr. Dietmar Ernst

Sonja Schneider

und

Bjoern Thielen

6., überarbeitete Auflage

Verlag Franz Vahlen München

ISBN 978 38006 5516 8

Satz: Fotosatz Buck, Kumhausen
Druck und Bindung: Beltz Bad Langensalza GmbH
Am Fliegerhorst 8, 99947 Bad Langensalza
Umschlaggestaltung: Ralph Zimmermann – Bureau Parapluie
Bildnachweis: © dell640 – depositphotos.com

Gedruckt auf säurefreiem, alterungsbeständigem Papier
(hergestellt aus chlorfrei gebleichtem Zellstoff)

Vorwort zur 6. Auflage

Unser Buch „Unternehmensbewertungen erstellen und verstehen“ hat sich mittlerweile zu einem der Standardwerke im Bereich „Unternehmensbewertung“ entwickelt, das sowohl in der Praxis als auch in der Lehre stark eingesetzt wird. Über die weiterhin positiven Rückmeldungen zahlreicher Unternehmensbewertungsspezialisten haben wir uns sehr gefreut und möchten dafür herzlich danken. Sie sind Anreiz, unser Konzept beizubehalten, nämlich das Thema „Unternehmensbewertung“ aus Praktikersicht zu beleuchten und Lösungsansätze für Bewertungsprobleme in der täglichen Praxis aufzuzeigen. Genauso schätzen wir den Einsatz unseres Buches in der Lehre an Universitäten, Hochschulen und Berufsakademien. Es zeigt sich, dass auf Grund der neuen Bachelor- und Masterprogramme die Verbindung von Wissenschaft und Praxis stärker in den Vordergrund gerückt wird. Professoren und Dozenten danken wir für die Einbeziehung unseres Buches in ihren Lehrveranstaltungen. Wir sehen dies als Motivation, unsere Lösungsansätze weiterhin wissenschaftlich zu reflektieren und zu fundieren.

In der 6. Auflage haben wir das Thema **Internationale Unternehmensbewertung** neu aufgenommen: Internationale Unternehmensbewertung ist heute aus der Bewertungspraxis nicht mehr wegzudenken. Im Rahmen der fortschreitenden Globalisierung stehen Finanzfachleute laufend vor der Frage, wie Anlage- und Betriebsvermögen von Tochtergesellschaften oder Akquisitionsobjekten im Ausland fair und nachvollziehbar bewertet werden können. Die internationale Unternehmensbewertung stellt die Frage, ob und wenn ja, wie Besonderheiten bei der Bewertung von Unternehmen im Ausland in die Unternehmensbewertungsmodelle einbezogen werden sollen. Erwähnt sei hier insbesondere die Thematik um die Berücksichtigung einer Länderrisikoprämie in Emerging/High Growth Markets.

Auf akademischer Ebene wird die Diskussion durch Formal- und Realwissenschaftler zweigeteilt geführt.

Die Formalwissenschaftler konnten nachweisen, dass das CAPM keine Länderrisikoprämie verträgt. Damit scheint die Frage, ob eine Länderrisikoprämie in der internationalen Unternehmensbewertung berücksichtigt werden sollte, aus formal-wissenschaftlicher Perspektive mit einem „nein“ beantwortet zu sein. Realwissenschaftler streben an, durch ihre Forschung die Realität besser zu verstehen. Der Realwissenschaftler geht von (empirischen) Beobachtungen aus. In unserem Fall ist es die Beobachtung, dass Länderrisiken existieren und somit Eingang in die Bewertung finden müssen.

In unseren Ausführungen zur Internationalen Unternehmensbewertung erläutern wir zunächst die Besonderheiten, die zu berücksichtigen sind, wenn im internationalen Kontext zu bewerten ist. Danach zeigen wir auf, wie Länderrisiken gemessen werden können. Länderrisiken werden in der Regel bei der Berechnung der Eigenkapitalkosten berücksichtigt. Dies kann in Form CAPM-basierter und nicht-CAPM-basierter Modelle erfolgen. Die einzelnen Ansätze zur Berücksichtigung der Länderrisiken werden detailliert dargestellt. Zum Abschluss erfährt der Leser, wie Unternehmen in harter und lokaler Währung bewertet werden.

Immer wieder werden wir nach Übungsaufgaben zum Thema Unternehmensbewertung, Kapitalmarkttheorie, Investition und Finanzierung sowie zur Optionspreisberechnung gefragt. Hier möchten wir gerne auf das Ausbildungsprogramm zum Certified Financial Modeler hinweisen (www.certified-financial-modeler.com). Dieses Programm wird von der Deutsche Börse AG und dem Deutschen Institut für Corporate Finance (DICF) angeboten und enthält mit 2.500 Excel-basierten Übungsaufgaben eine sehr gute Grundlage, das Thema „Unternehmensbewertung" praxisnah zu üben und Financial Modeling Kenntnisse zu erwerben.

Die Bedeutung von Unternehmensbewertungen

Aus Sicht der Wissenschaft liegt der Reiz des Themas „Unternehmensbewertung" im Spannungsfeld zahlreicher betriebswirtschaftlicher Disziplinen. So erfordern qualitativ hochwertige Unternehmensbewertungen fundierte Kenntnisse in den Fächern „Bilanzanalyse", „Planung", „Steuern" und „Gesellschaftsrecht" sowie spezifisches Unternehmensbewertungs-Know-how.

In der Wirtschaftspraxis sind Unternehmensbewertungen Grundlage weitreichender Entscheidungen. Sie beeinflussen maßgeblich die Preisfindung bei Unternehmenskäufen, -verkäufen und Beteiligungen. Sie werden aber auch zu Kreditentscheidungen und zur strategischen Ausrichtung von Unternehmen herangezogen.

Unsere Einschätzungen zum Thema „Unternehmensbewertung" sollen anhand folgender Aussagen dargelegt werden, die häufig im Zusammenhang mit Unternehmensbewertungen geäußert werden.

Price is what you pay, value is what you get

Die Unterscheidung zwischen dem Wert eines Unternehmens und dessen Preis betrachten wir als wesentlich für die Erwartungen an die Ergebnisse einer Bewertung. Der Wert eines Unternehmens ist die Größe, die nach wissenschaftlicher Methode aufgrund von Planungs- und Bewertungsprämissen errechnet wird. Der Preis ist die in Geldeinheiten ausgedrückte Gegenleistung für ein Unternehmen. Beide Größen sind in der Regel nicht identisch und können sich erheblich voneinander unterscheiden. Kaufpreise für Unternehmen unterliegen starken konjunkturellen Einflüssen. Während in Zeiten einer Hochkonjunktur tendenziell eine große Nachfrage nach Unternehmen (Verkäufermarkt) vorherrscht und hohe Kaufpreise bezahlt werden, sind wirtschaftliche Krisenzeiten durch ein hohes Angebot an Unternehmen (Käufermarkt) und niedrige Kaufpreise gekennzeichnet. Kaufpreis beeinflussend sind aber auch unternehmensspezifische Faktoren wie Qualifikation des Managements, Vorhandensein einer zweiten Führungsebene, Nischen- oder Massenmarkt und viele andere Unternehmensmerkmale.

In Preisen kommen vielfach auch Synergieeffekte zum Ausdruck, die ein Investor durch Erwerb eines Unternehmens erzielen möchte und bei Vorliegen eines Verkäufermarktes auch teilweise in Form einer strategischen Prämie an den Verkäufer weitergibt. Synergieeffekte bleiben in unseren Ausführungen unberücksichtigt. Dies bedeutet, dass wir Unternehmen auf stand alone-Basis bewerten. Die Bewertung eines Unternehmens im Rahmen des Erwerbs durch einen strategischen Investor und die Berücksichtigung von Synergieeffekten würde die Kenntnis der Synergiepotenziale und damit detaillierte Informationen bezüglich des erwerbenden Unternehmens erfordern.

Garbage in – garbage out

Die Qualität einer Unternehmensbewertung und der Bewertungsergebnisse hängt maßgeblich von der Qualität der Planzahlen ab, die in die Bewertung einfließen. Die Grundlage jeder Unternehmensbewertung ist daher eine sorgfältig durchgeführte Planung, welche die zukünftige Ertragskraft eines Unternehmens realistisch widerspiegelt. Daher sollte der Bewerter die Planung entweder selbst erstellen oder vorgelegte Planungen nachvollziehen und auf ihre Plausibilität prüfen.

Die Bedeutung der Unternehmensplanung wird in der Bewertungsliteratur häufig vernachlässigt. Auch in der Bewertungspraxis werden Unternehmensplanungen oft nicht ausreichend auf ihre Annahmen hinterfragt. Gelegentlich sind auch nur Teilplanungen zu finden, die wichtige Planungskomponenten außer Acht lassen. Daher möchten wir bereits an dieser Stelle darauf hinweisen, dass eine Unternehmensbewertung nur dann zu aussagekräftigen Ergebnissen führen kann, wenn sie auf einer plausiblen integrierten Planung der Gewinn- und Verlustrechnung und Bilanz mit Liquiditäts-, Cash-flow-, Investitions- und Finanzierungsplanung basiert.

Valuation is much more an art than a science

Diese Aussage wird meist von Personen getätigt, die die Bedeutung von Unternehmensbewertungen darin sehen, einen wissenschaftlichen Mantel zur Rechtfertigung subjektiver Kaufpreisvorstellungen zu liefern. In der Praxis werden in der Tat Unternehmensbewertungen zur Rechtfertigung von bereits vorab feststehenden Kaufpreisvorstellungen herangezogen. Nicht zuletzt herrscht die weit verbreitete Auffassung, dass jede Kaufpreisvorstellung durch eine entsprechende Unternehmensbewertung auch begründet werden kann: „Es bedarf lediglich der richtigen Wahl der Größe der wichtigsten Werttreiber."

Diese Aussage ist jedoch nicht haltbar, wenn die Bewertung eines Unternehmens auf einer seriösen Planung und einer adäquaten Abbildung der Risiken und Renditeerwartungen basiert. Nur dann kann eine Unternehmensbewertung ihren originären Zweck erfüllen, eine geeignete Entscheidungsgrundlage zu sein. In diesem Falle hat Unternehmensbewertung nichts mit künstlerischem oder zweckentfremdeten Handeln, sondern vielmehr mit handwerklichem Können zu tun. Als Rüstzeug hierzu dienen Ergebnisse der betriebswirtschaftlichen Forschung sowie die Zahlen und Einschätzungen über das Bewertungsobjekt.

Trotz der intensiven Abhandlung des Themas „Unternehmensbewertung" durch die betriebswirtschaftliche Forschung stößt man in der täglichen Bewertungspraxis auf Fragestellungen, die durch die Literatur nicht befriedigend beantwortet werden. Ferner werden wir häufig nach Literatur gefragt, die einen umfassenden Überblick über die gebräuchlichsten Bewertungsmodelle vermittelt, gleichzeitig aber auch die Vorgehensweise an Praxisbeispielen erläutert und die dabei auftretenden Probleme stimmig löst. Mit unserem Buch möchten wir einen kleinen Beitrag dazu leisten, die Lücke zwischen Theorie und Praxis zu schließen.

Wer sollte dieses Buch lesen?

Dieses Buch richtet sich an Leser, die sich professionell mit Unternehmensbewertungen befassen, wie z.B. Wirtschaftsprüfer, Unternehmensberater, Finanzanalysten, Banker oder Führungskräfte von Unternehmen. Ferner soll es aber auch „Neueinsteigern" eine interessante und nachvollziehbare Einführung in das Thema ermöglichen. Da das Thema „Unternehmensbewertung" zum Standardvorlesungsinhalt an Universitäten, Fachhochschulen und Berufsakademien zählt, hoffen wir auch, mit diesem Buch Anregungen zu interessanten und praxisnahen Lehrveranstaltungen zu geben.

Der Aufbau des Buches

Am Anfang des Buches steht – wie bei unserer alltäglichen Arbeit auch – die Unternehmensanalyse und darauf aufbauend die Unternehmensplanung, da die Planzahlen die Grundlage einer fundierten Unternehmensbewertung darstellen.

Der Schwerpunkt des Buches liegt in der ausführlichen Darstellung verschiedener Ansätze der Unternehmensbewertung. Erläutert werden die in der Praxis gängigen Discounted Cash-flow-Ansätze und Multiplikatorenverfahren.

Jeder Bewertungsansatz wird von uns Schritt für Schritt an einem Beispiel nachvollzogen. Unser besonderes Augenmerk liegt darauf, dem Leser transparent und praxisnah darzustellen, wie einzelne Schritte der Unternehmensbewertung durchgeführt werden. Ferner möchten wir das Bewusstsein des Lesers für die maßgeblichen Stellschrauben einer Unternehmensbewertung schärfen. Die Kenntnis der Werttreiber einer Unternehmensbewertung und ihres Einflusses auf den Unternehmenswert ist wesentlich für die Erstellung einer eigenen Bewertung, aber auch für die Beurteilung einer externen Unternehmensbewertung.

Des Weiteren wird eine Reihe von bewertungsspezifischen Fragestellungen diskutiert, mit denen wir bei unserer praktischen Tätigkeit immer wieder konfrontiert werden. Dazu zählen beispielsweise Steuerprobleme, Bewertung immateriellen Vermögens, Minderheitsanteile, Pensionsrückstellungen etc.

Danken möchten wir dem Verlag Vahlen und seinen Mitarbeitern für die stets angenehme und konstruktive Zusammenarbeit. Unser besonderer Dank gilt Herrn Dennis Brunotte für seine Unterstützung bei der Umsetzung der 6. Auflage.

Wir wünschen unseren Lesern weiterhin eine interessante und erkenntnisreiche Lektüre.

Stuttgart, Oktober 2017

Dietmar Ernst *Sonja Schneider* *Bjoern Thielen*

Inhaltsverzeichnis

Abkürzungsverzeichnis

A	Anteilswert
AfA	Abschreibung auf das Anlagevermögen
aLuL	aus Lieferungen und Leistungen
APT	Arbitrage Pricing Theory
APV	Adjusted Present Value (DCF-Verfahren)
ATV	Anteil des Barwertes des Terminal Value am Barwert aller bewertungsrelevanten Cashflows (einschließlich des Terminal Value)
B	Wert für eine Ober- bzw. Untergrenze
b	Einhaltungsquote
β	Parametervektoren
β	(unternehmensspezifischer) Beta-Faktor
β_u	unlevered Beta-Faktor = Beta-Faktor für das (fiktiv) unverschuldete Unternehmen
β_v	levered Beta-Faktor = Beta-Faktor für das verschuldete Unternehmen
BewG	Bewertungsgesetz
C	Wert der Call-Option
C_d	Wert des Calls bei einer Abwärtsbewegung
C_u	Wert des Calls bei einer Aufwärtsbewegung
CAGR	compounded annual growth rate = durchschnittliches langfristiges Wachstum
$CAGR_{JÜ}$	durchschnittliches langfristiges Wachstum des Jahresüberschusses
CAPM	Capital Asset Pricing Model
CF	Cashflow
CF_t	bewertungsrelevanter Cashflow des Geschäftsjahres t
CF_{TV}	normalisierte Höhe des bewertungsrelevanten Cashflows im ersten Jahr nach der Detailprognoseperiode (DCF-Verfahren)
$Cov(\cdot,\cdot)$	Kovarianz
D	Dividende
d	engl. Down, Senkungsfaktor
d_M	monatlicher Senkungsfaktor
d_{MD}	monatlicher Senkungsfaktor mit Dividende
d_n	normalverteilte Variable
DCF	Discounted Cashflow
Δt	diskrete Teilperiode
DVFA	Deutsche Vereinigung für Finanzanalyse und Asset Management
e	Eulersche Zahl
E	Ertragsprozentsatz
$E(r_m)$	Erwartungswert der Rendite des Marktportfolios
E_{norm}	(konstanter) Normalertrag

E_t	erwarteter Periodenerfolg des Geschäftsjahres t
EAT	Ergebnis nach Steuern = earnings after taxes
EBIT	operatives Ergebnis vor Zinsen und Steuern = earnings before interest and taxes
EBITA	operatives Ergebnis vor Firmenwertabschreibungen, Zinsen und Steuern = earnings before interest, taxes and amortisation
EBITDA	operatives Ergebnis vor Abschreibungen, Zinsen und Steuern = earnings before interest, taxes, depreciation a. amortisation
EBT	Ergebnis vor Steuern = earnings before taxes
EK	Marktwert des Eigenkapitals
EPS	earnings per share = Ergebnis je Aktie
ESt	Einkommensteuer
EStG	Einkommensteuergesetz
EV	Enterprise Value =Wert des operativen Geschäfts
EV/EBIT	Verhältnis von Enterprise Value zu EBIT
EV/EBITA	Verhältnis von Enterprise Value zu EBITA
EV/EBITDA	Verhältnis von Enterprise Value zu EBITDA
EV/Sales	Verhältnis von Enterprise Value zu Umsatz
EW	Ertragswert
FK	Marktwert des Fremdkapitals
FK_{TV}	Fremdkapitalbestand im Terminal Value
FtE	Flow to Equity (DCF-Equity-Ansatz)
FtE_t	Flow to Equity des Geschäftsjahres t
g	erwartete Wachstumsrate (des bewertungsrelevanten Cashflows bzw. des Umsatzes) im Terminal Value (DCF-Verfahren)
GewSt	Gewerbesteuer
GewStG	Gewerbesteuergesetz
GK	Marktwert des Gesamtkapitals
GuV	Gewinn- und Verlustrechnung
GW	gemeiner Wert eines Gesellschaftsanteils
h	Gewerbesteuerhebesatz
HGB	Handelsgesetzbuch
i	Diskontierungszinssatz (allgemein)
IAS	International Accounting Standards
IdW	Institut der deutschen Wirtschaftsprüfer
IFRS	International Financial Reporting Standards
I/B/E/S	Institutional Brokers Estimate System
$i_{ÜG}$	Verzinsung der Übergewinne $ÜG$
KBV	Kurs-Buchwert-Verhältnis
KGV	Kurs-Gewinn-Verhältnis
KStG	Körperschaftsteuergesetz
KUV	Kurs-Umsatz-Verhältnis
ln	natürlicher Logarithmus
m	Gewerbesteuermesszahl oder Indexzahl für Jahre
Market Cap	Market Capitalization = Marktkapitalisierung
MC	Market Capitalization = Marktkapitalisierung
Mio.	Million
MRP	Marktrisikoprämie

MRP_{nSt}	die um Steuerwirkungen modifizierte Marktrisikoprämie (gemäß Tax-CAPM)
n	Indexgröße
$N(d_n)$	Standardnormalverteilung
$NOPAT$	Net Operating Profit After Taxes
$NOPLAT$	operatives Ergebnis vor Zinsen und nach adaptierten Steuern = net operating profit less adjusted taxes
NPV	Net Present Value
$oEAT$	operatives Ergebnis nach Steuern = operating earnings after taxes
oFCF	operativer Free Cashflow (DCF-Entity-Ansatz)
$oFCF_t$	operativer Free Cashflow des Geschäftsjahres t
p	Wahrscheinlichkeit
P	Wert der Put-Option oder Preis pro Stück
PBV	Price-Book-Value = Kurs-Buchwert-Verhältnis
PEGR	Price-Earnings-Growth-Ratio = Verhältnis vom Kurs-Gewinn-Verhältnis zum langfristigen Wachstum
PER	Price-Earnings-Ratio = Kurs-Gewinn-Verhältnis
PSR	Price-Sales-Ratio = Kurs-Umsatz-Verhältnis
PV_t	Projektwert des Geschäftsjahres t
q	Pseudowahrscheinlichkeit oder Absatzmenge
r	Korrelationskoeffizient bzw. Rendite allgemein
r^2	Bestimmtheitsmaß
r_{EK}	Renditeforderung der Eigenkapitalgeber (für das verschuldete Unternehmen) = Eigenkapitalkosten des Unternehmens
$r_{EK}{}^{u}$	Renditeforderung der Eigenkapitalgeber für das (fiktiv) unverschuldete Unternehmen
r_f	risikofreier Zinssatz, risikofreie Rendite
r_{fM}	monatlicher, risikofreier Zinssatz
r_{FK}	Renditeforderung der Fremdkapitalgeber
r_j	Rendite der Anlage j
r_m	Rendite des Marktportfolios
$ROCE$	Return On Capital Empoyed
RoE/ROE	Return on Investment
S	Wert des Basisinstruments (Underlyings)
SAV	Sachanlagevermögen
SW	Substanzwert in Form des Teilreproduktionswertes
σ	Volatilität, Standardabweichung
t	Unternehmenssteuersatz (DCF-Verfahren) oder Zeitindex
t_E	persönlicher Einkommensteuersatz (inkl. Kirchensteuer und Solidaritätszuschlag)
t_{Eff}	Effektivsteuersatz auf Kursgewinne unter Berücksichtigung des Steuerstundungseffekts
t_G	Gewerbeertragsteuersatz
t_K	Körperschaftsteuersatz inkl. Solidaritätszuschlag
t_{Ka}	Unternehmenssteuersatz einer Kapitalgesellschaft als Unternehmenseigner
τ	Parametervektoren

Tax-CAPM	um die Berücksichtigung der Wirkungen persönlicher Ertragsteuern erweitertes CAPM
TCF	Total Cashflow
TV	Terminal Value, Endwert, Fortführungswert, Residualwert (DCF-Verfahren)
TV_{FtE}	Terminal Value auf Basis des Flows to Equity (DCF-Equity-Ansatz)
TV_{oFCF}	Terminal Value auf Basis des operativen Free Cashflows (DCF-Entity-Ansatz)
u	engl. up, Steigungsfaktor
u_M	monatlicher Steigungsfaktor
u_{MD}	monatlicher Steigungsfaktor mit Dividende
$\ddot{U}G_t$	Übergewinn des Geschäftsjahres t
US-GAAP	United States-Generally Accepted Accounting Principles
UW	Unternehmenswert
V	Vermögenswert
$Var(\cdot,\cdot)$	Varianz
$WACC$	gewichtete Kapitalkosten (DCF-Entity-Ansatz) = weighted average cost of capital
$WACC_{ESt}$	WACC unter Berücksichtigung persönlicher Einkommensteuer
$WACC_n$	periodenspezifischer $WACC$ der Periode n
$WACC_{TCF}$	gewichtete Kapitalkosten $WACC$ für den Entity-Ansatz auf Basis von Total Cashflows
$WACC_{TV}$	periodenspezifischer $WACC$ für den Terminal Value
wEK	wirtschaftliches Eigenkapital
X	Ausübungspreis
z	Zerobondrendite

Autorenprofile

Dr. Dr. Dietmar Ernst ist Professor für Corporate Finance an der School of International Finance (ESF) der HfWU in Nürtingen. Er ist Studiendekan und leitet den Masterstudiengang International Finance. Ferner ist er Direktor des Deutschen Instituts für Corporate Finance (DICF). Zuvor war er Investment-Manager bei einer Private Equity Gesellschaft und über mehrere Jahre im Bereich Mergers & Acquisitions tätig. Dietmar Ernst hat an der Universität Tübingen Internationale Volkswirtschaftslehre studiert und sowohl in Wirtschaftswissenschaften als auch Naturwissenschaften promoviert. Er ist Autor von Büchern und zahlreichen Veröffentlichungen.

Seine Arbeitsgebiete sind Unternehmensbewertung, Corporate Finance und Investment Banking.

Sonja Schneider ist im Bereich Risikomanagement Corporates der Landesbank Baden-Württemberg (LBBW) tätig. Zuvor war sie mehrere Jahre bei der Landesbank Baden-Württemberg mit den Tätigkeitsschwerpunkten Akquisitionsfinanzierungen bzw. Unternehmensanalysen und -bewertungen sowie im Unternehmenskundengeschäft einer Großbank beschäftigt. Sonja Schneider hat Betriebswirtschaftslehre an der Fachhochschule der Deutschen Bundesbank sowie Volkswirtschaftslehre an der Universität Konstanz studiert.

Bjoern Thielen ist im Bereich Corporate Finance der Landesbank Baden-Württemberg (LBBW) tätig. Sein Tätigkeitsschwerpunkt ist die Analyse und Bewertung wirtschaftlicher sowie rechtlicher Risiken von Leveragefinanzierungen.

Zuvor arbeitete er im Beteiligungsgeschäft und im Investment Research der LBBW sowie bei einer M&A Gesellschaft. Er studierte Wirtschafts-wissenschaften mit Schwerpunkt Unternehmensfinanzierung in Tübingen sowie in St. Andrews, Schottland.

Bjoern Thielen verfügt über langjährige praktische Erfahrung in den Bereichen Unternehmensanalyse und -bewertung sowie in der Unternehmensfinanzierung. Sein fachlicher Schwerpunkt liegt auf marktorientierten sowie kapitalwertbasierten Bewertungsverfahren und dem Aufbau integrierter Planungs- und Bewertungsmodelle.

1 Methoden der Unternehmensbewertung

Der Bereich Unternehmensbewertung ist durch eine Vielzahl unterschiedlicher Bewertungsmethoden gekennzeichnet. Die bestehende Methodenvielfalt hat mehrere Ursachen.

Zunächst ist darauf zu verweisen, dass das Thema Unternehmensbewertung in der Betriebswirtschaftslehre schon länger diskutiert wird. Dies hat zur Folge, dass Erkenntnisfortschritte der betriebswirtschaftlichen Forschung stets in die Entwicklung neuer Bewertungskonzeptionen und -verfahren eingeflossen sind und auch heute noch neue Verfahren der Unternehmensbewertung entwickelt bzw. bestehende Methoden verfeinert werden. Da im Bereich Unternehmensbewertung ein starker Wissenstransfer zwischen Wissenschaft und Praxis stattfindet, ändern sich auch entsprechend die Bewertungsmethoden in der Bewertungspraxis. Ein weiterer Grund für die Bewertungsvielfalt besteht in den unterschiedlichen Bewertungsanlässen, die in Abbildung 1–1 aufgeführt sind.

Die Abbildung zeigt, dass für unterschiedliche Bewertungsanlässe verschiedene Bewertungsverfahren angemessen sind und diese auch teilweise durch den Gesetzgeber vorgegeben werden. Eine weitere, nicht zu vernachlässigende Ursache für die Methodenvielfalt ist ferner in der nationalen Prägung der Berufsstände, die Unternehmensbewertungen durchführen, zu sehen. Während in Deutschland die Wirtschaftsprüfer die Bewertungspraxis maßgeblich beeinflussen und ihre Methoden in dem IDW Standard „Grundsätze zur Durchführung von Unternehmensbewertungen" definieren, sind Banken – insbesondere Investmentbanken – durch

Unternehmerische Initiative	Gesetzliche Vorschriften	Vertragliche Grundlage oder im Rahmen von Schiedsverfahren	Bilanzielle Anlässe
• Kauf und Verkauf von Unternehmen • Zuführung von Eigen- und Fremdkapital • Börsengang • Management Buy-out • Value Based Management • Fairness Opinion	• Angemessener Ausgleich gem. § 304 AktG • Abfindung in Aktien gem. §§ 305, 320b AktG • Barabfindung, z. B. gem. §§ 305, 320 AktG • Verschmelzungen, Auf- und Abspaltungen gem. UmwG • Squeeze-out gem. §§ 327a bis 327f AktG • Spruchstellenverfahren	• Austritt von Gesellschaftern aus Personengesellschaften • Erbauseinandersetzungen, Erbteilungen • Abfindungsfälle im Familienrecht • Schiedsverträge, Schiedsgutachten etc.	• Handelsrechtliche Bewertungsanlässe - Beteiligungen - Immaterielles Vermögen • Steuerrechtliche Bewertungsanlässe • Internationale Rechnungslegung - Purchase Price Allocation gem. SFAS 141/142 gem. IAS 22/38 - Impairment Test gem. SFAS 142 gem. IAS 36

Abbildung 1–1: Anlässe einer Unternehmensbewertung (Quelle: KPMG)

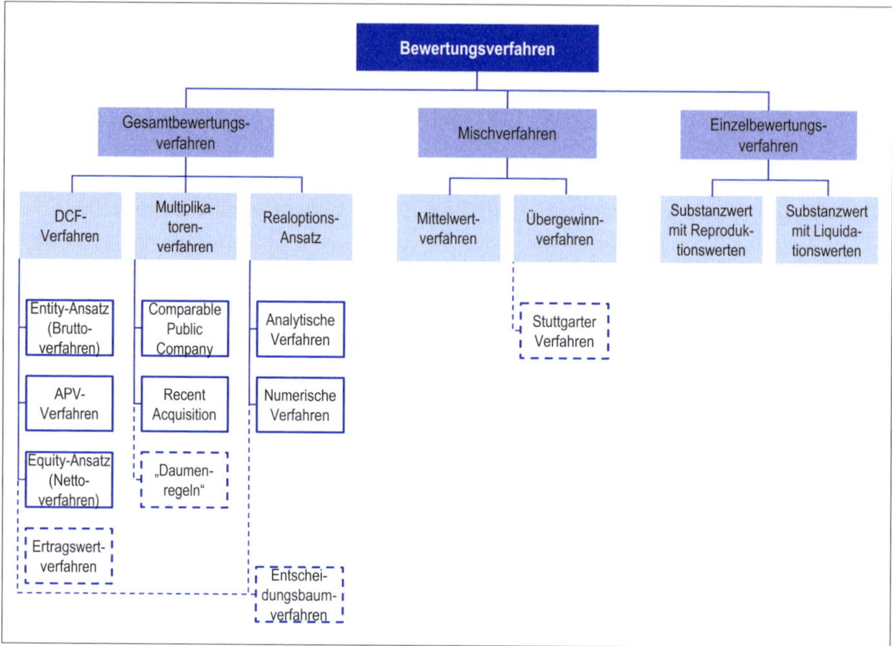

Abbildung 1–2: Überblick über Unternehmensbewertungsverfahren

angloamerikanische Bewertungsansätze geprägt. Mittlerweile sind die international gängigen Bewertungsverfahren allgemein anerkannt, müssen aber auf deutsche Verhältnisse – insbesondere im Bereich Steuern – angepasst werden.

In Abbildung 1–2 findet sich eine Systematisierung der bedeutendsten Unternehmensbewertungsverfahren. Im Folgenden sollen diese kurz beschrieben werden, bevor dann in den weiteren Kapiteln die wichtigsten Verfahren ausführlich vorgestellt werden.

1.1 Einzelbewertungsverfahren

Bei den Einzelbewertungsverfahren wird der Unternehmenswert aus der Summe der einzelnen „Unternehmensbestandteile“ (Vermögensgegenstände und Schulden) zu einem bestimmten Stichtag berechnet. Der Substanzwertberechnung liegt folgende Vorgehensweise zugrunde: Zunächst muss in einer isolierten Bewertung der individuelle Wert der Vermögensgegenstände bestimmt werden. Danach werden die Einzelwerte zum Gesamtunternehmenswert zusammengesetzt. Der Substanzwert ergibt sich schließlich durch Abzug der Schulden vom Gesamtunternehmenswert.

	Wert der einzelnen Vermögensgegenstände
–	Wert der Schulden
	Substanzwert

Die Substanz eines Unternehmens kann unter der Annahme der Fortführung (Reproduktionswert) oder der Liquidation (Liquidationswert) berechnet werden. Entsprechend wird im Folgenden die Berechnung des Substanzwertes als Reproduktionswert und als Liquidationswert näher aufgezeigt.

1.1.1 Substanzwertverfahren auf Basis von Reproduktionswerten

Beim Substanzwertverfahren auf Basis von Reproduktionswerten wird von einer Fortführung des Unternehmens ausgegangen (Going Concern Prinzip). Ausgangspunkt der Bewertung ist die Vorstellung, das gegebene Unternehmen zu reproduzieren und die dabei entstehenden Kosten als Wertansatz heranzuziehen (vgl. Abbildung 1–3). Die Reproduktionswerte entsprechen daher den „Wiederbeschaffungswerten“ bzw. den „Zeitwerten“. Die Substanzwertermittlung ergibt sich nach folgendem Schema:

	Reproduktionswert des betriebsnotwendigen Vermögens
+	Liquidationswert des nicht-betriebsnotwendigen Vermögens
–	Wert der Schulden
	Substanzwert auf Basis von Reproduktionswerten

Als Substanzwert kann der Betrag angesehen werden, der ausgegeben werden müsste, um die gleiche Substanz im gleichen Zustand zu erhalten. Reproduktionswerte können auf unterschiedliche Art und Weise ermittelt werden. Ein erster Ansatz geht vom **Brutto**reproduktions**neu**wert aus, also der Wiederherstellung des Unternehmens durch Neukauf des betriebsnotwendigen Vermögens ohne Berück-

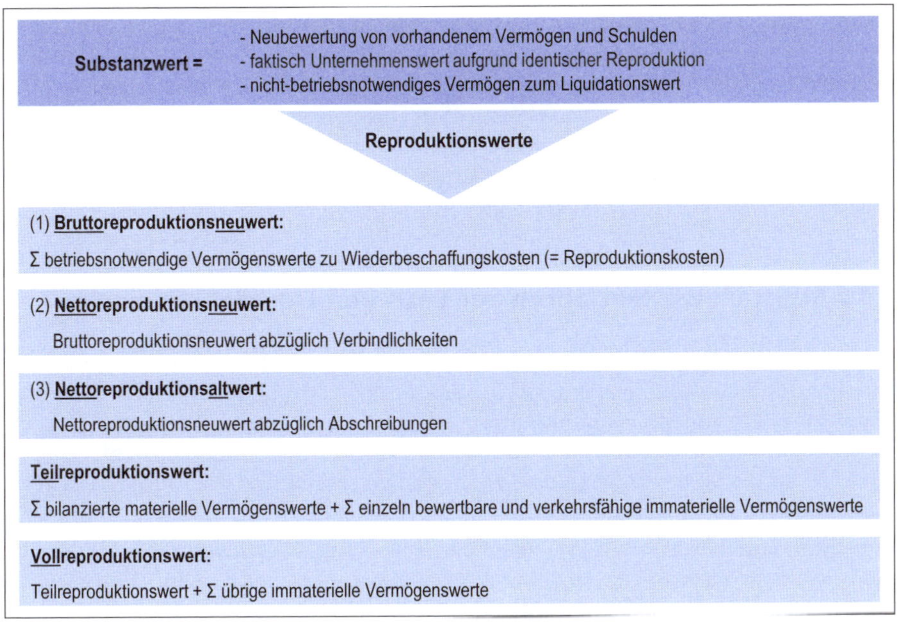

Substanzwert =
- Neubewertung von vorhandenem Vermögen und Schulden
- faktisch Unternehmenswert aufgrund identischer Reproduktion
- nicht-betriebsnotwendiges Vermögen zum Liquidationswert

Reproduktionswerte

(1) **Bruttoreproduktionsneuwert:**
Σ betriebsnotwendige Vermögenswerte zu Wiederbeschaffungskosten (= Reproduktionskosten)

(2) **Nettoreproduktionsneuwert:**
Bruttoreproduktionsneuwert abzüglich Verbindlichkeiten

(3) **Nettoreproduktionsaltwert:**
Nettoreproduktionsneuwert abzüglich Abschreibungen

Teilreproduktionswert:
Σ bilanzierte materielle Vermögenswerte + Σ einzeln bewertbare und verkehrsfähige immaterielle Vermögenswerte

Vollreproduktionswert:
Teilreproduktionswert + Σ übrige immaterielle Vermögenswerte

Abbildung 1–3: Substanzwertverfahren auf Basis von Reproduktionswerten

sichtigung bestehender Schulden. Bei Abzug der Verbindlichkeiten kann aus dieser Größe der **Netto**reproduktions**neu**wert berechnet werden. Wird die Abschreibung in die Bewertung einbezogen, um der Abnutzung und der technischen und wirtschaftlichen Wertminderung Rechnung zu tragen, ergibt sich der **Netto**reproduktions**alt**wert. Dieser Wert kann auch als Wiederbeschaffungsaltwert (Zeitwert) interpretiert werden.

In der HGB-Welt, die (von Ausnahmen des Bilanzrechtsmodernisierungsgesetzes (BilMoG) abgesehen) auf dem Buchwertprinzip basiert, führt eine Berechnung der Reproduktionswerte unter alleiniger Heranziehung der Buchwerte aus der Bilanz zu keinen sinnvollen und verwendbaren Ergebnissen. Sie stehen vielmehr im Widerspruch zu der Forderung der Substanzwertverfahren auf Basis von Reproduktionswerten, Wiederbeschaffungspreise (also Marktwerte der Aktiva und Passiva) heranzuziehen. Interessantere Ergebnisse erhält man bei Unternehmen, die nach IFRS oder US-GAAP bilanzieren, da hier explizit Marktwerte für Aktiva und Passiva verwendet werden.

Ein zweiter Ansatz setzt bei der Unterscheidung zwischen **Teil**- und **Voll**reproduktionswert an. Beim Vollreproduktionswert finden sämtliche Vermögenswerte des Unternehmens Berücksichtigung, und zwar unabhängig davon, ob sie in der Handelsbilanz ausgewiesen werden oder nicht. Zum Vollreproduktionswert des betriebsnotwendigen Vermögens zählen insbesondere auch die mangels Anschaffungskosten nicht in der Bilanz aktivierten immateriellen Vermögenswerte wie etwa Mietrechte sowie selbstgeschaffene Marken- und Patentrechte oder Konzessionen. Strenggenommen müssen in den Vollreproduktionswert auch sonstige immaterielle Vermögenswerte wie Kundenbeziehungen oder die Qualität der Mitarbeiter einbezogen werden. Bei der praktischen Durchführung des Substanzwertverfahrens ergibt sich neben dem bereits erwähnten Problem der Buchwerte (HGB-Welt) zusätzlich die Problematik, dass vor allem die zuletzt genannten immateriellen Werte nicht vollständig erfassbar bzw. kaum quantifizierbar sind. Ein erster Ansatz zur Wertermittlung immaterieller Vermögenswerte ergibt sich aus der IFRS-Rechnungslegung. Hier müssen bei Unternehmensakquisitionen Firmenwerte und andere immaterielle Vermögenswerte durch ein sog. Purchase Price Allocation (PPA) Gutachten nachvollziehbar belegt werden, damit sie aktiviert werden können. Werden immaterielle Vermögenswerte außer Acht gelassen, ergibt sich lediglich ein Teilreproduktionswert.

1.1.2 Substanzwertverfahren auf Basis von Liquidationswerten

Während die Substanzbewertung auf Basis von Reproduktionswerten eine Fortführung des Unternehmens unterstellt, geht die Bewertung über Liquidationswerte von einer Zerschlagung (Liquidation) des Unternehmens aus. Der Liquidationswert ist dann anzusetzen, wenn die Liquidation eines Unternehmens einen höheren Wert als die Weiterführung des Unternehmens ergibt und die Liquidation auch tatsächlich realisiert werden soll.

Der Liquidationswert stellt den Wert dar, der sich bei Auflösung des Unternehmens aus dem Verkauf der einzelnen Vermögensgegenstände ergibt. Von den Liquidationserlösen sind die Schulden und Liquidationskosten (z.B. Kosten eines Sozialplans) abzuziehen.

Liquidationserlös des gesamten betrieblichen Vermögens
– Wert der Schulden
– Liquidationskosten

Substanzwert auf Basis von Liquidationswerten (Liquidationswert)

Bei der Ermittlung des Liquidationswertes ist die bestmögliche Verwertung der Vermögensgegenstände anzustreben. So kann neben einer reinen Liquidation in Betracht kommen, das Unternehmen unter weitestgehendem Verzicht auf Ersatzinvestitionen zeitlich begrenzt weiterzuführen, die Gewinne auszuschütten und dann das Unternehmen zu liquidieren. Neben der Liquidation unter Normalbedingungen gibt es auch den Fall der Liquidation unter Zeitdruck (z.B. bei dringender Zurückführung von Verbindlichkeiten oder Erbstreitigkeiten). Hier können sich unterschiedlich hohe Liquidationswerte ergeben.

Der entscheidende Nachteil von Einzelbewertungsverfahren besteht darin, dass durch die isolierte Betrachtung von Vermögenspositionen das Wesen unternehmerischen Handelns unberücksichtigt bleibt. Dieses ist in der Erzielung zukünftiger Erträge zu sehen, die sich aus dem Zusammenwirken der einzelnen Güter ergeben. Trotz der methodischen Nachteile der Substanzwertverfahren ist zu betonen, dass diese in der Praxis bei der Bewertung von Unternehmen mit schwacher Ertragssituation oder bei Insolvenzfällen eingesetzt werden.

Für die Bewertung von Unternehmen, die fortgeführt werden sollen (Going Concern), sind die Einzelbewertungsverfahren in der Regel ungeeignet. Daher werden sie im Rahmen dieses Buches nicht näher erläutert.

1.2 Mischverfahren

Mischverfahren sind als Weiterentwicklung der Einzelbewertungsverfahren zu betrachten und resultieren aus der Erkenntnis, nicht nur die Substanz eines Unternehmens, sondern auch dessen Ertragskraft in die Unternehmensbewertung einzubeziehen. Mischverfahren treten als einfache Mittelwertverfahren oder in Form des Übergewinnverfahrens auf. Als Spezialfall des Übergewinnverfahrens gilt das Stuttgarter Verfahren.

1.2.1 Mittelwertverfahren

Bei der auch als Berliner bzw. Schweizer Methode bezeichneten Mittelwertmethode wird der Unternehmenswert UW im einfachsten Fall als arithmetisches Mittel aus dem Substanzwert in Form des Teilreproduktionswertes SW und dem auf Basis von Periodenerfolgen ermittelten Ertragswert EW berechnet:

$$UW = \frac{SW + EW}{2}$$

Neben dieser Formel können weitere Spielarten des Mittelwertverfahrens verwendet werden. Dabei werden die Substanz- bzw. die Ertragswertkomponente unterschiedlich gewichtet. Beispielsweise sind folgende Berechnungsformeln denkbar:

$$UW = \frac{SW + 2 \cdot EW}{3}$$

$$UW = \frac{2 \cdot SW + EW}{3}$$

Anzumerken ist, dass die Wahl der Gewichtungsfaktoren auf rein subjektiven Einschätzungen beruht und keiner betriebswirtschaftlichen Begründung folgt. In der Bewertungspraxis findet das Mittelwertverfahren keine bzw. höchstens als Daumenregel für eine grobe Einschätzung des Unternehmenswertes Anwendung.

1.2.2 Übergewinnverfahren

Das Übergewinnverfahren basiert auf dem Gedanken, dass Unternehmen langfristig nur eine Normalverzinsung des eingesetzten Kapitals erwirtschaften können[1]. Als Normalverzinsung wird das entsprechende Zinsniveau für langfristige inländische Anleihen herangezogen. Darüber hinausgehende Mehrgewinne (Übergewinne) beruhen auf überdurchschnittlichen unternehmerischen Fähigkeiten, einer guten Konjunkturlage oder etwa einer Monopol- bzw. Nischenstellung und sind somit zeitlich begrenzt.

Beim Übergewinnverfahren werden die Übergewinne, die die Normalverzinsung übersteigen, mit einem höheren als dem normalen Zinssatz kapitalisiert. Dieser Zinssatz wird als $i_{ÜG}$ bezeichnet. Durch diese Vorgehensweise wird der Gefährdung der Übergewinne, die aus einer verstärkten Konkurrenzgefahr resultiert, durch den höheren Zinssatz Rechnung getragen. In der Praxis wird häufig ein Risikozuschlag von 25 bis 50 % gewählt. Die mit dem erhöhten Zinssatz kapitalisierten Übergewinne ergeben den Firmenwert (Goodwill). Der Unternehmenswert nach dem Übergewinnverfahren berechnet sich somit als Summe von Substanzwert (als Teilreproduktionswert) und dem Barwert der Übergewinne.

	Substanzwert (Teilreproduktionswert)
+	Barwert der Übergewinne („Firmenwert“)
	Unternehmenswert

Bezeichnet E_t den erwarteten Periodenerfolg in der Periode t, i den Kalkulationszinsfuß, SW den Substanzwert (Teilreproduktionswert) und E_{norm} den (konstanten) Normalertrag, bestimmt sich der Übergewinn $ÜG_t$ in der Periode t wie folgt:

$$ÜG_t = E_t - E_{norm} = E_t - i \cdot SW$$

Bei einem Betrachtungszeitraum von m Jahren, in dem Übergewinne zu erwarten sind, kann der Unternehmenswert nach dem Übergewinnverfahren nach folgender Formel berechnet werden. $i_{ÜG}$ bezeichnet dabei die Verzinsung der Übergewinne:

[1] Wenn der Zukunftsertrag einer Normalverzinsung des Substanzwertes entspricht, dann entspricht der Substanzwert auch dem Unternehmenswert.

$$UW = SW + \sum_{t=1}^{m} (E_t - i \cdot SW) \cdot (1 + i_{ÜG})^t$$

In der Unternehmensbewertungspraxis spielt das Übergewinnverfahren keine Rolle. Eine Ausnahme bildet das Stuttgarter Verfahren.

1.2.3 Stuttgarter Verfahren

Das Stuttgarter Verfahren geht auf einen Erlass des Finanzpräsidenten von Stuttgart zurück und ist eine Sonderform des Übergewinnverfahrens. Es ist ein rein steuerliches Verfahren zur Ermittlung der Vermögen-, Erbschaft- und Schenkungsteuer und diente zwischen 1955 und 2008 der Ermittlung des gemeinen Wertes von nicht notierten Aktien und Anteilen, wenn sich dieser nicht aus Verkäufen ableiten ließ. Dargestellt ist das Stuttgarter Verfahren in den Vermögensteuer-Richtlinien 1993.

Der Unternehmenswert nach dem Stuttgarter Verfahren setzt sich ähnlich dem Übergewinnverfahren aus zwei Komponenten zusammen: dem Vermögenswert und dem Ertragswert. Anstelle des Begriffs Unternehmenswert wird in der Legaldefinition (§ 9 BewG) vom gemeinen Wert *GW* gesprochen, „der im gewöhnlichen Geschäftsverkehr nach der Beschaffenheit des Wirtschaftsgutes bei einer Veräußerung zu erzielen wäre." Der gemeine Wert ist dabei der Wert eines Gesellschaftsanteils.

Ausgangspunkt der Berechnung des Vermögenswertes ist der steuerliche Einheitswert des Betriebsvermögens, korrigiert durch mengen- und wertmäßige Hinzurechnungen und Kürzungen. Korrekturen sind beispielsweise die Ansetzung von Betriebsgrundstücken und Beteiligungen mit dem tatsächlichen Wert. Die Relation des korrigierten Vermögens am Nominalkapital wird als Vermögenswert *V* bezeichnet.

Neben dem Vermögen des Betriebs werden die Ertragsaussichten durch den Ertragsprozentsatz *E* berücksichtigt. Er ermittelt sich aus dem Verhältnis des maßgeblichen Durchschnittsertrages zum Nominalkapital. Ausgangsgröße der Ertragsermittlung ist das Betriebsergebnis, das in den letzten drei Wirtschaftsjahren erreicht wurde. Diese Ergebnisse sind in der Weise zu gewichten, dass das Betriebsergebnis des letzten Wirtschaftsjahres mit dem Faktor 3, das des vorletzten mit dem Faktor 2 und das des vorvorletzten Wirtschaftsjahres mit dem Faktor 1 anzusetzen ist. Dieser Ertrag, von dem angenommen wird, dass er innerhalb der nächsten fünf Jahre zu erzielen ist, wird nach der derzeit geltenden Verwaltungsvorschrift mit einem Zinssatz von 9 % kapitalisiert.

Damit wird der gemeine Wert des Unternehmens als die Summe des Vermögenswertes und des Ertragsprozentsatzes abzüglich neun Prozent Normalverzinsung über fünf Jahre angegeben.

Der gemeine Wert des Anteils ergibt sich gemäß folgenden Formeln:

$$GW = V + 5 \cdot (E - 9\,\% \cdot GW)$$

$$GW = 0{,}69 \cdot (V + 5 \cdot E)$$

Zur Verdeutlichung des Stuttgarter Verfahrens kann folgendes Beispiel herangezogen werden, wobei Besonderheiten, die zu Zu- oder Abschlägen führen, nicht berücksichtigt werden.

1. Errechnung des Vermögenswertes

	Grundstücke, tatsächlicher Wert	100 000 €
+	Finanzanlagen, tatsächlicher Wert	200 000 €
+	Sonstige Vermögensgegenstände	12 326 €
–	Rückstellungen und Verbindlichkeiten	6 378 €
	Gesamt	305 948 €
	Gezeichnetes Kapital ohne eigene Anteile	50 000 €
	Vermögenswert des Anteils (Vermögen bezogen auf das Nominalkapital)	612 % des Nennbetrages

2. Errechnung des Ertragswertes

		Faktor	Gesamt
Ertrag letztes Wirtschaftsjahr	34 000 €	3	102 000 €
Ertrag vorletztes Wirtschaftsjahr	30 000 €	2	60 000 €
Ertrag vorvorletztes Wirtschaftsjahr	24 000 €	1	24 000 €
Summe	186 000 €		
Durchschnittsertrag	31 000 €		
Ertragsprozentsatz (Ertrag bezogen auf Nominalkapital)	62 %		

3. Errechnung des Wertes eines Anteils

Formel: 69 % aus der Summe des Vermögenswertes und des fünffachen Ertragsprozentsatzes

Vermögenswert	612 %
Fünffacher Ertragsprozentsatz (5 · 62 %)	310 %
Summe	922 %
Davon 69 %	636 %

Das Nominalkapital von 50 000 € hat einen Wert von 318 090 € (50 000 € · 636 %).

Das Stuttgarter Verfahren ist eine Basis für eine möglichst einfache und gerechte Besteuerung von Vermögen. Aufgrund der sehr starken Betonung des Substanzwertes und verschiedener gesetzlicher Bewertungsvorschriften ist es jedoch keine Hilfe für unternehmerische Entscheidungen.

1.3 Gesamtbewertungsverfahren

Gesamtbewertungsverfahren stellen im Gegensatz zu den Mischverfahren bei der Unternehmensbewertung alleinig auf die zukünftige Ertragskraft des Unternehmens ab. Die Ertragsbewertung erfolgt durch die Bewertung der zukünftigen Erträge, die aus dem Zusammenwirken aller realen Bestandteile eines Unternehmens resultieren. Im Gegensatz zu den Einzelbewertungsverfahren, die Unternehmen als Summe isolierter Einzelwerte interpretieren, betrachten die Gesamtbewertungsverfahren Unternehmen als Bewertungseinheit. Zu den Gesamtbewertungsverfahren zählen die Discounted Cashflow-Verfahren (DCF-Verfahren), die Ertragswertmethode, die Multiplikatorenverfahren und der Realoptions-Ansatz.

1.3.1 DCF-Verfahren

Die Discounted Cashflow-Verfahren (DCF-Verfahren) stellen die insbesondere international am weitesten verbreitete Bewertungsmethode dar. Es handelt sich hierbei um investitionstheoretisch fundierte Ansätze, bei denen der Wert eines Unternehmens – analog zur Ermittlung des Wertes einer Investition – auf Basis der auf den Bewertungszeitpunkt abgezinsten, zukünftig zu erwartenden Cashflows berechnet wird. Die erwarteten künftigen Cashflows aus dem Unternehmen stehen dabei als Synonym für den in Zukunft erwarteten Nutzen, den das Unternehmen seinen Kapitalgebern stiftet. Nichtfinanzielle Nutzenkomponenten, wie beispielsweise Prestige, Macht oder emotionale Bindungen, werden nicht in das Bewertungskalkül einbezogen.

Aus dem Vergleich dieser künftigen Cashflows mit der Rendite der alternativen Geldverwendung, die sich im Diskontierungszinssatz widerspiegelt, wird der Unternehmenswert abgeleitet. Bei diesem Vergleich der finanziellen Vorteile aus dem Unternehmen mit Alternativanlagen müssen jedoch gewisse Äquivalenzanforderungen erfüllt sein. Vergleichbarkeit der zu vergleichenden Zahlungsströme muss insbesondere hinsichtlich der Laufzeitstruktur, der Unsicherheitsdimension, der Kaufkraft und der Verfügbarkeit gegeben sein.

Zur Bestimmung des Diskontierungszinssatzes greifen die DCF-Verfahren auf kapitalmarkttheoretische Modelle, i.a. auf das Capital Asset Pricing Model (CAPM), zurück. Diese konzeptionelle Orientierung am Kapitalmarkt stellt den wesentlichsten Unterschied zu den „klassischen“ Ertragswertverfahren dar, die lange Zeit die Bewertungspraxis in Deutschland beherrschten.

Der Unternehmenswert nach den DCF-Verfahren entspricht dem Barwert der künftigen Cashflows aus dem Unternehmen zuzüglich des separat zu bestimmenden Wertes des nicht-betriebsnotwendigen Vermögens. Da die Cashflows aus der plausibilisierten Planung des Unternehmens abgeleitet werden, berücksichtigen die DCF-Verfahren bei der Wertermittlung in hohem Maße unternehmensspezifische Besonderheiten.

Je nach Definition der bewertungsrelevanten Cashflows und der anzuwendenden Diskontierungszinssätze können mehrere DCF-Verfahren unterschieden werden:

- Beim **Entity-Ansatz (Bruttoverfahren)** wird durch Abzinsung der Zahlungsüberschüsse, die allen Kapitalgebern – also sowohl den Eigen- als auch den Fremdkapitalgebern – zur Verfügung stehen, mit einem Mischzinssatz aus Eigen- und Fremdkapitalkosten der Gesamtwert des Unternehmens ermittelt. Um zum Wert des Eigenkapitals zu gelangen, ist hiervon noch der Marktwert des verzinslichen Fremdkapitals abzuziehen.

- Beim **Equity-Ansatz (Nettoverfahren)** werden nur die Cashflows abgezinst, die ausschließlich den Eigenkapitalgebern zustehen. Die Abzinsung erfolgt dementsprechend mit den Eigenkapitalkosten des Unternehmens. Aus dieser Vorgehensweise resultiert direkt der Wert des Eigenkapitals.
- Beim **Adjusted Present Value-Ansatz (APV-Ansatz)** wird in einem ersten Schritt der Marktwert des Gesamtkapitals unter der Fiktion der vollständigen Eigenfinanzierung des Unternehmens ermittelt. In einem zweiten Schritt wird dann die Auswirkung einer Fremdfinanzierung auf den Unternehmenswert in Form eines so genannten Tax Shield berücksichtigt, das der Steuerersparnis aufgrund der steuerlichen Abzugsfähigkeit der Fremdkapitalzinsen entspricht.

Sofern identische Annahmen über das künftige Finanzierungsverhalten getroffen werden, führen alle drei Ansätze zu demselben Ergebnis.

1.3.2 Ertragswertmethode und vereinfachte Ertragswertmethode

Die Ertragswertmethode war lange Zeit in Deutschland das am weitesten verbreitete Unternehmensbewertungsverfahren. Dies liegt daran, dass das Ertragswertverfahren für Wirtschaftsprüfer in Deutschland in ihrer Funktion als neutrale Gutachter zwingend vorgeschrieben war.

Der starke Einfluss angloamerikanischer Unternehmensbewertungsmethodik in der akademischen Diskussion, die stärkere Internationalisierung unternehmerischer Aktivitäten und die damit verbundene Forderung international standardisierter Bewertungsmethodik sowie die Verbreitung des Shareholder Value-Ansatzes als Managementkonzept haben dazu geführt, dass der Standard des *IDW* die DCF-Verfahren mittlerweile als weitere Bewertungsmethodik neben die Ertragswertmethode stellt. In der Bewertungspraxis ist nicht nur eine Gleichstellung der Ertragswertmethode und der DCF-Verfahren, sondern auch eine starke Annäherung der Ertragswertmethode an den DCF-Equity-Ansatz zu beobachten. Wird als modernste Ausprägung des Ertragswertverfahrens der zahlungsstromorientierte (Cashflow-orientierte Ansatz) herangezogen und die Ableitung des Eigenkapitalkostensatzes aus kapitalmarkttheoretischen Modellen (z.B. CAPM) vorgenommen, so führen der DCF-Equity-Ansatz und das Ertragswertverfahren zu identischen Bewertungsergebnissen. Aus diesem Grunde kann das Ertragswertverfahren mit dem DCF-Equity-Ansatz gleichgesetzt werden[2]. Entsprechend erfolgt im Rahmen dieses Buches keine gesonderte Abhandlung des Ertragswertverfahrens, sondern wird auf die Ausführungen zum DCF-Equity-Ansatz verwiesen.

---

[2] Vgl. hierzu auch IDW Standard: Grundsätze zur Durchführung von Unternehmensbewertungen (IDW S 1 i.d.F. 2008) vom 2.4.2008, Ziffer 101. In Teilen der Bewertungspraxis und der Literatur wird unzutreffenderweise unterstellt, dass das Ertragswertverfahren bei der Messung von Zukunftserträgen von Periodenerfolgen ausgeht, d.h. von künftigen Gewinnen und Verlusten auf Basis einer Ertrags- und Aufwandsrechnung. Daran setzt die Kritik auf, in der modernen Betriebswirtschaftslehre sei bei Unternehmensbewertungen auf Cashflows bzw. Zahlungsströme und nicht auf „buchhalterische Größen" wie Periodenerfolge abzustellen. Diese Kritik ist nur dann berechtigt, wenn beim Ertragswertverfahren aus Vereinfachungsgründen tatsächlich auf Periodenerfolge zurückgegriffen wird. Bei einer qualitativ hochwertigen Unternehmensbewertung werden jedoch stets Cashflows als bewertungsrelevante, ausschüttbare Zukunftserträge verwendet.

Das vereinfachte Ertragswertverfahren wurde durch das Bewertungsgesetz (BewG) eingeführt. Maßgebliches Bewertungsziel nach der Erbschaftsteuerreform ist der gemeine Wert. Für die Bewertung von nicht börsennotierten Anteilen an Kapitalgesellschaften und Betriebsvermögen enthält das Bewertungsgesetz nun das vereinfachte Ertragswertverfahren als mögliches Bewertungsverfahren. Dieses Verfahren wird in Abschnitt 3.11 ausführlich dargestellt.

1.3.3 Multiplikatorenverfahren

Bei den Multiplikatorenverfahren handelt es sich um einfache Regeln zur Berechnung von Unternehmenswerten. Der Vorteil dieser Regeln ist, dass sie relativ schnell zu nachvollziehbaren Ergebnissen führen, weshalb sie in der Praxis häufig angewendet werden. Aufgrund des hohen Vereinfachungsgrads werden sie in der Theorie jedoch auch scharf kritisiert und – wenn überhaupt – von den meisten Autoren nur als Randthema betrachtet.

Bei den Multiplikatorenverfahren handelt es sich um Vergleichsverfahren, die den Wert des zu bewertenden Unternehmens aus den Börsenkursen vergleichbarer Unternehmen (**comparative public company**) oder den realisierten Marktpreisen vergleichbarer Transaktionen (**recent acquisition**) ableiten. Sie werden daher auch als „marktorientierte“ Bewertungsverfahren bezeichnet. Die nach dem comparative public company approach ermittelten Multiplikatoren werden als Trading-Multiplikatoren und die nach dem recent acquisition approach als Transaction-Multiplikatoren bezeichnet.

Das Ergebnis einer Bewertung nach dem Multiplikatorenverfahren ist als potenzieller Marktpreis zu verstehen, der bei einer Veräußerung des zu bewertenden Unternehmens erzielt werden soll. Die Bewertung mit Multiplikatoren basiert dabei auf der Annahme, dass **ähnliche** Unternehmen bzw. **ähnliche** Transaktionen **ähnlich** bewertet werden wie das zu bewertende Unternehmen bzw. die zu bewertende Transaktion.

Zur Wertfindung werden die erhobenen Marktpreise der Vergleichsunternehmen bzw. der Vergleichstransaktionen zu bestimmten Unternehmensgrößen in Relation gesetzt. Die daraus resultierenden Verhältniszahlen werden dann auf die für das zu bewertende Unternehmen erwarteten Bezugsgrößen angewendet.

Neben diesen „analytischen“ Vergleichsverfahren werden in der Praxis vor allem bei der Bewertung kleinerer Unternehmen, Praxen und Büros mitunter Multiplikatoren, die auf branchenspezifischen Erfahrungssätzen beruhen, als „Daumenregeln“ verwendet.

Folgende Institutionen geben für ihre Mitglieder Verfahrensrichtlinien zur Bewertung heraus, die branchenübliche Bewertungsmaßstäbe enthalten:

- *Bundesärztekammer*
- *Bundesrechtsanwaltskammer*
- *Bundessteuerberaterkammer*
- *IDW* (*Institut der deutschen Wirtschaftsprüfer*)

Die Bewertung mit branchenspezifischen Umsatzmultiplikatoren bietet bei kleinen Praxen und Büros Vorteile: Zum einen gestaltet sich die einvernehmliche Ermittlung der nachhaltigen Erträge auf Basis der vorhandenen Informationen und der gegebenen handelsrechtlichen und steuerrechtlichen Gestaltungsspielräume sehr schwierig, aber nachhaltige Umsätze und vorhandenes Vermögen sind meist relativ unstrittig. Zum anderen ist dieses Verfahren für kleine Praxen und Büros aus einer Kosten-Nutzenabwägung heraus häufig das effektivste Bewertungsverfahren.

1.3.4 Realoptions-Ansatz

Der Realoptions-Ansatz ist eine neue Bewertungsmethode, die in der Investitionsrechnung, in der Unternehmensbewertung und als Management-Konzeption eingesetzt werden kann. Realoptionen sind Handlungsflexibilitäten des Managements. Sie ermöglichen, eine Entscheidung über zukünftige Investitionen und Desinvestitionen auf Basis in der Zukunft zufließender Informationen zu treffen. Die Möglichkeit, mit einer Investitionsentscheidung zu warten und die Entscheidung in Abhängigkeit von der Entwicklung relevanter Umweltzustände zu einem späteren Zeitpunkt treffen zu können, stellt einen monetären Vorteil dar. Das bedeutet, dass Realoptionen einen Preis bzw. einen bestimmten Wert haben. Ziel des Realoptions-Ansatzes ist es, den Wert realer Optionen, die durch Investitionen in unternehmerische Handlungsspielräume entstehen, zu quantifizieren.

Der Realoptions-Ansatz ist ein zu den anerkannten Unternehmensbewertungsverfahren – insbesondere der Discounted Cashflow-Methode – komplementärer Ansatz. Er ist auf die Bewertung von Handlungsflexibilitäten fokussiert, die in den traditionellen Methoden zur Unternehmensbewertung nicht ausreichend berücksichtigt werden.

Der Realoptions-Ansatz ist von der Konzeption stark mit dem Entscheidungsbaumverfahren verwandt. Das Entscheidungsbaumverfahren ist eine Spezifizierung der DCF-Verfahren zur Lösung mehrstufiger Entscheidungsprobleme. Auch der Realoptions-Ansatz basiert auf der DCF-Methode, berechnet aber den Wert von Handlungsmöglichkeiten über spezifische Optionspreismodelle aus der Finanzwirtschaft. Der Realoptions-Ansatz kommt dann zur Anwendung, wenn das Bewertungsobjekt ein großes Potenzial an Gestaltungsmöglichkeiten aufweist und sich in einem unsicheren Marktumfeld bewegt.

Innerhalb der Optionspreistheorie können grundsätzlich zwei Arten von Realoptions-Modellen unterschieden werden: Analytische Verfahren und numerische Verfahren.

- Analytische Verfahren zeichnen sich durch eine kontinuierliche, d.h. zeitstetige Modellierung der Wertentwicklung des Basisinstrumentes aus. Ihr bekanntester Vertreter ist die Black-Scholes-Gleichung. Analytische Verfahren werden überwiegend bei der Bewertung von Finanzoptionen eingesetzt.
- Numerische Verfahren basieren auf einer Betrachtung von Zeitintervallen, d.h. einer diskreten Modellierung der Wertentwicklung des Basisinstrumentes. Das Binomial-Modell ist das bekannteste numerische Verfahren. Bei der Bewertung von Realoptionen wird überwiegend das Binomial-Modell eingesetzt. Das Binomial-Modell hat die Vorteile der einfacheren mathematischen Anforderungen und der größeren Transparenz und Nachvollziehbarkeit für den Bewerter.

2 Unternehmensplanung als Basis der zukunftsorientierten Unternehmensbewertung

2.1 Planungsmethodik – Allgemein

Jede zukunftsorientierte Unternehmensbewertung basiert auf einer Unternehmensplanung, die somit wertbestimmend ist für ein Unternehmen. Schon augenscheinlich geringfügige Änderungen in der Planung können erhebliche Auswirkungen auf den Unternehmenswert haben[3].

Bezüglich der Planung kann danach unterschieden werden, ob sie auf Basis interner Informationen oder nur auf Basis externer Informationen erstellt worden ist. Unter externen Informationen sind alle öffentlich zugänglichen Informationen über ein Unternehmen und die Branche zu verstehen, während die internen Informationen zusätzlich alle Unternehmensdaten in Buchhaltungs-, Kostenrechnungs-, Produktionsplanungs-, Vertriebssteuerungssystemen u.ä. sowie die Verträge und im Unternehmen vorhandene, nicht allgemein zugängliche Brancheninformationen umfassen.

Auf Grundlage externer Informationen lässt sich in der Regel nur eine werttreiberbasierte Planung erstellen, während interne Informationen es ermöglichen, die Planung mit einem detaillierten Preis-Mengen-Gerüst zu hinterlegen.

Differenziert man darüber hinaus noch danach, wer die Bewertung vornimmt, kann man die in Tabelle 2–1 dargestellten typisierten Fälle unterscheiden.

		Informationen für die Planung	
		intern	extern
Bewertung	intern	Management wertorientierte Unternehmensführung	
	extern	Investmentbanker/Wirtschaftsprüfer externes Wertgutachten	Analyst externe Unternehmensanalyse

Tabelle 2–1: Planung und Bewertung

Für eine langfristige Unternehmensplanung und somit für eine qualifizierte Unternehmensbewertung ist eine eingehende Analyse des Unternehmens und seiner Umwelt eine unumgängliche Voraussetzung. Ohne eine eingehende Analyse des zu bewertenden Unternehmens und seiner Umwelt ist eine Unternehmensbewertung nur eine Rechenspielerei[4].

Für jede Planung gilt, dass sie plausibel und nachvollziehbar sein muss. Die Unternehmensanalyse bietet für die Erstellung bzw. Plausibilisierung einer Planung

[3] Vgl. hierzu das Beispiel in Abschnitt 3.5.4.

[4] Vgl. *Born* (1995), S. 65.

das notwendige Instrumentarium. Für die Analyse sind beispielsweise folgende Bereiche zu beleuchten:

- Analyse des politischen/rechtlichen, wirtschaftlichen, sozialen und technologischen Umfelds
- Analyse des Wettbewerbsumfelds
- Analyse der Wertschöpfungskette
- Bilanz- und Kennzahlenanalyse

Hierauf aufbauend kann ein SWOT-Profil des Unternehmens erstellt werden, in dem die Stärken und Schwächen sowie die Chancen und Risiken identifiziert werden. Eine plausible Planung muss die im SWOT-Profil enthaltenen Faktoren in ausreichendem Maße berücksichtigen.

Für im Rahmen eines SWOT-Profils ermittelte Synergieeffekte – sofern die Bewertung anlässlich des Erwerbs eines Unternehmens durch ein anderes erfolgt – sowie für mögliche aber noch nicht hinreichend konkretisierte Maßnahmen gilt, dass diese nur dann Teil der Bewertung sein sollten, wenn sie zum Bewertungsstichtag bereits eingeleitet oder im Unternehmenskonzept dokumentiert sind[5]. Liegen keine Planungen zur Verwendung thesaurierter Beträge vor, kann vereinfachend eine kapitalwertneutrale Anlage der Thesaurierungsbeträge, d.h. eine Anlage zum Kapitalisierungszinssatz vor Steuern, unterstellt werden. Allerdings ist hierfür die Existenz von Investitionsalternativen mit einer Mindestrendite nach Steuern in Höhe des Kapitalisierungszinssatzes Voraussetzung. Ist dies nicht der Fall oder nicht hinreichend belegbar, sind die thesaurierten Beträge mit dem Anlagezins zu verzinsen[6].

Bei der Abgrenzung des Bewertungsobjekts ist das spezifische Umfeld des zu bewertenden Unternehmens zu berücksichtigen. Dies bedeutet, dass beispielsweise bei der Bewertung großer internationaler Unternehmen Special Purpose Entities, die der Finanzierung von Vermögensgegenständen dienen und die oftmals nicht im Konzernabschluss konsolidiert sind, Teil des Bewertungsobjektes sind und damit Teil der Bewertung sein sollten. Dies gilt auch für den Unternehmerlohn bei der Bewertung von Personengesellschaften sowie für evtl. bestehende Sonder- und Ergänzungsbilanzen.

Für eine Vertiefung der spezifischen Probleme bei der Planung und bei der Planplausibilisierung wird auf die einschlägige Literatur[7] verwiesen.

2.2 Planungsprämissen

Für die Bewertung wird eine integrierte Planung benötigt, aus der die bewertungsrelevanten Größen abgeleitet werden können. In der Regel wird hierzu im ersten Schritt die Gewinn- und Verlustrechnung sowie die Bilanz geplant und im zweiten Schritt daraus die Kapitalflussrechnung abgeleitet.

[5] Vgl. IDW Standard: Grundsätze zur Durchführung von Unternehmensbewertungen (IDW S 1), neue Fassung vom 02.04.2008, Ziffer 32 bis 34 und 49 bis 51.

[6] Vgl. IDW Standard: Grundsätze zur Durchführung von Unternehmensbewertungen (IDW S 1), neue Fassung vom 02.04.2008, Ziffer 35 bis 37.

[7] Wie z.B. *Born* (1995), *Küting/Weber* (2001), *Bea/Haas* (2001) und *Koch/Wegmann* (2002).

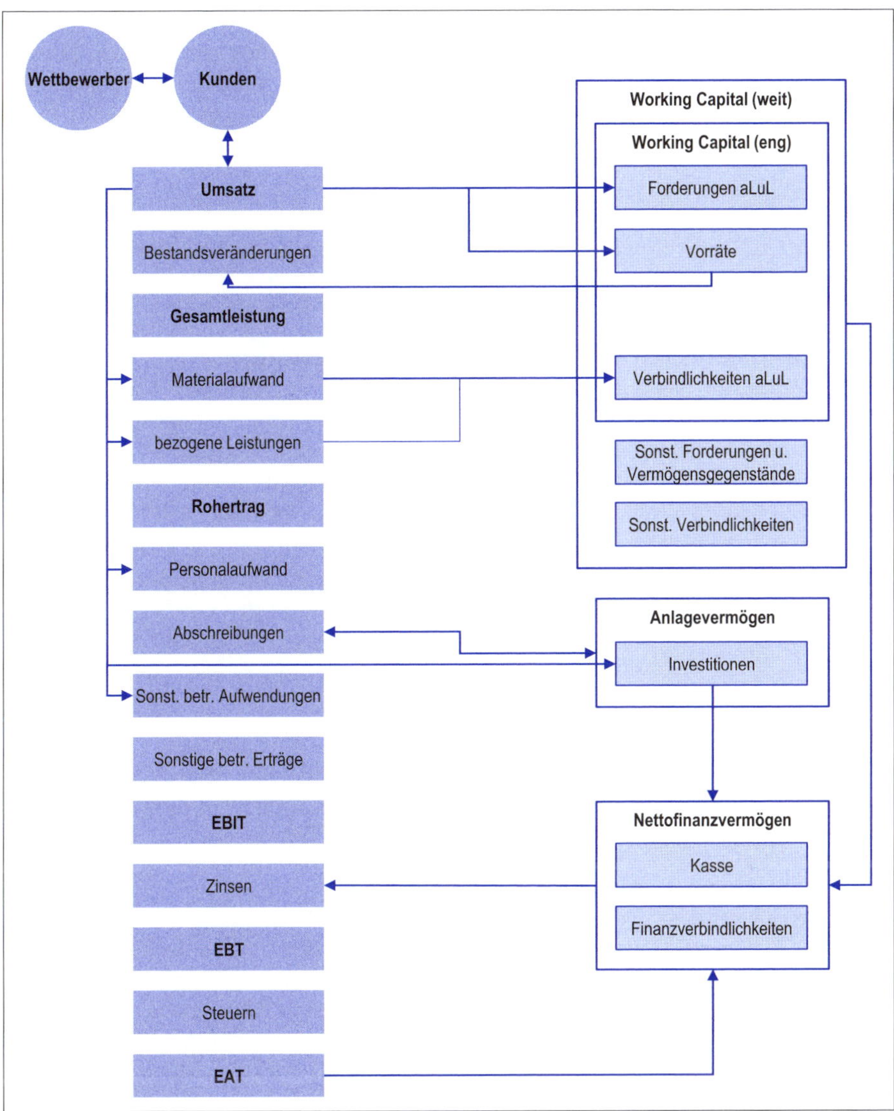

Abbildung 2–1: Planungsschema auf Basis des Gesamtkostenverfahrens nach HGB

In Abbildung 2–1 ist beispielhaft ein Planungsschema für die integrierte Planung nach dem Gesamtkostenverfahren entsprechend HGB dargestellt. Trotz des relativ einfachen Planansatzes ergibt sich schon ein komplexes Geflecht[8].

Im Folgenden werden wichtige Fragestellungen zu den einzelnen Plangrößen, die im Planungsschema verwendet werden, skizziert. Die Liste der Fragen ist dabei

[8] Auf einzelne Größen der Planungsrechnung wird im weiteren Verlauf dieses Buches eingegangen.

keinesfalls vollständig, sie soll lediglich aufzeigen, welche Probleme mit der Planung bzw. Plausibilisierung der einzelnen Größen verbunden sein können. Je nach Bewertungsobjekt und Bewertungszweck muss die Liste erweitert werden.

Zu Beginn jeder Analyse sollten folgende Punkte geklärt werden:

- Wie wurde die Planung erstellt (Werttreiber oder Preis-Mengen-Gerüst)?
- Ist die Planung vollständig?
- Ist die Planungssystematik in sich stimmig?
- Passen die Planzahlen zu den Vergangenheitszahlen?
- Sind die Planungsprämissen nachvollziehbar?

2.2.1 Planprämissen Gewinn- und Verlustrechnung

Die größten Schwierigkeiten bei der Planung der Einzelpositionen bestehen bei der Planung des **Umsatzes.** Dies ist die Größe, die am wenigsten von der Unternehmensführung steuerbar ist, sondern wesentlich durch Außeneinflüsse (Angebot, Nachfrage, technologischer Fortschritt, Mode u.a.) geprägt wird.

Alle anderen Plangrößen eines Unternehmens können von der Unternehmensführung zumindest theoretisch so gesteuert werden, dass der geplante Umsatz mit einem Minimum an Kosten erreicht wird. Damit kommt der Umsatzplanung die entscheidende Bedeutung zu, alle anderen Größen sind direkt oder indirekt von ihr abhängig. Im Zusammenhang mit der Umsatzplanung ergeben sich beispielsweise folgende Fragen:

- Was soll an wen zu welchem Preis und in welcher Menge verkauft werden? Inwieweit ist die Umsatzplanung mit einem detaillierten Preis-Mengen-Gerüst hinterlegt und sind die getroffenen Annahmen nachvollziehbar? Inwieweit ist es realistisch, dass Preissteigerungen durchzusetzen sind?
- Inwieweit sind die Umsätze bereits mit Verträgen/Aufträgen hinterlegt und wie sind diese Verträge ausgestaltet?
- Welcher Wettbewerber bietet ähnliche Produkte/Dienstleistungen zu welchem Preis und was sind deren Leistungsmerkmale? Warum kaufen die Kunden beim Unternehmen bzw. bei der Konkurrenz und was unterscheidet die Produkte/ Dienstleistungen des Unternehmens von denen der Konkurrenz?
- Wie wird sich die Nachfrage nach den hergestellten Produkten/Dienstleistungen zukünftig vor dem Hintergrund der gesamtwirtschaftlichen und der technologischen Entwicklungen entwickeln?
- Wie vertreibt das Unternehmen seine Produkte und ist die geplante Umsatzentwicklung vor dem Hintergrund der vertriebstechnischen Möglichkeiten realistisch?
- Passt die Kapazitätsplanung zur Umsatzplanung? Kann das Unternehmen saisonale Nachfragespitzen mit der vorhandenen/geplanten Infrastruktur bewältigen? Kann das Unternehmen die zur Produktion benötigten Faktoren (Material, Personal, Dienstleistungen u.a.) beschaffen?

Der **Materialaufwand** und die **bezogenen Leistungen** stehen in der Regel durch die produktionstechnischen Gegebenheiten über die Stücklisten in einem relativ festen Zusammenhang zum Umsatz. Die wichtigste Frage im Zusammenspiel von Ein- und Verkauf ist die Entwicklung der Rohertragsmarge. Im Hinblick hierauf ist z.B. Folgendes zu prüfen:

- Welche Einsatzfaktoren werden für die Produktion/Dienstleistung benötigt?
- Bei wem werden diese zu welchem Preis, in welcher Menge und in welcher Qualität gekauft und existieren für das Unternehmen besondere Nebenleistungen (Pünktlichkeit, Flexibilität), die für diese Lieferanten sprechen?
- Unterliegen die Einsatzfaktoren besonderen Preisschwankungen und wie kann das Unternehmen darauf reagieren?
- Bestehen langfristige Lieferverträge/Dienstleistungsverträge für kritische Einsatzfaktoren?
- Warum und wofür werden externe Dienstleistungen bezogen? Abdeckung von Auftragsspitzen oder wurden gezielt Teile der Produktion bzw. Logistik ausgelagert?

Der **Personalaufwand** ist zum einen von der Organisation des Unternehmens und zum anderen über die Produktionskapazität vom Umsatz abhängig. Während bei der Personalplanung meist relativ leicht auf Umsatzsteigerungen reagiert werden kann, ist eine Anpassung an ein niedrigeres Niveau normalerweise mit erheblichen Kosten und arbeitsrechtlichen Problemen verbunden. Dies ist bei der Planung des Personalaufwands zu beachten. Um die Personalplanung nachvollziehen zu können, sollten folgende Punkte geklärt werden:

- Wo und wie können und werden die Personalkosten an die Produktionskapazität und somit an den Umsatz angepasst?
- Welchen jährlichen Steigerungsquoten unterliegen die Personalkosten brutto, d.h. inklusive Arbeitgeberanteil zu den Sozialversicherungen?
- Inwieweit handelt es sich bei den Personalkosten um Fixkosten?
- Wie sieht das Organigramm aus und welche Mitarbeiter üben welche Funktionen aus? Welche Mitarbeiter sind existentiell für den Fortbestand des Unternehmens?
- Wie sehen die vertraglichen Regelungen mit den Mitarbeitern aus?

Bei den **sonstigen betrieblichen Aufwendungen** handelt es sich um eine Sammelposition, in der zum Beispiel Vertrieb, Marketing, Miete, Wartung, Leasing, Versicherung, Telefon, KfZ, Frachtkosten, Rechts- und Beratungskosten, KfZ-Steuern u.a. gebündelt werden. Davon sind einige Positionen, wie z.B. die Frachtkosten, vom Umsatz abhängig, während andere, wie z.B. die Rechts- und Beratungskosten, in keiner Beziehung zum Umsatz stehen. Zu den sonstigen betrieblichen Aufwendungen ergeben sich beispielsweise folgende Fragen:

- Inwieweit handelt es sich bei diesen Aufwendungen um Fixkosten und wurde für den Fixkostenanteil die Inflation berücksichtigt?
- Wofür wurden die Aufwendungen getätigt und in welchem Zusammenhang stehen die Aufwendungen zum Unternehmenszweck?
- Sind alle sonstigen betrieblichen Aufwendungen berücksichtigt worden?

Die Planung der **sonstigen betrieblichen Erträge** sollte detailliert auf ihre wirtschaftlichen Hintergründe hin untersucht werden.

Bei den sonstigen betrieblichen Erträgen und den sonstigen betrieblichen Aufwendungen ist darauf zu achten, dass einmalige und außerordentliche Einflüsse auch als solche in der Planung ausgewiesen werden.

Auf der Grundlage der bisher dargestellten Planzahlen kann das EBITDA (earnings before interest, taxes, depreciation and amortisation) ermittelt werden.

Hinsichtlich der Planung des Finanzergebnisses, also hinsichtlich der **Beteiligungserträge**, der **Zinserträge** und der **Zinsaufwendungen,** muss überprüft werden, ob die geplanten Erträge und Aufwendungen zu den entsprechenden Bilanzpositionen (vgl. unten) passen. Die Zinszahlungen ergeben sich größtenteils aus den vorliegenden Verträgen. Für die Planung der Beteiligungserträge hingegen ist grundsätzlich eine komplette Planung der einzelnen Beteiligungsunternehmen bis hin zu den Ausschüttungen notwendig.

Aus Vereinfachungsgründen wird bei der Planung der Beteiligungserträge sehr häufig mit Pauschalen gearbeitet. Diesbezüglich ist zu hinterfragen, wie die Pauschalen geplant wurden und inwieweit diese Planung stimmig ist.

Bei den Zinsen ist insbesondere zu analysieren, inwieweit der Zinsaufwand unterjährige Schwankungen im Kontokorrent berücksichtigt. Dies kann z.B. vereinfacht über die Überprüfung der bisherigen durchschnittlichen Ausnutzung der Kontokorrentlinien für die einzelnen Monate geschehen. Ferner muss darauf geachtet werden, dass auch die Aufwendungen für andere Kreditgeschäfte, die sich nicht in der Bilanz wiederfinden, in die Planung einfließen. Hierzu zählen zum Beispiel Provisionen für Avalgeschäfte.

Bezüglich der Steuerplanung sollte nachvollzogen werden, wie die **Steuern** auf das Einkommen und den Ertrag geplant wurden und ob dies mit den gesetzlichen Vorgaben für die Gesellschaftsform übereinstimmt. Insbesondere muss die Planung der Steuern auf den Zahlen der Steuerbilanz und nicht auf denen der Handelsbilanz aufbauen.

2.2.2 Planprämissen Bilanz

Um die geplanten Umsätze in Zukunft realisieren zu können, muss das Unternehmen die entsprechenden **Investitionen** tätigen. Aus diesen und dem bestehenden Anlagevermögen ergeben sich dann die zukünftigen **Abschreibungen** und damit auch die Planwerte für das **Anlagevermögen.** Somit wird die Planung von Investitionen, Abschreibungen und Anlagevermögen indirekt durch die geplanten Umsätze vorgegeben. Bei einer stimmigen Planung muss die sich aus dem Anlagevermögen ableitbare Produktionskapazität ausreichen, um die geplanten Umsätze inklusive eventueller saisonaler Auftragsspitzen bewältigen zu können.

Hinsichtlich der notwendigen Investitionen ist auch zu prüfen, ob aus in der Vergangenheit unterlassenen Investitionen „Investitionsstaus" bestehen. Die Folge solcher „Investitionsstaus" sind zukünftig höhere Reparaturkosten, Produktionsausfälle oder zusätzliche Neuinvestitionen.

Um eine reibungslose Produktion zu gewährleisten und um Kunden termingerecht beliefern zu können, werden **Vorräte** an Roh-, Hilfs- und Betriebsstoffen vorgehalten. Nimmt die Fertigung der Produkte einen längeren Zeitraum in Anspruch, so sind im Vorratsvermögen ferner unfertige Produkte enthalten. Bei Handelsunternehmen besteht das Vorratsvermögen zum größten Teil aus zum Verkauf bestimmten Waren. Beim Vorratsvermögen ist zu prüfen, ob die zukünftige Entwicklung zur Umsatzentwicklung passt. In diese Prüfung sind auch Veränderungen in der Produktpalette und im Produktionsprozess sowie die Beschaffbarkeit von Einsatzfaktoren einzubeziehen.

In den Vorräten verstecken sich zum Teil jedoch auch „Ladenhüter", die im Extremfall nur noch entsorgt werden können. Deshalb sollte das gesamte Vorratsvermögen auf seine realistische Bewertung hin untersucht werden.

Umsätze führen i.d.R. zunächst zu **Forderungen aus Lieferungen und Leistungen.** Im Hinblick auf die zentrale Frage, wann hieraus Zahlungseingänge zu erwarten sind, ist beispielsweise Folgendes zu klären:

- Wie sind die vertraglich fixierten Zahlungsziele?
- Wie ist die Zahlungsmoral der Kunden?
- Wie sieht das Mahnwesen aus?
- Wie ist die Fälligkeitsstruktur der Forderungen?
- Wie hoch war der Wertberichtigungsbedarf in der Vergangenheit?

Hinsichtlich der **Verbindlichkeiten aus Lieferungen und Leistungen** sollte in Erfahrung gebracht werden, nach welcher Maßgabe diese beglichen werden: Wird beispielsweise unter Ausnutzung von Skonto gezahlt oder stellt der Lieferantenkredit eine wichtige Finanzierungsquelle dar?

Bei den **sonstigen Forderungen und Vermögensgegenständen** handelt es sich i.d.R. hauptsächlich um Steuerguthaben, bei den **sonstigen Verbindlichkeiten** um Steuerschulden, Verbindlichkeiten gegenüber den Sozialkassen und den Mitarbeitern. Andere Bestandteile dieser Positionen sind auf ihren wirtschaftlichen Hintergrund hin zu prüfen. Bei den sonstigen Forderungen und Vermögensgegenständen ist zudem die Werthaltigkeit zu hinterfragen.

Die **langfristigen Rückstellungen** bestehen i.d.R. im wesentlichen aus Pensionsrückstellungen. Deren Planung sollte möglichst mit versicherungsmathematischen Gutachten hinterlegt sein, die einen Aufschluss über die zukünftige Entwicklung der Pensionsaufwendungen und der Pensionszahlungen geben.

Unter den **kurzfristigen Rückstellungen** sind beispielsweise Steuer-, Gewährleistungs-, Drohverlust-, Prozesskosten-, Urlaubsrückstellungen u.a. zusammengefasst, welche die kurzfristig auf das Unternehmen zukommenden wahrscheinlichen finanziellen Risiken bewerten. Die für Ereignisse in der Vergangenheit gebildeten Rückstellungen deuten auf Schwächen des Unternehmens hin. Der Verbrauch der Gewährleistungsrückstellungen kann so zum Beispiel auf Qualitätsprobleme beim Produkt hinweisen, Drohverlustrückstellungen dagegen auf Probleme in der Auftragsvorkalkulation. Nach Identifikation derartiger Risiken muss überprüft werden, ob bzw. wie diesen in der Planung Rechnung getragen wird.

In allen Branchen, die üblicherweise auftragsbezogen arbeiten, wie z.B. dem Maschinen- und Anlagenbau, sind der **Auftragseingang**, der **Auftragsbestand** und die **erhaltenen Anzahlungen** Vorlaufindikatoren für die zukünftige Umsatzentwicklung. Wenn die Umsatzplanung bei diesen Unternehmen nicht zur Entwicklung dieser Kennzahlen passt, sollte die Plausibilität der Umsätze noch einmal eingehend analysiert werden. Beispielsweise ist die Planung ohne weitere Informationen nicht nachvollziehbar, wenn bei einem rückläufigen Auftragseingang mit steigenden Umsätzen geplant wird.

Generell ist hinsichtlich aller aufgeführten Positionen des Umlaufvermögens zu klären, ob diese in einem vernünftigen Verhältnis zum Umsatz stehen. Dazu werden die einzelnen Positionen i.d.R. zum so genannten Working Capital zusammengefasst. Setzt man dieses in Bezug zum Umsatz, resultiert daraus die Working

Capital-Quote. Geplante Veränderungen der Working Capital-Quote sind zu begründen (z.B. über geänderte Zahlungsziele bei den Forderungen aus Lieferungen und Leistungen etc.).

Das Working Capital entspricht dem operativen Umlaufvermögen abzüglich der unverzinslichen Verbindlichkeiten. Der Begriff des Working Capital wird jedoch nicht einheitlich verwendet. Das Working Capital in seiner engen Definition berechnet sich als Saldo der Positionen: Vorräte sowie Forderungen aus Lieferungen und Leistungen abzüglich erhaltener Anzahlungen und Verbindlichkeiten aus Lieferungen und Leistungen. In seiner weiten Definition kommt noch der Saldo aus den sonstigen Forderungen und Vermögensgegenständen abzüglich der sonstigen Verbindlichkeiten hinzu.

Die der Planung zugrunde liegenden Prämissen zu den obigen Punkten sind nur dann sinnvoll, wenn die **Finanzierung** auf realistischen Annahmen basiert. Eine Planung, welche die finanziellen Restriktionen in Bezug auf die Beschaffung von Eigenkapital und Fremdkapital vernachlässigt, ist ein planerisches „Luftschloss“. Deshalb sollten abschließend folgende Fragen geklärt werden:

- Ist die Planung finanzierbar?
- Wie entwickelt sich die Liquidität?
- Wie groß ist der Liquiditätspuffer?
- Führen Planabweichungen zu finanziellen Engpässen?
- Welche Finanzierungsquellen werden bisher genutzt und welche stehen dem Unternehmen noch offen?

2.3 Planung des Beispielunternehmens KfZ-Zulieferer GmbH

Die in den folgenden Kapiteln dargestellten Bewertungsverfahren werden großteils anhand **eines** Beispielunternehmens – der KfZ-Zulieferer GmbH – veranschaulicht. Bei der KfZ-Zulieferer GmbH handelt es sich um ein größeres mittelständisches Unternehmen, das als Zulieferer für die Automobilhersteller in Europa und den USA agiert. Das Unternehmen besitzt Produktionsstandorte sowie Vertriebsniederlassungen in Europa und Nordamerika.

Die **Vergangenheitszahlen** sowie die aus ihnen abgeleiteten **Planzahlen** der KfZ-Zulieferer GmbH können der Tabelle 2–4 (Bilanz-Aktivseite), der Tabelle 2–5 (Bilanz-Passivseite) sowie der Tabelle 2–2 (Gewinn- und Verlustrechnung) entnommen werden. Wichtige Kennzahlen für die Vergangenheit und für die Planung sind in Tabelle 2–7, die Berechnung der Finanzschulden in Tabelle 2–9 und die Berechnung des Working Capital in Tabelle 2–8 dargestellt. Die wesentlichen Planungsannahmen für die Gewinn- und Verlustrechnung sind in Tabelle 2–3 und für die Bilanz in Tabelle 2–6 zusammengefasst.

Das Geschäftsjahr der KfZ-Zulieferer GmbH entspricht dem Kalenderjahr. Als Bewertungsstichtag wurde in den folgenden Kapiteln mit dem 31.8. des ersten Planjahres ein vom Bilanzstichtag abweichendes Datum gewählt.

in Mio. € Jahr	Ist -2	Ist -1	Ist 0	Plan 1	Plan 2	Plan 3	Plan 4	Plan 5
[=] Umsatz	1 165,0	1 347,0	1 485,0	1 522,1	1 570,8	1 676,1	1 758,2	1 830,3
[+] Bestandsveränderungen	14,4	17,2	11,8	–5,2	3,1	5,9	4,5	3,9
[=] Gesamtleistung	1 179,4	1 364,2	1 496,8	1 516,9	1 573,9	1 682,0	1 762,7	1 834,2
[–] Materialaufwand	590,1	691,0	759,8	773,6	802,6	857,7	898,9	935,5
[–] Bezogene Leistungen	48,0	71,3	61,0	68,3	67,7	69,0	72,3	75,2
[=] Rohertrag	541,3	601,9	676,0	675,0	703,6	755,3	791,5	823,5
[–] Personalaufwand	318,4	341,1	365,2	375,1	386,9	407,0	423,9	439,5
[–] Abschreibungen	43,1	46,4	56,6	64,9	68,6	75,9	79,4	82,0
[–] Firmenwertabschreibungen	7,4	10,1	10,1	10,1	10,1	10,1	10,1	10,1
[–] Sonstiger betrieblicher Aufwand	129,7	163,7	179,6	184,7	190,4	198,2	209,3	220,2
[+] Sonstiger betrieblicher Ertrag	13,2	16,7	11,3	12,8	12,0	9,8	7,4	2,4
[=] Operatives Ergebnis vor Zinsen und Steuern (EBIT)	55,9	57,3	75,8	53,0	59,6	73,9	76,2	74,1
[+] Beteiligungsergebnis	7,0	10,2	15,8	--- nicht geplant ---				
[+] Zinsertrag	1,1	1,2	1,1	1,0	1,0	1,2	1,2	1,2
[–] Zinsaufwand	12,9	12,6	16,5	16,4	15,7	15,1	13,7	11,9
[+] Finanzergebnis	–4,8	–1,2	0,4	–15,4	–14,7	–13,9	–12,5	–10,7
[=] Ergebnis vor Steuern (EBT)	51,1	56,1	76,2	37,6	44,9	60,0	63,7	63,4
[–] Steuern auf Einkommen und Ertrag	18,2	19,3	27,5	14,5	17,3	23,2	24,6	24,5
[=] Jahresergebnis vor Anteilen Dritter (EAT)	32,9	36,8	48,7	23,1	27,6	36,8	39,1	38,9
[–] Gewinnanteile Dritter	0,0	0,6	0,9	--- nicht geplant ---				
[=] Jahresergebnis (EATM)	32,9	36,2	47,8	23,1	27,6	36,8	39,1	38,9
[+] Bilanzgewinn zu Jahresanfang	41,0	54,1	65,8	83,1	95,8	111,0	131,2	152,7
[–] Einstellung in die Rücklagen	4,5	5,3	6,1	3,5	4,0	5,6	5,9	5,8
[–] Ausschüttung als Dividende	15,3	19,2	24,4	6,9	8,4	11,0	11,7	11,7
[=] Bilanzgewinn zu Jahresende	54,1	65,8	83,1	95,8	111,0	131,2	152,7	174,1

Tabelle 2–2: Gewinn- und Verlustrechnung der KfZ-Zulieferer GmbH

Planungsgröße	Annahme
Geschäftsjahr = Kalenderjahr	Endet per 31.12.
Umsatz	Wachstum gemäß Tabelle 2–7
Bestandsveränderungen	Veränderungen der unfertigen und fertigen Erzeugnisse/Leistungen (gemäß Bilanzplanung)
Materialaufwand	51 % der Gesamtleistung (leichte Verschlechterung ggü. Jahr 0)
bezogene Leistungen	in % der Gesamtleistung: 4,5 % in Jahr 1, 4,3 % in Jahr 2, 4,1 % ab Jahr 3
Personalaufwand	zu 60 % umsatzabhängig (14,76 %, Berechnungsbasis Jahr 0) zu 40 % fix mit 3 % jährlicher Steigerung
Abschreibungen	26,9 % (Ø Jahr -1 und Jahr 0) des Sachanlagevermögens des Vorjahres
Firmenwertabschreibungen	konstant mit 10,1 Mio. €
sonst. betriebliche Aufwendungen	zu 30 % umsatzabhängig (3,63 %, Berechnungsbasis Jahr 0) zu 70 % fix mit 3 % jährlicher Steigerung in Jahr 4 und 5 jeweils 4 Mio. € sprungfixe Kosten

sonst. betriebliche Erträge	siehe Gewinn- und Verlustrechnung
Zinsertrag	3 % auf den Jahresanfangsbestand (Liquide Mittel)
Zinsaufwand	6,5 % auf den Durchschnitt aus Jahresanfangs- und -endbestand (Finanzverschuldung)
Steuern	38,65 % Steuerquote auf das EBT

Tabelle 2–3: Planungsannahmen für die Planung der Gewinn- und Verlustrechnung der KfZ-Zulieferer GmbH

in Mio. € Jahr	Ist -2	Ist -1	Ist 0	Plan 1	Plan 2	Plan 3	Plan 4	Plan 5
Immaterielles und Sachanlagevermögen	259,2	315,6	348,1	351,7	368,6	371,5	371,4	361,3
davon Firmenwerte	60,7	100,0	89,9	79,8	69,7	59,6	49,5	39,4
davon sonstiges immaterielles Anlagevermögen	13,7	17,8	16,9	16,9	16,9	16,9	16,9	16,9
davon Grundstücke und Gebäude	95,5	98,7	113,1	120,0	130,0	130,0	130,0	130,0
davon Maschinen & technische Anlagen	41,6	46,3	61,3	65,0	75,0	80,0	85,0	85,0
davon sonstiges Anlagevermögen	47,7	52,8	66,9	70,0	77,0	85,0	90,0	90,0
Finanzanlagevermögen	10,3	14,9	13,1	13,1	13,1	13,1	13,1	13,1
ANLAGEVERMÖGEN	269,5	330,5	361,2	364,8	381,7	384,6	384,5	374,4
Roh-, Hilfs- und Betriebsstoffe	54,0	56,5	62,5	63,7	66,1	70,6	74,0	76,1
Unfertige Erzeugnisse/Leistungen	32,2	38,6	44,0	42,5	44,1	47,1	49,4	51,4
Fertige Erzeugnisse/Leistungen	27,5	38,3	44,7	41,0	42,5	45,4	47,6	49,5
Anzahlungen	0,0	1,1	0,9	0,9	0,9	0,9	0,9	0,9
Vorräte	113,7	134,5	152,1	148,1	153,6	164,0	171,9	177,9
Forderungen aus Lieferungen & Leistungen	150,2	159,3	233,5	243,5	246,6	263,1	276,0	287,4
Forderungen gegenüber verbundenen Unternehmen	4,2	6,1	4,1	4,1	4,1	4,1	4,1	4,1
Sonstige Vermögensgegenstände	21,1	44,5	43,7	44,1	45,6	48,6	51,0	53,1
Forderungen und sonstige Vermögensgegenstände	175,5	209,9	281,3	291,7	296,3	315,8	331,1	344,6
Flüssige Mittel	32,2	35,9	32,9	34,6	38,0	39,0	40,1	45,3
UMLAUFVERMÖGEN	321,4	380,3	466,3	474,4	487,9	518,8	543,1	567,8
BILANZSUMME	590,9	710,8	827,5	839,2	869,6	903,4	927,6	942,2

Tabelle 2–4: Bilanz-Aktiva der KfZ-Zulieferer GmbH

in Mio. € Jahr	Ist –2	Ist –1	Ist 0	Plan 1	Plan 2	Plan 3	Plan 4	Plan 5
Gezeichnetes Kapital	64,5	80,0	80,0	80,0	80,0	80,0	80,0	80,0
Rücklagen	10,0	15,3	21,4	24,9	28,9	34,5	40,4	46,2
Bilanzgewinn zu Jahresende	54,1	65,8	83,1	95,8	111,0	131,2	152,7	174,1
EIGENKAPITAL	128,6	161,1	184,5	200,7	219,9	245,7	273,1	300,3
ANTEILE DRITTER	0,0	11,8	13,0	13,0	13,0	13,0	13,0	13,0
Langfristige Rückstellungen	35,3	36,2	39,5	42,5	45,5	48,5	51,5	54,5
Kurzfristige Rückstellungen	50,3	49,4	63,6	65,5	67,5	72,1	75,6	78,7
RÜCKSTELLUNGEN	85,6	85,6	103,1	108,0	113,0	120,6	127,1	133,2
Langfristige Bankverbindlichkeiten	75,9	87,8	117,2	105,0	115,0	110,0	95,6	82,0
Kurzfristige Bankverbindlichkeiten	60,3	75,8	69,5	75,0	75,0	65,0	60,0	55,0
Erhaltene Anzahlungen	2,0	1,5	3,2	3,1	3,2	3,3	3,6	3,7
Verbindlichkeiten aus Lieferungen und Leistungen	117,6	158,5	167,2	171,7	177,6	189,1	198,1	206,2
Verbindlichkeiten gegenüber Gesellschaftern	60,4	34,5	65,2	56,0	43,0	40,0	35,0	22,0
Verbindlichkeiten gegenüber verbundenen Unternehmen	10,2	11,9	7,8	7,8	7,8	7,8	7,8	7,8
Sonstige Verbindlichkeiten	50,3	82,3	96,8	98,9	102,1	108,9	114,3	119,0
VERBINDLICHKEITEN	376,7	452,3	526,9	517,5	523,7	524,1	514,4	495,7
BILANZSUMME	590,9	710,8	827,5	839,2	869,6	903,4	927,6	942,2

Tabelle 2–5: Bilanz-Passiva der KfZ-Zulieferer GmbH

Planungsgröße	Annahme
Geschäftsjahr = Kalenderjahr	Endet per 31.12.
Sachanlagevermögen	siehe Bilanz; bis Jahr 5 ca. 26,5 % Aufstockung ggü. Jahr 0, dies entspricht ungefähr dem Umsatzwachstum.
Finanzanlagevermögen	konstant
Vorräte	geringfügige Verbesserung der Lagerhaltungsdauer auf ca. 47 Tage
geleistete Anzahlungen	Konstant
Forderungen aLuL	Debitorenlaufzeit: in Jahr 1 von 57,6 Tage und ab Jahr 2 von 56,5 Tage (Niveau Jahr 0)
sonstige Vermögensgegenstände	2,9 % vom Umsatz (Niveau Jahr 0)
Gewinnverwendung	15 % in die Rücklagen und 30 % Dividende (zu Lasten Gewinnvortrag)
langfristige Rückstellungen	jährliche Steigerung um 3 Mio. €
kurzfristige Rückstellungen	4,3 % vom Umsatz (Niveau Jahr 0)
zinstragende Verbindlichkeiten	Tilgungsplan; siehe Bilanz
erhaltene Anzahlungen	2,1 % der Vorräte (Niveau Jahr 0)
Verbindlichkeiten aLuL	Kreditorenlaufzeit 73,4 Tage (Niveau Jahr 0)
sonstige Verbindlichkeiten	6,5 % vom Umsatz (Niveau Jahr 0)

Tabelle 2–6: Planungsannahmen für die Planung der Bilanz der KfZ-Zulieferer GmbH

in % Jahr	Ist −2	Ist −1	Ist 0	Plan 1	Plan 2	Plan 3	Plan 4	Plan 5
Umsatzwachstum (year-on-year)		15,6 %	10,2 %	2,5 %	3,2 %	6,7 %	4,9 %	4,1 %
Kostenquoten in % der Gesamtleistung								
Materialaufwandsquote	50,0 %	50,7 %	50,8 %	51,0 %	51,0 %	51,0 %	51,0 %	51,0 %
Quote der bezogenen Leistungen	4,1 %	5,2 %	4,1 %	4,5 %	4,3 %	4,1 %	4,1 %	4,1 %
Personalaufwandsquote	27,0 %	25,0 %	24,4 %	24,7 %	24,6 %	24,2 %	24,0 %	24,0 %
Quote des sonstigen betrieblichen Aufwands	11,0 %	12,0 %	12,0 %	12,2 %	12,1 %	11,8 %	11,9 %	12,0 %
Working Capital-Analyse*								
Lagerhaltungsdauer in Tagen**	48,9	47,8	49,3	47,4	47,6	47,6	47,6	47,3
Debitorenlaufzeit in Tagen	46,4	42,6	56,6	57,6	56,5	56,5	56,5	56,5
Kreditorenlaufzeit in Tagen	66,3	74,9	73,3	73,4	73,5	73,5	73,4	73,4

* bezogen auf ein Jahr mit 360 Tagen
** Lagerhaltungsdauer in Tagen wurde berechnet auf Basis: RHB, Waren und Anzahlungen zu Materialaufwand und bezogene Leistungen und fertige sowie unfertige Erzeugnisse zum Umsatz

Tabelle 2–7: Wichtige Kennzahlen für die KfZ-Zulieferer GmbH

in Mio. € bzw. in % Jahr	Ist −2	Ist −1	Ist 0	Plan 1	Plan 2	Plan 3	Plan 4	Plan 5
[+] Roh-, Hilfs- und Betriebsstoffe	54,0	56,5	62,5	63,7	66,1	70,6	74,0	76,1
[+] Unfertige Erzeugnisse/ Leistungen	32,2	38,6	44,0	42,5	44,1	47,1	49,4	51,4
[+] Fertige Erzeugnisse/Leistungen	27,5	38,3	44,7	41,0	42,5	45,4	47,6	49,5
[+] Anzahlungen	0,0	1,1	0,9	0,9	0,9	0,9	0,9	0,9
[+] Forderungen a.L.u.L.	150,2	159,3	233,5	243,5	246,6	263,1	276,0	287,4
[+] Forderungen gegen verbundene Unternehmen*	4,2	6,1	4,1	4,1	4,1	4,1	4,1	4,1
[+] Sonstige Vermögensgegenstände	21,1	44,5	43,7	44,1	45,6	48,6	51,0	53,1
[–] Erhaltene Anzahlungen	2,0	1,5	3,2	3,1	3,2	3,3	3,6	3,7
[–] Verbindlichkeiten aus Lieferungen und Leistungen	117,6	158,5	167,2	171,7	177,6	189,1	198,1	206,2
[–] Sonstige Verbindlichkeiten	50,3	82,3	96,8	98,9	102,1	108,9	114,3	119,0
[=] Working Capital	119,3	102,1	166,2	166,1	167,0	178,5	187,0	193,6
Working Capital-Quote	10,2 %	7,6 %	11,2 %	10,9 %	10,6 %	10,6 %	10,6 %	10,6 %

Tabelle 2–8: Berechnung des Working Capital der KfZ-Zulieferer GmbH

in Mio. € Jahr	Ist -2	Ist -1	Ist 0	Plan 1	Plan 2	Plan 3	Plan 4	Plan 5
[+] Langfristige Bankverbindlichkeiten	75,9	87,8	117,2	105,0	115,0	110,0	95,6	82,0
[+] Kurzfristige Bankverbindlichkeiten	60,3	75,8	69,5	75,0	75,0	65,0	60,0	55,0
[+] Verbindlichkeiten gegenüber Gesellschaftern*	60,4	34,5	65,2	56,0	43,0	40,0	35,0	22,0
[+] Verbindlichkeiten gegenüber verbundenen Unternehmen*	10,2	11,9	7,8	7,8	7,8	7,8	7,8	7,8
[=] Finanzschulden	206,8	210,0	259,7	243,8	240,8	222,8	198,4	166,8

* Bei den Verbindlichkeiten gegenüber Gesellschaftern und gegenüber verbundenen Unternehmen handelt es sich annahmegemäß um Darlehen, die der KfZ-Zulieferer GmbH gewährt wurden. Die Art der Verbindlichkeiten (Darlehen vs. Liefer- und Leistungsverkehr) ist im Rahmen der Unternehmensanalyse zu hinterfragen.

Tabelle 2–9: Berechnung der Finanzschulden der KfZ-Zulieferer GmbH

3 Unternehmensbewertung mit Discounted Cashflow-Modellen (DCF-Modellen)

3.1 Überblick über die verschiedenen DCF-Ansätze

Die Discounted Cashflow (DCF)-Ansätze gehen davon aus, dass sich der zu bestimmende Unternehmenswert aus der künftigen Ertragskraft des Unternehmens ableitet. Die DCF-Methode stellt einen investitionstheoretisch fundierten Ansatz dar: Der Wert eines Unternehmens wird – analog zur Ermittlung des Wertes einer Investition – auf Basis der auf den Bewertungszeitpunkt abgezinsten, zukünftig zu erwartenden Cashflows ermittelt. Man kann die DCF-Verfahren deshalb auch als kapitalwertbasierte Verfahren bezeichnen. Der Unternehmenswert errechnet sich als Barwert der künftigen Cashflows aus dem Unternehmen zuzüglich des separat zu bestimmenden Wertes des nicht-betriebsnotwendigen Vermögens.

Üblicherweise werden die Cashflows nur für einige Jahre detailliert geplant. Für den Zeitraum nach diesem Planungshorizont wird der Terminal Value – auch als Endwert, Restwert oder Fortführungswert bezeichnet – als ewige Rente eines nachhaltig erzielbaren Cashflows berechnet. Der Barwert der Cashflows entspricht dann dem Barwert der Cashflows der Detailplanungsperiode zuzüglich des Barwertes des Terminal Value.

Je nach Definition der bewertungsrelevanten Cashflows und der anzuwendenden Abzinsungssätze (Diskontierungssätze) können mehrere DCF-Verfahren unterschieden werden: der Entity-Ansatz (auch Bruttoverfahren genannt), der Equity-Ansatz (auch Nettoverfahren genannt) und der Adjusted Present Value (APV)-Ansatz. Letzterer kann auch als besondere Ausprägung des Bruttoverfahrens angesehen werden. Alle drei Ansätze führen zu demselben Ergebnis, sofern identische Annahmen über das künftige Finanzierungsverhalten getroffen werden.

Zunächst werden die verschiedenen Ansätze kurz skizziert. In den folgenden Gliederungspunkten wird dann detailliert auf die einzelnen Berechnungsschritte eingegangen. Alle Berechnungsschritte werden am Beispiel der KfZ-Zulieferer GmbH gezeigt, deren Planbilanz und -GuV bereits im Vorkapitel (Tabelle 2–2 bis Tabelle 2–9) eingeführt wurde. Dabei wird zunächst ein einfaches Grundmodell betrachtet, persönliche Steuern der Eigenkapitalgeber bleiben unberücksichtigt. Das Modell wird dann im Rahmen der Erläuterung spezifischer Fragestellungen in den Gliederungspunkten 3.7 und 3.8 sukzessive erweitert.

3.1.1 Entity-Ansatz (Bruttoverfahren)

Der Entity-Ansatz stellt die – insbesondere international – am weitesten verbreitete Bewertungsmethode dar. Er wird auch als „Lehrbuchformel“ („text book formula“) oder – in Anlehnung an den dabei zur Anwendung kommenden Mischzinsfuß – als *WACC*-Ansatz bezeichnet.

Bei diesem Ansatz werden die Zahlungsüberschüsse ermittelt, die zur Befriedigung der Ansprüche aller Kapitalgeber – also sowohl der Eigen- als auch der Fremdkapitalgeber – zur Verfügung stehen. Unter Fremdkapitalgebern werden hier nur die Bereitsteller von (üblicherweise) verzinslichem Fremdkapital verstanden. Es handelt sich somit um Cashflows vor Abzug von Zins- und Tilgungszahlungen. Die mit einer Fremdfinanzierung verbundenen Ertragsteuerwirkungen bleiben unberücksichtigt. Man spricht von operativen Free Cashflows (oFCF).

Diese werden mit einem Mischzinssatz diskontiert (abgezinst), in den sowohl die Renditeansprüche der Eigenkapitalgeber als auch die der Fremdkapitalgeber eingehen. Die jeweiligen Kapitalkosten werden dabei entsprechend dem Anteil des Eigen- und Fremdkapitals am Gesamtkapital gewichtet. Hierbei erfolgt die Gewichtung nicht auf Basis von Buchwerten, sondern auf Basis von Marktwerten. Man bezeichnet den so ermittelten Abzinsungssatz als gewichtete Kapitalkosten oder auch *WACC* (weighted average cost of capital).

Alle DCF-Verfahren berücksichtigen bei der Abzinsung nur die operativen Überschüsse, d.h. die Überschüsse aus dem betriebsnotwendigen Vermögen. Das nicht-betriebsnotwendige Vermögen wird separat bewertet.

Die Summe aus dem Barwert der oFCF und dem separat bestimmten Marktwert des nicht-betriebsnotwendigen Vermögens ergibt den Marktwert des Gesamtkapitals – man spricht auch vom Gesamtwert des Unternehmens oder vom Entity-

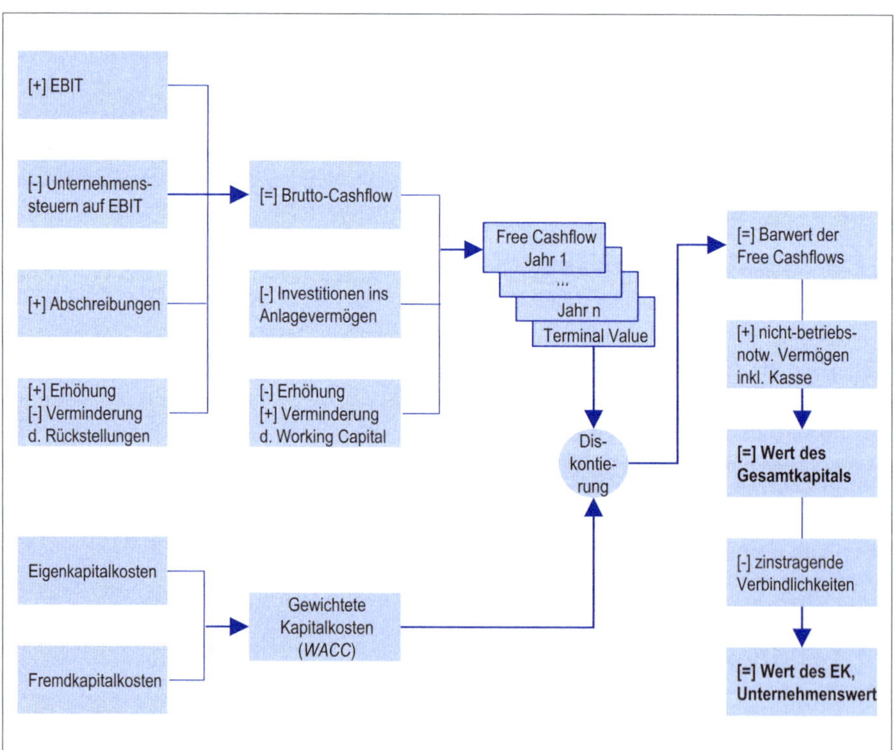

Abbildung 3–1: Discounted Cashflow-Methode nach dem Entity-Ansatz

Wert –, bestehend aus dem Marktwert des Eigenkapitals und dem Marktwert des (verzinslichen) Fremdkapitals. Um zum Wert des Eigenkapitals zu gelangen, ist der Marktwert des verzinslichen Fremdkapitals abzuziehen.

Abbildung 3–1 veranschaulicht diesen Ansatz.

Die Annahmen, die dem Entity-Ansatz zugrunde liegen, werden in Abschnitt 3.6.2 näher diskutiert.

Die im Entity-Ansatz bewertungsrelevanten Cashflows sind finanzierungsneutral, d.h. unabhängig von der Finanzierungsstruktur des Unternehmens. Der Einfluss der Kapitalstruktur auf den Unternehmenswert wird im Diskontierungszinssatz berücksichtigt.

3.1.2 Adjusted Present Value (APV)-Ansatz

Beim Adjusted Present Value-Verfahren wird – wie beim Entity-Ansatz – zunächst der Gesamtwert des Unternehmens bestimmt. Der APV-Ansatz wird deshalb oftmals auch als eine spezifische Ausprägung des Bruttoverfahrens betrachtet. Entsprechend dem Vorgehen beim Entity-Ansatz werden die Cashflows diskontiert, die der Gesamtheit aller Kapitalgeber zustehen.

Der Unterschied zum Entity-Ansatz liegt in der abweichenden Berücksichtigung des Einflusses der Kapitalstruktur auf den Unternehmenswert. Die operativen Free Cashflows werden ausschließlich mit der Renditeforderung der Eigenkapitalgeber diskontiert, und zwar mit der Renditeforderung der Eigenkapitalgeber für das (fiktiv) unverschuldete Unternehmen. Im Gegensatz hierzu fließt beim Entity-Ansatz in den Mischzinssatz *WACC* die Renditeforderung der Eigenkapitalgeber für das verschuldete Unternehmen ein. In der Regel ist die Renditeforderung für das unverschuldete Unternehmen unbekannt, sie muss aus der Renditeforderung für das verschuldete Unternehmen – unter Zugrundelegung bestimmter Annahmen – abgeleitet werden.

Summiert man den so ermittelten Barwert der oFCF und den Marktwert des nichtbetriebsnotwendigen Vermögens, so erhält man den Marktwert des (fiktiv) unverschuldeten Unternehmens.

Um zum Marktwert des Gesamtkapitals des verschuldeten Unternehmens zu gelangen, muss noch der Barwert des so genannten Tax Shield addiert werden, in dem die Auswirkung der Fremdfinanzierung des Unternehmens Berücksichtigung findet. Das Tax Shield entspricht der Steuerersparnis aufgrund der steuerlichen Abzugsfähigkeit der Fremdkapitalzinsen. Der Barwert des Tax Shield wird berechnet, indem die Steuerersparnisse mit den risikoadäquaten, periodenspezifischen Kapitalkosten diskontiert werden. In der Praxis wird für die Abzinsung häufig ein konstanter Fremdkapitalzinssatz verwendet.

Im Vergleich zu diesem isolierten Ausweis des Tax Shield wird der Einfluss der Fremdkapitalfinanzierung auf die Unternehmenssteuern beim Entity-Ansatz bei der Berechnung des Diskontierungszinssatzes *WACC* berücksichtigt.

Zieht man vom Marktwert des Gesamtkapitals des verschuldeten Unternehmens den Marktwert der verzinslichen Verbindlichkeiten ab, so erhält man den Marktwert des Eigenkapitals.

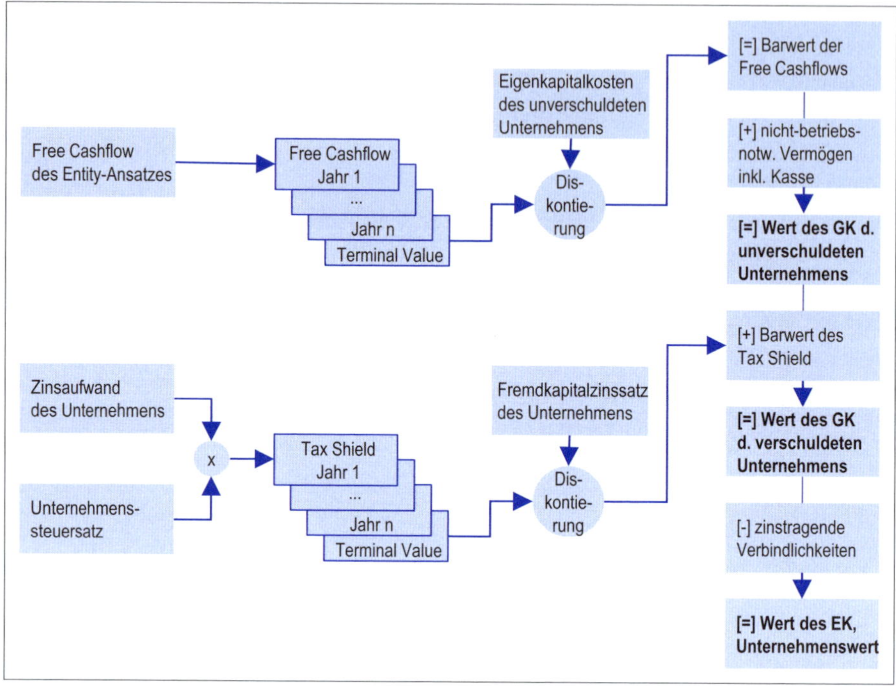

Abbildung 3–2: Discounted Cashflow-Methode nach dem Adjusted Present Value-Ansatz

Die Vorgehensweise beim APV-Ansatz wird in Abbildung 3–2 nochmals verdeutlicht.

Änderungen der Finanzierungsstruktur des zu bewertenden Unternehmens wirken sich beim APV-Ansatz nur auf die Höhe des Tax Shield aus. Der Diskontierungsfaktor der Cashflows bleibt hiervon unberührt.

3.1.3 Equity-Ansatz (Nettoverfahren)

Beim Equity-Ansatz werden als bewertungsrelevant die Cashflows berechnet, die ausschließlich den Eigenkapitalgebern zustehen. Die aus einer Fremdfinanzierung resultierenden Zahlungsströme, d.h. die künftigen Fremdkapitalzinsen (einschließlich der daraus resultierenden Steuerwirkung) sowie die Veränderungen des Fremdkapitalbestandes, werden im Gegensatz zur Berechnung der oFCF des Entity-Ansatzes in die Ermittlung dieser Cashflows einbezogen. Die so berechneten Cashflows bezeichnet man auch als Flows to Equity (FtE) oder auch CF to Equity.

Da die FtE allein den Eigenkapitalgebern zustehen, darf bei der Ermittlung des Diskontierungszinssatzes nur die Renditeforderung der Eigenkapitalgeber (für das verschuldete Unternehmen) berücksichtigt werden. Im Gegensatz zum Entity-Ansatz kommt kein gewogener Kapitalkostensatz zur Anwendung.

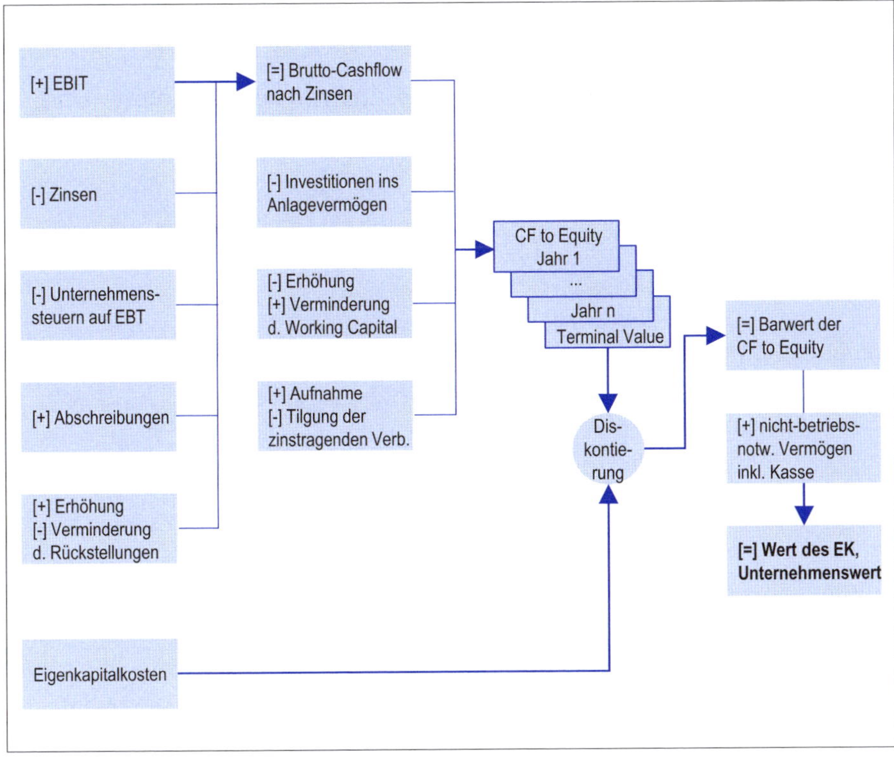

Abbildung 3–3: Discounted Cashflow-Methode nach dem Equity-Ansatz

Zählt man zum Barwert der FtE den Marktwert des nicht-betriebsnotwendigen Vermögens hinzu, so erhält man direkt den Marktwert des Eigenkapitals.

Abbildung 3–3 zeigt die Ermittlung des Marktwerts des Eigenkapitals nach dem Equity-Ansatz.

Die Methodik des Equity-Ansatzes ist Nicht-Fachleuten aufgrund der geringeren Komplexität im allgemeinen leichter vermittelbar. Ein weiterer Vorteil gegenüber Entity- bzw. APV-Ansatz ist die wesentlich flexiblere Handhabung[9].

[9] Vgl. hierzu Abschnitt 3.6.1.

3.2 Berechnung der Cashflows und des Terminal Value

3.2.1 Berechnung der operativen Free Cashflows des Entity- und des APV-Ansatzes

Bei Entity- und APV-Ansatz wird als bewertungsrelevant der Cashflow berechnet, der sowohl zur Bedienung des (verzinslichen) Fremdkapitals als auch zur Bedienung des Eigenkapitals zur Verfügung steht. Die Berechnung dieses operativen Free Cashflows erfolgt nach folgendem Schema:

	Operatives Ergebnis vor Zinsen und Steuern (EBIT)
–	Adaptierte Steuern auf das EBIT
=	Operatives Ergebnis vor Zinsen und nach adaptierten Steuern (NOPLAT)
+	Abschreibungen
+	Erhöhung (– Verminderung) der Rückstellungen
=	(operativer) Brutto-Cashflow
–	Investitionen in das Anlagevermögen
–	Erhöhung (+ Verminderung) des Working Capital
=	Operativer Free Cashflow (oFCF)

Ausgangspunkt der Berechnung des operativen Free Cashflows ist das **operative Ergebnis vor Zinsen und Steuern (EBIT, earnings before interest and taxes)**. Von diesem werden die so genannten adaptierten Steuern auf das EBIT abgezogen.

Bei den **adaptierten Steuern** handelt es sich um die (fiktiven) ertragsabhängigen Unternehmenssteuern, die das Unternehmen zahlen müsste, wenn es kein Fremdkapital und keine nicht-betriebsbedingten Aufwendungen und Erträge hätte. Man erhält sie durch Anwendung des Unternehmenssteuersatzes auf das EBIT. In den Unternehmenssteuersatz gehen in Deutschland die Gewerbeertrag- und die Körperschaftsteuer ein, zusätzlich ist noch der Solidaritätszuschlag zu berücksichtigen[10]. Alternativ kann man die adaptierten Steuern auch aus den gesamten ertragsabhängigen Unternehmenssteuern berechnen, indem man diese um den Steuervorteil aus den Zinsaufwendungen und aus etwaigen außerordentlichen Aufwendungen und um die Steuern auf Zinserträge und nicht-operative Ertragspositionen korrigiert.

Das daraus resultierende **operative Ergebnis vor Zinsen und nach adaptierten Steuern (NOPLAT, net operating profit less adjusted taxes)** stellt das operative Ergebnis dar, das ein Unternehmen ohne Fremdkapitalfinanzierung erzielt hätte. Außerordentliche Aufwendungen und Erträge sind darin nicht enthalten.

Um zum **(operativen) Brutto-Cashflow** zu gelangen, werden zum NOPLAT die nicht auszahlungswirksamen Aufwendungen (z.B. Abschreibungen oder die Bildung von Rückstellungen) addiert bzw. die nicht einzahlungswirksamen Erträge (Verminderung der Rückstellungen) subtrahiert. Sieht man von etwaigen nicht-operativen Cashflows ab (die bei den DCF-Verfahren gesondert berücksichtigt werden), so handelt es sich beim (operativen) Brutto-Cashflow um den Betrag, der

[10] Zur Berücksichtigung der deutschen Steuergesetzgebung vgl. Abschnitt 3.7.

ohne zusätzliche Kapitalmaßnahmen für Investitionen und Ausschüttungen an die Gesamtheit der Kapitalgeber zur Verfügung steht.

Um den **operativen Free Cashflow** zu erhalten, muss der operative Brutto-Cashflow noch um die Investitionen in Sachanlagen und die Investitionen ins Working Capital verringert bzw. um Desinvestitionen des Working Capital und des Anlagevermögens erhöht werden.

Das **Working Capital** – auch als **Netto-Umlaufvermögen** bezeichnet – entspricht dem operativen Umlaufvermögen abzüglich der unverzinslichen kurzfristigen Verbindlichkeiten. Neben Lagerbeständen und Forderungen aus Lieferungen und Leistungen zählt auch ein Teil der Kassenbestände – nämlich diejenigen, die zur Aufrechterhaltung eines reibungslosen Geschäftsbetriebs erforderlich sind und somit nicht ohne weiteres dem Unternehmen entzogen werden können – zum Working Capital. Nicht enthalten sind **nicht-betriebsnotwendige Kassenbestände und Wertpapiere**, die das Unternehmen als Reserve über seinen zur Unterstützung des laufenden Geschäftsbetriebes erforderlichen Ziel-Kassenstand hinaus hält. Nach *Copeland*[11] ist in der Regel davon auszugehen, dass ein Kassenbestand von über 0,5–2,0 % des Umsatzerlöses den Ziel-Kassenstand übersteigt. Im Einzelfall sind jedoch unternehmensspezifische Besonderheiten zu berücksichtigen. In der Praxis wird der Kassenbestand aus Vereinfachungsgründen oftmals vollständig dem nicht-betriebsnotwendigen Vermögen zugerechnet, was jedoch zu leicht überhöhten Unternehmenswerten führen kann.

Die Veränderung des Working Capital in einer Periode zeigt an, welchen Kapitalbetrag ein Unternehmen in dieser Periode in die Vermögensgegenstände des Netto-Umlaufvermögens investiert (Erhöhung) oder desinvestiert (Verringerung) hat.

Es ist zu beachten, dass der Begriff des Working Capital nicht einheitlich verwendet wird. Die in diesem Buch gewählte Abgrenzung wird mitunter auch als **Working Capital im weiteren Sinne** bezeichnet. Unter dem **Working Capital im engeren Sinn** werden dann das Vorratsvermögen und die Forderungen aus Lieferungen und Leistungen abzüglich Anzahlungen und Verbindlichkeiten aus Lieferungen und Leistungen verstanden. Verwendet man das Working Capital in seiner engeren Abgrenzung, so ist obiges Berechnungsschema zu ergänzen: Um vom operativen Brutto-Cashflow zum operativen Free Cashflow zu gelangen, ist die Veränderung sonstiger Positionen des operativen Umlaufvermögens zu subtrahieren und die Veränderung sonstiger unverzinslicher Verbindlichkeiten zu addieren.

Auch bezüglich der Behandlung **kurzfristiger Rückstellungen** sind unterschiedliche Vorgehensweisen zu beobachten: Häufig werden die kurzfristigen Rückstellungen in die Berechnung des Working Capital (im weiteren Sinn) einbezogen. Dann ist bei der Berechnung des oFCF nur die Veränderung der langfristigen Rückstellungen gesondert zu berücksichtigen. Bezieht man die Veränderung der kurzfristigen Rückstellungen jedoch nicht in die Veränderung des Working Capital mit ein, so ist in das Berechnungsschema die Veränderung der gesamten Rückstellungen einzusetzen.

Tabelle 3–1 zeigt die Ableitung der operativen Free Cashflows der Jahre 1–5 der KfZ-Zulieferer GmbH aus deren Planbilanz und PlanGuV[12].

---

[11] Vgl. *Copeland/Koller/Murrin* (1998), S. 187.

[12] Die Ermittlung des Working Capital ist in Tabelle 2–8 dargestellt. Die liquiden Mittel wurden

in Mio. € Jahr	1	2	3	4	5
[+] Operatives Ergebnis vor Steuern/Zinsen (EBIT)	53,0	59,6	73,9	76,2	74,1
[–] Adaptierte Steuern auf das EBIT	20,5	23,0	28,6	29,4	28,6
[=] NOPLAT	32,5	36,6	45,3	46,8	45,5
[+] Abschreibungen	75,0	78,7	86,0	89,5	92,1
Kurzfristige Rückstellungen	65,5	67,5	72,1	75,6	78,7
[+] Veränderung der kurzfristigen Rückstellungen	1,9	2,0	4,6	3,5	3,1
Langfristige Rückstellungen	42,5	45,5	48,5	51,5	54,5
[+] Veränderung der langfristigen Rückstellungen	3,0	3,0	3,0	3,0	3,0
[=] Brutto-Cashflow	112,4	120,3	138,9	142,8	143,7
[–] Investitionen in das Anlagevermögen	78,6	95,6	88,9	89,4	82,0
Working Capital	166,1	167,0	178,5	187,0	193,6
[–] Veränderung des Working Capital	–0,1	0,9	11,5	8,5	6,6
Operativer Free Cashflow	**33,9**	**23,8**	**38,5**	**44,9**	**55,1**

Tabelle 3–1: Ermittlung der operativen Free Cashflows der KfZ-Zulieferer GmbH

Der **operative Free Cashflow** enthält keine finanzierungsbezogenen Zahlungsströme wie Zinsaufwendungen, Veränderungen von Finanzierungsschulden und Dividenden; auch werden die Unternehmenssteuern ohne Berücksichtigung der steuerlichen Abzugsfähigkeit der Fremdkapitalzinsen ermittelt. Der oFCF entspricht dem vom Unternehmen erwirtschafteten Zahlungsüberschuss vor Berücksichtigung von Finanzierungsmaßnahmen und ist somit finanzierungsneutral, d.h. er wird durch die Kapitalstruktur des zu bewertenden Unternehmens nicht beeinflusst.

Diese Finanzierungsneutralität verdeutlicht die dem Bruttoverfahren zugrunde liegende Aufteilung des Unternehmens in einen Leistungsbereich, für den der Cashflow prognostiziert wird, und einen Finanzierungsbereich, der sich im Diskontierungszinssatz niederschlägt. Bei dieser Trennung ist darauf zu achten, dass jede Position nur einem der Bereiche zugeordnet werden darf (Konsistenz der Zuordnung). Fließen Positionen in die Berechnung des oFCF ein, so dürfen sie bei der Ermittlung des Diskontierungsfaktors nicht nochmals berücksichtigt werden.

Beispielsweise werden aufgrund ihrer Berücksichtigung bei der Berechnung des Working Capital **unverzinsliche Fremdkapitalpositionen** wie Verbindlichkeiten aus Lieferungen und Leistungen dem Leistungsbereich zugerechnet. Die mit diesen Verbindlichkeiten verbundenen Finanzierungskosten (z.B. die indirekten Zinsen, die bei der Bezahlung von Rechnungen nach 30 Tagen durch den Verzicht auf Skontoabzug entstehen, oder auch die mit längeren Zahlungszielen oftmals verbundenen schlechteren Einkaufskonditionen) schlagen sich im Materialaufwand nieder und führen somit zu einer Verringerung des EBIT. Da die Finanzierungs-

vollständig als nicht-betriebsnotwendig behandelt und daher in die Berechnung des Working Capital nicht einbezogen.
Als Unternehmenssteuersatz wurde 38,65 % angenommen.

kosten damit im oFCF enthalten sind, dürfen sie in die Ermittlung der gewichteten Kapitalkosten nicht einbezogen werden.

In der Regel wird nur das verzinsliche Fremdkapital dem Finanzierungsbereich zugeordnet, daher fließen nur die Kapitalkosten des verzinslichen Fremdkapitals in die *WACC*-Ermittlung ein. Der aus dem Barwert der oFCF ermittelte Marktwert des Gesamtkapitals entspricht damit genau betrachtet auch nicht den Ansprüchen sämtlicher Kapitalgeber, sondern nur denen der Eigenkapitalgeber und jener Fremdkapitalgeber, die verzinsliches Fremdkapital zur Verfügung stellen. Nur der Marktwert des Fremdkapitals dieser Fremdkapitalgeber ist damit auch vom Marktwert des Gesamtkapitals abzuziehen, um zum Marktwert des Eigenkapitals zu gelangen.

Die Zuordnung zum Finanzierungsbereich bestimmt somit zugleich die (verzinslichen) Fremdkapitalpositionen, deren Marktwert vom Marktwert des Gesamtkapitals abzuziehen ist, um den Wert des Eigenkapitals zu ermitteln.

Ähnlich verhält es sich mit den **Zinserträgen, Beteiligungserträgen** aus eigenständigen Tochtergesellschaften und den **nicht-operativen Cashflows** (z.B. Mieterträgen aus der Vermietung nicht-betriebsnotwendiger Immobilien, außerordentlichen Erträgen aus der Veräußerung nicht-betriebsnotwendiger Anlagen etc.). Diese wurden bei der Berechnung der abzuzinsenden oFCF nicht berücksichtigt. Gleichwohl stehen diese Mittelzuflüsse auch für Ausschüttungen und Investitionen zur Verfügung und müssen daher in den Unternehmenswert miteinbezogen werden.

Dies geschieht in den Discounted Cashflow-Ansätzen dergestalt, dass diese Positionen separat bewertet werden. Die gesondert ermittelten Werte des nicht-betriebsnotwendigen Vermögens (inklusive der nicht-betriebsnotwendigen liquiden Mittel) und der Beteiligungen werden dann zum Barwert der jeweils bewertungsrelevanten Cashflows – also beim Bruttoverfahren zum Barwert der oFCF – hinzugerechnet, um zum Unternehmenswert zu gelangen.

Auch hier ist wieder auf Konsistenz zu achten. Jeder Zahlungsfluss, der im abzuzinsenden oFCF keine Berücksichtigung findet, muss zu einer „Korrekturkomponente“ führen, die zur Bestimmung des Unternehmenswertes dem Barwert der oFCF hinzugerechnet wird. Oder anders ausgedrückt: Ordnet man Vermögensgegenstände dem nicht-operativen Bereich zu und addiert ihren Wert zum Barwert der Cashflows, so dürfen die mit diesen Vermögensgegenständen verbundenen Aufwendungen und Erträge nicht in die Berechnung des operativen Ergebnisses, das ja die Basis für die Berechnung des abzuzinsenden Cashflows ist, eingehen. So ist die Nicht-Berücksichtigung von Zinserträgen konsistent mit der Addition der nicht-betriebsnotwendigen liquiden Mittel, aus denen diese Zinserträge stammen, zum Barwert der Cashflows.

Exkurs: Entity-Ansatz auf Basis von Total Cashflows

An Stelle der operativen Free Cashflows können im Rahmen des Entity-Ansatzes auch die so genannten **Total Cashflows (TCF)** herangezogen werden. Diese Variante kommt in der Praxis aber nur selten zur Anwendung. Der Unterschied zum herkömmlichen Entity-Ansatz besteht darin, dass die Steuerersparnis aus den

Fremdkapitalzinsen bereits im Cashflow und nicht erst im Diskontierungszinssatz *WACC* berücksichtigt wird.

Der Total Cashflow unterscheidet sich vom operativen Free Cashflow um den Betrag der Steuerersparnis aus den Fremdkapitalzinsen. Es gilt:

	Operativer Free Cashflow
+	Unternehmenssteuerersparnis aus den Fremdkapitalzinsen
=	Total Cashflow

Da auch hier wiederum auf Konsistenz der Cashflows mit dem Finanzierungszinssatz zu achten ist, darf die Steuerersparnis aus den Fremdkapitalzinsen bei der Ermittlung des Mischzinssatzes *WACC* nicht noch einmal berücksichtigt werden.

Der Entity-Ansatz auf Basis von TCF führt zu demselben Ergebnis wie das auf den oFCF basierende Verfahren. Er hat jedoch den Nachteil, dass die Cashflows nicht mehr finanzierungsneutral sind.

3.2.2 Berechnung der Flows to Equity des Equity-Ansatzes

Beim Equity-Ansatz liegen der Unternehmenswertberechnung Cashflows zugrunde, die ausschließlich den Eigenkapitalgebern zustehen. Die aus einer Fremdfinanzierung zu erwartenden Zahlungsströme werden in die Ermittlung der Cashflows einbezogen. Die resultierenden Cashflows werden als **Flows to Equity (FtE)** bezeichnet.

Eine Trennung in einen Leistungs- und einen Finanzierungsbereich wie beim Bruttoverfahren findet nicht statt.

Der Flow to Equity kann schematisch wie folgt ermittelt werden (die Unterschiede zur Ermittlung des operativen Free Cashflows sind hervorgehoben):

	Operatives Ergebnis vor Zinsen und Steuern (EBIT)
–	**Fremdkapitalzinsen**
=	Operatives Ergebnis vor Steuern (EBT)
–	**Unternehmenssteuern auf das operative Ergebnis vor Steuern**
=	Operatives Ergebnis nach Steuern
+	Abschreibungen
+	Erhöhung (– Verminderung) der Rückstellungen
–	Investitionen in das Anlagevermögen
–	Erhöhung (+ Verminderung) des Working Capital
–	**Tilgung (+ Aufnahme) von verzinslichem Fremdkapital**
=	Flow to Equity (FtE)

Vom operativen Ergebnis vor Steuern und Zinsen sind zunächst die Zinsen abzuziehen. Anschließend werden die Unternehmenssteuern aus dem sich daraus ergebenden operativen Ergebnis vor Steuern berechnet[13]. In die Berechnung der Un-

[13] Bei dieser Vorgehensweise wird vereinfachend unterstellt, dass der Zinsaufwand voll steuerwirksam ist. Seit der Unternehmensteuerreform 2008 ist diese volle steuerliche Abzugsfähigkeit

ternehmenssteuern fließen somit die Ersparniseffekte aus den Fremdkapitalzinsen mit ein. Als weiterer Unterschied zum Bruttoverfahren werden zusätzlich noch die Veränderungen des verzinslichen Fremdkapitals berücksichtigt. Hierbei reduzieren Kredittilgungen den Flow to Equity, Kreditaufnahmen erhöhen ihn. Die Prognose der FtE setzt somit eine exakte Planung der Fremdkapitalentwicklung voraus.

Der Flow to Equity lässt sich auch leicht aus dem operativen Free Cashflow ableiten. Es besteht folgender Zusammenhang:

	Operativer Free Cashflow
–	Fremdkapitalzinsen
+	Unternehmenssteuerersparnis auf die Fremdkapitalzinsen
–	Tilgung (+ Aufnahme) von verzinslichem Fremdkapital
=	Flow to Equity

Für die KfZ-Zulieferer GmbH berechnen sich für die Jahre 1–5 die Flows to Equity gemäß Tabelle 3–2[14].

in Mio. € **Jahr**	**1**	**2**	**3**	**4**	**5**
Operatives Ergebnis vor Steuern/Zinsen (EBIT)	53,0	59,6	73,9	76,2	74,1
[–] Fremdkapitalzinsen	16,4	15,7	15,1	13,7	11,9
[=] Operatives Ergebnis vor Steuern (EBT)	36,6	43,9	58,8	62,5	62,2
[–] Steuern (Unt.) auf das EBT	14,1	16,9	22,6	24,1	24,0
[=] Operatives Ergebnis nach Steuern	22,5	27,0	36,0	38,4	38,2
[+] Abschreibungen	75,0	78,7	86,0	89,5	92,1
Kurzfristige Rückstellungen	65,5	67,5	72,1	75,6	78,7
[+] Veränderung der kurzfristigen Rückstellungen	1,9	2,0	4,6	3,5	3,1
Langfristige Rückstellungen	42,5	45,5	48,5	51,5	54,5
[+] Veränderung der langfristigen Rückstellungen	3,0	3,0	3,0	3,0	3,0
[–] Investitionen	78,6	95,6	88,9	89,4	82,0
Working Capital	166,1	167,0	178,5	187,0	193,6
[–] Veränderung des Working Capital	–0,1	0,9	11,5	8,5	6,6
Finanzschulden	243,8	240,8	222,8	198,4	166,8
[+] Veränderung der Finanzschulden	–15,9	–3,0	–18,0	–24,4	–31,6
Flow to Equity	**8,0**	**11,2**	**11,2**	**12,1**	**16,2**

Tabelle 3–2: Ermittlung der Flows to Equity der KfZ-Zulieferer GmbH

des Zinsaufwandes für deutsche Unternehmen nicht immer gegeben, vgl. diesbezüglich Abschnitt 3.7.3.1.3.

[14] Zu den Finanzverbindlichkeiten haben wir im Fallbeispiel neben den Verbindlichkeiten gegenüber Kreditinstituten auch die Verbindlichkeiten gegenüber Gesellschaftern und gegenüber verbundenen Unternehmen gerechnet. Resultieren letztere aus Lieferungen und Leistungen, so sind sie nicht unter den Finanzverbindlichkeiten zu berücksichtigen, sondern fließen in die Berechnung des Working Capital ein.

Tabelle 3–3 zeigt für die KfZ-Zulieferer GmbH die Herleitung der Flows to Equity aus den operativen Free Cashflows.

in Mio. € Jahr	1	2	3	4	5
Operativer Free Cashflow (Entity-Ansatz)	33,9	23,8	38,5	44,9	55,1
[–] Fremdkapitalzinsen	16,4	15,7	15,1	13,7	11,9
[+] Unternehmenssteuerersparnis auf FK-Zinsen	6,4	6,1	5,8	5,3	4,6
[–] Tilgung [+] Aufnahme von verzinslichem FK	–15,9	–3,0	–18,0	–24,4	–31,6
Flow to Equity (Equity-Ansatz)	8,0	11,2	11,2	12,1	16,2

Tabelle 3–3: Ableitung der Flows to Equity der KfZ-Zulieferer GmbH aus den operativen Free Cashflows

3.2.3 Berechnung des Terminal Value

3.2.3.1 Das Zwei-Phasenmodell zur Ermittlung des Wertes eines Unternehmens mit unendlicher Lebensdauer

Grundsätzlich muss im Zuge einer Unternehmensbewertung für die gesamte Lebensdauer eines Unternehmens der Cashflow für jedes künftige Jahr geplant werden.

Geht man von einer endlichen Unternehmensdauer aus und nimmt man weiter an, dass das Unternehmen nach dieser Lebensdauer von n Jahren liquidiert wird, so sind für die Bewertung die erwarteten Cashflows dieser n Perioden sowie der am Ende der n-ten Periode erzielbare Liquidationswert des Unternehmens bewertungsrelevant. Der Wert des Unternehmens berechnet sich dann als Barwert dieser Zahlungsströme.

Die Lebensdauer des Unternehmens ist in der Regel jedoch nicht bekannt, meistens wird eine unendliche (unbegrenzte) Lebensdauer des Unternehmens unterstellt[15]. Man könnte sich nun damit behelfen, die Cashflows für die nächsten 50 bis 100 Jahre zu prognostizieren und die Zeit danach zu vernachlässigen, da der diskontierte Wert der späteren Cashflows (aufgrund der Abzinsung) verschwindend gering sein wird. Bei dieser Vorgehensweise sieht man sich jedoch mit einem zweiten Problem konfrontiert: Cashflows sind umso schwieriger planbar, je weiter sie in der Zukunft liegen. Eine detaillierte Planung ist für einen Zeitraum von mehr als 5 bis 8 Jahren kaum fundiert möglich.

Der in der Praxis übliche Lösungsansatz für dieses Problem besteht in der Aufteilung der Prognosen in zwei Perioden: Für eine Detailprognoseperiode von einigen Jahren werden die Cashflows detailliert geplant. Dieser Zeitraum beträgt in der Regel 3 bis 5 Jahre und wird auch Detailplanungszeitraum oder Planungshorizont genannt. Für den Zeitraum nach dem Planungshorizont wird der Restwert oder Terminal Value – auch als Endwert oder Fortführungswert bezeichnet – als Barwert der Cashflows nach der Detailprognoseperiode zum Zeitpunkt des Endes der Detailprognoseperiode berechnet.

[15] Da in der Realität die Lebensdauer eines Unternehmens begrenzt ist, führt die Annahme einer unbegrenzten Lebensdauer des zu bewertenden Unternehmens zu einer systematischen Überschätzung des Unternehmenswertes. Dieser systematische Fehler ist in der Regel jedoch gering.

Der Unternehmenswert lässt sich in diesem Zwei-Phasenmodell dann wie folgt bestimmen:

Unternehmenswert	=	Barwert der Cashflows während der Detailprognoseperiode	+	Barwert der Cashflows nach der Detailprognoseperiode
	=	Barwert der Cashflows während der Detailprognoseperiode	+	Barwert des Terminal Value

3.2.3.2 Berechnung des Terminal Value

Zur Bestimmung des Fortführungswertes geht man üblicherweise davon aus, dass der bewertungsrelevante Cashflow eines Unternehmens während der Fortführungsperiode mit einer konstanten Wachstumsrate g wächst bzw. konstant bleibt ($g = 0$). Damit kann der Terminal Value *(TV)* mithilfe der Formel für den Barwert einer (konstant wachsenden) ewigen Rente bestimmt werden:

$$TV = \frac{CF_{TV}}{(i - g)}$$

mit CF_{TV} = normalisierte Höhe des bewertungsrelevanten Cashflows im ersten Jahr nach der Detailprognoseperiode
i = Diskontierungszinssatz (je nach DCF-Ansatz, vgl. Abschnitt 3.3)
g = erwartete Wachstumsrate des bewertungsrelevanten Cashflows

Eine sorgfältige Bestimmung des Terminal Value ist für jede Bewertung von grundsätzlicher Bedeutung, denn oft macht der Barwert des Terminal Value weit mehr als 50 % des Unternehmensgesamtwertes aus. Deshalb ist der richtige Ansatz der normalisierten Höhe des bewertungsrelevanten Cashflows (CF_{TV}) sehr wichtig.

Der bewertungsrelevante Cashflow ist je nach Modell der operative Free Cashflow (oFCF) beim Entity-Ansatz oder der Flow to Equity (FtE) beim Equity-Ansatz.

Ermittlung der normalisierten Höhe des Cashflows im ersten Jahr nach der Detailprognoseperiode:
Für die Ermittlung der normalisierten Höhe des Cashflows darf nicht einfach – wie leider in der Praxis häufiger zu beobachten ist – auf den Cashflow des letzten Planjahres der Detailprognose zurückgegriffen werden. Wird beispielsweise für die Periode des Terminal Value ein niedrigeres Wachstum angesetzt als für das letzte Detail-Planjahr (was gewöhnlich der Fall ist), dann muss zur Realisierung dieses Wachstums nur ein geringerer Anteil des Ergebnisses investiert werden. Bleibt diese Veränderung der Investitionen ins Anlagevermögen und ins Working Capital unberücksichtigt, so kommt es zu systematischen und mitunter erheblichen Fehlern beim daraus resultierenden Unternehmenswert.

Bei der Ermittlung der normalisierten Höhe des Cashflows im ersten Jahr nach der Detailprognoseperiode wird davon ausgegangen, dass sich das Unternehmen in einem Gleichgewichts- bzw. Beharrungszustand befindet, der durch ein konstantes

Verhältnis des EBIT zum Umsatz (EBIT-Marge) gekennzeichnet ist und in dem der Umsatz und der Cashflow mit einer konstanten Wachstumsrate g wachsen.

Die einzelnen Positionen des „normalisierten" Cashflows sind dabei wie folgt anzusetzen:

- Der Umsatz bzw. das EBIT ist gegenüber dem Umsatz und EBIT des letzten Planjahres um die Wachstumsrate g zu erhöhen:
  Umsatz = $(1 + g) \cdot$ Umsatz des letzten Planjahres
  EBIT = $(1 + g) \cdot$ EBIT des letzten Planjahres
- Auch bezüglich des Working Capital wird ein Gleichgewichtszustand unterstellt. Das bedeutet, dass das Verhältnis des Working Capital zum Umsatz (auch als Working Capital-Quote bezeichnet) konstant bleibt. Wenn der Umsatz mit der Wachstumsrate g wächst, steigt demzufolge auch das Working Capital um diese Rate. Die Veränderung des Working Capital, die ja in den bewertungsrelevanten Cashflow einfließt, beträgt somit g multipliziert mit dem Working Capital des letzten Planjahres:
  Veränderung Working Capital = $g \cdot$ Working Capital des letzten Planjahres
- Die Veränderung der kurzfristigen Rückstellungen wird analog zur Veränderung des Working Capital ermittelt. Auch hier geht man von einem gleichbleibenden Verhältnis zum Umsatz aus. Daraus folgt:
  Veränderung kzfr. Rückstell. = $g \cdot$ kzfr. Rückstell. des letzten Planjahres
- Bezüglich der langfristigen Rückstellungen wird vereinfachend keine weitere Veränderung angenommen. Die Position langfristige Rückstellungen betrifft überwiegend die Pensionsrückstellungen. Eine unbegrenzte Erhöhung dieser Rückstellungen macht keinen Sinn: Die Rückstellungen werden gegebenenfalls zwar jedes Jahr weiter dotiert, spätestens nach einigen Jahren werden aber auch Pensionen zur Auszahlung anstehen, was ja zu Lasten der Pensionsrückstellungen geht. Im Gleichgewichtszustand entspricht die Zuführung zu den Rückstellungen gerade den Pensionszahlungen, d.h. die in den Cashflow einfließende Veränderung der langfristigen Rückstellungen beträgt Null.
  - ➢ Sollte nach Ablauf der Detailplanungsperiode dieser Gleichgewichtszustand noch nicht erreicht sein, so ist eine differenziertere Berücksichtigung der Pensionsrückstellungen notwendig[16].
- Investitionen in das Sachanlagevermögen (SAV) sind genau in dem Umfang zu berücksichtigen, in dem diese zur Erzielung des normalisierten Ergebnisses erforderlich sind. Geht man für die Berechnung des Terminal Value von Nullwachstum aus, so werden nur Ersatzinvestitionen getätigt, was bedeutet, dass die Investitionen den Abschreibungen (AfA) entsprechen. Erweiterungsinvestitionen werden nur insoweit angesetzt, als im Fortführungswert noch eine Wachstumsrate unterstellt wird. Für die Berechnung der Erweiterungsinvestitionen geht man wiederum von einem konstanten Verhältnis des Sachanlagevermögens zum Umsatz aus. Bei einem Umsatzwachstum von g betragen die Erweiterungsinvestitionen dann g multipliziert mit dem Sachanlagevermögen des letzten Planjahres. Die Gesamtinvestitionen berechnen sich damit als Abschreibung zuzüglich g multipliziert mit dem Sachanlagevermögen des letzten Planjahres:
  Investitionen SAV = AfA + $g \cdot$ SAV des letzten Planjahres

[16] Vgl. hierzu Abschnitt 3.8.3.1.

- Hinsichtlich der Ermittlung der Abschreibung wird unterstellt, dass jährlich ein konstanter Prozentsatz des Sachanlagevermögens abgeschrieben wird. Daraus folgt, dass bei einem konstanten Verhältnis des Sachanlagevermögens zum Umsatz auch das Verhältnis von Abschreibung zu Umsatz konstant ist. Die Abschreibung kann somit ermittelt werden durch Anwendung der Abschreibungsquote (Verhältnis Abschreibung zu Umsatz) des letzten Planjahres auf den Umsatz im normalisierten Cashflow. Alternativ kann die Abschreibung berechnet werden als
  Abschreibung = $(1 + g) \cdot$ Abschreibung des letzten Planjahres
  - ➢ Bei einigen Unternehmen ist die Struktur des Anlagevermögens (auch nach Ablauf der Detailplanungsperiode) nicht homogen, weil die Reinvestitionszyklen bezüglich großer Teile des Anlagevermögens sehr lang sind. Das ist beispielsweise bei Energieversorgungsunternehmen der Fall, die ihre Leitungsnetze und Kraftwerke im Abstand von mehreren Jahrzehnten erneuern. Dazu sind dann enorme Investitionen erforderlich, während in den Phasen dazwischen kaum reinvestiert werden muss. Hier hat es natürlich eine Auswirkung auf den Unternehmenswert, ob gerade erst in größerem Umfang investiert wurde oder ob derartige Investitionen in naher Zukunft noch anstehen. Bei einer derartigen Struktur des Anlagevermögens kann eine einfache Fortschreibung des Anlagevermögens des letzten Planjahres (und damit die Berechnung der Investitionen und der Abschreibung nach obigem Schema) zu Verzerrungen bezüglich des Unternehmenswertes führen. Es ist daher eine separate Planung der Reinvestitionsrate ratsam[17].
- Führt man eine Unternehmensbewertung nach dem Equity-Ansatz durch, so benötigt man zusätzlich noch die Veränderung der zinstragenden Verbindlichkeiten und der Zinsen. Im Gleichgewichtszustand wird eine gleichbleibende Kapitalstruktur unterstellt. Das bedeutet auch, dass ein gleichbleibender Anteil des Working Capital und des Anlagevermögens mit zinstragenden Verbindlichkeiten finanziert werden. Wachsen Working Capital und Anlagevermögen mit der Wachstumsrate g, so ist diese auch für die Veränderung der zinstragenden Verbindlichkeiten zu veranschlagen. Demzufolge gilt:
  Veränderung der zinstragenden Verbindlichkeiten
  = $g \cdot$ zinstragende Verbindlichkeiten des letzten Planjahres
- Der Zinsaufwand errechnet sich durch Multiplikation des Fremdkapitalzinssatzes mit den zinstragenden Verbindlichkeiten im Terminal Value. Da in die Ermittlung des Zinsaufwands des letzten Planjahres üblicherweise der Bestand an zinstragenden Verbindlichkeiten der vorletzten Planperiode einfließt, kann der Zinsaufwand im Terminal nicht einfach formelmäßig aus dem Zinsaufwand der Vorperiode ermittelt werden.

Für die KfZ-Zulieferer GmbH berechnet sich die normalisierte Höhe des Cashflows für den Terminal Value (unter Annahme einer Wachstumsrate von $g = 1\,\%$) wie in Tabelle 3–4 dargestellt.

Höhe der Wachstumsrate *g*:
Wie bereits erwähnt wird ein weiteres Wachstum nach der Detailplanungsperiode mittels eines Wachstumsabschlags g in der Rentenbarwertformel abgebildet.

---

[17] Vgl. hierzu Abschnitt 3.8.3.4.

Wachstumsrate im TV 1% Ermittlung der in Mio. €	Entity-Ansatz oFCF Jahr 5	oFCF Endwert	Equity-Ansatz FtE Jahr 5	FtE Endwert
Gesamtumsatz (nachrichtlich)	**1 830,3**	**1 848,6**	**1 830,3**	**1 848,63**
Op. Ergebnis vor Steuern/Zins (EBIT)	74,1	74,8	74,1	74,8
[–] Zinsaufwand (6,5%)*			11,9	11,0
[–] Steuern (Unt.) auf das EBIT	28,6	29,0		
[–] Steuern (Unt.) auf das EBT			24,0	24,7
[+] Abschreibungen	92,1	93,1	92,1	93,1
kurzfristige Rückstellungen	78,7	79,5	78,7	79,5
[+] Veränderung kurzfristiger Rückst.	3,1	0,8	3,1	0,8
langfristige Rückstellungen	54,5	54,5	54,5	54,5
[+] Veränderung langfristiger Rückst.	3,0	0,0	3,0	0,0
Sachanlagevermögen	361,3	364,9	361,3	364,9
[–] Investitionen ins SAV	82,0	96,7	82,0	96,7
Working Capital	193,6	195,5	193,6	195,5
[–] Veränderung Working Capital	6,6	1,9	6,6	1,9
Operativer Free Cashflow	**55,1**	**41,1**		
Finanzschulden			166,8	168,5
[+] Veränderung Finanzschulden			–31,6	1,7
Flow to Equity			**16,2**	**36,1**
→ daraus resultierender TV **		**608,0**		**432,4**

* Beachte: In die Berechnung des Zinsaufwands im Jahr 5 fließen auch die Finanzschulden am Ende des Jahres 4 ein. Der Zinsaufwand im Endwert des Equity-Ansatzes berechnet sich durch Multiplikation des Zinssatzes 6,5% mit dem Bestand an Finanzschulden im Endwert (e 168,5 Mio.).

** Zur Bestimmung der zur Berechnung des TV notwendigen Diskontierungszinssätze vgl. Abschnitt 3.3.

Tabelle 3–4: Berechnung der normalisierten Höhe des Cashflows der KfZ-Zulieferer GmbH für den Endwert

Da es sich bei der **Wachstumsrate *g*** um das langfristige (unbegrenzte) Unternehmenswachstum handelt, darf sie nicht zu hoch angesetzt werden. Es gelingt nur wenigen Unternehmen, über längere Zeiträume schneller zu wachsen als der Markt, in dem sie tätig sind. Als Schätzwert kann daher die erwartete **langfristige** Wachstumsrate der Branche herangezogen werden. In der Praxis werden Wachstumsraten zwischen 0 und 3 % verwendet, wobei 3 % nur bei Unternehmen in Branchen mit sehr dynamischem Wachstum angesetzt werden sollte. Oftmals wird die Wachstumsrate in Höhe der langfristigen Inflationsrate festgesetzt[18].

Bei stark wachsenden Unternehmen, die sich nach der Detailprognoseperiode noch nicht auf eine relativ geringe Wachstumsrate eingependelt haben, sollte man

[18] Da die Unternehmensplanung in der Regel nominal, d.h. ohne Inflationsbereinigung, aufgestellt wird, bildet die Wachstumsrate g auch das nominale Wachstum (im Gegensatz zum realen Wachstum) ab.

nach dem Detailplanungshorizont nicht direkt zum Terminal Value übergehen, sondern eine zweite Planungsphase einschieben. Die Planungskomponenten der zweiten Phase basieren auf mehr oder weniger pauschalen Fortschreibungen der Detailplanungen der ersten Phase.

In wettbewerbsintensiven Branchen kann man – gemäß mikroökonomischer Theorie – davon ausgehen, dass mittel- bis langfristig die Rendite von Erweiterungsinvestitionen auf die Höhe der Kapitalkosten sinkt.

In diesem Fall berechnet sich der Terminal Value nach der Formel:

$$TV = \frac{oEAT}{i}$$

Hierbei handelt es sich bei dem operativen Ergebnis nach Steuern $oEAT$ je nach verwendetem DCF-Ansatz um das EBIT abzüglich der adaptierten Unternehmenssteuern bzw. das EBT abzüglich der Steuern (bzw. den Jahresüberschuss).

Die Wachstumsrate ist aus der Formel verschwunden. Das bedeutet nicht zwangsläufig, dass das Wachstum Null beträgt, sondern nur, dass die Wachstumsrate keinen Einfluss auf den Unternehmenswert hat, weil die Rendite dieses Wachstums genau den Kapitalkosten entspricht.

Zur gleichen Formel gelangt man bei der Annahme eines Nullwachstums im Terminal Value, d.h. wenn $g = 0$.

Ansätze zur Ermittlung des Terminal Value, die nicht auf dem Cashflow basieren[19]: Neben dem dargestellten DCF-Ansatz werden zur Ermittlung des Fortführungswertes auch Methoden verwendet, die nicht auf Basis des Cashflows arbeiten. Häufig wird der Wert am Ende der Detailprognoseperiode mithilfe von Multiplikatoren wie z.B. dem Kurs-Gewinn-Verhältnis oder dem EBIT-Multiplikator bestimmt[20]. So geht man bei Verwendung des EBIT-Multiplikators davon aus, dass der Unternehmensgesamtwert (für Eigen- und Fremdkapitalgeber) im Anschluss an den Planungshorizont als Vielfaches seines künftigen EBITs berechnet werden kann. Grundsätzlich ist dieser Ansatz nicht falsch, insbesondere dann nicht, wenn die Bewertung aus Sicht einer Beteiligungsgesellschaft vorgenommen wird, die nach einigen Jahren einen Exit aus der Beteiligung (z.B. in Form eines IPOs oder Verkaufs) plant. Die Bestimmung des angemessenen Multiplikators kann jedoch Schwierigkeiten bereiten, da die nach den herkömmlichen Vergleichsverfahren gewonnenen Multiplikatoren die wirtschaftlichen Aussichten zu Beginn der Detailplanungsperiode widerspiegeln. Mit großer Wahrscheinlichkeit werden die wirtschaftlichen Aussichten am Ende der Detailplanungsperiode von diesen (mitunter erheblich) abweichen, so dass die Multiplikatoren (u.a. entsprechend der erwarteten Branchenentwicklung) angepasst werden müssen. Verwendet man trotzdem aktuelle (unangepasste) Multiplikatoren, kommt es zu systematischen Fehlern bei der Bestimmung des Endwertes.

---

[19] Zu unterschiedlichen Ansätzen der Ermittlung von Restwerten vgl. *Bausch/Pape* (2005).

[20] Zur Wertermittlung mit Multiplikatoren vgl. Kapitel 4; zum theoretischen Zusammenhang zwischen Multiplikatoren und der Ermittlung des Terminal Value im DCF-Modell als ewige Rente vgl. Abschnitt 4.7.

3.2.3.3 Festlegung des Detailprognosehorizonts

Bei der Festlegung des Zeitraums für die Detailprognose sollten einige Grundregeln beachtet werden:

Der Planungshorizont sollte nicht zwingend durch den internen Planungshorizont des Unternehmens vorgegeben sein. Plant ein Unternehmen beispielsweise nur die nächsten beiden Jahre detailliert, heißt das nicht, dass es sinnvoll ist, für die Zeit danach auf den Terminal Value zurückzugreifen. Es ist vielmehr ratsam, die Planung für die Unternehmenswertberechnung zumindest grob für einige weitere Jahre fortzuführen.

Der Zeitraum für die Detailprognose sollte so lang sein, dass die wirtschaftliche Lage des Unternehmens am Ende dieser Planungsperiode einen stabilen Zustand erreicht. Alle erforderlichen Investitionsschübe, Markterschließungen und andere bedeutende Maßnahmen sollten durch die Detailplanungsperiode erfasst werden. Das ist notwendig, weil das Verfahren für die Berechnung des Fortführungswertes auf der Annahme beruht, dass das Unternehmen über ein konstantes Verhältnis des EBIT zum Umsatz verfügt und (bezüglich des Cashflows) mit einer konstanten Rate wächst.

Ist das zu bewertende Unternehmen in einer konjunkturabhängigen Branche tätig, dann sollte die Detailprognose einen vollständigen Konjunkturzyklus abdecken und sich die Berechnung des Terminal Value an ein „durchschnittliches Jahr“ anschließen. Andernfalls gelangt man bei der Berechnung des *TV* zu völlig unrealistischen Ergebnissen, weil Boom- oder Rezessionsphasen des Zyklus als Dauerzustand in die Zukunft fortgeschrieben werden.

Da die Sicherheit der Prognose mit zunehmendem zeitlichen Abstand vom Bewertungsstichtag abnimmt, ist eine zu lange Detailplanungsperiode (z.B. länger als zehn Jahre) nicht sinnvoll.

An sich darf sich die Länge der Detailplanungsperiode nicht auf den Wert des Unternehmens auswirken, sondern lediglich auf die Verteilung des Wertes zwischen der Detailprognoseperiode und den folgenden Jahren. In den gängigen Bewertungsmodellen hat die Wahl des Planungshorizontes i.d.R. jedoch sehr wohl eine Auswirkung auf den resultierenden Unternehmenswert, weil mit einer Veränderung des Detailplanungszeitraums implizit auch eine Änderung der wirtschaftlichen Annahmen verbunden ist, die der Bewertung zugrunde gelegt werden. So liegt bei vielen Prognosen die in der Detailplanungsperiode angesetzte durchschnittliche Wachstumsrate deutlich über der zur Berechnung des Endwertes verwendeten Wachstumsrate. Wird nun die Detailprognoseperiode verlängert, so verlängert sich zugleich der Zeitraum, in dem dem zu bewertenden Unternehmen eine höhere Wachstumsrate zugebilligt wird. In diesem Fall führt eine Verlängerung des Planungshorizontes zu einer Steigerung des Unternehmenswertes[21].

[21] Zur Veranschaulichung dieser Problematik an einem Beispiel vgl. Abschnitt 3.5.2.

3.3 Bestimmung des Diskontierungszinssatzes

Im Rahmen der Darstellung des DCF-Verfahrens wurde bislang erläutert, wie die bewertungsrelevanten Cashflows und der Terminal Value bestimmt werden. Sowohl bei den Cashflows als auch beim Terminal Value handelt es sich um Zahlungsströme, die den jeweiligen Kapitalgebern in der Zukunft zufließen.

Um den Wert zu bestimmen, den diese Zahlungsströme für die Kapitalgeber zum gegenwärtigen Zeitpunkt (Bewertungsstichtag) haben, müssen sie mit einem angemessenen Diskontierungszinssatz auf den Bewertungsstichtag abgezinst werden.

3.3.1 Ermittlung des Diskontierungszinssatzes in Abhängigkeit vom jeweiligen DCF-Ansatz

Je nach gewähltem Bewertungsverfahren ist ein unterschiedlicher Diskontierungszinssatz zu verwenden. Dabei ist zwingend darauf zu achten, dass der Diskontierungszinssatz mit dem Bewertungsverfahren und der Definition der abzuzinsenden Cashflows konsistent ist.

Equity-Ansatz:
Beim Equity-Ansatz wurden als bewertungsrelevant Cashflows definiert, die ausschließlich den Eigenkapitalgebern zustehen. Deshalb darf bei der Ermittlung des Diskontierungsfaktors nur die Renditeforderung der Eigenkapitalgeber für das verschuldete Unternehmen – das sind aus Sicht des Unternehmens die Eigenkapitalkosten – berücksichtigt werden.

Entity-Ansatz:
Im Gegensatz dazu werden beim Entity-Ansatz als bewertungsrelevant die Zahlungsüberschüsse ermittelt, die zur Befriedigung der Ansprüche aller Kapitalgeber – also sowohl der Eigen- als auch der Fremdkapitalgeber – zur Verfügung stehen. Dementsprechend ist als Diskontierungszinssatz ein Mischzinssatz zu verwenden, in den sowohl die Eigenkapitalkosten als auch die Fremdkapitalkosten eingehen. Die jeweiligen Kapitalkosten der verschiedenen Kapitalgeber werden dabei gemäß ihrem relativen Anteil am gesamten investierten Kapital des Unternehmens gewichtet. Hierbei erfolgt die Gewichtung nicht auf Basis von Buchwerten, sondern auf Basis von Marktwerten, weil nur diese den tatsächlichen ökonomischen Wert der Ansprüche der jeweiligen Kapitalgeber widerspiegeln. Den so ermittelten Diskontierungszinssatz bezeichnet man als **gewichtete Kapitalkosten** oder auch ***WACC* (weighted average cost of capital).**

Abbildung 3–4 verdeutlicht diese Zusammenhänge nochmals.

Die gewichteten Kapitalkosten werden nach folgender Formel berechnet:

$$WACC = r_{EK} \cdot \frac{EK}{GK} + r_{FK} \cdot (1 - t) \cdot \frac{FK}{GK}$$

wobei

r_{EK} = Renditeforderung der Eigenkapitalgeber (für d. verschuldete Unt.)
= Eigenkapitalkosten des Unternehmens

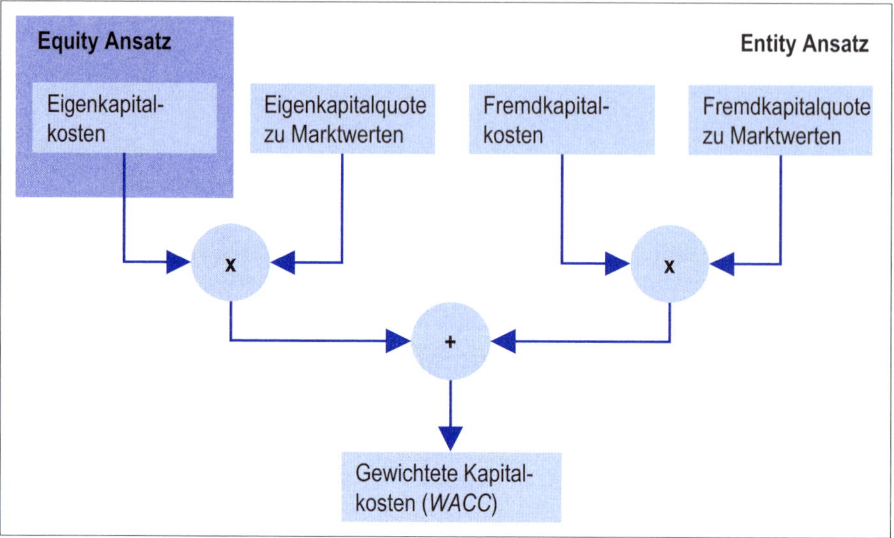

Abbildung 3–4: Diskontierungszinssatz

$r_{FK} \cdot (1 - t)$ = Fremdkapitalkosten des Unternehmens[22]
r_{FK} = Renditeforderung der Fremdkapitalgeber
t = Unternehmenssteuersatz
EK = Marktwert des Eigenkapitals
FK = Marktwert des verzinslichen Fremdkapitals
GK = $EK + FK$ = Marktwert des Gesamtkapitals, d.h. $\frac{EK}{GK} + \frac{FK}{GK} = 1$

Beim *WACC* handelt es sich um einen gewichteten Durchschnitt der Kosten sämtlicher Kapitalquellen. Vereinfachend wurden in der Formel nur zwei Finanzierungsarten – Eigenkapital und verzinsliches Fremdkapital – unterschieden. Die Formel kann jedoch problemlos um weitere Kapitalquellen mit einem unterschiedlichen Renditeanspruch ergänzt werden. Denkbar sind z.B. die gesonderte Berücksichtigung von Mezzanine-Kapital oder Vorzugsaktien oder auch eine Aufspaltung des Fremdkapitals in unterschiedliche Finanzierungskomponenten wie Leasing, Kredite, Anleihen, Wandelschuldverschreibungen etc. Für jede einbezogene Finanzierungsquelle ist dann ein eigener Gewichtungsfaktor auf Basis des jeweiligen Marktwertanteils festzulegen.

Wie oben erläutert[23] gehen nicht zu verzinsende Verbindlichkeiten nicht in die Berechnung des gewogenen Kapitalkostensatzes ein. Zwar sind auch unverzinsliche Verbindlichkeiten mit Kapitalkosten verbunden, diese Kosten schlagen sich jedoch im Preis der Güter nieder, deren Erwerb die Verbindlichkeit begründet, und sind somit im bewertungsrelevanten Cashflow in Form des Materialaufwandes bereits berücksichtigt. Aufgrund der Aufspaltung in einen Leistungs- und einen Finanzierungsbe-

[22] Hier wurde vereinfachend unterstellt, dass der Zinsaufwand voll steuerwirksam ist. Seit der Unternehmensteuerreform 2008 ist diese steuerliche Abzugsfähigkeit des Zinsaufwandes für deutsche Unternehmen nicht immer in vollem Umfang gegeben, vgl. diesbezüglich Abschnitt 3.7.3.1.3.

[23] Vgl. hierzu Abschnitt 3.2.1.

reich gilt allgemein, dass Komponenten, die bereits in den bewertungsrelevanten Cashflow eingeflossen sind, bei der *WACC*-Ermittlung unberücksichtigt bleiben.

Obige Formel verdeutlicht, dass die Höhe der gewichteten Kapitalkosten durch die Eigenkapitalkosten, die Fremdkapitalkosten und die Kapitalstruktur des zu bewertenden Unternehmens bestimmt wird. In den folgenden Abschnitten wird die Ermittlung dieser einzelnen Bestimmungsfaktoren detailliert erläutert.

3.3.2 Bestimmung der marktwertgewichteten Kapitalstruktur

Das Grundmodell des DCF-Entity-Ansatzes geht von einem über die Lebensdauer des Unternehmens konstanten Diskontierungszinssatz aus. Das impliziert neben konstanten Eigen- und Fremdkapitalkostensätzen auch eine konstante marktwertgewichtete Kapitalstruktur, d.h. ein konstantes Verhältnis zwischen Eigen- und Fremdkapital auf Marktwertbasis.

3.3.2.1 Ermittlung der gegenwärtigen Kapitalstruktur

Eine Möglichkeit zur Modellierung der Kapitalstruktur besteht darin, die Ist-Kapitalstruktur, d.h. die Kapitalstruktur, die das zu bewertende Unternehmen am Bewertungszeitpunkt aufweist, als künftige Kapitalstruktur zu unterstellen. Dies ist dann empfehlenswert, wenn keine wesentlichen Änderungen der Kapitalstruktur geplant werden.

Zur Berechnung der gegenwärtigen Kapitalstruktur werden die Marktwerte des Fremdkapitals und des Eigenkapitals benötigt.

Marktwert des Fremdkapitals:
Für einige Fremdkapitalkomponenten, wie z.B. börsennotierte Anleihen, kann der Marktwert direkt aus deren Marktpreisen abgleitet werden.

Für die übrigen Fremdkapitalkomponenten gilt: Entsprechen die für das Fremdkapital vereinbarten Finanzierungssätze den derzeit am Markt geltenden Konditionen, so kann der Marktwert des Fremdkapitals dem Buchwert des Fremdkapitals gleichgesetzt werden. Bei größeren Abweichungen zwischen vereinbarten Finanzierungszinssätzen und Marktkonditionen ist eine separate Berechnung der Marktwerte erforderlich. Dabei wird der Marktwert durch Abzinsung der Zahlungsströme an die Fremdkapitalgeber (Zins und Tilgung) berechnet. Der Diskontierungszinssatz sollte das Risikopotenzial der Zahlungsströme widerspiegeln, d.h. er sollte dem gegenwärtigen Marktzins einer vergleichbaren Refinanzierung mit ähnlichem Risiko (Bonität) und vergleichbaren Bedingungen (z.B. Laufzeit) entsprechen.

Beispiel: Berechnung des Marktwertes eines Kredits

Die KfZ-Zulieferer GmbH hat vor 2 Jahren ein endfälliges Darlehen (Laufzeit 31.12. des Jahres 3) über € 1 000 000, verzinslich zu 7 %, aufgenommen. Zu ermitteln ist der Marktwert dieses Kredites zum 31.12. des Jahres 0.
Der Marktwert des Kredites hängt davon ab, welchen Zins die KfZ-Zulieferer GmbH aktuell für einen vergleichbaren Kredit zahlen müsste.

Fall 1: Wenn die aktuellen Konditionen gleich dem vereinbarten Kreditzins sind (Marktzins 7 %), dann entspricht der Marktwert des Kredites dem Buchwert.

Fall 2: Liegen die aktuellen Konditionen über dem vereinbarten Kreditzins (Marktzins 9 %), dann ist der Marktwert des Kredites geringer als der Buchwert.

Fall 3: Liegen die aktuellen Konditionen unter dem vereinbarten Kreditzins (Marktzins 5 %), dann ist der Marktwert des Kredites größer als der Buchwert.

Vereinbarter Kreditzins 7 %		**in T€**	**Jahr 1**	**Jahr 2**	**Jahr 3**
Fall 1:	**Marktzins 7 %**				
Zins und Tilgung			70	70	1 070
Abzinsungsfaktor*			0,9346	0,8734	0,8163
Barwert zum 31.12. Jahr 0			65,42	61,14	873,44
Marktwert = Summe der Barwerte		**1 000,00**			
Fall 2:	**Marktzins 9 %**				
Zins und Tilgung			70	70	1 070
Abzinsungsfaktor*			0,9174	0,8417	0,7722
Barwert zum 31.12. Jahr 0			64,22	58,92	826,25
Marktwert = Summe der Barwerte		**949,39**			
Fall 3:	**Marktzins 5 %**				
Zins und Tilgung			70	70	1 070
Abzinsungsfaktor*			0,9524	0,9070	0,8638
Barwert zum 31.12. Jahr 0			66,67	63,49	924,27
Marktwert = Summe der Barwerte		**1 054,43**			

* Der Abzinsungsfaktor berechnet sich als $\frac{1}{(1 + Marktzins)^n}$, wobei n die Anzahl der Jahre zwischen Bewertungsstichtag und jeweiliger Zins- bzw. Tilgungszahlung bezeichnet.

Je weiter der vereinbarte Fremdkapitalzins über dem Marktzins liegt, desto höher ist der Marktwert des Fremdkapitals im Vergleich zum Buchwert des Fremdkapitals.

Marktwert des Eigenkapitals:
Bezüglich der Ermittlung des Marktwertes des Eigenkapitals existiert ein so genanntes **Zirkularitätsproblem.** Für die Berechnung des korrekten Kapitalkostensatzes *WACC* benötigt man den Marktwert des Eigenkapitals als Input. Der Marktwert des Eigenkapitals soll jedoch erst als Ergebnis der Unternehmensbewertung – durch Abzinsung der bewertungsrelevanten Cashflows mit dem *WACC* – berechnet werden.

In der Bewertungspraxis wird der Marktwert des Eigenkapitals durch mathematische Iteration ermittelt. Dabei wird zunächst ein Eigenkapitalwert geschätzt. Auf dessen Basis wird dann der vorläufige Diskontierungszinssatz *WACC* berechnet. Mithilfe dieses Diskontierungszinssatzes werden die operativen Free Cashflows und der Terminal Value abgezinst und der vorläufige Marktwert des Eigenkapitals ermittelt. In der Regel wird dieser von der ursprünglichen Annahme für den Eigenkapitalwert abweichen. Daher ist in einem zweiten Näherungsschritt als Schätzung für den Eigenkapitalwert ein Wert zu wählen, der zwischen der ursprüngli-

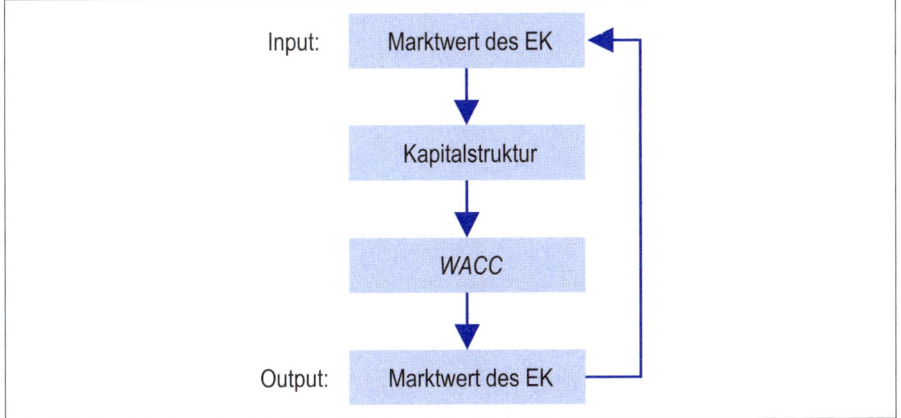

Abbildung 3–5: Zirkularitätsproblem

chen Schätzung und dem Ergebnis der ersten Bewertungsrunde liegt. Es werden so viele Iterationsschritte durchgeführt, bis der aus der Diskontierung der bewertungsrelevanten Cashflows resultierende Eigenkapitalwert dem Eigenkapitalwert entspricht, der zur Ermittlung des *WACC* unterstellt wurde. Mithilfe der heute in der Bewertungspraxis verwendeten Computerprogramme kann eine derartige Iteration in wenigen Minuten durchgeführt werden.

3.3.2.2 Zielkapitalstruktur

Häufig ist nicht davon auszugehen, dass die gegenwärtige Kapitalstruktur des Unternehmens derjenigen entspricht, die (wahrscheinlich) über die gesamte Lebensdauer des Unternehmens vorherrschen wird. Beispielsweise planen viele Unternehmen eine kontinuierliche Steigerung ihrer Ertragskraft, aus den künftigen wachsenden Cashflows ist dann oft eine nicht unerhebliche Rückführung der Bankverbindlichkeiten vorgesehen.

In diesem Fall ist es ratsam, zur Berechnung des *WACC* von einer Zielkapitalstruktur auszugehen. Diese sollte – ausgehend von der gegenwärtigen Kapitalstruktur des Unternehmens – die geplante zukünftige Finanzierungspolitik des zu bewertenden Unternehmens berücksichtigen.

Denkbar ist beispielsweise, als Zielkapitalstruktur einen gewogenen Durchschnitt der gegenwärtigen Kapitalstruktur und der Kapitalstruktur im Terminal Value zu wählen. Dabei berechnet sich die Eigenkapitalquote im Fortführungswert näherungsweise als „Terminal Value abzüglich des Fremdkapitals im Terminal Value" dividiert durch den Terminal Value. Wird unterstellt, dass sich die Veränderung der Kapitalstruktur gleichmäßig auf die Jahre des Detailprognosezeitraums verteilt, so ist als Gewicht für die Kapitalstruktur im Terminal Value $\frac{(1+ATV)}{2}$ zu wählen, wobei *ATV* den Anteil des Barwertes des Terminal Value am Barwert aller bewertungsrelevanten Cashflows (also einschließlich des Terminal Value) bezeichnet. Das Gewicht für die gegenwärtige Kapitalstruktur beträgt dann $\frac{(1-ATV)}{2}$. Dieser Ansatz liegt den Unternehmenswertermittlungen für die KfZ-Zulieferer GmbH zugrunde[24].

[24] Vgl. Abschnitt 3.3.4.

Zur Festlegung einer Zielkapitalstruktur ist auch die Analyse der Kapitalstruktur vergleichbarer Unternehmen hilfreich. Insbesondere wenn keine Informationen zur geplanten Finanzierungspolitik des Unternehmens vorliegen, sollte – um zu befriedigenden Ergebnissen zu gelangen – auf diesen Vergleichsmaßstab zurückgegriffen werden. Darüber hinaus kann ein Vergleich auch der Beurteilung bzw. Plausibilisierung der vom Unternehmen geplanten Finanzierungspolitik dienen. Bei deutlichen Abweichungen der Kapitalstruktur des Unternehmens von den Strukturen der Unternehmen einer Vergleichsgruppe sind die Gründe zu hinterfragen: Sind Abweichungen nur von vorübergehender Natur, weil beispielsweise Akquisitionen mit Fremdkapital finanziert wurden? Oder sind sie dauerhaft geplant? Ist letzteres der Fall, so sollte geklärt werden, welche Unternehmensbesonderheiten eine grundlegende Abweichung plausibel machen.

Bei der Festlegung der Kapitalstruktur sind folgende Sachverhalte zu beachten:

- Erfolgt die Unternehmensbewertung im Rahmen eines Unternehmenskaufs, so sollte zur Berechnung des *WACC* nicht nur das geplante Fremdkapital auf Unternehmensebene, sondern auch das Fremdkapital aus einer geplanten Kaufpreisfremdfinanzierung berücksichtigt werden.
- Weicht die Zielkapitalstruktur von der bestehenden Kapitalstruktur ab, so wird „modell-implizit" unterstellt, dass das Unternehmen seine Finanzierung unverzüglich an die vorgegebene Zielkapitalstruktur anpasst. Findet eine solche Anpassung nicht statt, dann ist der berechnete Unternehmenswert aufgrund der falschen Finanzierungsprämissen nicht ganz korrekt. Der Fehler fällt jedoch nur dann ins Gewicht, wenn gegenwärtige Kapitalstruktur und Zielkapitalstruktur erheblich voneinander abweichen.
- Wird – wie in der Praxis mitunter zu beobachten ist – der Berechnung des *WACC* die gegenwärtige Kapitalstruktur zugrunde gelegt, obwohl das Unternehmen künftig deutliche Veränderungen plant, so ist der berechnete Unternehmenswert fehlerhaft. Auch hier ist der Fehler umso größer, je deutlicher gegenwärtige Kapitalstruktur und Zielkapitalstruktur voneinander abweichen[25].
- Das Grundmodell des DCF-Entity-Ansatzes arbeitet mit einem über die Lebensdauer des Unternehmens konstanten Diskontierungszinssatz und damit auch mit einer konstanten Kapitalstruktur. Gemäß dieser Modellannahme wird unterstellt, dass in jeder Periode die Finanzierung gemäß dieser Kapitalstruktur erfolgt. Das ist in der Unternehmenspraxis jedoch in der Regel nicht der Fall mit der Folge, dass der mit dem Grundmodell berechnete Unternehmenswert nicht ganz korrekt ist. Der Fehler ist hier jedoch im allgemeinen gering.

Ist absehbar, dass sich das Verhältnis der Marktwerte des Eigen- und Fremdkapitals im Zeitablauf verändert, so sollte – um einen korrekten Unternehmenswert zu erhalten – auf den Equity-Ansatz zurückgegriffen oder im Entity-Modell die gewogenen Kapitalkosten *WACC* für jede Planperiode separat berechnet werden. Dieses als Entity-Ansatz mit periodenspezifischem *WACC* bezeichnete Modell bietet sich auch an, wenn zu erwarten ist, dass sich die Höhe der Eigen- oder Fremdkapitalkosten in der Zukunft ändert.

---

[25] Zur Verdeutlichung dieser Problematik an einem Beispiel vgl. Abschnitt 3.5.3.

Die dargestellten Probleme und die Lösung über ein Modell mit periodenspezifischem *WACC* werden im Rahmen der Diskussion der den einzelnen DCF-Ansätzen zugrunde liegenden Annahmen[26] nochmals anhand eines Beispiels beleuchtet.

3.3.3 Eigenkapitalkosten

Mitunter werden die Eigenkapitalkosten bei einer Bewertung fest vorgegeben. Das ist dann der Fall, wenn die Eigenkapitalgeber, für die die Bewertung erstellt wird, eine feste Vorstellung von der mit dem zu erwerbenden Unternehmen zu erwirtschaftenden Rendite haben. Solche Vorgaben bestehen in manchen Konzernen für die M&A-Abteilungen und auch in einigen Beteiligungsgesellschaften. Für Unternehmen der Old-Economy wird beispielsweise häufig eine Mindestverzinsung von 15 % nach Steuern angesetzt.

Bestehen keine festen Vorgaben, werden die Eigenkapitalkosten aus dem Zinssatz einer risikofreien Anlage zuzüglich einer Risikoprämie berechnet.

3.3.3.1 Ermittlung des Zinssatzes einer risikofreien Anlage

Theoretisch ist die risikofreie Rendite die Rendite einer Anlage ohne jedes Ausfallrisiko und ohne Korrelation mit Renditen anderer Kapitalanlagen. In der Praxis nimmt man vereinfachend an, dass langfristige festverzinsliche Anleihen der öffentlichen Hand mit keinem Ausfallrisiko verbunden sind. Der Zinssatz dieser Anleihen spiegelt somit den Zinssatz einer risikofreien Anlagemöglichkeit wider.

Es stellt sich nun die Frage, welcher Zinssatz dieser Anleihen denn für die Bewertung herangezogen werden soll: der am Bewertungsstichtag gültige Zinssatz, der zukünftig zu erwartende Zinssatz oder der durchschnittlich in der Vergangenheit realisierte Zinssatz.

Da im Rahmen einer Bewertung künftige Zahlungsströme abgezinst werden, ist grundsätzlich die zukünftige Rendite der Alternativanlage relevant.

Ist die Zinsstrukturkurve am Bewertungsstichtag flach, d.h. existieren nur geringe Unterschiede in der Rendite kurzfristiger und langfristiger Anlagen, kann vereinfachend ein einheitlicher, laufzeitunabhängiger (am Bewertungsstichtag gültiger) Zinsfuß für die Bewertung verwendet werden. Hier kann z.B. auf die von der Deutschen Bundesbank (z.B. im Internet) veröffentlichte „Umlaufrendite" (tägliche Umlaufrendite festverzinslicher Wertpapiere der öffentlichen Hand) zurückgegriffen werden.

Ist die Zinsstrukturkurve nicht-flach, d.h. bestehen deutliche Unterschiede bei der Anlage in kurz- bzw. langfristige Wertpapiere, so darf theoretisch kein über alle Perioden konstanter Zinsfuß festgelegt werden. Vielmehr sollte der Zinssatz für jede Periode differenziert gemäß der aus der Zinsstrukturkurve abgeleiteten Rendite für die jeweilige Laufzeit ermittelt werden. Daraus resultieren dann jedoch auch periodenspezifische Eigenkapitalkosten. Der Ansatz eines einheitlichen, laufzeitunabhängigen Zinssatzes führt nur zu Näherungslösungen. Das Ausmaß des daraus resultierenden Bewertungsfehlers ist jedoch mit dem Aufwand für die Er-

[26] Vgl. Abschnitt 3.6.

mittlung und das Handling periodenspezifischer Zinssätze abzuwägen. Alternativ kann – allerdings auch mit einigem Aufwand verbunden – aus den periodenspezifischen Renditen der Zinsstrukturkurve auch eine einheitliche risikofreie Rendite ermittelt werden.

Exkurs: Marktorientierte Ableitung einer einheitlichen risikofreien Rendite über die Zinsstrukturkurve

Der Fachausschuss für Unternehmensbewertung und Betriebswirtschaft (FAUB) (der FAUB ist der Nachfolgeausschuss des Arbeitskreises Unternehmensbewertung des *IDW*) ist darauf eingegangen, wie die risikofreie Rendite aus der beobachtbaren Zinsstrukturkurve abgeleitet werden kann.[1]

Schritt 1: Ableitung der Zinsstrukturkurve

Ausgangspunkt der Ableitung der Zinsstrukturkurve ist die Annahme, dass die Bundesrepublik Deutschland ein sicherer Schuldner ohne Ausfallrisiko ist. Somit sind deutsche Staatsanleihen eine gute Ausgangsbasis zur Ableitung der risikofreien Rendite. Staatsanleihen sind in der Regel jedoch sogenannte Kuponanleihen, die durch einen jährlich fixen endlichen Zahlungsstrom gekennzeichnet sind. Im Gegensatz dazu sind Zahlungsströme aus Unternehmen üblicherweise schwankend und zeitlich nicht begrenzt. Daher stellt die Verwendung von Kuponanleiherenditen für Unternehmensbewertungen eine Vereinfachung dar.

Idealerweise sollten zur Abzinsung der Cashflows der jeweiligen Perioden laufzeitspezifische Zinssätze sogenannter Nullkuponanleihen oder Zerobonds (ohne Kreditausfallrisiko) verwendet werden. Problematisch hierbei ist, dass Zerobonds aber nur relativ selten emittiert werden, so dass nicht für jede Laufzeit (Fristigkeit) eine Notierung eines Zerobonds vorhanden ist. Dies wäre jedoch notwendig, um eine stetige Zinsstrukturkurve direkt beobachten zu können.

Aus den beobachtbaren Renditen von Kuponanleihen können gleichwohl mithilfe eines nichtlinearen Schätzverfahrens iterativ stetige Zerobond-Zinsstrukturkurven abgeleitet werden. Ein solcher Schätzansatz wird von der Deutschen Bundesbank für die Ableitung von kontinuierlichen Zinsstrukturkurven verwendet und veröffentlicht. Es handelt sich hierbei um den in Wissenschaft und Praxis gleichermaßen anerkannten Ansatz von *Nelson* und *Siegel*[2] der von *Svensson*[3] weiterentwickelt wurde. Mithilfe des Schätzansatzes können aus den für alle Anleihen beobachteten Renditedaten laufzeitspezifische Zerobond-Renditen (sogenannte „spot rates") ermittelt werden, welche als Funktion in

1 Die Ausführungen und Berechnungen in diesem Exkurs stammen aus den Arbeiten von *Jonas/Wieland-Blöse/Schiffahrth* (2005) und *Jonas/Wieland-Blöse/Duch* (2007), die sehr anschaulich und praxisnah die Ableitung der risikofreien Rendite aus der Zinsstrukturkurve darstellen.

2 Vgl. *Nelson/Siegel* (1988).

3 Vgl. *Svensson* (1994).

Abhängigkeit von insgesamt sechs Parametern (β_0, β_1, β_2, β_3, τ_1, τ_2) definiert werden. Die Deutsche Bundesbank ermittelt diese Parameter börsentäglich aus den Marktdaten von Bundesanleihen, Bundesobligationen und Bundesschatzanweisungen. Annahmegemäß sind diese nicht mit einem Ausfallrisiko behaftet. Demnach können risikofreie Zinssätze mittels der mathematischen Verknüpfung der ermittelten Parameter berechnet werden.

Konkret werden diese periodenspezifischen Zerobondrenditen $z(T,\beta,\tau)$ durch die Verarbeitung der beobachtbaren Marktrenditen von Bundeswertpapieren mittels des folgenden Schätzansatzes nach *Svensson* bestimmt:

$$z(T,\beta,\tau) = \beta_0 + \beta_1\left(\frac{1-\exp(-T/\tau_1)}{(T/\tau_1)}\right) + \beta_2\left(\frac{1-\exp(-T/\tau_1)}{(T/\tau_1)} - \exp(-T/\tau_1)\right) + \beta_3\left(\frac{1-\exp(-T/\tau_2)}{(T/\tau_2)} - \exp(-T/\tau_2)\right)$$

Dabei bezeichnet $z(T, \beta, \tau)$ die Zerobondrendite für die Laufzeit T in Jahren als Funktion der zu schätzenden Parametervektoren $\beta = (\beta_0, \beta_1, \beta_2, \beta_3)$ und $= \tau(\tau_1, \tau_2)$.

Trägt man die so geschätzten Renditen für unterschiedliche Restlaufzeiten grafisch ab, ergibt sich in Abbildung 3–6 die Zinsstrukturkurve:

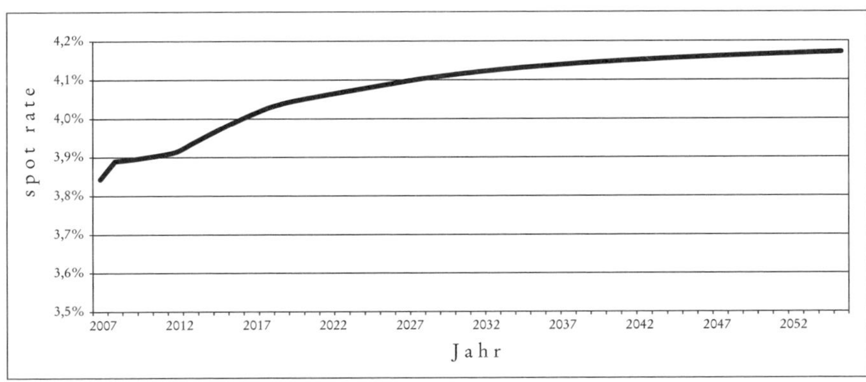

Abbildung 3–6: Zinsstrukturkurve für 50 Jahre am 29.12.2006 (Quelle: Jonas/Wieland-Blöse/Duch (2007), S. 4)

Der Wert des Schätzparameters β_0 kann als langfristiger Zinssatz interpretiert werden, da eine langfristige Extrapolation der geschätzten Zinsstrukturkurve gegen den Wert des Schätzparameters β_0 konvergiert. In obigem Beispiel nähert sich die dargestellte Zinsstrukturkurve sehr langfristig einem Zinssatz von 4,2 % an.

Schritt 2: Berechnung der barwertäquivalenten einheitlichen risikofreien Rendite

Bei Verwendung der Zinsstrukturkurve für die Kapitalisierung finanzieller Überschüsse ist der jeweilige Überschuss eines Planjahres mit dem jeweiligen laufzeitspezifischen Zinssatz abzuzinsen.

Finanzmathematisch lässt sich für eine gegebene Struktur finanzieller Überschüsse aus der ermittelten Zinsstrukturkurve eine barwertäquivalente einheitliche risikofreie Rendite ableiten. Diese Ableitung kann für den Fall von konstanten oder moderat wachsenden Zahlungsreihen unter Zugrundelegung einer konstanten Wachstumsrate erfolgen.

So kann beispielsweise für eine fiktive mit dem Wert 101 startende und jährlich mit dem Faktor w = 1 % wachsende Reihe finanzieller Überschüsse *FÜ* unter Zugrundelegung der jeweils aus den Zinsstrukturdaten vom 29.12.2006 abgeleiteten spot rates ein Barwert in Höhe von 3.213 ermittelt werden (vgl. Tabelle 3–5):

Jahr		2007	2008	2009	2010	2011	...	2256	2257	...
Finanzieller Überschuss	*FÜ*	101,00	102,01	103,03	104,10	105,10	...	1.203,22	1.215,25	...
spot rate	*r*	3,8524%	3,8911%	3,8946%	3,9008%	3,9124%	...	4,1963%	4,1964%	...
Barwertfaktor		0,9629	0,9265	0,8917	0,8581	0,8254	...	0,0000	0,0000	...
Barwert per 29.12.06		97,2534	94,5117	91,8725	89,2914	86,7500	...	0,0000	0,0000	...
Summe Barwerte		**3.213**								

Tabelle 3–5: Barwert einer konstant wachsenden Reihe (marktzinsorientierte Ableitung) (Quelle: Jonas/Wieland-Blöse/Duch (2007), S. 5)

Der gleiche Barwert *BW* kann auch mit einem einheitlichen Zinssatz r von 4,1433 % erzielt werden:

$$BW = \frac{FÜ\ (1 + w)}{r - w} \qquad 3.213 = \frac{100\ (1 + 1\,\%)}{r - 1\,\%} \qquad r = 4{,}1433$$

Um schätzbedingte Volatilitätseffekte auszuschließen, ist eine Glättung der von der Bundesbank geschätzten sehr langfristigen Zinssätze sinnvoll. Die vom FAUB vorgeschlagene Rundung auf ¼ Prozentpunkte stellt eine sinnvolle Vereinfachung der Umrechnung der laufzeitspezifischen spot rates in eine einheitliche risikofreie Rendite dar.[4] Wird der Wert der risikofreien Rendite im obigen Beispiel auf ein Viertelprozent gerundet, ergibt sich zum 01.01.2007 eine risikofreie Rendite von 4,25 %. Die aufgezeigte Methode der Ableitung einer einheitlichen risikofreien Rendite reflektiert die in der Zinsstrukturkurve zum Ausdruck kommenden Marktdaten ausreichend präzise.

[4] Vgl. IDW-Fachnachrichten Nr. 8/2005 S. 555–556, IDW-Fachnachrichten Nr. 9/2006 S. 581 jeweils mit weiteren Hinweisen zur praktischen Durchführung.

In der Praxis wird häufig ein einheitlicher, laufzeitunabhängiger Zinssatz einer risikofreien Anlage angesetzt. Da bei Verwendung des am Bewertungsstichtag gültigen Zinssatzes die Gefahr besteht, dass gegenwärtige Zinshochs bzw. Zinstiefs in die Bewertung einfließen, greift man in der Regel auf die in der Vergangenheit realisierten durchschnittlichen Renditen langfristiger öffentlicher Anleihen in Höhe von 4 bis 6% zurück.

In jüngerer Zeit kommt jedoch auch zunehmend der Ansatz einer marktzinsorientierten Ableitung der risikofreien Rendite zur Anwendung.

Nach einer von *Jonas/Wieland-Blöse/Duch* durchgeführten Analyse von 199 öffentlich zugänglichen Bewertungsgutachten aus den Jahren 1995 bis 2005 ist davon auszugehen, dass die risikofreie Rendite in diesen Bewertungen überwiegend vergangenheitsorientiert abgeleitet wurde. Abbildung 3–7 zeigt für den untersuchten Zeitraum den Vergleich der eher vergangenheitsorientierten risikofreien Renditen mit den gemäß oben beschriebener Vorgehensweise pro Monatsultimo ermittelten einheitlichen marktzinsorientierten risikofreien Renditen:

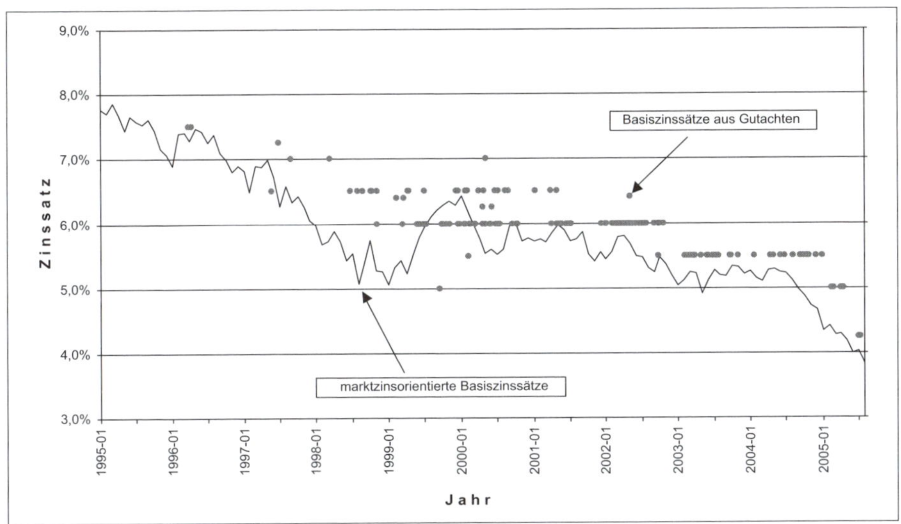

Abbildung 3–7: Gegenüberstellung vergangenheitsorientierter und marktzinsorientierter Basiszinssätze im Zeitablauf (01.1995–08.2005) (Quelle: Jonas/Wieland-Blöse/Duch (2007), S. 6)

Seit 1995 sind schwankende, im Trend jedoch deutliche sinkende Marktzinsen zu beobachten. Die vergangenheitsorientierten Basiszinssätze sinken dementsprechend, allerdings zeitversetzt. Aus der Grafik wird ersichtlich, dass die vergangenheitsorientierten Basiszinssätze häufiger über als unter den marktzinsorientierten Basiszinssätzen liegen. Seit Mitte 2004 zeigt sich eine Vergrößerung der Differenz zwischen beiden Ansätzen. Die Mitte 2005 ausgewerteten Gutachten verwenden bereits den marktzinsorientiert abgeleiteten Basiszinssatz von 4,25%.

Bewertungstheoretisch ist eine marktzinsorientierte Ableitung der risikofreien Rendite einer vergangenheitsorientierten Ableitung vorzuziehen. Die von der Bundesbank vorgenommene Schätzung einer Zinsstrukturkurve liefert eine möglich Ausgangsbasis für die Ableitung der risikofreien Rendite. Dies ist angesichts der Transparenz und Objektivität der Methode besonders bei durch Interessenkonflikte geprägten Bewertungen dienlich.

In der Bewertungspraxis stellt sich die Frage, ob der mit der marktorientierten Ableitung verbundene Mehraufwand und die hinter dem Ansatz stehende Komplexität den Übergang vom einfachen, vergangenheitsorientierten Ansatz zum marktorientierten Ansatz rechtfertigt. Diese Frage stellt sich in noch in viel stärkerem Maße, wenn Unternehmensbewertungen auf internationaler Ebene durchgeführt werden.

Aus unserer Sicht sind sowohl der vergangenheitsorientierte als auch der marktzinsorientierte Ansatz zur Ableitung der risikofreien Rendite anwendbar. Es sollten jedoch bei beiden Ansätzen die Herkunft, Aktualität und Plausibilität der Werte hinterfragt werden.

3.3.3.2 Risikoprämie

Der Ansatz einer Risikoprämie bei der Berechnung der Eigenkapitalkosten bedeutet, dass von risikoscheuen Anlegern ausgegangen wird. Diese messen Investitionen in ein Unternehmen ein höheres Risiko bei als dem Kauf festverzinslicher risikofreier Wertpapiere. Anleihegläubiger erhalten – bei unzweifelhafter Bonität des Schuldners – feste Zins- und Tilgungszahlungen. Aktionäre bzw. Unternehmenseigner erhalten hingegen eine schwankende, von der Ertragslage des Unternehmens abhängige Ausschüttung, bei Verkauf der Beteiligung unterliegt der Verkaufspreis ebenfalls Schwankungen. Der Begriff Risiko bezeichnet dabei jede mögliche Abweichung vom Erwartungswert der künftigen Cashflows des Unternehmens – egal ob positiv oder negativ. Eine größere Schwankungsbreite (Volatilität) der künftigen Zahlungsströme aus einem Investment bedeutet daher ein höheres Risiko. Die mit der größeren Streuung verbundenen Ertragschancen werden vernachlässigt.

3.3.3.2.1 Systematisierung von Risiken

Mit dem Kauf eines Unternehmens oder Unternehmensanteils sind verschiedene Arten von Risiken verbunden: Je nachdem, welche Faktoren für die jeweilige Schwankung der Zahlungsströme verantwortlich sind, unterscheidet man das systematische Risiko und das unsystematische Risiko. (In der Praxis ist eine scharfe Abgrenzung zwischen den genannten Risikokomponenten oftmals sehr schwer).

Das **systematische Risiko** umfasst all die Einflussfaktoren, die dem generellen gesamtwirtschaftlichen und politischen Umfeld zugerechnet werden können. Beispiele hierfür sind Wechselkursschwankungen/Veränderungen von Währungsparitäten, Schwankungen der Rohstoffpreise, Konjunkturschwankungen, Steuerreformen, Änderungen der Lohnnebenkosten, Handelsabkommen zwischen Staaten, Umweltschutzauflagen, Kriege, Wahlen, Missernten oder Naturkatastrophen. Diese Faktoren liegen nicht im Einflussbereich der Unternehmensleitung. Man spricht diesbezüglich auch vom allgemeinen (Markt-)Risiko. Die unter dem systematischen Risiko zusammengefassten Einflüsse betreffen alle Unternehmen in einer Volkswirtschaft – allerdings in unterschiedlichem Ausmaß –, sie können daher von einem Anleger nicht durch Diversifizierung innerhalb der Volkswirtschaft vermieden werden.

Bei teilweiser Fremdfinanzierung setzt sich das systematische Risiko aus zwei Komponenten zusammen: dem Investitionsrisiko (Geschäftsrisiko, leistungswirtschaftliches Risiko) und dem Kapitalstrukturrisiko (finanzwirtschaftliches Risiko). Diese Aufteilung trägt der Tatsache Rechnung, dass die Risiken – klammert man die Gefahr der Zahlungsunfähigkeit einmal aus – nur von den Eigenkapitalgebern getragen werden, da die Zahlungen an die Fremdkapitalgeber ja fix sind. Bei einem in seiner absoluten Höhe gegebenen leistungswirtschaftlichen Risiko steigt demzufolge mit wachsendem Verschuldungsgrad das auf jede Eigenkapital-Einheit entfallende Risiko an.

Unter dem **unsystematischen Risiko** werden alle einzelwirtschaftlichen Risikofaktoren subsummiert. Diese sind dadurch gekennzeichnet, dass sie unternehmensspezifisch sind, d.h. sie beeinflussen nur die wirtschaftliche Lage eines bestimmten Unternehmens. Hierzu zählen beispielsweise die Positionierung am Markt, die Konkurrenzfähigkeit der angebotenen Produkte, die Existenz von Markteintrittsbarrieren, Anzahl und Größe der Wettbewerber, die Markteinführung von Substitutionsprodukten, der Grad der Abhängigkeit von Kunden oder Lieferanten, die Qualität des Managements, das unplanmäßige Ausscheiden eines Geschäftsführers oder negative Presseberichte (z.B. aufgrund unsauberer Bilanzierungspraktiken). Diese einzelwirtschaftlichen Faktoren bewirken, dass sich die Renditen der verschiedenen Unternehmen nicht gleichgerichtet entwickeln. Während die Werte einiger Unternehmen steigen, werden die anderer Unternehmen sinken. Ein Anleger, der nicht sein gesamtes Kapital in ein Unternehmen investiert, sondern in der Lage ist, seine Beteiligungen zu streuen, kann durch geschickte Auswahl der Beteiligungen sein unsystematisches Risiko verringern bzw. im Optimalfall ausräumen.

Immer wenn durch Diversifikation die unsystematischen Risiken eliminiert werden können, ist für die Höhe der Risikoprämie nur das systematische Risiko entscheidend. Das wird z.B. bei der Bewertung von Unternehmen im Rahmen einer Börseneinführung angenommen. Beim Kauf ganzer Unternehmen oder großer Beteiligungen kann man in der Regel nicht davon ausgehen, dass aus Sicht der Erwerber die Möglichkeit einer perfekten Diversifikation gegeben ist. In diesen Fällen spielen die unternehmensspezifischen Risikofaktoren für die Erwerber durchaus eine Rolle, daher wird die von ihnen geforderte Risikoprämie auch einen Zuschlag für das unsystematische Risiko enthalten.

3.3.3.2.2 Ermittlung der Risikoprämie mithilfe kapitalmarkttheoretischer Modelle

Zur Ermittlung der Risikoprämie wird üblicherweise auf kapitalmarkttheoretische Modelle, i.a. auf das **Capital Asset Pricing Model (CAPM)**, zurückgegriffen. Im Folgenden wird nur der Grundgedanke des CAPM aufgezeigt, eine detaillierte Herleitung bzw. Erläuterung des Modells würde den Rahmen dieses Buches sprengen. Diesbezüglich sei auf einschlägige Lehrbücher zur Unternehmensfinanzierung, in denen das CAPM ausführlich dargestellt wird[27], verwiesen.

Auch das CAPM geht davon aus, dass die Eigenkapitalkosten sich als Rendite risikofreier Wertpapiere zuzüglich einer Risikoprämie berechnen. Die Höhe der Risikoprämie wird dabei bestimmt als Produkt aus der Marktrisikoprämie und einem unternehmensspezifischen Beta-Faktor. Die Gleichung für die Berechnung der Eigenkapitalkosten lautet dann:

[27] Vgl. z.B. *Brealey/Myers* (1984).

$$r_{EK} = r_f + MRP \cdot \beta$$

mit r_f = risikofreie Rendite
MRP = Marktrisikoprämie
β = unternehmensspezifischer Beta-Faktor

3.3.3.2.2.1 Marktrisikoprämie

Die Tatsache, dass es sich beim CAPM um ein kapitalmarkttheoretisches Modell handelt, impliziert, dass in die Berechnung der Risikoprämie nur das systematische Risiko einfließt.

Auf perfekten Kapitalmärkten – eine der Grundannahmen des CAPM – besteht für die Anleger die Möglichkeit, in ein perfekt diversifiziertes Marktportfolio zu investieren. In dieses Marktportfolio gehen alle am Markt gehandelten Finanztitel ein. Die Gewichtung der einzelnen Finanztitel wird dabei (in Abhängigkeit der Korrelationen der einzelnen Wertpapiere) so bestimmt, dass die bestmögliche Rendite-Risiko-Kombination realisiert wird. Das unsystematische Risiko der Einzeltitel wird durch die Diversifikation eliminiert. Im Vergleich zur risikofreien Anlage unterliegt das Marktportfolio jedoch dem systematischen Risiko, deshalb wird ein Anleger bei einer Investition in das Marktportfolio eine so genannte **Marktrisikoprämie** einfordern. Die Marktrisikoprämie stellt den Marktpreis des (systematischen) Risikos dar.

Die Marktrisikoprämie berechnet sich als Differenz zwischen der erwarteten Rendite des Marktportfolios und der risikofreien Rendite:

$$MRP = E(r_m) - r_f$$

mit $E(r_m)$ = Erwartungswert der Rendite des Marktportfolios
r_f = risikofreie Rendite

Daraus ergibt sich folgende Gleichung für die Eigenkapitalkosten:

$$r_{EK} = r_f + (E(r_m) - r_f) \cdot \beta$$

Da die Marktrisikoprämie im Rahmen der Unternehmensbewertung zur Berechnung eines Diskontierungszinssatzes herangezogen wird, mit dem künftige Zahlungsströme abgezinst werden, muss die für die Zukunft prognostizierte Marktrisikoprämie, auch als Markterwartungsrisikoprämie bezeichnet, verwendet werden. In der Regel basiert die prognostizierte Risikoprämie auf historischen Schätzwerten. Hierbei ist jedoch zu berücksichtigen, dass die zukünftige Risikoprämie durchaus von den historischen Werten abweichen kann. Das wird zum Beispiel bei Änderungen des Steuersystems der Fall sein, wenn diese sich unterschiedlich auf die Zinserträge aus Anleihen und die Dividendenerträge der Aktien auswirken. So ist davon auszugehen, dass die Umstellung der Besteuerung der Dividendenerträge bei natürlichen Personen auf das Halbeinkünfteverfahren in 2001/2002 eine Auswirkung auf die Marktrisikoprämie hatte, da Zinserträge nach wie vor voll der Besteuerung unterlagen. Auch die Steuerreform 2008, durch die diese unterschiedliche Besteuerung von Dividenden und Zinserträgen zu Gunsten einer einheitlichen Abgeltungsteuer wieder aufgehoben wurde, dürfte einen Einfluss auf die Marktrisikoprämie haben. Eine aus derartigen Besteuerungsunterschieden resultierende Änderung der Marktrisikoprämie ist jedoch schwer abzuschätzen.

Empirisch lässt sich die (historische) Marktrisikoprämie ermitteln durch Vergleich des langfristigen geometrischen Mittels der Rendite von Aktien mit dem geometrischen Mittel der Rendite langfristiger Staatsanleihen[28]. Die verwendete Rendite der langfristigen Staatsanleihen sollte dabei konsistent sein mit der zur Berechnung der Eigenkapitalkosten verwendeten risikofreien Rendite. Die Aktienrendite lässt sich anhand von Indices bestimmen, für Deutschland beispielsweise durch den DAX, den MDAX oder den CDAX. Diese Indices bilden eine Näherung für die Rendite des Marktportfolios. Da sie jedoch nicht alle risikobehafteten Investitionen beinhalten, widersprechen sie eigentlich den Prämissen des CAPM. Es ist zu beachten, dass die Verwendung verschiedener Indices zu unterschiedlichen Marktrisikoprämien führt. Auch kann die ermittelte Marktrisikoprämie je nach gewähltem Zeithorizont erheblich schwanken. Ein kürzerer Zeithorizont ist zwar gegenwartsnäher, ein längerer Zeithorizont (der verschiedene Boomphasen und Rezessionen umfasst) liefert aber bessere Schätzwerte für künftige Entwicklungen.

Einen Anhaltspunkt für die Höhe der Marktrisikoprämie für Deutschland liefern verschiedene empirische Studien.[29] Je nach Untersuchungszeitpunkt, Berechnungsmethode und gewähltem Aktienmarkt kommen die Untersuchungen zu deutlich differierenden Ergebnissen. Eine zentrale Untersuchung zu diesem Thema ist die von *Stehle*. Seiner Ansicht nach sollten für die Marktrisikoprämie historische Renditen auf Basis des CDAX-Portfolios verwendet werden. Er hält eine Marktrisikoprämie vor Einkommensteuern in Höhe von 5,46 % für angemessen. Darüber hinaus plädiert *Stehle* für die Verwendung des arithmetischen Mittels.

Tabelle 3–6 gibt einen Überblick über die Ergebnisse von empirischen Untersuchungen, die über die Marktrisikoprämie für Deutschland vorgenommen wurden.

In der Bewertungs-Praxis wird häufig eine Marktrisikoprämie von 5 % bis 6 % verwendet.

Wir empfehlen in der Unternehmensbewertungspraxis auf die Ergebnisse von *Damodaran* von der New York University (Stern School) in New York zurückzugreifen. Diese sind stets aktuell und international anerkannt. Die Daten können auf folgender Website abgerufen werden:

http://pages.stern.nyu.edu/~adamodar/New_Home_Page/datafile/ctryprem.html

---

[28] Einige empirische Studien basieren auch auf arithmetisch gemittelten Renditen. Das arithmetische Mittel berechnet den Erwartungswert der Renditen jedoch unter der Annahme der Unabhängigkeit. Da bei einem gegebenen absoluten Ertrag der Rendite-Prozentsatz von der Höhe des Ausgangswertes abhängt, ist diese Unabhängigkeit u.E. aber nicht gegeben.

Beispiel:

Jahr	1	2	3
Indexwert Jahresanfang	100	200	100
Indexwert Jahresende	200	100	150
Jahresrendite	100 %	–50 %	50 %

Daraus berechnet sich:
Arithmetisches Mittel: (100 % –50 % +50 %)/3 = 100 %/3 = 33,33 %
Geometrisches Mittel: Dritte Wurzel aus (150/100) – 1 = 14,47 %.

[29] Einen guten Überblick über verschiedene empirische Untersuchungen gibt eine Studie des *Deutschen Aktieninstituts* „Aktie versus Rente“ (Heft 6, August 1999) sowie *Drukarczyk/Schüler* (2009).

Autoren	Untersuchungs-zeitraum	Nominale Rendite vor Steuern (in % p.a.)	Arithmetisches Mittel (aM)	Geometrisches Mittel (gM)	MRP nach aM	MRP nach gM
Stehle, R./Hartmond, A. (1991)	1954 – 1988	– Portfolio aus Stamm- und Vorzugsaktien – langfristige, festverzinsliche Wertpapiere – Monatsgeld	n.V.	12,1% 7,5% 5,3%	–	4,6%
Bimberg, L. (1991)	1954 – 1988	– Portfolio aus Stammaktien – Portfolio aus Bundesanleihen – Tagesgeld	15,0% 6,8% –	11,9% 6,6% 5,1%	8,2%	5,3%
Uhlir, H./Steiner, P. (1991)	1953 – 1988	– Portfolio aus Stammaktien – Portfolio aus Obligationen – Portfolio aus Schatzanweisungen des Bundes	14,4% 7,9% 4,6%	n.V.	6,5%	–
Morawietz, M. (1994)	1870 – 1992 Teilperioden: 1. 1870 – 1992 2. 1924 – 1941 3. 1950 – 1992	– Portfolio aus Stammaktien – Portfolio aus festverzinslichen Wertpapieren – Tagesgeld	n.V.	8,9% 5,8% 4,4%	–	3,1%
Stehle, R. (1999)	1969 – 1998	– Portfolio aus Stammaktien – Bundeswertpapiere	14,45 % 7,8 %	10,8% 7,6%	6,65%	3,2%
Stehle, R. (2004)	1955 – 2003	– Portfolio aus Stammaktien (DAX) – Bundeswertpapiere (ab 1988 REXP)	12,69% 6,94%	9,60% 6,84%	6,02%	2,76%
Stehle, R. (2004)	1955 – 2003	– Portfolio aus Stammaktien (CDAX) – Bundeswertpapiere (ab 1988 REXP)	12,40% 6,94%	9,50% 6,84%	5,46%	2,66%

Tabelle 3–6: Übersicht über die Marktrisikoprämien in Deutschland (Quelle: Drukarczyk/Schüler (2009), S. 222)

3.3.3.2.2.2 Bedeutung des Beta-Faktors

Für die einer Bewertung eines bestimmten Unternehmens zugrunde zu legenden Eigenkapitalkosten ist aber nicht die Marktrisikoprämie interessant, sondern die für dieses Unternehmen geforderte spezifische Risikoprämie.

Das CAPM vertritt die Auffassung, dass nicht das gesamte (also das systematische und das unsystematische) Risiko einer Einzelanlage – oder mit anderen Worten die Streuung der Rendite einer Aktie für sich allein betrachtet – für diese spezifische Risikoprämie entscheidend ist. Wichtig ist vielmehr nur der Risikobeitrag der betrachteten Anlage zum Risiko des Marktportfolios – oder mit anderen Worten das Verhalten der Rendite einer Aktie im Vergleich zur Marktrendite. Dieser Risikobeitrag wird im CAPM gemessen durch den Beta-Faktor. Die individuelle Risikoprämie ist das Produkt aus Beta-Faktor und Marktrisikoprämie. Das CAPM geht somit von einem linearen Verhältnis zwischen geforderter Risikoprämie (und damit den Eigenkapitalkosten) und dem übernommenen, nicht durch Diversifikation zu beseitigenden Risiko einer Anlage (repräsentiert durch den Beta-Faktor) aus.

Der Beta-Faktor ist ein Maß für das systematische Risiko eines bestimmten Wertpapiers. Als relatives Risikomaß beschreibt er, in welchem Ausmaß die Einzelrendite des betreffenden Wertpapiers die Veränderungen der Rendite des Marktportfolios nachvollzieht. Der Beta-Faktor wird auch als Volatilitätsmaß bezeichnet, da er die Schwankungsbreite der Kurse einer Anlage ins Verhältnis zur Schwankungsbreite der Kurse des gesamten Aktienmarktes, also der Marktrendite, setzt.

Mathematisch errechnet sich der Beta-Faktor als Quotient der Kovarianz der Rendite der Anlage *j* mit der Rendite des Marktportfolios $Cov(r_j, r_m)$ und der Varianz der Rendite des Marktportfolios $Var(r_m)$:

$$\beta = \frac{Cov(r_j, r_m)}{Var(r_m)}$$

Der Beta-Faktor für das Marktportfolio beträgt 1. Da sich die Gesamtmarktschwankung aus der Summe aller Einzelschwankungen ergibt, beträgt auch der durchschnittliche Beta-Faktor für die Unternehmen ungefähr 1.

Ein Beta-Faktor von 1 bedeutet, dass sich die Einzelrendite einer bestimmten Anlage genau proportional zur Rendite des Marktportfolios verhält: Steigt (sinkt) die Marktrendite z.B. um 5 %, so steigt (sinkt) auch die Einzelrendite um 5 %.

Ist der Beta-Faktor größer als 1, so reagiert das Wertpapier überproportional auf Änderungen der Marktrendite, d.h. die Einzelrendite schwankt stärker als die Marktrendite. Steigt (sinkt) die Marktrendite z.B. um 10 %, so gibt ein Beta-Faktor von 1,5 an, dass die Rendite des Wertpapiers im selben Zeitraum um 15 % steigt (sinkt).

Ein Beta-Faktor kleiner 1 bedeutet, dass die Einzelrendite einer bestimmten Anlage unterproportional auf Änderungen der Marktrendite reagiert.

Eine risikolose Anlage weist keine Renditeschwankung auf, daher ist ihr Beta-Faktor 0.

Je höher der Beta-Faktor, desto höher ist die Schwankungsbreite und damit das Risiko des Anlegers und die zu fordernde Risikoprämie.

Der Beta-Faktor hat jedoch noch einen weiteren Aussagegehalt: Er misst nicht nur das systematische Risiko, sondern beinhaltet mit dem Korrelationskoeffizienten *r* auch eine Komponente, die zeigt, zu welchem Grad das Gesamtrisiko einer Einzelanlage (in Anteile des Unternehmens *j*) systematisch und im Umkehrschluss zu welchem Grad das Risiko unsystematisch ist. Das wird deutlich, wenn die Formel für den Beta-Faktor weiter aufgegliedert wird:

$$\beta = \frac{Cov(r_j, r_m)}{Var(r_m)} = \frac{r \cdot \sigma(r_j)}{\sigma(r_m)}$$

Das Beta drückt demgemäß zwei Relationen aus:

1. Wie verhält sich die Zufälligkeit der Einzelanlage, gemessen durch die Standardabweichung $\sigma(r_j)$, in Relation zur Zufälligkeit der Marktrendite, gemessen durch die Standardabweichung $\sigma(r_m)$.
2. Zu welchem Anteil ist die Zufälligkeit der Einzelanlage systematisch. Dieser Anteil wird durch den Korrelationskoeffizienten *r* ausgedrückt.

3.3.3.2.2.3 Struktur des Beta-Faktors (Abhängigkeit des Beta-Faktors vom Verschuldungsgrad)

Wie bereits erwähnt ist der Beta-Faktor ein Maß für das systematische Risiko eines Wertpapiers. Das systematische Risiko setzt sich bei teilweiser Fremdfinanzierung aus zwei Komponenten zusammen: Das Geschäftsrisiko wird durch das Operating Beta ausgedrückt, das Kapitalstrukturrisiko wird durch das Financial Beta ausgedrückt. Da das Kapitalstrukturrisiko durch den Verschuldungsgrad beeinflusst wird, ist auch der Beta-Faktor (in seiner Gesamthöhe) vom Verschuldungsgrad abhängig.

Wird ein Unternehmen ausschließlich mit Eigenkapital finanziert, dann existiert kein Kapitalstrukturrisiko. Der für dieses unverschuldete Unternehmen ermittelte Beta-Faktor wird auch als **unlevered Beta** β_u bezeichnet, er entspricht dem Operating Beta.

Das Financial Beta, das die Risiken repräsentiert, die sich aus einer Fremdkapitalfinanzierung ergeben, entspricht der Differenz zwischen den Beta-Faktoren des verschuldeten Unternehmens und des unverschuldeten Unternehmens $(\beta_v - \beta_u)$. Der Beta-Faktor für das verschuldete Unternehmen wird auch als **levered Beta** β_v bezeichnet.

Die geforderte Risikoprämie für ein Wertpapier wird beim Entity-Ansatz und beim Equity-Ansatz immer unter Verwendung des levered Beta berechnet. Beim Adjusted Present Value-Ansatz hingegen erfolgt die Abzinsung der operativen Free Cashflows mit der Renditeforderung der EK-Geber für das unverschuldete Unternehmen. Diese wird unter Verwendung des unlevered Beta berechnet.

In der einschlägigen Literatur wird häufig folgender Zusammenhang zwischen levered und unlevered Beta konstatiert:

$$\beta_v = \beta_u \cdot \left[1 + (1 - t) \cdot \frac{FK}{EK}\right] \qquad \text{bzw.} \qquad \beta_u = \frac{\beta_v}{1 + (1 - t) \cdot \frac{FK}{EK}}$$

mit
β_v = Beta-Faktor des verschuldeten Unternehmens
β_u = Beta-Faktor des unverschuldeten Unternehmens
t = Unternehmenssteuersatz
EK = Marktwert des Eigenkapitals
FK = Marktwert des Fremdkapitals

Zu beachten ist, dass in die Berechnung des Verschuldungsgrads ebenso wie bei der *WACC*-Ermittlung Marktwerte des Eigen- und Fremdkapitals einfließen.

Gemäß der Gleichung führt eine Erhöhung des Verschuldungsgrades zu einem erhöhten Beta (des verschuldeten Unternehmens) und damit zu einem Anstieg der geforderten Risikoprämie. Die steuerliche Abzugsfähigkeit der Fremdkapitalzinsen wirkt dabei den Veränderungen des Beta-Faktors bei Änderungen des Verschuldungsgrades entgegen.

Das Beispiel zeigt, dass der Verschuldungsgrad unter den getroffenen Annahmen einen deutlichen Einfluss auf den Beta-Faktor und damit die Risikoprämie hat.

Beispiel: Berechnung des levered Beta in Abhängigkeit vom Verschuldungsgrad

Der unlevered Beta-Faktor, also der Beta-Faktor des zu bewertenden unverschuldeten Unternehmens, betrage 0,6, der Unternehmenssteuersatz 38,6 %. Die Marktrisikoprämie belaufe sich auf 5,5 %.

Auf dieser Grundlage können nun für beliebige Verschuldungsgrade die levered Beta-Faktoren und Risikoprämien berechnet werden.

Kapitalstruktur		Verschuldungsgrad	levered Beta	Risikoprämie %
FK	EK	FK/EK	β_v	$\beta_v \cdot MRP$
0 %	100 %	0,00	0,60	3,30
20 %	80 %	0,25	0,69	3,80
40 %	60 %	0,67	0,85	4,68
60 %	40 %	1,50	1,15	6,33
80 %	20 %	4,00	2,07	11,39

Der beschriebene Zusammenhang zwischen Verschuldungsgrad und Eigenkapitalrendite ist empirisch nicht eindeutig belegt und auch nicht unumstritten. Eine grundsätzliche Abhängigkeit der Risikoprämie vom Verschuldungsgrad erscheint jedoch nicht unplausibel, insbesondere vor dem Hintergrund, dass auch die von Fremdkapitalgebern geforderten Zinsen von der Bonität bzw. dem Rating eines Unternehmens und damit (u.a.) vom Verschuldungsgrad beeinflusst werden. Mitunter wird die These vertreten, dass das zusätzliche Risiko einer Verschuldung nur dann zu steigenden Renditeforderungen der Eigenkapitalgeber führt, wenn die Verschuldung bestimmte Grenzen übersteigt bzw. sich der Verschuldungsgrad gravierend ändert.

3.3.3.2.2.4 Ermittlung des Beta-Faktors aus Vergangenheitswerten

Der Beta-Faktor eines Wertpapiers kann mithilfe der linearen Regression auf Basis der historischen Renditen des Wertpapiers und des Marktportfolios ermittelt werden.

Dazu wird in einem Koordinatensystem auf der einen Achse die Rendite des Marktportfolios, auf der anderen die Rendite des Wertpapiers abgetragen. Für jeden Geschäftstag des betrachteten Zeitraums der Vergangenheit liegt eine Wertpapierrendite-Marktrendite-Kombination vor, die als Punkt in das Koordinatensystem eingetragen wird. Durch die so erhaltene Punktewolke wird mittels mathematischer Methoden eine Regressionsgerade gelegt dergestalt, dass die Punktewolke durch die Gerade bestmöglich abgebildet wird. Der Beta-Faktor entspricht dann der Steigung dieser Regressionsgeraden.

Abbildung 3–8 zeigt beispielhaft die Marktmodell-Regression für die *Eaton Corp.* in Bezug zum S&P 500-Index, gemessen am 20.08.2002 für die letzten 250 Geschäftstage. Es ergibt sich ein Beta-Faktor von 0,92.

Je nach Beschaffenheit bzw. Gestalt der Punktewolke wird diese unterschiedlich gut durch eine Gerade repräsentiert. Vom Grad dieser Repräsentation hängt die Güte des aus der Regressionsgeraden resultierenden Beta-Faktors ab. Ein Maß für die Güte der Regression stellt der Korrelationskoeffizient r dar. Er gibt die Stärke eines positiven oder negativen Zusammenhangs an und liegt zwischen 1 und –1. Ein Korrelationskoeffizient von 1 (–1) bedeutet, dass ein perfekter positiver (negativer) Zusammenhang besteht, d.h. alle Punkte der Punktewolke liegen genau auf der Geraden. Je näher der Korrelationskoeffizient bei Null liegt, desto schwächer ist der Zusammenhang.

Der Vergleich der Abbildung 3–8 mit der Abbildung 3–9 gibt hierfür ein Beispiel. In der ersten Abbildung zeigt die Punktewolke einen relativ starken positiven Zusammenhang, es berechnet sich ein Beta-Faktor von 0,92 und ein Korrelationskoeffizient r von 0,71. In der zweiten Abbildung ist der Zusammenhang schwächer. Es berechnet sich ein Beta-Faktor von 0,49. Der Korrelationskoeffizient für diesen Beta-Faktor beträgt jedoch nur 0,22.

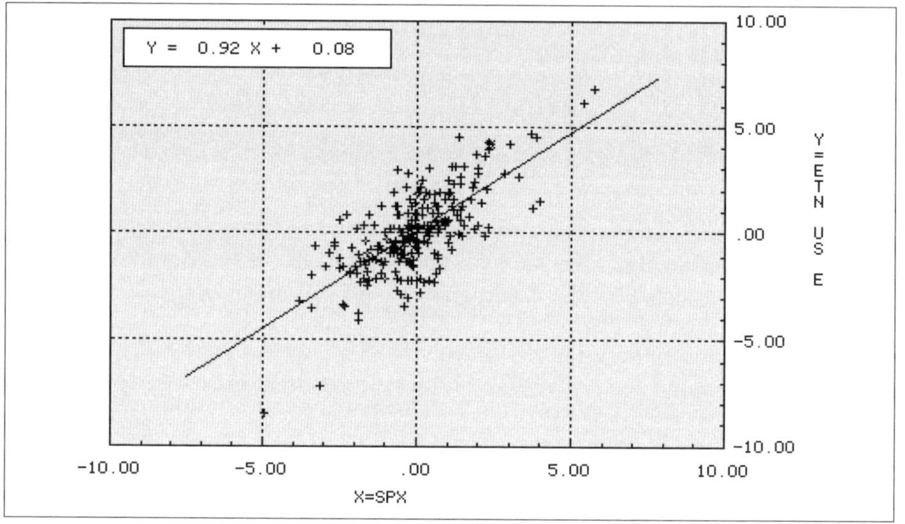

Abbildung 3–8: Marktmodell-Regression für die Eaton Corp. in Bezug zum S&P 500-Index

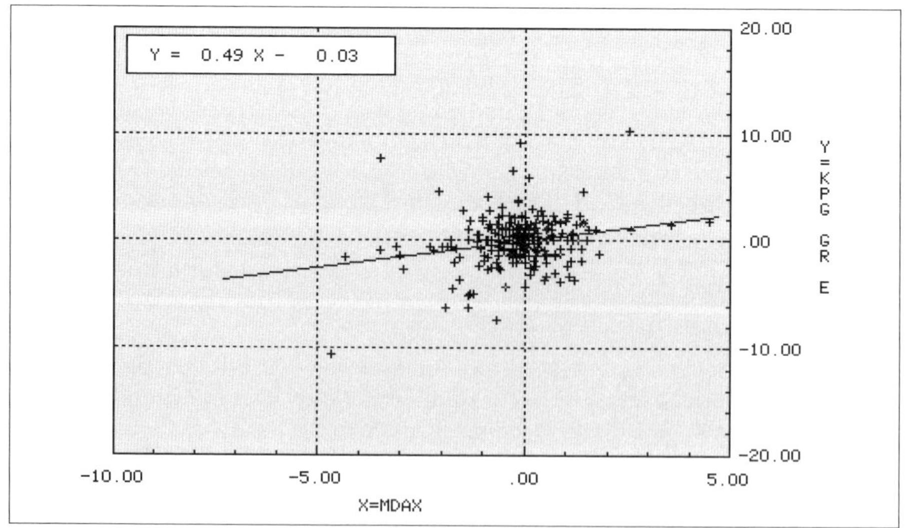

Abbildung 3–9: Marktmodell-Regression für die Kolbenschmidt Pierburg AG zum DAX MidCap-Index

Die Qualität und damit der Aussagegehalt des aus der Regression resultierenden Beta-Faktors ist umso größer, je näher der Korrelationskoeffizient bei 1 liegt. Ein historisch ermittelter Beta-Faktor sollte stets zusammen mit dem Korrelationskoeffizienten r betrachtet werden. Veröffentlichungen zu historisch ermittelten Beta-Faktoren enthalten in der Regel auch Angaben zur Güte der Korrelation. Als Korrelationsmaß wird mitunter jedoch nicht der Korrelationskoeffizient r, sondern dessen Quadrat r^2 verwendet. Möchte man Beta-Faktoren aus unterschiedlichen Quellen vergleichen, so ist auf die Verwendung eines einheitlichen Korrelationsmaßes zu achten. Gegebenenfalls muss zunächst das Korrelationsmaß durch Quadrieren bzw. Wurzelziehen vereinheitlicht werden.

Bei der Ermittlung historischer Beta-Faktoren mittels Regression sind insbesondere drei Spezifika zu beachten:

- In der Regel hat das der Berechnung zugrunde gelegte **Zeitintervall** erheblichen Einfluss auf die Höhe des Beta-Faktors. So ergibt sich per 20.08.2002 zum MDAX für die *Beru AG* für die vergangenen 250 Geschäftstage ein Beta-Faktor von 0,52. Bezieht man die letzten zwei Jahre in die Berechnung mit ein, so errechnet sich ein Beta-Faktor von 0,94. Je länger das Zeitintervall, desto größer ist die Punktewolke und desto aussagekräftiger die Regression. Für ein Abstellen auf kürzere Zeiträume spricht hingegen die mit zunehmender Länge des Zeitraums abnehmende Aktualität der Daten. In der Praxis werden üblicherweise so genannte „Jahres-Betas" (250-Tage-Betas) verwendet.
- Bei der Regression stellt sich – wie auch schon bei der Ermittlung der Marktrisikoprämie – die Frage, welche Größe die Rendite des Marktportfolios repräsentiert. Als Näherung für die Marktrendite wird in der Praxis auf Indices zurückgegriffen. Je nach verwendetem **Aktienindex** erhält man jedoch mitunter erheblich voneinander abweichende Beta-Faktoren. Als Beispiel soll hier das Unternehmen *W.E.T. Automotive Systems AG* dienen, das seinerzeit am Neuen Markt notiert war. Die Kurse dieses Unternehmens unterlagen – vom der Betrachtung zugrunde liegenden Stichtag 20.08.2002 aus gesehen – in der Vergangenheit großen Schwankungen. Setzt man diese in Bezug zu den Schwankungen des Neuen Marktes, die ja ebenfalls erheblich waren, so ergibt sich (per 20.08.2002) auf Basis des Index NEMAX ein Beta-Faktor von 0,30. Stellt man jedoch einen Bezug zum MDAX her, der den Gesamtmarkt besser repräsentiert, so errechnet sich ein wesentlich höherer Beta-Faktor von 0,77. Der der Berechnung zugrunde gelegte Index ist also für den berechneten Beta-Faktor von erheblicher Bedeutung. Da im Marktportfolio des CAPM alle Finanztitel enthalten sind, sollte bei der Regression ein Index verwendet werden, in dem eine möglichst breite Masse der Aktien enthalten ist, beispielsweise der MDAX. Ergeben sich bei der Verwendung verschiedener Indices hinsichtlich der Güte der Korrelation große Unterschiede, so sollte auch dieses Kriterium bei der Wahl des geeigneten Index Berücksichtigung finden. Bei der Wahl des Index sollte unbedingt auf Konsistenz mit der Ermittlung der Marktrisikoprämie geachtet werden: Fließt in die Ermittlung der Marktrisikoprämie beispielsweise die Rendite des DAX ein, so muss in die Berechnung des Beta-Faktors als Marktrendite ebenfalls die DAX-Rendite Eingang finden, denn der Beta-Faktor misst ja den Risikobeitrag eines Wertpapiers zum Risiko des Marktportfolios.

- Eine verlässliche Regressionsanalyse verlangt liquide Aktien mit entsprechenden Umsätzen. Verfügen Aktien nur über einen geringen Free float, ist das historisch ermittelte Beta wenig aussagekräftig.

Die vorstehenden Überlegungen sollen zeigen, dass es **den** Beta-Faktor nicht gibt. Vor dem Hintergrund der Bedeutung der Höhe des Beta-Faktors für den Unternehmenswert[30] sollte sorgfältig überlegt werden, welcher Beta-Faktor für die Berechnung herangezogen wird. Insbesondere sollten bei Rückgriff auf veröffentlichte Beta-Faktoren diese nicht unkritisch verwendet werden. Vielmehr sollte immer hinterfragt werden, auf welchem Zeitintervall und vor allem auf welchem Index die Berechnung beruht.

Informationsquellen für (historische) Beta-Faktoren:
Für die an den Börsen notierten Aktien werden Beta-Faktoren regelmäßig berechnet und veröffentlicht.

Unternehmen, die sich professionell mit der Unternehmensbewertung befassen, beziehen ihre Informationen in der Regel aus dem Informationsdienst *Bloomberg*. Dieser bietet die Möglichkeit, sich den Beta-Faktor für frei wählbare Zeitintervalle und verschiedene Indices berechnen zu lassen. *Bloomberg* ist jedoch – ebenso wie der Informationsdienst *Reuters* – gebührenpflichtig.

Von manchen Finanzdienstleistern, so z.B. unter http://money.msn.com, werden Beta-Faktoren gebührenfrei im Internet veröffentlicht. Tabelle 3–7 zeigt Beta-Faktoren per 20.08.2002 für diverse KfZ-Zulieferer-Unternehmen.

Zumindest für die DAX-Unternehmen werden die Betas auch im *Handelsblatt* veröffentlicht. Die *Börsenzeitung* enthält zusätzlich noch die Betas für die MDAX-Unternehmen, die SDAX- und die TecDAX-Unternehmen.

3.3.3.2.2.5 Beta-Faktoren für nicht börsennotierte Unternehmen

Ein Problem bei der Ermittlung von Beta-Faktoren liegt darin, dass Beta-Faktoren nur für börsennotierte Unternehmen aus den historischen Kapitalmarktdaten abgeleitet werden können. Die Mehrheit der deutschen Unternehmen ist jedoch nicht börsennotiert.

Als erste Indikation für den Beta-Faktor eines nicht börsennotierten Unternehmens werden in vielen Veröffentlichungen Branchen-Beta-Faktoren genannt. Für ausgewählte Branchen werden monatlich aktualisierte Branchen-Beta-Faktoren unter www.forensika-value.de veröffentlicht. Auf ältere Übersichten zurückzugreifen ist gefährlich, da Beta-Faktoren im Zeitablauf erheblich schwanken können.

Man kann sich Branchen-Beta-Faktoren natürlich auch selbst herleiten z.B. aus den Beta-Faktoren der DAX-Unternehmen der jeweiligen Branche durch Bildung gewogener Durchschnitte. Da Branchen-Betas jedoch unternehmensspezifische Besonderheiten nicht berücksichtigen können, gelangt man zu besseren Ergebnissen, wenn man den Beta-Faktor des zu bewertenden Unternehmens aus den Beta-Faktoren einer Vergleichsgruppe von börsennotierten Unternehmen vergleichbarer Größe und Branche ableitet. Bei der Auswahl der Vergleichsunternehmen muss gewährleistet sein, dass diese Unternehmen tatsächlich hinsichtlich der Werttreiber vergleichbar sind. Gegebenenfalls sollte eine Anpassung der Risikoprämien über Zuschläge erfolgen.

---

[30] Vgl. hierzu auch das Beispiel in Abschnitt 3.5.3.

	levered Beta	Index	R2
Beru AG	0,52	MDAX	0,05
Borgwarner Inc.	0,97	S&P 500	0,36
Continental AG	1,15	MDAX	0,26
Cummins Inc.	1,14	S&P 500	0,49
Dana Corp.	1,35	S&P 500	0,32
Delphi Corp.	0,98	S&P 500	0,30
Denso Corp.	0,97	TOPIX	0,44
Eaton Corp.	0,92	S&P 500	0,51
Edscha AG	0,68	MDAX	0,10
Faurecia	0,79	CAC 40	0,27
Kolbenschm.Pierb. AG	0,49	MDAX	0,05
Lear Corp.	1,10	S&P 500	0,38
Magna Intern. Inc.	0,90	S&P/TSX	0,40
Michelin	0,57	CAC 40	0,29
TRW Inc.	0,73	S&P 500	0,18
Valeo	0,63	CAC 40	0,34
Visteon Corp.	1,08	S&P 500	0,34
W.E.T. AG	0,77	MDAX	0,11
Median	**0,91**		**0,31**
Mittelwert	**0,87**		**0,29**

Tabelle 3–7: 250-Tage-Betas zum 20.08.2002 für diverse KfZ-Zulieferer-Unternehmen (Datenquelle: Bloomberg)

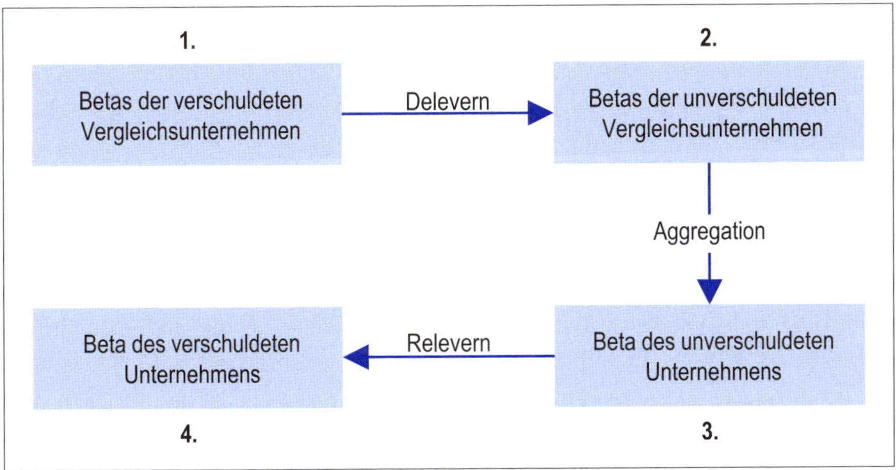

Abbildung 3–10: Ableitung des levered Betas eines Unternehmens aus den levered Betas von Vergleichsunternehmen

Da es sich bei den empirisch gewonnenen Beta-Faktoren der Vergleichsunternehmen um levered Betas handelt, muss die unterschiedliche Kapitalstruktur der verschiedenen Unternehmen berücksichtigt werden. Dafür sind nach der oben dargestellten Formel aus den jeweiligen levered Betas der Vergleichsunternehmen unter Berücksichtigung deren individueller Verschuldungsgrade die unlevered Betas zu ermitteln. Diese unlevered Betas werden dann, z.B. durch Bildung des Medians oder des arithmetischen Mittels[31], zu einem unlevered Beta-Faktor aggregiert. Um zum gesuchten levered Beta für das zu bewertende Unternehmen zu gelangen, muss das unlevered Beta wieder mit dem Verschuldungsgrad (Zielkapitalstruktur) des zu bewertenden Unternehmens ge„relevered“ werden. Abbildung 3–10 verdeutlicht diese Vorgehensweise.

Wie bereits an anderer Stelle erwähnt bestimmt sich der Verschuldungsgrad aus dem Verhältnis der Marktwerte von Fremd- und Eigenkapital und nicht etwa aus dem Verhältnis der Buchwerte. Der Vorgang des Releverns setzt daher voraus, dass die Marktwerte von Eigen- und Fremdkapital bekannt sind. Hier ergibt sich dasselbe Zirkularitätsproblem, das schon bei der Berechnung der Kapitalstruktur für den *WACC* aufgetaucht ist. Auch hier kann das Problem durch Iteration gelöst werden.

Der Prozess des Deleverns/Releverns ist mit einigem Arbeitsaufwand verbunden. Daher wird in der Praxis bei der Ermittlung eines Betas aus einer Vergleichsgruppe mitunter darauf verzichtet.

Das ist dann vertretbar, wenn die einzelnen Unternehmen der Vergleichsgruppe und das zu bewertende Unternehmen ähnliche Kapitalstrukturen aufweisen – dies auch vor dem Hintergrund, dass ein statistischer Zusammenhang zwischen Risikoprämie und Verschuldungsgrad insbesondere für nicht signifikante Änderungen des Verschuldungsgrades nicht nachgewiesen werden konnte. Weisen die Vergleichsunternehmen jedoch stark variierende Verschuldungsgrade auf, insbesondere auch in Bezug auf das zu bewertende Unternehmen, so kann eine Außerachtlassung dieser differierenden Kapitalstrukturen zum Ansatz eines fehlerhaften Beta-Faktors und damit zu erheblichen Verzerrungen beim berechneten Unternehmenswert führen.

Das folgende Beispiel zeigt die Ableitung des Beta-Faktors (und der Risikoprämie) für die KfZ-Zulieferer GmbH aus einer Vergleichsgruppe börsennotierter KfZ-Zulieferer-Betriebe.

Beispiel: Ableitung des Beta-Faktors für die KfZ-Zulieferer GmbH aus den Beta-Faktoren einer Vergleichsgruppe

Zunächst stellt sich die Frage, in Bezug auf welchen Index das Beta berechnet werden soll. Die theoretisch richtige Vorgehensweise wäre die Wahl eines einheitlichen Index für alle – in- und ausländischen – Unternehmen der Vergleichsgruppe, beispielsweise des EuroStoxx 50 oder des MSCI Worldwide Index. Allerdings weisen die auf Basis dieser umfassenden Indices zum Erhebungszeitpunkt 20.08.2002 ermittelten Betafaktoren überwiegend schlechte Korrela-

[31] Um den Einfluss von etwaigen Extremwerten auszuschalten, ist u.E. der Median besser geeignet.

tionsfaktoren aus, vermutlich aufgrund der unterschiedlichen regionalen Rahmenbedingungen und Entwicklungen. Entscheidend für die Verwendung eines Betafaktors ist jedoch eine hohe Güte des Zusammenhangs. Der Ermittlung der Beta-Faktoren wurden im Beispiel daher nationale Indices zugrunde gelegt.

20.08.2002	250-Tage-Betas (täglich)						2-Jahre-Betas (wöchentlich)					
Quelle: Bloomberg	MDAX		DAX/ NEMAX		CDAX		MDAX		DAX/ NEMAX		CDAX	
	lev. Beta	R2	lev. Beta	R2	lev. Beta	R2	lev. Beta	R2	lev. Beta	R2	lev. Beta	R2
Beru AG	0,52	0,05	0,11	0,01	0,14	0,01	0,94	0,25	0,50	0,16	0,62	0,17
Continental AG	1,15	0,26	0,49	0,21	0,74	0,22	0,74	0,22	0,73	0,36	0,88	0,38
Edscha AG	0,68	0,10	0,42	0,02	0,18	0,02	0,75	0,19	0,31	0,07	0,39	0,09
Grammer AG	0,09	0,00	–0,01	0,00	0,00	0,00	0,13	0,00	0,20	0,03	0,22	0,02
Kolbensch. P. AG	0,49	0,05	0,20	0,04	0,23	0,04	0,69	0,13	0,49	0,15	0,59	0,16
W.E.T. AG	0,77	0,11	0,30	0,09	0,27	0,04	0,62	0,07	0,23	0,05	0,40	0,05
durchschnittl.Corr		**0,10**		**0,06**		**0,06**		**0,18**		**0,14**		**0,15**
Beta-Median	0,60		0,25		0,21		0,72		0,40		0,50	

Für die deutschen Automobilzulieferer-Unternehmen zeigt sich, dass sowohl für die 250-Tage-Betas als auch für die 2-Jahre-Betas der MDAX die besten Korrelationen liefert.

Quelle: Bloomberg	250 Tage (täglich) 20.08.2002					
	levered Beta	Index	R2	Versch.grad FK/EK	Steuer-Satz	unlevered Beta
Beru AG	0,52	MDAX	0,05	0,055	42,3 %	0,50
Borgwarner Inc.	0,97	S&P 500	0,36	0,455	36,1 %	0,75
Continental AG	1,15	MDAX	0,26	1,418	20,3 %	0,54
Cummins Inc.	1,14	S&P 500	0,49	0,733	32,6 %	0,76
Dana Corp.	1,35	S&P 500	0,32	1,577	35,7 %	0,67
Delphi Corp.	0,98	S&P 500	0,30	0,645	29,9 %	0,67
Denso Corporation	0,97	TOPIX	0,44	0,118	41,7 %	0,91
Eaton Corp.	0,92	S&P 500	0,51	0,475	39,2 %	0,71
Edscha AG	0,68	MDAX	0,10	0,879	33,4 %	0,43
Faurecia	0,79	CAC 40	0,27	1,955	47,8 %	0,39
Kolbenschmidt P. AG	0,49	MDAX	0,05	0,638	35,8 %	0,35
Lear Corp.	1,10	S&P 500	0,38	0,804	40,6 %	0,74
Magna International Inc.	0,90	S&P/TSX	0,40	0,121	31,6 %	0,83
Michelin	0,57	CAC 40	0,29	1,043	51,2 %	0,38
TRW Inc.	0,73	S&P 500	0,18	0,786	37,0 %	0,49
Valeo	0,63	CAC 40	0,34	0,382	27,2 %	0,49
Visteon Corp.	1,08	S&P 500	0,34	1,306	42,6 %	0,62
W.E.T. AG	0,77	MDAX	0,11	0,192	41,3 %	0,69
Median	**0,91**		0,31	0,69	36,6 %	**0,64**
Mittelwert	0,87		**0,29**	0,75	37,0 %	0,61
KfZ Zulief. GmbH	**relev. Beta**					
Median	**0,79**			0,40	38,65 %	
Mittelwert	0,76					

Quelle: Bloomberg	250 Tage (wöchentl.) 20.08.2002					
	levered Beta	Index	R2	Versch.grad FK/EK	Steuer-Satz	unlevered Beta
Beru AG	0,94	MDAX	0,25	0,055	42,3 %	0,91
Borgwarner Inc.	1,12	S&P 500	0,42	0,455	36,1 %	0,87
Continental AG	1,23	MDAX	0,46	1,418	20,3 %	0,58
Cummins Inc.	1,04	S&P 500	0,38	0,733	32,6 %	0,70
Dana Corp.	1,62	S&P 500	0,36	1,577	35,7 %	0,80
Delphi Corp.	1,28	S&P 500	0,39	0,645	29,9 %	0,88
Denso Corporation	0,86	TOPIX	0,39	0,118	41,7 %	0,80
Eaton Corp.	0,95	S&P 500	0,45	0,475	39,2 %	0,74
Edscha AG	0,75	MDAX	0,19	0,879	33,4 %	0,47
Faurecia	0,94	CAC 40	0,2	1,955	47,8 %	0,47
Kolbenschmidt P. AG	0,69	MDAX	0,13	0,638	35,8 %	0,49
Lear Corp.	1,29	S&P 500	0,32	0,804	40,6 %	0,87
Magna International Inc.	0,73	S&P/TSX	0,28	0,121	31,6 %	0,67
Michelin	0,66	CAC 40	0,34	1,043	51,2 %	0,44
TRW Inc.	0,89	S&P 500	0,25	0,786	37,0 %	0,60
Valeo	0,89	CAC 40	0,29	0,382	27,2 %	0,70
Visteon Corp.	1,10	S&P 500	0,18	1,306	42,6 %	0,63
W.E.T. AG	0,62	MDAX	0,07	0,192	41,3 %	0,56
Median	0,94		0,31	0,69	36,6 %	0,69
Mittelwert	0,98		0,30	0,75	37,0 %	0,68

KfZ Zulief. GmbH	**relev. Beta**					
Median	**0,86**			0,40	38,65 %	
Mittelwert	0,85					

In vorstehenden Tabellen wurden die Betas einer Vergleichsgruppe von Unternehmen (zur Zusammenstellung dieser Peer Group vgl. Abschnitt 4.3.1) ge„delevered". Die dazu notwendigen Verschuldungsgrade wurden aus der aktuellen Marktkapitalisierung und dem in Bilanzen bzw. Zwischenberichten ausgewiesenen Fremdkapitalbestand (Annahme Buchwert = Marktwert) berechnet. In der Regel wurde der Steuersatz, der sich aus der letzten Gewinn- und Verlustrechnung ergibt, verwendet. Erschien dieser außergewöhnlich hoch oder niedrig, so wurde auf die Vorjahre zurückgegriffen.

Im Anschluss daran wurde der Median der unlevered Betas ermittelt. Dieser Median wurde mit der Zielkapitalstruktur (Entity-Ansatz) und dem Unternehmenssteuersatz der KfZ-Zulieferer GmbH wieder ge„relevered".

Ergebnis:

Da der Verschuldungsgrad der KfZ-Zulieferer GmbH niedriger als der durchschnittliche Verschuldungsgrad der Unternehmen der Vergleichsgruppe ist, liegt der relevered Median der unlevered Betas unter dem Median der beobachteten (levered) Betas der Vergleichsgruppe.

Die Güte (Korrelation) der Betas ist bei Verwendung der 2-Jahre-Betas etwas besser. Da in der Bewertungspraxis jedoch meist 250-Tage-Betas verwendet werden und der Güte-Unterschied in unserem Fall nicht besonders groß ist, wurde für die Berechnung des Unternehmenswertes der KfZ-Zulieferer GmbH der relevered Median der unlevered 250-Tage-Betas verwendet.

Der Beta-Faktor für die KfZ-Zulieferer GmbH beträgt folglich 0,79.
Bei Ansatz eines risikofreien Zinssatzes von 5 % und einer Marktrisikoprämie von 5,5 % berechnet sich dann als Eigenkapitalrendite für das verschuldete Unternehmen:

$r_{EK} = 5\,\% + 0{,}79 \cdot 5{,}5\,\% = 9{,}35\,\%$

Die für den APV-Ansatz benötigte Eigenkapitalrendite für das unverschuldete Unternehmen berechnet sich als:

$r_{EK}^{u} = 5\,\% + 0{,}64 \cdot 5{,}5\,\% = 8{,}52\,\%$

3.3.3.2.2.6 Ermittlung von Beta-Faktoren für Mischkonzerne

Soll eine Holding oder ein Konzern, der aus verschiedenen Geschäftsbereichen besteht, bewertet werden, erscheint es nicht sinnvoll, von einer konstanten, über alle Unternehmensbereiche gleich hohen Risikoprämie auszugehen.

Je nach Branche kann das Risiko der einzelnen Geschäftsbereiche erheblich variieren. In diesem Fall sollten für die Bewertung für jeden Geschäftsbereich spezifische Betas ermittelt werden. Das Gesamtbeta des Konzerns setzt sich dann aus diesen Einzelbetas zusammen (gewogener Durchschnitt), wobei zusätzlich noch mögliche Korrelationen berücksichtigt werden müssen. Verschiebt sich der Geschäftsschwerpunkt des Konzerns zu Geschäftsbereichen mit einem variierenden Beta-Faktor, so wird das zu einer Veränderung des Beta-Faktors des Gesamtkonzerns im Zeitablauf führen.

Die Fortschreibung eines empirisch ermittelten (historischen) Beta-Faktors für einen börsennotierten Konzern erscheint deshalb insbesondere dann fraglich, wenn absehbar ist, dass sich künftig das Gewicht der einzelnen Geschäftsbereiche im Konzern ändert.

Aufgrund der Schwierigkeit der Ermittlung eines adäquaten Beta-Faktors für den Gesamtkonzern ist es ratsam, eine „Sum of the parts"-Bewertung durchzuführen[32].

3.3.3.2.2.7 Schätzung künftiger Beta-Faktoren

Bei der Verwendung von aus Vergangenheitsdaten abgeleiteten Beta-Faktoren besteht generell das Problem, dass historische Beta-Faktoren gegen eine zukunftsbezogene Unternehmensbewertung verstoßen. Ziel muss es sein, künftige Beta-Faktoren zu berechnen. Die historischen Beta-Faktoren können zwar Näherungen für die gesuchten Zukunfts-Betas liefern, die unkritische Extrapolation vergangenheitsorientierter Beta-Faktoren ist jedoch nicht unproblematisch. Es muss untersucht werden, inwieweit die in der Vergangenheit maßgeblichen Risikofaktoren auch künftig gelten werden. Sollten sich hier Änderungen ergeben – z.B. aufgrund von Veränderungen des Leistungsprogramms des Unternehmens, Trennung von einzelnen Unternehmensbereichen etc. –, müssen diese bei der Schätzung der Zukunfts-Betas berücksichtigt werden. Insbesondere bei einem Unternehmensverkauf und den damit verbundenen Umstrukturierungen wird es häufig zu einer Veränderung der Risikofaktoren kommen.

[32] Vgl. hierzu Abschnitt 3.8.2.

Während sich Veränderungen des historischen Betas aufgrund von Kapitalstrukturänderungen relativ einfach berechnen lassen, gestaltet sich die Schätzung des zukünftigen Operating Betas in der Praxis jedoch sehr schwierig. Man greift in der praktischen Anwendung bei der Bewertung daher in der Regel auf historische Beta-Faktoren zurück und nimmt nur bei erwarteten, wesentlichen Änderungen der Risikostruktur Anpassungen auf Basis vereinfachender Annahmen vor.

Ein anderer Ansatz zur Ermittlung künftiger Beta-Faktoren besteht in der Berechnung **fundamentaler Betas.** Bei diesem analytischen Ansatz beruhen die Beta-Schätzungen nicht auf historischen Daten, sondern basieren auf den finanzwirtschaftlichen Kennzahlen des jeweiligen Unternehmens. Dabei werden Kennzahlen ausgewählt, die eine starke Korrelation zu dem im Beta-Faktor zum Ausdruck kommenden systematischen Anlegerrisiko haben (z.B. das Verhältnis von Gewinn zu Eigenkapital, das Verhältnis Finanzschulden zur Bilanzsumme etc.).

Fundamentale Betas werden z.B. von *Barra* für notierte US-Unternehmen berechnet und vierteljährlich aktualisiert. Für deutsche Unternehmen liegen vergleichbare Schätzungen jedoch nicht vor.

3.3.3.2.2.8 Modellannahmen des CAPM

Die Ermittlung der Risikoprämie auf der Basis des CAPM ist heute international üblich. Wenn man auf dem CAPM beruhende Beta-Faktoren (und Risikoprämien) für die Bewertung verwendet, sollte man sich jedoch bewusst sein, dass das CAPM auf sehr restriktiven Annahmen basiert, die in der Realität nicht anzutreffen sind:

- Existenz eines vollkommenen Kapitalmarktes, d.h. keine Informationskosten und Transaktionskosten für den Kauf und Verkauf von Wertpapieren, keine Steuern, keine sonstigen Beschränkungen wie z.B. Marktregulierungen.
- Einzelne Investoren haben keinen Einfluss auf die Marktpreise.
- Die Anzahl der Anlagen ist festgelegt, alle Anlagen sind marktfähig und beliebig teilbar.
- Alle Investoren haben homogene Erwartungen bezüglich der Wertpapierrenditen.
- Es gibt risikofreie Anlagen und es besteht die Möglichkeit, unbegrenzt Geld zum sicheren Zinssatz aufzunehmen bzw. anzulegen.

Auch kommen empirische Tests des CAPM zu unterschiedlichen Ergebnissen. Das CAPM konnte empirisch weder bestätigt, noch eindeutig widerlegt werden.

Eine Alternative zum CAPM stellt die Berechnung der Eigenkapitalkosten über die **Arbitrage Pricing Theory (APT)** dar. Die APT kann als multifaktorielle Variante des CAPM betrachtet werden, da das systematische Risiko auf verschiedene Faktoren aufgeteilt wird. Solche Faktoren sind z.B. der Index der industriellen Produktion, der kurzfristige Realzins, die kurz- und die langfristige Inflation. Für jeden Faktor existiert ein Beta, das die Sensitivität der Wertpapierrendite hinsichtlich des einzelnen wirtschaftlichen Faktors misst. Aufgrund der Schwierigkeiten der Beschaffung verlässlichen Datenmaterials (z.B. der einzelnen Betas) kommt die APT in der Praxis jedoch kaum zur Anwendung.

Trotz der angesprochenen Problemfelder stellt eine auf der Grundlage des CAPM ermittelte Risikoprämie eine gute Orientierungsgröße dar. Die Berechnung ist für jeden nachvollziehbar, die Risikoprämie ist sozusagen marktmäßig objektiviert. Abweichungen von der ermittelten Risikoprämie sollten begründet werden.

Insbesondere wenn individuelle Entscheidungsträger vorhanden sind, sollte das CAPM eine individuelle Risikoeinschätzung jedoch nicht ersetzen. Für den einzelnen Entscheidungsträger ist schließlich nicht die Risikoeinstellung des Marktes, sondern seine individuelle Risikoneigung von Bedeutung.

3.3.3.2.3 Zuschläge bei der Berechnung der Risikoprämie

3.3.3.2.3.1 Zuschläge für das unsystematische Risiko

Bei Verwendung einer Risikoprämie, die ausschließlich auf dem CAPM beruht, wird nicht das gesamte Risiko einer Investition berücksichtigt. Gemäß CAPM wird nur für das systematische Risiko eine Risikoprämie bezahlt, da entsprechend den Modellprämissen die Anleger die Möglichkeit haben, durch eine Diversifikation ihres Portfolios die unsystematischen Risiken zu eliminieren[33].

Häufig wird eine Bewertung jedoch aus Sicht einzelner Anleger durchgeführt, die die Möglichkeit zu dieser Diversifikation nicht haben. Beispiele hierfür sind der Kauf ganzer Unternehmen oder großer Beteiligungen. Mitunter wird die Möglichkeit der Diversifikation auch bei Kleinaktionären in Frage gestellt, da die hohen Preise für einzelne Aktien es diesen unmöglich machen, ein alle Titel umfassendes Marktportfolio zu erwerben, und ein alle Aktien umfassender Fonds nicht existiert.

In diesen Fällen ist die ausschließlich auf dem CAPM beruhende Risikoprämie zu gering. In der Bewertungspraxis wird daher bei der Ermittlung der Risikoprämie häufig ein Zuschlag für das unsystematische Risiko berücksichtigt.

Bei der Berücksichtigung derartiger Zuschläge bei der Ermittlung der Eigenkapitalkosten ist jedoch darauf zu achten, dass Risiken nicht doppelt erfasst werden. Berücksichtigt man bestimmte Risiken über Zuschläge im Diskontierungszinssatz, so dürfen diese nicht nochmals durch Kürzung der abzuzinsenden Cashflows in Ansatz gebracht werden. Vielmehr sind in diesem Fall die Cashflows anzusetzen, die man für am wahrscheinlichsten hält (Base Case). Oder anders ausgedrückt: Berücksichtigt man bestimmte Risiken bereits in den Planzahlen durch ausreichend vorsichtigen Ansatz der Cashflows (Abschlag vom Base Case), so dürfen für diese Risiken keine Zuschläge auf die Risikoprämie erhoben werden.

Bezüglich der Behandlung der unsystematischen Risiken bietet sich ein einheitliches Vorgehen an: Entweder sollten sich diese in ihrer Gesamtheit in einem höhe-

[33] Die Tatsache, dass das CAPM nur das systematische Risiko berücksichtigt, stößt oft auf Unverständnis. Es wird argumentiert, dass für die Berechnung der Beta-Faktoren ja die einzelnen Aktienkurse eines Wertpapiers herangezogen werden, diese seien aber auch von unsystematischen Risikofaktoren beeinflusst. Dieser Argumentation ist jedoch Folgendes entgegenzuhalten: Im CAPM wird als Ausgangsbasis zur Berechnung der Risikoprämie die Marktrisikoprämie herangezogen. Da im Marktportfolio die unsystematischen Risiken aufgrund der Diversifikation eliminiert sind, stellt die Marktrisikoprämie eine Vergütung ausschließlich für das systematische Risiko dar. Der Beta-Faktor misst den Beitrag eines Wertpapiers zu diesem systematischen Risiko des Marktportfolios. Beta ist ein relatives Risikomaß, es misst nicht die gesamten Kursschwankungen eines Wertpapiers – ein Maß für die gesamten Einzelschwankungen eines Wertpapiers würde in der Tat das unsystematische Risiko beinhalten –, sondern nur die Schwankung in Bezug zur Schwankung des Gesamtmarktes. Nichtsdestotrotz muss eingeräumt werden, dass in der Praxis eine scharfe Trennung zwischen systematischem und unsystematischem Risiko kaum möglich ist.

ren Diskontierungszinssatz niederschlagen oder sie sollten vollständig bei den abzuzinsenden Zahlungsströmen in Form von Abschlägen berücksichtigt werden.

3.3.3.2.3.2 Mobilitätszuschlag (Liquiditätszuschlag, Fungibilitätszuschlag)

Investoren bevorzugen liquide Anlagen, die sie jederzeit zu einem angemessenen Preis und ohne hohe Transaktionskosten wieder veräußern können. Diese Liquidität ist auf perfekten Kapitalmärkten existent und damit eine der Grundannahmen des CAPM. Insbesondere bei der Beteiligung an nicht börsennotierten Unternehmen ist diese Voraussetzung jedoch nicht gegeben, im Vergleich zu börsennotierten Unternehmen ist deren Fungibilität stark eingeschränkt. Ein Verkaufsprozess kann sich mitunter lange hinziehen und ist in der Regel mit nicht unerheblichen Kosten verbunden. Dieser geringeren Mobilität wird oft durch einen Zuschlag bei der Risikoprämie (oder durch einen Abschlag auf den berechneten Unternehmenswert) Rechnung getragen.

Durch den Mobilitätszuschlag soll das Risiko erfasst werden, das auf die geringere Liquidität zurückzuführen ist. Dieses Risiko wird dann (und nur dann) relevant, wenn in Zukunft Umstände eintreten, die den Eigenkapitalgeber dazu veranlassen, sich unplanmäßig von seinen Unternehmensanteilen zu trennen. In einem solchen Fall besteht das Risiko, dass der erzielte Verkaufspreis unter dem Barwert der noch erwarteten Cashflows aus dem Unternehmen zum Zeitpunkt des Verkaufs liegt. Das mag der Fall sein, wenn der Verkauf unter Zeitdruck durchgeführt werden muss. Unter das Mobilitätsrisiko fällt also nur die Unsicherheit, sich bei einem Verkauf gegenüber einer Weiterführung des Unternehmens schlechter zu stellen. Nicht unter das Mobilitätsrisiko fällt das Risiko, dass die ursprünglichen Ertragserwartungen nicht eintreten, auch dann nicht, wenn diese Nichterfüllung Anlass für eine Unternehmensveräußerung ist. Der „Verlust" wird in diesem Fall ja nicht durch einen (z.B. aus Geldbedarf) erforderlichen Verkauf verursacht, sondern durch den Nichteintritt der ursprünglichen Erwartungen. Dieses Risiko ist jedoch bereits in der Risikoprämie für das systematische Risiko bzw. in einem Zuschlag für das unsystematische Risiko berücksichtigt.

In der Praxis werden mit Hinweis auf die fehlende Liquidität häufig beachtliche Zuschläge zum Zinsfuß (bzw. Abschläge auf den berechneten Unternehmenswert) gemacht. Gemäß der obigen sehr engen Definition des Mobilitätsrisikos sind diese nicht gerechtfertigt. Es ist anzunehmen, dass diese Zuschläge auch noch anderen Risikokomponenten Rechnung tragen, beispielsweise dem unsystematischen Risiko. Um eine Doppelerfassung von Risiken zu vermeiden, ist hier aber eine gedankliche Trennung empfehlenswert.

Es gibt diverse empirische Untersuchungen, die versuchen, den Abschlag aufgrund geringerer Fungibilität (Fungibilitätsabschlag) zu messen. Hierzu wurden drei Ansätze entwickelt:

1. „Restricted Stock"-Ansatz
2. IPO-Ansatz
3. Akquisitionsansatz

Tabelle 3–8 gibt einen Überblick über die Ansätze zur Messung des Fungibilitätsabschlags.

Anlass	Ansatz	Ergebnisse	Einschränkungen
Erwerb Minderheits-anteile „marketability"	„Restricted stock" Vergleich	Abschläge von 13% bis über 35%	– Transaktion zwischen Insidern – Diskonts reflektieren Zusatzrenditen im Zshg. mit erhöhten Kosten bei der Bewertung privater Informationen
	IPO Ansatz	Abschläge von 32% bis über 60%	– Upside Bias, da nur erfolgreiche Unternehmen einen IPO durchführen – Diskonts reflektieren zusätzliche Kosten für Monitoring und Mentoring durch Erwerber (Finanzinvestoren)
Erwerb einer Kontroll-mehrheit „illiquidity"	Akquisitionsansatz	Abschläge von 17% bis zu 35%, abh. vom Multiplikator	– Diskonts beinhalten generische Unterschiede zwischen privaten und börsennotierten Unternehmen

Tabelle 3–8: Überblick über die Ansätze zur Messung des Fungibilitätsabschlags (Quelle: Dodel (2008), S. 2)

„Restricted Stock"-Ansatz

Der „Restricted Stock"-Ansatz analysiert für die USA die an der Börse gehandelten Unternehmensanteile (Registered Stocks) eines Unternehmens mit den noch nicht an der Börse gehandelten/ privatplatzierten Unternehmensanteilen (Restricted Stocks) des gleichen Unternehmens zum Emissionszeitpunkt der Restricted Stocks. Die Restricted Stocks unterscheiden sich von den Registered Stocks dadurch, dass sie nicht bei der amerikanischen Börsenaufsicht SEC registriert sind und damit für eine Frist von einem Jahr nicht frei handelbar sind. Auf Grund dieser Einschränkungen liegt der Emissionspreis der Restricted Stocks unterhalb des Aktienkurses der börsennotierten Registered Stocks, was als Wertabschlag mangels Fungibilität interpretiert werden kann.

Tabelle 3–9 zeigt die Ergebnisse einiger „Restricted Stock Studies".[34] Insgesamt schwankt der Wertabschlag bei Emissionen von Restricted Stocks zwischen durchschnittlich 35 % vor dem Jahr 1990 und 23 % für die Untersuchungszeiträume nach dem Jahr 1990. Werden nur Emissionen von Restricted Stocks in den Jahren nach 1997 berücksichtigt, sinkt der Wertabschlag der Restricted Stocks gegenüber den Registered Stocks sogar auf 13 %.

Analysiert man die durchschnittlichen Wertabschläge aus diesen Untersuchungen, so stellt man fest, dass die Wertunterschiede zwischen den börsenplatzierten und den privat platzierten Aktien im Emissionszeitpunkt der Restricted Stocks im Zeitverlauf abnehmen. Der Grund für diese Entwicklung ist, dass es den sogenannten „qualifizierten institutionellen Investoren" durch eine regulatorische Änderung seit 1990 erlaubt ist, untereinander mit Restricted Stocks zu handeln.

Die Anwendung des „Restricted Stock"-Ansatzes erweist sich als problematisch, da es sich bei der Preisdifferenz zwischen handelbaren Aktien und nicht handelbaren Aktien eines Unternehmens nicht ausschließlich um den Fungibilitätsabschlag handelt, sondern vielmehr um einen Spread, welcher aus den Ausprägungen meh-

---

[34] Vgl. *Schulz* (2009), S. 84, *Schütte-Biastoch* (2011), S. 201 sowie die dort angegebene Literatur.

Untersuchung	Untersuchungs-zeitraum	Durchschnittlicher Abschlag
SEC Institutional Investor	1966-1969	25,8%
Gelman	1968-1970	33,0%
Trout	1968-1972	33,5%
Moroney	1968-1972	35,6%
Maher	1969-1973	35,4%
Standard Research Consultants	1978-1982	45,0% (Median)
FHMW Opinios	1979-1982	23,0%
Hertzel und Smith	1980-1987	13,0%
Management Planning	1980-1986	27,1%
Willamette Management Associates	1981-1984	31% (Median)
Silber	1981-1988	33,8%
Johnson	1991-1995	20,0%
Baja, Denis, Ferris und Sarin	1991-1995	22,0%
CF Advisors	1996-1997	21,0%
CF Advisors	1997-1998	13,0%
FMW Opinions	1980-2005	22,0%
Liquistat	2005-2006	31,0%

Tabelle 3–9: Empirische Ergebnisse der „Restricted Stock Studies" über die durchschnittlichen Wertabschläge der „Restricted Stocks" gegenüber den „Registered Stocks" (Quelle: in Anlehnung an: Schulz (2009), S. 84; Schütte-Biastoch (2011), S. 201)

rerer Determinanten besteht, einschließlich des Risikos mangelnder Fungibilität. Eine pauschale Anwendung der durchschnittlichen Abschläge auf das Bewertungsobjekt durch Bewertungspraktiker ist angesichts der Komplexität des Fungibilitätsrisikos nicht zulässig. Dies zeigt sich auch in den erheblichen Bandbreiten der Wertabschläge, die in den jeweiligen *Restricted stock Studies* zu einem Durchschnittswert verdichtet werden.

Eine Abwandlung des „Restricted Stock"-Ansatzes besteht darin, den Wertabschlag für mangelnde Fungibilität der Unternehmensanteile nicht-börsennotierter Unternehmen aus der Differenz zwischen „Privately Placed Restricted Stocks" und „Privately Placed Registered Stocks" zu ermitteln. Dieser Ansatz wird Private Placement-Ansatz genannt. Da beide Aktiengattungen außerhalb der Börse platziert werden, die Registered Stocks sich aber leichter veräußern lassen, kann der Effekt einer fehlenden Liquidität isoliert werden. *Hertzel/Smith*[35] und *Bajaj et al.*[36] ermitteln einen Fungibilitätsabschlag in Höhe von 14%. Aber auch der Vergleich von „Privately Placed Restricted Stocks" und „Privately Placed Registered Stocks" weist Probleme auf,[37] so dass auch hier vor einer undifferenzierten Verwendung der Werte zu warnen ist.

Neben der fundamentalen Kritik an dem Restricted Stock-Ansatz und den Anwendungsschwierigkeiten des Private Placement-Ansatzes resultiert bei der Über-

[35] Vgl. *Hertzel/Smith* (1993).

[36] Vgl. *Bajaj et al.* (2001).

[37] Zu den Pre-IPO-Studies von *Emory* mit Datenangaben über einen Beobachtungszeitraum von 20 Jahren und mehr als 500 Transaktionen vgl. *Pratt, S. P. (2001), S. 111 ff.*

tragung der Ergebnisse auf deutsche Unternehmen das Problem, dass beiden Ansätzen Finanzinstrumente zugrunde liegen, zu denen es in Deutschland kein Pendant gibt.

IPO-Ansatz

Beim „Initial Public Offering" (IPO)-Ansatz handelt es sich ebenfalls um eine empirische Methode zur Quantifizierung des Wertabschlages für das Fungibilitätsrisiko. In diesen Untersuchungen werden die im Vorfeld eines IPO (Börsengang) gezahlten Preise für Anteile an einem Unternehmen mit den sich beim IPO ergebenen Aktienpreisen für das gleiche Unternehmen verglichen. Es handelt sich somit um einen Vorher-Nachher-Vergleich, bei dem der Börsengang eine Trennlinie darstellt, da hier die nicht fungiblen Unternehmensanteile in fungible Unternehmensanteile transformiert werden. In Tabelle 3–10, der Pre-IPO-Studie von *Emory* zur Ermittlung eines Fungibilitätabschlages, wurden in einem Beobachtungszeitraum von 20 Jahren Wertabschläge in einer Größenordnung von durchschnittlich 46% ermittelt.[38]

Auswertungszeitraum	Anzahl der Transaktionen	Preisabschlag	
		Mittelwert	Median
1997–2000	266	50%	52%
1995–1997	84	43%	41%
1994–1995	45	45%	47%
1991–1993	49	45%	13%
1990–1992	30	34%	33%
1989–1990	17	46%	40%
1987–1989	21	38%	43%
1985–1986	19	43%	43%
1980–1981	12	59%	68%
Gesamt	543	46%	47%

Tabelle 3–10: Empirische Ergebnisse der Emory-Pre-IPO-Studies 1980-2000 (Quelle: Schütte-Biastoch (2011), S. 203)

Da der Börsengang für die nicht-handelbaren Unternehmensanteile bedeutet, dass sie handelbar werden, stellt sich hier die Frage, ob der Zeitpunkt der Transaktionen für den Liquiditätsabschlag eine Rolle spielt. Denn sollte ein Investor beim Kauf nicht-handelbarer Unternehmensanteile wissen, dass diese in naher Zukunft fungibel werden, so ist für den Investor das Risiko mangelnder Fungibilität quasi nur für den Zeitraum vom Kauf bis zum Börsengang gegeben.

Betrachtet man die *Emory Pre-IPO Discount Studies* unter Berücksichtigung der Transaktionszeiträume, ist zu erkennen, dass die Höhe des Wertabschlages zum Börsengang hin abnimmt. Während der durchschnittliche Wertabschlag für fünf Monate vor dem Börsengang noch 50 % beträgt, so sinkt dieser auf 34 % in einem Zeitraum bis zu einem Monat vor Börsengang.

[38] Vgl. *Schütte-Biastoch* (2011), S. 203, *Emory/Dengel/Emory* (2001).

Zwar bestätigen die Ergebnisse der empirischen Untersuchungen die Hypothese, dass Beteiligungen an nicht-börsennotierten Unternehmen mit einem höheren Wertabschlag gehandelt werden als die Restricted Stocks bereits börsennotierter Unternehmen, doch erscheinen reine Fungibilitätsabschläge in der genannten Größenordnung fragwürdig. Das liegt einerseits daran, dass bei Transaktionen, bei denen der Börsengang mit hoher Sicherheit schon bekannt war, der Wertabschlag auf das Preisrisiko und nicht auf das Risiko mangelnder Fungibilität zurückzuführen ist, da letzteres durch den anstehenden Börsengang eliminiert wird.[39] Andererseits sind auch Emissionspreise – wie auch der Aktienmarkt selbst – von der Nachfragesituation beziehungsweise vom Börsenumfeld abhängig. Eine höhere Nachfrage hat bei einem gleichbleibenden Angebot einen höheren Preis zur Folge. So könnte es auch sein, dass die Preisdifferenz zwischen dem Preis bei den Transaktionen vor dem Börsengang und dem Emissionspreis nicht auf fehlende Liquidität der Unternehmensanteile im Vorfeld des Börsengangs, sondern auf die zunehmende, in dieser Höhe ggf. nicht erwartete Nachfrage beim Börsengang zurückzuführen ist. Diese Hypothese wird dadurch gestützt, dass Börsengänge allgemein dann statt finden, wenn das Börsenumfeld gut ist beziehungsweise ein hohes Kursniveau vorhanden ist. Des Weiteren ist fraglich, ob die hier untersuchten börsenfähigen Unternehmen überhaupt als Vergleichsobjekte dienen können, um die Fungibilität von Anteilen an den typischerweise nicht börsenfähigen kleinen und mittleren Unternehmen zu untersuchen. Darüber hinaus beinhalten diese Studien auch nur Unternehmen, bei denen ein Börsengang erfolgreich war. Gescheiterte Börsengänge wurden nicht verzeichnet.

Für den deutschen Kapitalmarkt konnten bislang aus der Empirie keine relevanten Erkenntnisse über Abschläge vom Unternehmenswert gewonnen werden. In der Bewertungspraxis werden daher bisweilen anhand der US-amerikanischen Studien abgeleitete durchschnittliche Wertabschläge angewendet. Eine unmittelbare Übertragung sowohl der Ergebnisse als auch des Studiendesigns ist jedoch wegen der eingeschränkten Vergleichbarkeit der Kapitalmärkte nicht möglich.

Akquisitionsansatz

In der Literatur stellt der Akquisitionsansatz eine weitere empirische Methode zur Quantifizierung des Wertabschlages für das Fungibilitätsrisiko dar. Jedoch wird im Gegensatz zu den anderen empirischen Ansätzen nicht eine Minderheitsbeteiligung an dem Bewertungsobjekt bewertet, sondern eine Kontrollmehrheit. Bei der Kontrollmehrheit beziehungsweise bei einer Mehrheitsbeteiligung ist der Wertabschlag auf eine eingeschränkte Fungibilität zurückzuführen. Der Wertabschlag für das Fungibilitätsrisiko wird dadurch berechnet, dass Transaktionen von börsennotierten Unternehmen und nicht-börsennotierten Unternehmen innerhalb eines Jahres analysiert werden. Daraufhin werden die Transaktionsmultiplikatoren miteinander verglichen, um den Wertabschlag für das Fungibilitätsrisiko zu ermitteln. Um Bewertungsunterschiede der Fungibilität den einzelnen Unternehmen zuordnen zu können, findet eine Aufteilung der Unternehmen in Gruppen statt. Dies ist

[39] Zwar besteht bei Aktien ebenfalls das Risiko, dass über den Kapitalmarkt keine Käufer gefunden werden können; dies wird hier jedoch nicht angenommen, da bei der Bewertung von börsennotierten Unternehmen dieses Risiko nicht bewertet wird.

erforderlich, da systematische Unterschiede bezüglich Branche, Unternehmensgröße oder Marktumfeld zwischen börsennotierten und nicht-börsennotierten Unternehmen bestehen. In verschiedenen empirischen Studien zur Evaluierung des Fungibilitätsabschlages wurden diese Zusammenhänge untersucht.[40]

Tabelle 3-11 zeigt die empirischen Ergebnisse der Transaktionsmultiplikatorenvergleiche von börsennotierten und nicht-börsennotierten Unternehmen.

Autor	Land	Untersuchungszeitraum	EV/EBIT	EV/EBITDA	EV/Sales	PER	PSR
Koeplin/Sarin/Shapiro	USA	1984-1998	28%	20%	k.a.	k.a.	k.a.
Kooli/Kortas/L'her	USA	1995-2002	k.a.	k.a.	k.a.	34%	17%
Block	USA	1999-2006	27%	25%	k.a.	25%	k.a.
Dodel	USA	1995-2007	**30,7%**	**28,7%**	**35,8%**	**28,3%**	**30,2%**
Dodel	Europa	1995-2007	**12,4%**	10,4%	**12,4%**	**19,7%**	**12,6%**
Dodel	Deutschland	1995-2007	**4,6%**	8,3%	**-3,5%**	**18,8%**	**7,8%**
fett sind signifikant, Abschlag (+), Prämie (-)							

Tabelle 3–11: Empirische Ergebnisse der Transaktionsmultiplikatorenvergleiche von börsennotierten und nicht-börsennotierten Unternehmen

Es lässt sich erkennen, dass vor allem im internationalen Vergleich die Untersuchungsergebnisse für die USA, Europa und Deutschland erheblich voneinander abweichen. Es ergibt sich auch innerhalb des Marktes der USA kein homogenes Bild für den Liquiditätsabschlag.

Zielunternehmen	EV/EBIT	EV/EBITDA	EV/Sales	PER	PSR
Privatunternehmen (gesamt)	4,6%	**8,3%**	-3,5%	**18,8%**	**7,8%**
Mittelstand	**17,8%**	**26,1%**	-2,7%	**27,8%**	**8,7%**
Privatunternehmen (unselbstständig)/ Konzerntöchter	**-8,8%**	**-9,7%**	-4,2%	**9,0%**	**6,5%**
fett sind signifikant, Abschlag (+), Prämie (-)					

Tabelle 3–12: Differenzierter Vergleich von Abschlägen ggü. börsennotierten Unternehmen aus Deutschland (Quelle: Dodel (2008), S. 5)

Die Analyse der Untersuchungsergebnisse von *Dodel* für Deutschland zeigt zudem, dass auch innerhalb der nicht-börsennotierten Unternehmen bzw. Privatunternehmen unterschiedlich hohe Abschläge zu beobachten sind. So muss bei den nicht-börsennotierten Unternehmen zwischen einem selbstständigen Mittelstand und den nicht selbstständigen (konzerngebundenen) Privatunternehmen differenziert werden (vgl. Tabelle 3–12). Selbstständige mittelständische Unternehmen werden mit deutlich höheren Abschlägen versehen. Zudem zeigt *Dodel*, dass die Abschläge mit der Herkunftsregion der Vergleichsunternehmen variieren. Weiter ist festzuhalten, dass die Wertabschläge und deren zugrunde liegenden Transaktionsmultiplikatoren stark von den untersuchten Branchen und dem Untersu-

[40] Vgl. *Dodel* (2008) S. 3 sowie die dort angegebene Literatur.

chungszeitraum abhängen. Daraus lässt sich folgern, dass die für einen Praktiker übliche Vorgehensweise, mit pauschalierten Abschlägen zu arbeiten, die nicht nach Branchen und Herkunftsregion differenzieren, nicht zu rechtfertigen ist.

3.3.3.2.3.3 Zuschlag für persönliche Haftung

Die Frage, ob eine bei einer Personengesellschaft übernommene persönliche Haftung des Gesellschafters einen Zuschlag auf die Risikoprämie rechtfertigt, ist umstritten. Unseres Ermessens wird der subjektive Wert, den ein Käufer einem Unternehmen beimisst, sehr wohl davon abhängen, inwieweit er persönliche Haftungen eingehen muss. Das persönliche Haftungsrisiko bezeichnet das Risiko, dass es künftig zu Vermögenseinbußen außerhalb der Unternehmenssphäre kommen kann.

3.3.3.2.3.4 Mehrheitsabschlag (Paketzuschlag)

Beim Kauf von Unternehmensbeteiligungen wird bei größeren Anteilspaketen häufig ein so genannter Paketzuschlag bezahlt. Das geschieht vor dem Hintergrund, dass der Erwerber eines Paketes die Möglichkeit erhält, aktiv auf die Geschäftspolitik des Unternehmens Einfluss zu nehmen. Ein Zuschlag kann jedoch nur dann in Ansatz gebracht werden, wenn als Basis ein so genannter objektivierter Unternehmenswert berechnet wurde. Der Berechnung dieses Unternehmenswertes werden Planzahlen zugrunde gelegt, die man unter der Prämisse für erreichbar hält, dass die Geschäftspolitik unverändert fortgeführt wird. Ist der Käufer der Ansicht, dass durch seine Einflussnahme auf die Unternehmenspolitik die Cashflows gesteigert werden können, so wird der von ihm (auf der Basis dieser höheren Cashflows) errechnete subjektive Unternehmenswert über dem objektivierten Wert liegen. Der Käufer wird in diesem Fall bereit sein, einen Paketzuschlag auf den objektivierten Wert zu zahlen, allerdings maximal in Höhe der Differenz zwischen subjektivem und objektiviertem Unternehmenswert.

Alternativ zu einem Zuschlag auf den Unternehmenswert kann auch ein Abschlag auf den Diskontierungszinssatz vorgenommen werden.

Bei den empirischen Untersuchungen zu den Paketzuschlägen lassen sich drei Untersuchungsgebiete unterscheiden.

1. Der überwiegende Teil der Studien analysiert Prämien, die im Rahmen des Erwerbs von Mehrheitsanteilen bezahlt werden.[41]
2. Das zweite Gebiet empirischer Studien untersucht die Prämie für Aktien des gleichen Unternehmens mit verschiedenen Stimmrechten.[42]
3. Das dritte Gebiet untersucht die Prämien, die bei sogenannten Blocktrades bezahlt wurden.[43]

Die beobachtbaren Prämien liegen über alle drei Untersuchungsgebiete in einer sehr weiten Bandbreite von 5 % bis 82 %.
Interessante empirische Ergebnisse zu Paketzuschlägen liefert eine Studie von *Hanouna*, *Sarin* und *Shapiro*.[44] Diese Studie umfasst 9.566 Transaktionen zwischen

---

[41] Vgl. *Jensen/Ruback* (1983), *Hanouna/Sarin/Shapiro* (2001).

[42] Vgl. *Lease/McConnell/Mikkelson* (1984); *McConnell/Servaes* (1990).

[43] Vgl. *Barclay/Clifford* (1989).

[44] Vgl. *Hanouna/Sarin/Shapiro* (2001).

1986 und 2000 der sieben führenden Industrieländer. Bei diesen Transaktionen lagen die Daten über die Aktienkurse vom Zeitpunkt der Bekanntgabe der jeweiligen Transaktion und vier Wochen vor Bekanntgabe vor. Die Transaktionen werden in Mehrheitstransaktionen (Majority Transactions) und Minderheitstransaktionen (Minority Transactions) unterschieden. Mehrheitstransaktionen werden definiert als Transaktionen, bei denen der Käufer vor der Transaktion im Besitz von weniger als 30 Prozent der Anteile des Zielunternehmens ist und nach der Transaktion mehr als 50 Prozent der Anteile des Zielunternehmens besitzt. Bei den Minderheitstransaktionen handelt es sich um Transaktionen, bei denen der Käufer vor und auch nach der Transaktion weniger als 30% der Anteile an den Unternehmen hält.

Hanouna, *Sarin* und *Shapiro* analysieren in ihrer Untersuchung Prämien des Angebotspreises im Verhältnis zum Handelspreis bei Mehrheits- und Minderheitstransaktionen sowie die Höhe der Kontrollprämie. Diese ist definiert als Differenz zwischen der Prämie für eine Minderheitstransaktion und dem Median der Prämien aller Mehrheitstransaktionen, die in dem selben Land, im gleichen Jahr und in der gleichen Branche stattfanden. Hierbei wurden Transaktionen stets mit der Berücksichtigung möglicher Einflussfaktoren betrachtet, um die verschiedenen Bestimmungsfaktoren für diese Prämien definieren zu können. Die Tabellen 3–13 und 3–14 zeigen die Ergebnisse dieser Untersuchungen in Abhängigkeit von der Art und dem Ort der Transaktion.

	Prämie des Angebotspreises im Verhältnis zum Handelspreis vier Wochen vor Bekanntgabe der Transaktion bei					
	Mehrheitstransaktionen		Minderheitstransaktionen		Kontrollprämie	
Art der Transaktion	Anzahl der Transaktionen	Median	Anzahl der Transaktionen	Median	Anzahl der Transaktionen	Median
USA:						
Freundliche Übernahme	108	59,68	5	30,40	1	11,68
Unerwünscht	6	41,68				
Neutral	9	13,03	1175	8,18	1063	26,43
Feindliche Übernahme	3736	36,90	491	7,65	431	26,34
nicht zuordenbar	24	18,74	4	-16,03	3	48,79
International:						
Freundliche Übernahme	140	37,94	7	40,40	3	-7,99
Unerwünscht	7	4,60				
Neutral	11	12,63	548	7,85	177	19,41
Feindliche Übernahme	1507	32,08	443	10,76	142	5,33
nicht zuordenbar	13	6,59	27	5,38	6	15,95
Kontrollprämie = Differenz zwischen der Prämie für eine Minderheitstransaktion und dem Median der Prämien aller Mehrheitstransaktionen, die in dem selben Land, im gleichen Jahr, in der gleichen Branche stattfanden und die gleiche Art der Transaktion zum Hintergrund hatten.						

Tabelle 3–13: Kontrollprämie in Abhängigkeit von der Art der Transaktion

Hanouna, *Sarin* und *Shapiro* zeigen in ihrer Untersuchung, dass die Prämien für Mehrheits- und Minderheitstransaktionen sowie die Höhe der Kontrollprämie für Paketzuschläge allgemein von den Faktoren Zeit, Industriesektor, Art und Höhe der Transaktion beeinflusst werden. Die Unternehmensgröße hingegen stellt keinen Einflussfaktor dar, da es keinen klaren Trend über die Größenordnung der Prämie von Mehrheits- und Minderheitstransaktionen und der geschätzten Kontrollprämie gibt. Des Weiteren sind Kontrollprämien in den „market-oriented" Ländern, in denen sich Unternehmen stärker über den Kapitalmarkt finanzieren, wesentlich höher als in „bank-oriented" Ländern, in denen sich Unternehmen stärker über Bankkredite finanzieren. Außerdem werden bei ausländischen Trans-

Ort der Transaktion	Prämie des Angebotspreises im Verhältnis zum Handelspreis vier Wochen vor Bekanntgabe der Transaktion bei Mehrheitstransaktionen: Anzahl der Transaktionen	Mehrheitstransaktionen: Median	Minderheitstransaktionen: Anzahl der Transaktionen	Minderheitstransaktionen: Median	Kontrollprämie: Anzahl der Transaktionen	Kontrollprämie: Median
USA:						
Inländische Transaktionen	3330	36,06	1404	7,52	1259	27,44
Grenzüberschreitende Transaktionen	553	44,26	271	13,27	239	19,90
Gesamt	3883	37,27	1675	8,07	1498	26,37
Japan:						
Inländische Transaktionen	38	0,18	16	-12,81	5	11,35
Grenzüberschreitende Transaktionen	4	-18,34	8	-0,55	1	27,81
Gesamt	42	-1,12	24	-7,42	6	11,45
Deutschland:						
Inländische Transaktionen	9	-5,39	3	-2,44	0	-
Grenzüberschreitende Transaktionen	6	15,63	3	16,28	0	-
Gesamt	15	0,00	6	11,23	0	-
Frankreich:						
Inländische Transaktionen	81	21,88	38	6,77	13	7,39
Grenzüberschreitende Transaktionen	43	22,33	6	8,06	2	-10,86
Gesamt	124	22,11	44	6,77	15	0,77
Großbritannien:						
Inländische Transaktionen	530	38,04	161	7,50	93	22,36
Grenzüberschreitende Transaktionen	279	44,44	76	8,73	41	12,84
Gesamt	809	40,36	237	8,32	134	21,05
Italien:						
Inländische Transaktionen	22	22,09	14	3,49	1	10,62
Grenzüberschreitende Transaktionen	3	0,00	8	40,67	3	3,26
Gesamt	25	21,86	22	6,73	4	6,94
Kanada:						
Inländische Transaktionen	87	19,92	34	7,15	18	16,66
Grenzüberschreitende Transaktionen	47	37,22	23	6,67	11	1,63
Gesamt	134	27,07	57	6,73	29	13,84
Kontrollprämie = Differenz zwischen der Prämie für eine Minderheitstransaktion und dem Median der Prämien aller Mehrheitstransaktionen, die in dem selben Land, im gleichen Jahr, in der gleichen Branche stattfanden und die gleiche Art der Transaktion zum Hintergrund hatten.						

Tabelle 3–14: Kontrollprämie in Abhängigkeit vom Ort der Transaktion

aktionen geringere Kontrollprämien bezahlt als bei inländischen Transaktionen. Diese empirischen Ergebnisse sind dahin gehend kritisch zu betrachten, da es sich bei 6.119 von 9.566 Transaktionen um US-Transaktionen handelt. Die Studie gibt aufgrund mangelnder Daten keine Auskunft über den Median der Kontrollprämien in Deutschland.

3.3.4 Fremdkapitalkosten

Nimmt man eine Unternehmensbewertung nach dem DCF-Equity-Ansatz vor, kann man nach Ermittlung der Eigenkapitalkosten nun den Unternehmenswert berechnen. Beim Entity-Ansatz und beim APV-Ansatz benötigt man jedoch zur Bestimmung der jeweiligen Abzinsungsfaktoren noch die Fremdkapitalkosten.

Aufgrund des nicht unerheblichen Anteils der Fremdfinanzierung bei vielen Unternehmen kommt auch der Berechnung der Fremdkapitalkosten eine nicht zu vernachlässigende Bedeutung zu. Da sich das Fremdkapital eines Unternehmens in der Regel aus verschiedenen Positionen mit unterschiedlichen Konditionen zusammensetzt, stellt sich zunächst die Frage, welcher Fremdkapitalzinssatz zu verwenden ist. Hierbei gibt es zwei Möglichkeiten: Entweder kann auf Basis der erwarteten Zusammensetzung des Fremdkapitals ein gewichteter durchschnittlicher Fremdkapitalkostensatz berechnet werden oder es können bei der Ermittlung des *WACC* mehrere unterschiedliche Fremdkapitalkategorien mit ihren jeweiligen unterschiedlichen Zinssätzen (und gegebenenfalls unterschiedlichen Steuerwirkungen) einbezogen werden. In beiden Fällen wird implizit davon ausgegangen, dass sich die Zusammensetzung des Fremdkapitals künftig nicht ändert.

Wie bereits an anderer Stelle erläutert wird bei der Ermittlung der Fremdkapitalkosten nur verzinsliches Fremdkapital berücksichtigt.

Zu beachten ist, dass die von dem zu bewertenden Unternehmen zum Bewertungsstichtag vereinbarten Fremdkapitalkonditionen für die Berechnung der aktuellen Fremdkapitalkosten nicht von Bedeutung sind. Hierfür ist immer der aktuell für Fremdkapital mit vergleichbarem Risiko zu zahlende Zinssatz heranzuziehen. Allerdings spielen die historisch vereinbarten Zinssätze für die Höhe des Marktwertes des Fremdkapitals eine Rolle[45].

In der Praxis wird mitunter aus Vereinfachungsgründen gleichwohl auf den durch das Unternehmen durchschnittlich zu zahlenden Zinssatz zurückgegriffen und statt des Marktwertes des Fremdkapitals der Buchwert angesetzt. Dieses Vorgehen kann bei Abweichungen dieses Zinssatzes von der Marktrendite jedoch zu Verzerrungen beim berechneten Unternehmenswert führen. Insbesondere ist bei einer derartigen Vereinfachung darauf zu achten, wann die Kredite zur Zinsanpassung anstehen und welche Zinsen im Anschluss daran wohl vereinbart werden.

Da die Prognose der Cashflows nominell erfolgt, werden üblicherweise zur Berechnung des gewogenen Kapitalkostensatzes *WACC* nur Nominalzinssätze herangezogen. Es wäre stattdessen auch möglich, die Cashflows in realen Werten zu prognostizieren und mit realen Zinssätzen abzuzinsen. Planzahlen werden in der Regel jedoch in nominalen Größen erstellt, daher ist der Nominalansatz leichter zu vermitteln.

Der Fremdkapitalzins setzt sich aus zwei Komponenten zusammen: dem risikolosen Zinssatz und einem Risikozuschlag. Dieser von der Bonität des Schuldners abhängige Zuschlag wird auch als Spread bezeichnet. Auf die Bestimmung des risikolosen Zinssatzes wurde bereits unter Abschnitt 3.3.3.1 eingegangen. Woher erhält man aber Informationen zum aktuell marktüblichen Risikozuschlag?

Einen ersten Anhaltspunkt liefern die Umlaufrenditen von Industrieanleihen, die in den Statistiken der Deutschen Bundesbank (z.B. über Internet) veröffentlicht werden. In den Renditen dieser Anleihen ist der Risikozuschlag bereits enthalten, d.h. die Umlaufrendite entspricht dem aktuellen Marktzinssatz. Problematisch hierbei ist jedoch, dass nicht nach Schuldnerbonität differenziert wird. Die Marktrendite sollte aus der Rendite von vergleichbaren börsengehandelten Anleihen abgeleitet werden, wobei sich diese Vergleichbarkeit insbesondere auch auf das Ausfallrisiko bezieht.

Um dem von der Bonität des Schuldners abhängigen Risiko Rechnung zu tragen, bieten sich als Risiko-Maßstab die Ratings von *Standard & Poor's* und *Moody's* an. Ist das zu bewertende Unternehmen hier geratet, so ermittelt man den gesuchten Marktzinssatz als gewogenen Durchschnitt der aktuellen Umlaufrenditen der Anleihen von Schuldnern mit demselben Rating. Da die Zinsniveaus zwischen

[45] Vgl. hierzu Abschnitt 3.3.2.1.

Ländern zum Teil erheblich differieren, dürfen jedoch nur Schuldner aus dem gleichen Währungsraum in den Vergleich einbezogen werden. In der Regel wird für das zu bewertende Unternehmen jedoch kein Rating verfügbar sein. In diesem Fall muss das zu bewertende Unternehmen anhand von Kennzahlen mit bekannten, gerateten Firmen verglichen werden, um so Näherungen für ein Rating zu erhalten.

Anmerkung: Auch bei variabel verzinslichem Fremdkapital kann auf die Marktrendite vergleichbarer Anleihen zurückgegriffen werden. Der kurzfristige Zinssatz wird ja periodisch neu festgelegt und das geometrische Mittel der erwarteten kurzfristigen Zinssätze entspricht dem erwarteten langfristigen Zinssatz.

Der aktuelle Marktzins für das Fremdkapital stellt die Renditeforderung der Fremdkapitalgeber dar. Diese Renditeforderung entspricht jedoch nicht den Fremdkapitalkosten des Unternehmens. Aufgrund der steuerlichen Abzugsfähigkeit von Zinsaufwendungen senkt die Aufnahme von Fremdkapital die vom Unternehmen zu zahlenden Steuern[46]. Dieser Einfluss der Fremdkapitalfinanzierung auf die Steuerbelastung des Unternehmens wird als Tax Shield bezeichnet. Die effektiven Kosten des Fremdkapitals entsprechen also den zu zahlenden Zinsen abzüglich sämtlicher Steuerermäßigungen für das Unternehmen:

$$\text{Fremdkapitalkosten} = r_{FK} \cdot (1 - t)$$

mit r_{FK} = Renditeforderung der Fremdkapitalgeber
t = Unternehmenssteuersatz

Die Berechnung des Tax Shield ist davon abhängig, ob bzw. in welcher Höhe die Fremdkapitalzinsen bei der Ermittlung der Steuerschuld abgezogen werden können. Bei obiger Formel für die Fremdkapitalkosten wurde eine volle steuerliche Abzugsfähigkeit des Zinsaufwandes unterstellt.[47]

An dieser Stelle sei nochmals in Erinnerung gerufen, dass im Rahmen der Berechnung der operativen Free Cashflows für den Entity-Ansatz die Unternehmenssteuern ohne Berücksichtigung der steuerlichen Abzugsfähigkeit der Fremdkapitalzinsen ermittelt wurden. Vielmehr wurden die Steuern so berechnet, als ob das Unternehmen kein Fremdkapital aufgenommen hätte. Im Falle einer Finanzierung mit Fremdkapital wurde die Unternehmenssteuerlast damit zu hoch angesetzt. Die Korrektur erfolgt jetzt bei der Berechnung der Fremdkapitalkosten durch die Reduktion des Fremdkapitalzinses um die Steuerquote.

Beim Entity-Ansatz auf der Basis von Total Cashflows (TCF) wird die Steuerersparnis aus den Fremdkapitalzinsen hingegen bereits bei der Ermittlung der bewertungsrelevanten Cashflows berücksichtigt. Daher darf die Steuerersparnis aus den Fremdkapitalzinsen bei der Ermittlung des Mischzinssatzes $WACC_{TCF}$ nicht noch einmal berücksichtigt werden. Der $WACC_{TCF}$ berechnet sich dann als

$$WACC_{TCF} = r_{EK} \cdot \frac{EK}{GK} + r_{FK} \cdot \frac{FK}{GK}$$

[46] Seit der Unternehmensteuerreform 2008 ist die steuerliche Abzugsfähigkeit des Zinsaufwandes für deutsche Unternehmen nicht immer in vollem Umfang gegeben, vgl. diesbezüglich Abschnitt 3.7.3.1.3.

[47] Zur Berücksichtigung der deutschen Steuergesetzgebung vgl. Abschnitt 3.7.3.

Abbildung 3–11 zeigt die Berechnung der Kapitalkosten für die KfZ-Zulieferer GmbH.

Dieser Berechnung liegt – wie in Abschnitt 3.3.2.2 erläutert – eine Zielkapitalstruktur (Eigenkapitalquote, Fremdkapitalquote) zugrunde, die als gewogener Durchschnitt der gegenwärtigen Kapitalstruktur und der Kapitalstruktur im Terminal Value ermittelt wurde. Eine manuelle Berechnung dieser Zielkapitalstruktur, d.h. eine Berechnung ohne Computerprogramme/Excel-Sheets, ist ex ante exakt nur schwer möglich: Da in die gegenwärtige Kapitalstruktur der Marktwert des Eigenkapitals einfließt, steht man bei der Ermittlung vor einem Zirkularitätsproblem, das sich nur mit Iteration lösen lässt[48].

Im Folgenden soll die Berechnung der Eigen- und Fremdkapitalquote jedoch aus einer ex post-Betrachtung heraus – d.h. unter Einbezug der erst in den Folgekapiteln dargestellten Bewertungsergebnisse – nachvollzogen werden:

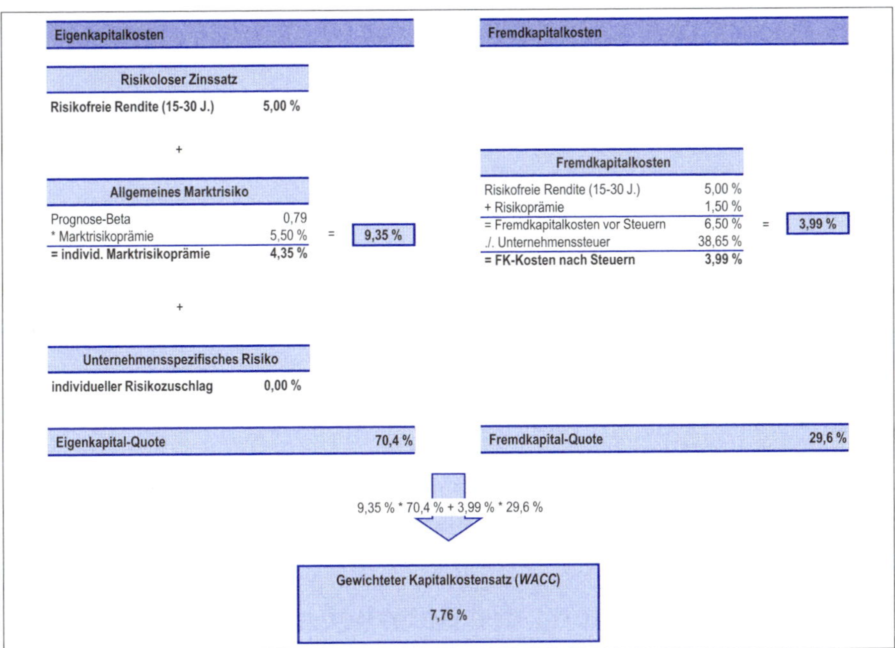

Abbildung 3–11: Berechnung der Kapitalkosten für die KfZ-Zulieferer GmbH

- Ermittlung der gegenwärtigen Kapitalstruktur:
  EK: entspricht dem nach dem Entity-Ansatz ermittelten Unternehmenswert abzüglich der liquiden Mittel (vgl. Abschnitt 3.4):
  368,7 Mio. € – 33,3 Mio. € = 335,4 Mio. €.
  FK: entspricht dem verzinslichen Fremdkapital zum Bewertungsstichtag (vgl. Abschnitt 3.4): 266,6 Mio. €.

[48] Vgl. Abschnitt 3.3.2.1.

Daraus ergeben sich folgende Quoten:

$$\text{EK-Quote} = \frac{EK}{EK+FK} = \frac{335{,}4}{602} = 55{,}72\%$$

$$\text{FK-Quote} = \frac{FK}{EK+FK} = \frac{266{,}6}{602} = 44{,}28\%$$

- Ermittlung der Kapitalstruktur im Terminal Value:
  EK: entspricht dem Terminal Value (vgl. Abschnitt 3.2.3.2) abzüglich dem Fremdkapital am Ende des letzten Jahres der Detailplanungsperiode: 608 Mio. € – 166,8 Mio. € = 441,2 Mio. €.
  FK: entspricht dem Fremdkapital am Ende des letzten Jahres der Detailplanungsperiode: 166,8 Mio. €.
  Daraus ergeben sich folgende Quoten:

$$\text{EK-Quote} = \frac{EK}{EK+FK} = \frac{441{,}2}{608} = 72{,}57\%$$

$$\text{FK-Quote} = \frac{FK}{EK+FK} = \frac{166{,}8}{608} = 27{,}43\%$$

- Berechnung der Gewichte (gemäß Formel unter Abschnitt 3.3.2.2):
  ATV: entspricht dem Anteil des Barwertes des Terminal Value am Barwert aller bewertungsrelevanten Cashflows (vgl. Abschnitt 3.4)

$$\text{ATV} = \frac{440{,}2}{440{,}2+161{,}8} = \frac{440{,}2}{602} = 0{,}731229$$

  Daraus ergeben sich folgende Gewichte:

$$\text{Gewicht der Kapitalstruktur im } TV = \frac{(1+ATV)}{2} = 0{,}8656$$

$$\text{Gewicht der gegenwärtigen Kapitalstruktur} = \frac{(1-ATV)}{2} = 0{,}1344$$

- Berechnung der Eigenkapitalquote von 70,4 %:
  EK-Quote = 0,8656 · 72,57 % + 0,1344 · 55,72 % = 70,31 %.
  Die Differenz zu 70,4 % beruht auf Rundungsfehlern.

3.4 Berechnung des Unternehmenswertes

In den vorstehenden Kapiteln wurde erläutert, wie man die bewertungsrelevanten Cashflows, den Terminal Value und die Diskontierungszinssätze ermittelt. Aus diesen Größen lässt sich der Eigenkapitalwert des Unternehmens nun relativ einfach berechnen. Die Berechnung erfolgt in zwei Schritten:

1. Berechnung des Barwerts der bewertungsrelevanten Cashflows und des Fortführungswertes zum Bewertungsstichtag:
Der Barwert stellt den gesamten Wert der betrieblichen Aktivitäten des Unternehmens dar. Man erhält ihn durch Abzinsung der bewertungsrelevanten Cashflows und des Terminal Value mit dem (je nach DCF-Verfahren) konsistenten Kapitalkostensatz. Dabei wird – bei allen DCF-Ansätzen – vereinfachend davon ausge-

gangen, dass die Cashflows jeweils in voller Höhe am Ende des Geschäftsjahres anfallen. Abbildung 3–12 verdeutlicht die Technik des Abzinsens.

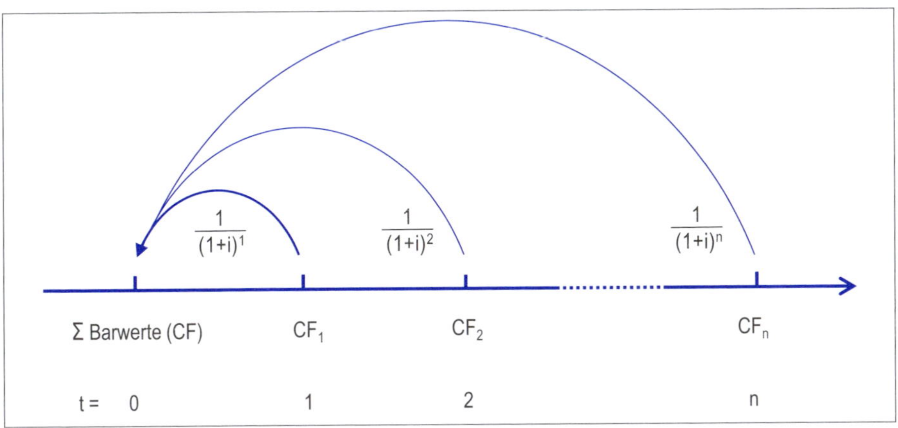

Abbildung 3–12: Ermittlung des Barwertes der Cashflows durch Abzinsung

Ist die Unternehmensbewertung zum Geschäftsjahresende des Unternehmens zu erstellen, so fließen nur volle Jahre in die Abzinsung ein. Die Barwertformel lautet dann allgemein:

$$\text{Barwert} = \sum_{t=1}^{n} \frac{CF_t}{(1+i)^t} + \frac{TV}{(1+i)^n}$$

mit CF_t = bewertungsrelevanter Cashflow des Geschäftsjahres t (nach Bewertungsstichtag)
i = Diskontierungszinssatz
TV = Terminal Value
n = Anzahl der Jahre der Detailplanungsperiode

Fällt der Stichtag der Unternehmensbewertung nicht auf den Bilanzstichtag, so spricht man auch von einem unterjährigen Bewertungsstichtag. Da die DCF-Modelle davon ausgehen, dass der Cashflow am Ende des Geschäftsjahres zufließt, ist der Cashflow des ersten (schon begonnenen) Geschäftsjahres in voller Höhe in die Bewertung einzubeziehen. Bei einem unterjährigen Unternehmensverkauf wird allerdings häufig vereinbart, dass der Gewinn des laufenden Geschäftsjahres noch anteilig dem Verkäufer zusteht. In diesem Fall ist der Cashflow des ersten Jahres um den Betrag zu kürzen, der an den Verkäufer fließt.

Bei der Abzinsung wird das begonnene erste Geschäftsjahr nur anteilig berücksichtigt. In der Regel geht man davon aus, dass die Zinsermittlung unterjährig linear erfolgt (d.h. innerhalb eines Jahres fallen keine Zinseszinsen an). Dann lautet die Barwertformel:

$$\text{Barwert} = \sum_{t=1}^{n} \frac{CF_t}{\left(1+\frac{i \cdot Tage}{360}\right) \cdot (1+i)^{t-1}} + \frac{TV}{\left(1+\frac{i \cdot Tage}{360}\right) \cdot (1+i)^{n-1}}$$

mit *Tage* = Anzahl der Tage (Monat = 30 Tage) vom Bewertungsstichtag bis zum Ende des laufenden Geschäftsjahres

Mitunter findet auch folgende Formel Verwendung, die (implizit) von einem unterjährigen Zinseszinseffekt im laufenden Geschäftsjahr ausgeht. Sie führt zu geringfügig niedrigeren Abzinsungsfaktoren und damit geringfügig höheren Unternehmenswerten:

$$\text{Barwert} = \sum_{t=1}^{n} \frac{CF_t}{(1+i)^{\left(t-1+\frac{Tage}{360}\right)}} + \frac{TV}{(1+i)^{\left(n-1+\frac{Tage}{360}\right)}}$$

Wie bereits erläutert sind bei den unterschiedlichen DCF-Ansätzen verschiedene Cashflows und Diskontierungszinssätze zu verwenden. Dementsprechend lautet die (ganzjährige) Barwertformel

beim Entity-Ansatz:

$$\text{Barwert} = \sum_{t=1}^{n} \frac{oFCF_t}{(1+WACC)^t} + \frac{TV_{oFCF}}{(1+WACC)^n}$$

beim Equity-Ansatz:

$$\text{Barwert} = \sum_{t=1}^{n} \frac{FtE_t}{(1+r_{EK})^t} + \frac{TV_{FtE}}{(1+r_{EK})^n}$$

beim Adjusted Present Value-Ansatz:

$$\text{Barwert} = \sum_{t=1}^{n} \frac{oFCF_t}{(1+r_{EK}^u)^t} + \frac{TV_{oFCF}}{(1+r_{EK}^u)^n} + \sum_{t=1}^{n} \frac{t \cdot r_{FK} \cdot FK_{t-1}}{(1+r_{FK})^t} + \frac{t \cdot r_{FK} \cdot FK_{n-1}}{(1+r_{FK})^n \cdot r_{FK}}$$

mit

$oFCF_t$ = operativer Free Cashflow des Jahres t
FtE_t = Flow to Equity des Jahres t
TV_{oFCF} = Terminal auf Basis des operativen Free Cashflows (Entity-Ansatz)
TV_{FtE} = Terminal Value auf der Basis des Flows to Equity (Equity-Ansatz)
$WACC$ = gewogener Kapitalkostensatz
r_{EK} = Renditeforderung der Eigenkapitalgeber für das verschuldete Unt.
r_{EK}^u = Renditeforderung der EK-Geber für das unverschuldete Unt.
r_{FK} = Renditeforderung der Fremdkapitalgeber
FK_{t-1} = Marktwert des Fremdkapitals zu Beginn der Periode t (bzw. zum Ende der Periode $t-1$)

2. Berechnung des Eigenkapitalwertes (Equity Value) des Unternehmens durch Addition bzw. Subtraktion weiterer zu berücksichtigender Positionen:
Zum Barwert der bewertungsrelevanten Cashflows und des Fortführungswertes ist der separat ermittelte Wert aller nicht-betriebsnotwendigen Vermögensgegenstände hinzuzurechnen. Die nicht-betriebsnotwendigen Vermögensgegenstände sind im Barwert nicht enthalten, da bei der Ermittlung der bewertungsrelevanten Cashflows nur die operativen Überschüsse, d.h. die Überschüsse aus dem betriebsnotwendigen Vermögen, berücksichtigt werden. Zum nicht-betriebsnotwendigen Vermögen zählen z.B. nicht-betriebsnotwendige Wertpapiere und Kassenbestände, die das Unternehmen als Reserve über seinen zur Unterstützung des laufenden Geschäftsbetriebes erforderlichen Ziel-Kassenstand hinaus hält. Positionen, die dem Working Capital zugerechnet wurden, dürfen nicht addiert werden[49]. In der Bewertungspraxis wird der Kassenbestand aus Vereinfachungsgründen oftmals vollständig dem nicht-betriebsnotwendigen Vermögen zugerechnet. Im allgemeinen kann man davon ausgehen, dass liquide Mittel von über 0,5–2% des Umsatzerlöses den betriebsnotwendigen Reservebestand übersteigen. Es sind jedoch immer auch unternehmensspezifische Besonderheiten zu beachten.

Ebenfalls hinzuzuaddieren ist der Wert der nicht-vollkonsolidierten Beteiligungen an eigenständigen Tochtergesellschaften, sofern die Beteiligungserträge bei der Ermittlung der bewertungsrelevanten Cashflows außen vor bleiben. Dementsprechend ist der Wert der Anteile Dritter an vollkonsolidierten Tochtergesellschaften abzuziehen, da diese in den Cashflows und damit im Barwert enthalten sind, jedoch nicht den Eigenkapitalgebern zustehen[50].

Beim Equity-Ansatz resultiert aus obenstehenden Berechnungsschritten bereits der Eigenkapitalwert des Unternehmens, da im Barwert nur die Cashflows berücksichtigt wurden, die den Eigenkapitalgebern zustehen.

Beim Entity-Ansatz und beim APV-Ansatz fließen in die Ermittlung des Barwertes die Zahlungsüberschüsse ein, die zur Befriedigung der Ansprüche aller Kapitalgeber – also der Eigenkapitalgeber und der Bereitsteller verzinslichen Fremdkapitals – zur Verfügung stehen. Deshalb erhält man nach obigen Berechnungsschritten den Wert des Gesamtkapitals (**Entity Value**). Um zum Marktwert des Eigenkapitals (**Equity Value**) zu gelangen, muss man nun noch den Marktwert des gesamten zu verzinsenden Fremdkapitals subtrahieren.

Bei der Addition bzw. Subtraktion ist immer der Marktwert der Vermögensgegenstände anzusetzen. Liegen keine Informationen über den Marktwert vor, ist dieser anhand ihrer erwarteten Cashflows und angemessener Diskontierungssätze zu berechnen. Der Marktwert der liquiden Mittel entspricht ihrem Buchwert.

Bei einem unterjährigen Bewertungsstichtag – d.h. Bilanzstichtag und Bewertungsstichtag fallen auseinander – ist bei der Unternehmenswertberechnung nach dem Entity-Ansatz und APV-Ansatz zu berücksichtigen, dass zwar das am letzten Bilanzstichtag bestehende Fremdkapital zu subtrahieren ist, jedoch mit dem Marktwert, der diesem am Bewertungsstichtag beizumessen ist. Die Änderungen des Fremdkapitalbestands seit dem letzten Bilanzstichtag, die im Zusammenhang

[49] Vgl. hierzu auch die Ausführungen zur Berechnung des Working Capital in Abschnitt 3.2.1.
[50] Diese Thematik wird in Abschnitt 3.8.2 gesondert behandelt.

mit der operativen Unternehmenstätigkeit stehen (z.B. Finanzierung von Investitionen), dürfen bei der Festsetzung des Abzugspostens hingegen nicht einbezogen werden. Der vom Wert des Gesamtkapitals abzuziehende Fremdkapitalwert berechnet sich, indem man den Wert des verzinslichen Fremdkapitals aus der letzten Bilanz (vorausgesetzt, der Marktwert entspricht dem Buchwert) für die Zeit zwischen Bilanzstichtag und Bewertungsstichtag mit den Fremdkapitalkosten des Unternehmens (Zins abzüglich Steuerersparnis) aufzinst. Die Berücksichtigung dieses Zinsaufwandes beim Abzugsposten ist notwendig, da zur Unternehmenswertberechnung die oFCF des gesamten (bereits begonnenen) Geschäftsjahres herangezogen werden. Diese stehen Eigen- und Fremdkapitalgebern zu, Zinsaufwendungen wurden noch nicht in Abzug gebracht. Durch die Abzinsung auf den Bewertungsstichtag mit dem Diskontierungssatz *WACC* werden nur die Fremdkapitalkosten vom Bewertungsstichtag bis Geschäftsjahresende berücksichtigt. Die Fremdkapitalkosten für den Rest des Geschäftsjahres müssen jedoch auch unternehmenswertmindernd in Ansatz gebracht werden.

Analog sind bei der Addition von zinstragendem nicht-betriebsnotwendigem Vermögen auch die Zinserträge (nach Steuern) bis zum Bewertungsstichtag zu berücksichtigen (da sie in den Cashflows nicht enthalten sind).

Die Tabellen 3–15, 3–16 und 3–17 zeigen die Berechnung des Eigenkapitalwertes für die KfZ-Zulieferer GmbH nach den verschiedenen DCF-Ansätzen zum Stichtag 31.08. des Jahres 1[51]. Der Marktwert der liquiden Mittel berechnet sich durch Aufzinsung des Bestands zum 31.12. des Jahres 0 (32,9 Mio. €) für 8 Monate, unterstellter Anlagezins 3 % bzw. nach Steuern 1,84 %. Der abzuziehende Bestand an verzinslichem Fremdkapital berechnet sich durch Aufzinsung des Bestands zum 31.12. des Jahres 0 (259,7 Mio. €) für 8 Monate mit dem Fremdkapitalkostensatz 3,99 %.

Entity-Ansatz **Jahr**		**1**	**2**	**3**	**4**	**5**	**Endwert**
Diskontierungszinssatz	7,76%						
Multiplikator		0,9754	0,9052	0,8400	0,7795	0,7234	0,7234
operativer Free Cashflow		33,9	23,8	38,5	44,9	55,1	41,1
Barwert der Cashflows		33,1	21,6	32,3	35,0	39,8	440,2
[+] Barwert der Cashflows	161,8						
[+] Barwert des Terminal Value	440,2	$\rightarrow = \frac{41{,}1}{7{,}76\%-1\%} \cdot 0{,}7234$					
Anteil des TV an der Summe der CF	73,1%						
[+] liquide Mittel	33,3						
[+] nicht-betriebsnotw. Vermögen	0,0						
Entity Value	**635,3**						
[–] verzinsliches Fremdkapital	266,6						
Equity Value 31.08. Jahr 1	**368,7**	**Mio. €**					

Tabelle 3–15: Berechnung des Unternehmenswertes (Eigenkapital) der KfZ-Zulieferer GmbH nach dem Entity-Ansatz

[51] Bei der Unternehmenswertberechnung sind wir davon ausgegangen, dass die gesamten liquiden Mittel nicht-betriebsnotwendig sind.

APV-Ansatz Jahr		1	2	3	4	5	Endwert
Diskontierungszinssatz	8,52%						
Multiplikator		0,9731	0,8967	0,8263	0,7614	0,7017	0,7017
operativer Free Cashflow		33,9	23,8	38,5	44,9	55,1	41,1
Barwert der Cashflows		33,0	21,3	31,8	34,2	38,7	383,5
Diskontierungszins (Tax Shield)	6,50%						
Tax Shield		6,3	6,1	5,8	5,3	4,6	4,2
Multiplikator		0,9792	0,9195	0,8633	0,8107	0,7612	0,7612
Barwert des Tax Shield		6,2	5,6	5,0	4,3	3,5	49,2
[+] Barwert der Cashflows	159,0						
[+] Barwert des Terminal Value	383,5	$\rightarrow = \frac{41,1}{8,52\%-1\%} \cdot 0,7017$					
Anteil des TV an der Summe der CF	70,9%						
[+] Barwert des Tax Shield	73,8	$\rightarrow = \frac{4,2}{6,5\%} \cdot 0,7612 + 6,2 + 5,6 + 5,0 + 4,3 + 3,5$					
[+] liquide Mittel	33,3						
[+] nicht-betriebsnotw. Vermögen	0,0						
Entity Value	**649,6**						
[–] verzinsliches Fremdkapital	266,6						
Equity Value 31.08. Jahr 1	**383,0**	**Mio. €**					

Tabelle 3–16: Berechnung des Unternehmenswertes (Eigenkapital) der KfZ-Zulieferer GmbH nach dem APV-Ansatz

Equity-Ansatz Jahr		1	2	3	4	5	Endwert
Diskontierungszinssatz	9,35%						
Multiplikator		0,9707	0,8877	0,8118	0,7425	0,6790	0,6790
Flow to Equity		8,0	11,2	11,2	12,1	16,2	36,1
Barwert der Cashflows		7,8	9,9	9,1	8,9	11,0	293,6
[+] Barwert der Cashflows	46,7						
[+] Barwert des Terminal Value	293,6	$\rightarrow = \frac{36,1}{9,35\%-1\%} \cdot 0,6790$					
Anteil des TV an der Summe der CF	86,3%						
[+] liquide Mittel	33,3						
[+] nicht-betriebsnotw. Vermögen	0,0						
Equity Value 31.08. Jahr 1	**373,6**	**Mio. €**					

Tabelle 3–17: Berechnung des Unternehmenswertes (Eigenkapital) der KfZ-Zulieferer GmbH nach dem Equity-Ansatz

Unter gleichen Prämissen führen alle Verfahren zum gleichen Unternehmenswert. Abweichungen bei den berechneten Unternehmenswerten sind auf Abweichungen bei den den Ansätzen implizit zugrunde liegenden Annahmen (z.B. hinsichtlich der Finanzierung) zuruckzuführen.

3.5 Werttreiber der DCF-Modelle

In den vorangehenden Kapiteln wurde gezeigt, wie Unternehmenswerte mithilfe von DCF-Modellen berechnet werden. Da sich in Modelle – insbesondere wenn es sich um eigenerstellte Excel-Sheets handelt – mitunter Berechnungsfehler einschleichen, ist der berechnete Unternehmenswert auf Plausibilität zu prüfen. Insbesondere sollte man sich die Frage stellen, ob der resultierende Wert in Einklang mit den prognostizierten wertbestimmenden Faktoren, den so genannten Werttreibern, steht.

Die Beschäftigung mit den Werttreibern der DCF-Modelle soll den Leser aber auch für die Stellschrauben im DCF-Modell sensibilisieren und ihm damit die Beurteilung und Diskussion einer von Dritten erstellten Unternehmensbewertung ermöglichen. So können auf den ersten Blick recht unbedeutend erscheinende Parameter einen signifikanten Einfluss auf den Unternehmenswert haben. Je nach Festlegung der Werttreiber können die resultierenden Unternehmenswerte für dasselbe Unternehmen erheblich differieren. Daher ist bei einer Unternehmensbewertung auf die sorgfältige Ermittlung und Begründung der Werttreiber besonderes Augenmerk zu legen.

Im Folgenden werden die wesentlichen Werttreiber der DCF-Modelle beleuchtet und anhand der KfZ-Zulieferer GmbH gezeigt, wie der Wert eines Unternehmens durch Variation einzelner Parameter beeinflusst wird.

3.5.1 Wachstumsrate im Terminal Value

Mittels der Wachstumsrate im Terminal Value wird das Wachstum der Cashflows des Unternehmens nach Ablauf der Detailplanungsperiode abgebildet[52]. Eine Erhöhung der Wachstumsrate hat eine Steigerung des Terminal Value und damit auch des berechneten Unternehmenswertes zur Folge. Das prozentuale Ausmaß der Veränderung ist natürlich vom jeweiligen Einzelfall abhängig.

In der Bewertungspraxis werden üblicherweise Wachstumsraten zwischen 0 und 3 % verwendet, wobei 3 % nur bei Unternehmen in Branchen mit sehr dynamischem Wachstum angesetzt werden sollte.

Die Fallstudie für die KfZ-Zulieferer GmbH zeigt, dass eine Variation der Wachstumsrate auch in diesem Prozentbereich den Unternehmenswert deutlich verändert. Erhöht man die im Ausgangsmodell für die KfZ-Zulieferer GmbH mit 1 % angesetzte Wachstumsrate auf 3 %, so erhöht sich der Unternehmenswert (hier berechnet auf Basis des Equity-Ansatzes) von 373,6 Mio. € auf 408,2 Mio. €, was einer Unternehmenswertsteigerung von 9,3 % entspricht. Zur Berechnung vergleiche Tabellen 3–18 und 3–19.

[52] Vgl. auch Abschnitt 3.2.3.2.

3.5.2 Detailprognosehorizont

In Abschnitt 3.2.3.3 wurde bereits darauf hingewiesen, dass sich die Länge der Detailplanungsperiode an sich nicht auf den Unternehmenswert auswirkt. In den gängigen Bewertungsmodellen ist jedoch sehr wohl eine Auswirkung zu beobachten, da mit der Veränderung des Detailplanungszeitraums implizit auch eine Änderung der Annahmen verbunden ist, die der Bewertung zugrunde gelegt werden. Richtung und Ausmaß der Unternehmenswertänderung ist dabei wiederum vom Einzelfall abhängig.

Die Bedeutung der Annahmen soll am Beispiel der KfZ-Zulieferer GmbH aufgezeigt werden. Die im Ausgangsmodell bis ins Jahr 5 reichende Detailplanungsperiode wurde um ein Jahr verlängert. Die Veränderung des Unternehmenswertes hängt nun von den für das Jahr 6 gemachten Annahmen hinsichtlich der Werttreiber ab. Wählt man – wie in Tabellen 3–20 und 3–21 – die auch dem Endwert des Ausgangsmodells zugrunde liegenden Größen, d.h. 1,0 % Umsatzwachstum, 4,0 % EBIT-Marge etc., so verändert sich der Unternehmenswert nicht[53]. Der Barwert der Cashflows und des Terminal Value bleibt in der Summe gleich, es kommt nur zu einer Verschiebung zwischen Barwert der Cashflows und Barwert des Terminal Value.

Wachstumsrate im Terminal Value in Mio. €	**Jahr 5**	**1% Endwert**	**3% Endwert**
Gesamtumsatz (nachrichtlich)	**1 830,3**	**1 848,6**	**1 885,2**
Operatives Ergebnis (EBIT)	74,1	74,8	76,3
[–] Zinsaufwand	11,9	11,0	11,2
[–] Steuern (Unt.) auf das EBT	24,0	24,7	25,2
[+] Abschreibungen	92,1	93,1	94,9
kurzfristige Rückstellungen	78,7	79,5	81,1
[+] Veränderung kurzfristiger Rückstellungen	3,1	0,8	2,4
langfristige Rückstellungen	54,5	54,5	54,5
[+] Veränderung langfristiger Rückstellungen	3,0	0,0	0,0
Anlagevermögen	361,3	364,9	372,1
[–] Investitionen	82,0	96,7	105,7
Working Capital	193,6	195,5	199,4
[–] Veränderung Working Capital	6,6	1,9	5,8
Finanzschulden	166,8	168,5	171,8
[+] Veränderung Finanzschulden	–31,6	1,7	5,0
Flow to Equity	**16,2**	**36,1**	**30,7**
Daraus resultierender Terminal Value		**432,4**	**483,4**

Tabelle 3–18: Ermittlung des Cashflows für den Endwert der KfZ-Zulieferer GmbH unter der Annahme verschiedener Wachstumsraten

[53] Die vorhandene Differenz von 0,1 Mio. € ist auf Rundungsfehler zurückzuführen.

Equity-Ansatz Jahr		1	2	3	4	5	Endwert
Diskontierungszinssatz	9,35%						
Multiplikator		0,9707	0,8877	0,8118	0,7425	0,6790	0,6790
Flow to Equity		8,0	11,2	11,2	12,1	16,2	30,7
Barwert der Cashflows		7,8	9,9	9,1	8,9	11,0	328,2
[+] Barwert der Cashflows	46,7						
[+] Barwert des Terminal Value	328,2						
Anteil des TV an der Summe der CF	87,5%						
[+] liquide Mittel	33,3						
[+] nicht-betriebsnotw. Vermögen	0,0						
Equity Value 31.08. Jahr 1	**408,2**	**Mio. €**					

Tabelle 3–19: Berechnung des Unternehmenswertes der KfZ-Zulieferer GmbH unter der Annahme einer Wachstumsrate von 3 % im Terminal Value

Ermittlung der FtE in Mio. € Jahr	1	2	3	4	5	6	Endwert
Gesamtumsatz (nachrichtl.)	**1 522,1**	**1 570,8**	**1 676,1**	**1 758,2**	**1 830,3**	**1 848,6**	**1 867,1**
Operatives Erg. v. St./Zins (EBIT)	53,0	59,6	73,9	76,2	74,1	74,8	75,6
[–] Zinsaufwand	16,4	15,7	15,1	13,7	11,9	11,0	11,0
[–] Steuern (Unt.) auf das EBT	14,2	16,9	22,7	24,2	24,0	24,7	24,9
[+] Abschreibungen	75,0	78,7	86,0	89,5	92,1	93,1	93,9
[+] Veränd. kurzfr. Rückstellungen	1,9	2,1	4,5	3,5	3,1	0,8	0,8
[+] Veränd. langfr. Rückstellungen	3,0	3,0	3,0	3,0	3,0		
[–] Investitionen	78,6	95,6	88,9	89,4	82,0	96,7	97,6
[–] Veränderung Working Capital	–0,2	0,9	11,5	8,5	6,6	1,9	2,0
[+] Veränderung Finanzschulden	–15,9	–3,0	–18,0	–24,4	–31,6	1,7	1,7
Flow to Equity	**8,0**	**11,2**	**11,2**	**12,1**	**16,2**	**36,1**	**36,5**

Tabelle 3–20: Ermittlung der FtE für die KfZ-Zulieferer GmbH unter Berücksichtigung eines weiteren Detailplanjahres

Üblicherweise liegt die in den Jahren der Detailplanungsperiode angesetzte Wachstumsrate jedoch deutlich über der zur Berechnung des Endwertes verwendeten Wachstumsrate. Nicht wenige Unternehmen planen darüber hinaus während der Detailplanungsperiode eine kontinuierliche Steigerung ihrer EBIT-Marge. Eine derartige Planung für das zusätzliche Jahr in der Detailplanungsperiode hat einen erhöhenden Effekt auf den Unternehmenswert. Zwar erhöht sich je nach Annahme bezüglich des Investitionsverhaltens der Cashflow im zusätzlich detailliert geplanten Jahr nicht unbedingt. Jedoch setzt der Cashflow im Terminal Value auf einer höheren Basisgröße auf, da in den meisten Modellen das letzte Planjahr die Ausgangsbasis für die Berechnung des Cashflows im Terminal Value ist. Daraus resultiert ein höherer Fortführungswert.

Equity-Ansatz Jahr		1	2	3	4	5	6	Endwert
Diskontierungszinssatz	9,35%							
Multiplikator		0,9707	0,8877	0,8118	0,7425	0,6790	0,6210	0,6210
Flow to Equity		8,0	11,2	11,2	12,1	16,2	36,1	36,5
Barwert der Cashflows		7,8	9,9	9,1	8,9	11,0	22,4	271,3
[+] Barwert der Cashflows	69,1							
[+] Barwert des Terminal Value	271,3							
Anteil des TV an Summe der CF	79,7%							
[+] liquide Mittel	33,3							
[+] nicht-betriebsnotw. Vermögen	0,0							
Equity Value 31.08. Jahr 1	**373,7**	**Mio. €**						

Tabelle 3–21: Berechnung des Unternehmenswertes der KfZ-Zulieferer GmbH unter Berücksichtigung eines weiteren Detailplanjahres

In der Fallstudie – Tabellen 3–22 und 3–23 – wurde im Jahr 6 das Umsatzwachstum mit 5,0 % und die EBIT-Marge mit 4,5 % – also relativ hoch – angesetzt. Das Working Capital, die kurzfristigen Rückstellungen und das Sachanlagevermögen entwickeln sich annahmegemäß proportional zum Umsatz. Der daraus resultierende Unternehmenswert in Höhe von 418,4 Mio. € liegt deutlich (ca. 12,0 %) über dem im Ausgangsmodell berechneten Wert (373,6 Mio. €).

Ermittlung der FtE in Mio. € Jahr	1	2	3	4	5	6	Endwert
Gesamtumsatz (nachrichtl.)	**1 522,1**	**1 570,8**	**1 676,1**	**1 758,2**	**1 830,3**	**1 921,8**	**1 941,0**
Operatives Erg. v. St./Zins (EBIT)	53,0	59,6	73,9	76,2	74,1	86,5	87,3
[–] Zinsaufwand	16,4	15,7	15,1	13,7	11,9	11,0	11,0
[–] Steuern (Unt.) auf das EBT	14,2	16,9	22,7	24,2	24,0	29,2	29,5
[+] Abschreibungen	75,0	78,7	86,0	89,5	92,1	96,7	97,6
[+] Veränd. kurzfr. Rückstellungen	1,9	2,1	4,5	3,5	3,1	3,9	0,8
[+] Veränd. langfr. Rückstellungen	3,0	3,0	3,0	3,0	3,0		
[–] Investitionen	78,6	95,6	88,9	89,4	82,0	114,8	101,4
[–] Veränderung Working Capital	–0,2	0,9	11,5	8,5	6,6	9,8	2,0
[+] Veränderung Finanzschulden	–15,9	–3,0	–18,0	–24,4	–31,6	1,7	1,7
Flow to Equity	**8,0**	**11,2**	**11,2**	**12,1**	**16,2**	**24,0**	**43,5**

Tabelle 3–22: Ermittlung der FtE für die KfZ-Zulieferer GmbH unter Berücksichtigung eines weiteren Detailplanjahres mit höherem Umsatz und EBIT

Equity-Ansatz **Jahr**		**1**	**2**	**3**	**4**	**5**	**6**	**Endwert**
Diskontierungszinssatz	9,35%							
Multiplikator		0,9707	0,8877	0,8118	0,7425	0,6790	0,6210	0,6210
Flow to Equity		8,0	11,2	11,2	12,1	16,2	24,0	43,5
Barwert der Cashflows		7,8	9,9	9,1	8,9	11,0	14,9	323,5
[+] Barwert der Cashflows	61,6							
[+] Barwert des Terminal Value	323,5							
Anteil des TV an Summe der CF	84,0%							
[+] liquide Mittel	33,3							
[+] nicht-betriebsnotw. Vermögen	0,0							
Equity Value 31.08. Jahr 1	**418,4**	**Mio. €**						

Tabelle 3–23: Berechnung des Unternehmenswertes der KfZ-Zulieferer GmbH unter Berücksichtigung eines weiteren Detailplanjahres mit höherem Umsatz und EBIT

3.5.3 Kapitalkosten

Während die Wachstumsrate im Terminal Value und der Detailplanungshorizont oft weniger beachtete Einflussparameter sind, ist der Zusammenhang zwischen Kapitalkosten und Unternehmenswert unmittelbar einsichtig. Steigt die Renditeforderung der Kapitalgeber und damit aus Unternehmenssicht die Kapitalkosten, so resultiert daraus ein niedrigerer Unternehmenswert.

An dieser Stelle sei noch einmal in Erinnerung gerufen, dass die Höhe der Kapitalkosten durch verschiedene Komponenten beeinflusst wird:

- Steigt der Fremdkapitalzinssatz, so muss ein Unternehmen, das nicht rein eigenkapitalfinanziert ist, den Fremdkapitalgebern künftig höhere Zahlungsströme zur Verfügung stellen. Daraus folgt, dass sich die den Eigenkapitalgebern verbleibenden Zahlungsströme und damit auch der Eigenkapitalwert eines Unternehmens verringern.
- Ein höherer Renditeanspruch der Eigenkapitalgeber bedeutet, dass sich der Gegenwartswert eines in der Zukunft fließenden (in seiner Höhe unveränderten) Zahlungsstroms vermindert. Mathematisch ist dieser Zusammenhang eindeutig, da der Gegenwartswert durch Abzinsung des künftigen Cashflows mit dem Renditeanspruch berechnet wird. Zur Verdeutlichung kann folgende Überlegung dienen: Der Renditeanspruch der Eigenkapitalgeber hängt immer von den möglichen Alternativanlagen ab. Man betrachte zwei Anlagealternativen, von denen eine eine höhere Verzinsung bietet als die andere. Bei der höher verzinslichen Alternativanlage muss man demzufolge zum gegenwärtigen Zeitpunkt weniger Geld investieren, um in der Zukunft einen gleich hohen Zahlungsstrom zu generieren.

  Im DCF-Modell werden die Eigenkapitalkosten in der Regel nach dem CAPM berechnet. Die Bestimmungsfaktoren für die Höhe der Eigenkapitalkosten sind in diesem Modell der risikofreie Zinssatz, die Marktrisikoprämie und der Beta-

Faktor. Die Variation jedes dieser Faktoren hat einen Einfluss auf den Unternehmenswert.

In Tabelle 3–24 wurde für die KfZ-Zulieferer GmbH der Beta-Faktor von 0,79 auf 1,0 heraufgesetzt. Dadurch erhöhen sich die Eigenkapitalkosten von 9,35 % auf 10,5 %. Der Unternehmenswert sinkt auf 325,2 Mio. € (= –12,9 %).

- Die Kapitalkosten eines Unternehmens (und damit der Unternehmenswert) hängen auch von der Kapitalstruktur des Unternehmens ab. In der Regel ist die Finanzierung eines Unternehmens mit Eigenkapital teurer als mit Fremdkapital. Die Fremdkapitalgeber erhalten – sieht man einmal von einer Insolvenz ab – eine vom erwirtschafteten Ergebnis des Unternehmens unabhängige, in der Höhe fixe Zinszahlung. Die Eigenkapitalgeber fordern aufgrund der Unsicherheit der ihnen zustehenden ergebnisabhängigen Zahlungsströme eine Risikoprämie. Bei gegebenen Renditeforderungen der Eigenkapitalgeber und der Fremdkapitalgeber – wie in den meisten DCF-Entity-Modellen unterstellt – sinken daher die Kapitalkosten des Unternehmens, wenn teures Eigenkapital durch billiges Fremdkapital ersetzt wird (Leverage-Effekt). Folglich steigt der Unternehmenswert. Dieser eindeutige Zusammenhang gilt jedoch nur, wenn die Renditeforderung der Eigenkapitalgeber unabhängig von der angesetzten Kapitalstruktur ist. Berücksichtigt man, dass die geforderte Rendite der Eigenkapitalgeber mit steigendem Verschuldungsgrad größer wird, so kann ein Anstieg der Verschuldung auch zu steigenden Kapitalkosten führen.

Equity-Ansatz Jahr		**1**	**2**	**3**	**4**	**5**	**Endwert**
Diskontierungszinssatz	10,50%						
Multiplikator		0,9673	0,8754	0,7922	0,7169	0,6488	0,6488
Flow to Equity		8,0	11,2	11,2	12,1	16,2	36,1
Barwert der Cashflows		7,7	9,8	8,9	8,6	10,5	246,4
[+] Barwert der Cashflows	45,5						
[+] Barwert des Terminal Value	246,4						
Anteil des TV an Summe der CF	84,4%						
[+] liquide Mittel	33,3						
[+] nicht-betriebsnotw. Vermögen	0,0						
Equity Value 31.08. Jahr 1	**325,2**	**Mio. €**					

Tabelle 3–24: Berechnung des Unternehmenswertes der KfZ-Zulieferer GmbH bei Ansatz eines höheren Beta-Faktors

Die Bedeutung der im DCF-Entity-Modell zugrunde gelegten Kapitalstruktur für den Unternehmenswert soll nochmals anhand folgender Betrachtung aufgezeigt werden:

In der Praxis ist leider mitunter zu beobachten, dass die gegenwärtige Kapitalstruktur eines Unternehmens unkritisch als Zielkapitalstruktur ins Entity-Modell übernommen wird. Führt man die Unternehmenswertberechnung nach dem Entity-Ansatz am Beispiel der KfZ-Zulieferer GmbH auf Basis der gegenwärtigen Kapitalstruktur auf Marktwertbasis (nach Iteration: EK (einschließlich der liquiden Mittel) = 415,8 Mio. € = 60,9 %, FK = 266,6 Mio. € = 39,1 %) durch, obwohl die Kapitalstruktur sich gemäß Unternehmensplanung ändert, so ergibt sich ein *WACC* von 7,26 % und ein Unternehmenswert von 415,8 Mio. €. Dieser berechnete Wert ist deutlich zu hoch, da nicht berücksichtigt wurde, dass die Eigenkapitalquote gemäß Unternehmensplanung ansteigt (auf 72,6 % im Terminal Value) und sich demgemäß die Kapitalkosten erhöhen.

Aufgrund des Einflusses der Kapitalstruktur auf den Unternehmenswert sollte man bei Unsicherheit bezüglich der im Entity-Modell zu verwendenen Kapitalstruktur besser auf ein Modell mit periodenspezifischem *WACC* oder den DCF-Equity-Ansatz zurückgreifen.

3.5.4 Planzahlen

Neben der Höhe des Kapitalisierungszinssatzes stellt die Höhe der prognostizierten Cashflows die zweite Basisgröße für die Höhe des Unternehmenswertes dar. Da die geplanten Cashflows in der Regel den stärksten Einfluss auf den Unternehmenswert haben, ist die Erstellung und Plausibilisierung der Unternehmensplanung der entscheidendste Aspekt bei der Unternehmensbewertung.

Die Entwicklung der Cashflows hängt wiederum von verschiedenen Werttreibern ab: u.a. dem Umsatzwachstum, der Gewinnmarge (auf die auch die Steuerquote einen Einfluss hat) sowie den Investitionen ins Anlagevermögen und ins Working Capital (= Netto-Umlaufvermögen). Tabelle 3–25 zeigt einige der im Ausgangsmodell für die KfZ-Zulieferer GmbH verwendeten Werttreiber.

Werttreiberentwicklung **Jahr**	**1**	**2**	**3**	**4**	**5**	**Endwert**
Umsatzwachstum (in % zum Vorjahr)	2,5%	3,2%	6,7%	4,9%	4,1%	1,0%
EBIT-Margew (in % vom Umsatz)	3,5%	3,8%	4,4%	4,3%	4,0%	4,0%
Investitionsquote (in % vom Umsatz)	5,2%	6,1%	5,3%	5,1%	4,5%	5,2%
Working Capital-Quote (in % v. Umsatz)	10,9%	10,6%	10,7%	10,6%	10,6%	10,6%

Tabelle 3–25: Werttreiber für die KfZ-Zulieferer GmbH im Ausgangsmodell

Im Folgenden werden diese Größen meist einzeln unter der ceteris paribus-Annahme variiert, d.h. alle anderen Größen werden unverändert gelassen[54].

3.5.4.1 Umsatz

Höhere Umsätze führen bei gleichen EBIT-Margen und Investitionen natürlich zu höheren Cashflows und damit zu höheren Unternehmenswerten.

Bei der Erstellung der Planzahlen für ein Unternehmen ist jedoch zu berücksichtigen, dass höhere Umsätze in der Regel auch einen erhöhten Working Capital-Bedarf nach sich ziehen. So steigen in der Regel mit den Umsätzen auch die Forde-

[54] Diese Annahme ist in der Praxis natürlich nicht realistisch. So hat die Realisierung einer Umsatzsteigerung in der Regel Einfluss auf die EBIT-Marge, z.B. aufgrund von Kostendegressionseffekten, des Anstiegs sprungfixer Kosten, einer aggressiven Preispolitik o.ä.

rungen aus Lieferungen und Leistungen und oftmals auch die Vorräte. Stößt das Unternehmen an Kapazitätsgrenzen, so müssen zur Realisierung der Umsatzsteigerung auch Investitionen ins Anlagevermögen getätigt werden. Je nach Höhe der erforderlichen Investitionen (ins Anlage- und Umlaufvermögen) kann die durch die gestiegenen Umsätze erreichte Gewinnerhöhung mitunter auch überkompensiert werden; in derartigen Fällen führt eine Umsatzsteigerung zur Verringerung der Cashflows und (abhängig vom Endwert) eventuell auch des Unternehmenswertes.

Bei der KfZ-Zulieferer GmbH wurde unterstellt, dass sich das Working Capital proportional zum Umsatz verändert. Gegenüber dem Ausgangsmodell erhöhte Investitionen ins Anlagevermögen sind gemäß Annahme zur Umsatzsteigerung nicht notwendig. Daraus ergibt sich bei der angenommenen Umsatzerhöhung ein von 373,6 Mio. € auf 406,6 Mio. € um 8,8 % gestiegener Unternehmenswert, vgl. Tabellen 3–26, 3–27 und 3–28.

Zu beachten ist, dass in dem Beispiel die Flows to Equity während der Detailprognoseperiode gesunken sind, da die Working Capital-Quote (in Bezug zum Umsatz) größer als die EBIT-Marge ist. D.h. es wird bei einer Umsatzsteigerung mehr Kapital gebunden als zusätzlicher Gewinn erwirtschaftet wird. Im Terminal Value, in dem aufgrund des relativ geringen Wachstums kaum mehr ins Working Capital investiert werden muss, schlägt sich das (absolut) höhere EBIT in einer Werterhöhung nieder.

Werttreiberentwicklung **Jahr**	**1**	**2**	**3**	**4**	**5**	**Endwert**
Umsatzwachstum (in % zum Vorjahr)	2,5%	5,1%	8,1%	9,8%	7,9%	1,0%
EBIT-Marge (in % vom Umsatz)	3,5%	3,8%	4,4%	4,3%	4,0%	4,0%
Working Capital-Quote (in % v. Umsatz)	10,9%	10,6%	10,7%	10,6%	10,6%	10,6%

Tabelle 3–26: Werttreiber der KfZ-Zulieferer GmbH mit gegenüber dem Ausgangsmodell erhöhtem Umsatzwachstum

Ermittlung der FtE in Mio. € **Jahr**	**1**	**2**	**3**	**4**	**5**	**Endwert**
Gesamtumsatz (nachrichtlich)	**1 522,1**	**1 600,0**	**1 730,0**	**1 900,0**	**2 050,0**	**2 070,5**
Operatives Ergebnis vor Steuer/Zins (EBIT)	53,0	60,6	76,3	82,5	82,8	83,6
[–] Zinsaufwand	16,4	15,7	15,1	13,7	11,9	11,0
[–] Steuern (Untern.) auf das EBT	14,1	17,4	23,6	26,6	27,4	28,0
[+] Abschreibungen	75,0	78,7	86,0	89,5	92,1	93,0
[+] Veränderung kurzfristiger Rückstellungen	1,9	2,0	4,6	3,5	3,1	0,8
[+] Veränderung langfristiger Rückstellungen	3,0	3,0	3,0	3,0	3,0	
[–] Investitionen	78,6	95,6	88,9	89,4	82,0	96,6
[–] Veränderung Working Capital	–0,1	4,0	14,2	17,7	14,9	2,2
[+] Veränderung Finanzschulden	–15,9	–3,0	–18,0	–24,4	–31,6	1,7
Flow to Equity	**8,0**	**8,6**	**10,1**	**6,7**	**13,2**	**41,3**

Tabelle 3–27: Ermittlung der FtE für die KfZ-Zulieferer GmbH unter Berücksichtigung eines höheren Umsatzwachstums

Equity-Ansatz Jahr		1	2	3	4	5	Endwert
Diskontierungszinssatz	9,35%						
Multiplikator		0,9707	0,8877	0,8118	0,7425	0,6790	0,6790
Flow to Equity		8,0	8,6	10,1	6,7	13,2	41,3
Barwert der Cashflows		7,8	7,6	8,2	5,0	8,9	335,8
[+] Barwert der Cashflows	37,5						
[+] Barwert des Terminal Value	335,8						
Anteil des TV an Summe der CF	89,9%						
[+] liquide Mittel	33,3						
[+] nicht-betriebsnotw. Vermögen	0,0						
Equity Value 31.08. Jahr 1	**406,6**	**Mio. €**					

Tabelle 3–28: Berechnung des Unternehmenswertes der KfZ-Zulieferer GmbH unter Berücksichtigung eines höheren Umsatzwachstums

3.5.4.2 Kosten

Im Gegensatz zu einer Umsatzsteigerung hat eine Reduktion der Kosten immer einen werterhöhenden Effekt. Gelingt es, ceteris paribus die Kosten zu senken, so erhöht sich die EBIT-Marge und damit auch der Unternehmenswert.

Bei der KfZ-Zulieferer GmbH wurde bei gleichen Umsätzen und Investitionen die EBIT-Marge ab dem Jahr 4 auf 5 % angehoben (also ca. um einen Prozentpunkt). Daraus resultiert ein um 26,9 % gestiegener Unternehmenswert in Höhe von 474,1 Mio. €, vgl. Tabellen 3–29, 3–30 und 3–31.

Werttreiberentwicklung Jahr	1	2	3	4	5	Endwert
Umsatzwachstum (in % zum Vj.)	2,5%	3,2%	6,7%	4,9%	4,1%	1,0%
EBIT-Marge (in % vom Umsatz)	3,5%	3,8%	4,4%	5,0%	5,0%	5,0%
Investitionsquote (in % vom Umsatz)	5,2%	6,1%	5,3%	5,1%	4,5%	5,2%
Working Capital-Quote (in % vom Umsatz)	10,9%	10,6%	10,7%	10,6%	10,6%	10,6%

Tabelle 3–29: Werttreiber der KfZ-Zulieferer GmbH mit gegenüber dem Ausgangsmodell erhöhter EBIT-Marge

3.5.4.3 Investitionen

Bereits im Zusammenhang mit der Erläuterung der Effekte einer Umsatzerhöhung wurde auf die Unternehmenswert-senkende Wirkung von Investitionen hingewiesen[55]. An dieser Stelle soll die Wirkung einer Erhöhung der Investitionen nochmals separat – d.h. bei unverändertem Umsatz – beleuchtet werden.

Auch bei unverändertem Umsatz kann es zu Veränderungen des Working Capital (und damit zu Investitionen bzw. Desinvestitionen ins Working Capital) kommen.

[55] Das gilt natürlich nur unter der ceteris paribus-Annahme, d.h. wenn sich die Investitionen nicht in einer Umsatz- und/oder Margenerhöhung niederschlagen.

Ermittlung der FtE in Mio. € Jahr	1	2	3	4	5	Endwert
Gesamtumsatz (nachrichtlich)	**1 522,1**	**1 570,8**	**1 676,1**	**1 758,2**	**1 830,3**	**1 848,6**
Operatives Ergebnis vor Steuer/Zins (EBIT)	53,0	59,6	73,9	87,9	91,5	92,4
[–] Zinsaufwand	16,4	15,7	15,1	13,7	11,9	11,0
[–] Steuern (Unt.) auf das EBT	14,1	16,9	22,8	28,6	30,9	31,5
[+] Abschreibungen	75,0	78,7	86,0	89,5	92,1	93,0
[+] Veränd. kurzfr. Rückstellungen	1,9	2,0	4,6	3,5	3,1	0,8
[+] Veränd. langfr. Rückstellungen	3,0	3,0	3,0	3,0	3,0	
[–] Investitionen	78,6	95,6	88,9	89,4	82,0	96,6
[–] Veränd. Working Capital	–0,1	0,9	11,5	8,5	6,6	1,9
[+] Veränd. Finanzschulden	–15,9	–3,0	–18,0	–24,4	–31,6	1,7
Flow to Equity	**8,0**	**11,2**	**11,2**	**19,3**	**26,7**	**46,9**

Tabelle 3–30: Ermittlung der FtE für die KfZ-Zulieferer GmbH unter Berücksichtigung einer höheren EBIT-Marge

Equity-Ansatz Jahr		1	2	3	4	5	Endwert
Diskontierungszinssatz	9,35%						
Multiplikator		0,9707	0,8877	0,8118	0,7425	0,6790	0,6790
Flow to Equity		8,0	11,2	11,2	19,3	26,7	46,9
Barwert der Cashflows		7,8	9,9	9,1	14,3	18,1	381,6
[+] Barwert der Cashflows	59,2						
[+] Barwert des Terminal Value	381,6						
Anteil des TV an Summe der CF	86,6%						
[+] liquide Mittel	33,3						
[+] nicht-betriebsnotw. Vermögen	0,0						
Equity Value 31.08. Jahr 1	**474,1**	**Mio. €**					

Tabelle 3–31: Berechnung des Unternehmenswertes für die KfZ-Zulieferer GmbH unter Berücksichtigung einer höheren EBIT-Marge

Beispielsweise können sich die Zahlungsmodalitäten der Abnehmer oder auch die eigenen Zahlungsmodalitäten gegenüber den Lieferanten ändern. Höhere Zahlungsziele der Abnehmer führen zu einem Anstieg der Forderungen aus Lieferungen und Leistungen und damit des Working Capital. Den gleichen Effekt hat eine Reduktion der seitens der Abnehmer geleisteten Anzahlungen. Die stärkere Ausschöpfung der eigenen Zahlungsziele bei den Lieferanten erhöht hingegen die Verbindlichkeiten aus Lieferungen und Leistungen und hat somit einen Reduktionseffekt auf das Netto-Umlaufvermögen.

Wurden Ersatzinvestitionen ins Anlagevermögen in der Vergangenheit unterlassen, so müssen sie früher oder später nachgeholt werden. In diesem Fall erhöhen sich die künftigen Investitionen gegenüber den in der näheren Vergangenheit durchgeführten Investitionen, auch wenn der Umsatz konstant bleibt. Ein weiterer Grund für erhöhte Investitionen können technische Neuerungen sein, die man im eigenen Maschinenpark mitvollziehen muss, um das Umsatzniveau zu halten.

In der folgenden Variation des Beispiels der KfZ-Zulieferer GmbH wurde davon ausgegangen, dass sich ein Investitionsstau aufgebaut hat, weil in der Vergangenheit notwendige Investitionen aufgeschoben wurden. Die Netto-Investitionen ins Anlagevermögen wurden daher in den Jahren 1 und 2 um jeweils 10 Mio. € erhöht. Dadurch kommt es in den Folgeperioden zu höheren Abschreibungen und in der Folge auch zu höheren Ersatzinvestitionen. Es wurde angenommen, dass die Investitionen zu 75 % kreditfinanziert werden, was im Vergleich zum Ausgangsmodell auch einen höheren Zinsaufwand bedeutet. Die dargestellten Variationen führen zu einem um 12,8 % gesunkenen Unternehmenswert in Höhe von 325,8 Mio. €, vgl. Tabellen 3–32 und 3–33.

Ermittlung der FtE in Mio. €	**Jahr**	**1**	**2**	**3**	**4**	**5**	**Endwert**
Gesamtumsatz (nachrichtlich)		**1 522,1**	**1 570,8**	**1 676,1**	**1 758,2**	**1 830,3**	**1 848,6**
Operatives Erg. vor Steuer/Zins (EBIT)		53,0	56,9	68,5	70,9	68,7	69,4
[–] Zinsaufwand		16,6	16,5	16,0	14,7	12,8	11,9
[–] Steuern (Unt.) auf das EBT		14,1	15,5	20,3	21,7	21,6	22,3
[+] Abschreibungen		75,0	81,4	91,3	94,8	97,5	98,5
[+] Veränderung kurzfristiger Rückstellungen		1,9	2,1	4,6	3,5	3,1	0,8
[+] Veränderung langfristiger Rückstellungen		3,0	3,0	3,0	3,0	3,0	
[–] Investitionen		88,6	108,3	94,2	94,7	87,4	102,3
[–] Veränderung Working Capital		–0,1	0,9	11,5	8,5	6,6	1,9
[+] Veränderung Finanzschulden		–8,4	4,5	–18,0	–24,4	–31,6	1,8
Flow to Equity		**5,3**	**6,6**	**7,3**	**8,2**	**12,3**	**32,1**

Tabelle 3–32: Ermittlung der FtE für die KfZ-Zulieferer GmbH unter der Annahme höherer Investitionen

Equity-Ansatz	**Jahr**		**1**	**2**	**3**	**4**	**5**	**Endwert**
Diskontierungszinssatz		9,35%						
Multiplikator			0,9707	0,8877	0,8118	0,7425	0,6790	0,6790
Flow to Equity			5,3	6,6	7,3	8,2	12,3	32,1
Barwert der Cashflows			5,2	5,8	5,9	6,1	8,3	261,2
[+] Barwert der Cashflows		31,3						
[+] Barwert des Terminal Value		261,2						
Anteil des TV an Summe der CF		89,3%						
[+] liquide Mittel		33,3						
[+] nicht-betriebsnotw. Vermögen		0,0						
Equity Value 31.08. Jahr 1		**325,8**	**Mio. €**					

Tabelle 3–33: Berechnung des Unternehmenswertes für die KfZ-Zulieferer GmbH unter der Annahme höherer Investitionen

3.5.5 Szenarioanalyse mithilfe von Werttreibern

Die Analyse und Variation der Werttreiber dient jedoch nicht nur zur Plausibilitätsüberprüfung, sondern ist auch bei der Entscheidungsfindung hilfreich. Üblicherweise müssen unternehmerische Entscheidungen unter Unsicherheit getroffen werden, so auch Unternehmensakquisitionen und -veräußerungen, die häufig der Anlass für Unternehmensbewertungen sind. Ob eine Investition oder Desinvestition in ein Unternehmen eine richtige Entscheidung ist, hängt nicht unwesentlich von dem der Transaktion zugrunde gelegten Unternehmenswert ab. Dieser wird aber auf der Grundlage von Planzahlen ermittelt, die mit Unsicherheit behaftet sind. Deshalb sollten bei der Festlegung eines Unternehmenswertes immer verschiedene Szenarien betrachtet werden, die diese Unsicherheit widerspiegeln.

Dazu sollten in einem ersten Schritt die wertbestimmenden Faktoren für ein Unternehmen analysiert werden und mögliche Ausprägungen der Werttreiber mit den ihnen zugrunde liegenden Annahmen festgelegt werden. Es ist sinnvoll, mindestens drei Szenarien zu betrachten: einen Base Case, der die wahrscheinlichste Entwicklung abbildet, einen Best Case, der eine sehr positive Entwicklung repräsentiert, und einen Worst Case, der eine negative Entwicklung wiedergibt.

Für die daraus resultierenden Szenarien wird jeweils der Unternehmenswert ermittelt, so dass man eine Wertspanne erhält.

Anschließend sollten den Szenarien Eintrittswahrscheinlichkeiten zugeordnet werden. Diese hängen von den Wahrscheinlichkeiten der Änderungen der wichtigsten Annahmen ab, die wiederum je nach Unternehmen und Branche differieren. So sind z.B. einige Branchen stärker konjunkturabhängig als andere, der Grad der Wettbewerbsintensität ist unterschiedlich etc. Die Eintrittswahrscheinlichkeit eines Best Case, der auf einem deutlichen Marktanteilsgewinn beruht, ist beispielsweise in einem wettbewerbsintensiven Markt geringer als in einem Markt mit schwachem Wettbewerb.

Die Beleuchtung verschiedener Szenarien ermöglicht eine fundiertere Entscheidung. Die aus der Szenarioanalyse resultierende Entscheidung kann nun nochmals im Rahmen einer Sensitivitätsanalyse überprüft werden. Dabei wird analysiert, wie stark sich die Werttreiber verändern können, ohne dass die Entscheidung revidiert werden muss. Überlegungen zu der Wahrscheinlichkeit, mit der diese Werttreiberveränderungen stattfinden, liefern einen Näherungswert für die Fehlerempfindlichkeit der Entscheidung.

3.6 Diskussion der Annahmen der DCF-Ansätze

Berechnet man den Wert eines Unternehmens nach verschiedenen DCF-Modellen, so fällt in der Bewertungspraxis auf, dass die aus dem Entity-Ansatz, Equity-Ansatz und APV-Ansatz resultierenden Unternehmenswerte in der Regel leicht differieren, so auch in dem Beispiel in Abschnitt 3.4. Das ist darauf zurückzuführen, dass den verschiedenen DCF-Modellen implizit bestimmte Annahmen zugrunde liegen. Diese Annahmen sind für die verschiedenen Ansätze unterschiedlich, was zu leicht abweichenden Unternehmenswerten führt. Sind die Abweichungen groß, sollte man das jedoch zum Anlass nehmen, die Berechnungen noch einmal zu überprüfen.

3.6.1 Die dem Equity-Ansatz zugrunde liegenden Annahmen

Der Equity-Ansatz in der dargestellten Variante basiert implizit auf zwei wesentlichen Prämissen:

Zum einen wird unterstellt, dass der gesamte Flow to Equity einer Periode jeweils am Periodenende an die Eigenkapitalgeber ausgeschüttet wird. Diese Vereinfachung wird auch als **Vollauszahlungshypothese** oder **Vollausschüttungshypothese** bezeichnet. Letzteres kann jedoch zu Missverständnissen führen: Es ist hier nicht die vollständige Ausschüttung des in einer Periode erwirtschafteten handelsrechtlichen Gewinns gemeint, sondern die Auszahlung des in einer Periode erwirtschafteten Flows to Equity, der im allgemeinen nicht mit dem Gewinn übereinstimmt (z.B. aufgrund von die Abschreibungen übersteigenden Investitionen, Fremdkapitaltilgungen etc.). Die Vollauszahlungshypothese ersetzt eine gesonderte (periodenspezifische) Prognose des Ausschüttungsverhaltens.

Zu beachten ist, dass das Modell eine Vollausschüttung unabhängig davon annimmt, ob der Flow to Equity handelsrechtlich auch ausgeschüttet werden darf. Beispielsweise könnten größere Desinvestitionen in einer Periode dazu führen, dass der Flow to Equity den ausschüttbaren, handelsrechtlichen Bilanzgewinn übersteigt. In einem solchen Fall kann die Vollauszahlungshypothese zu Verzerrungen beim Unternehmenswert führen. Um dieses zu vermeiden, sollte immer eine Nebenrechnung angestellt werden, in der die handelsrechtliche Ausschüttungsfähigkeit der Flows to Equity überprüft wird.

Des weiteren wird bei der Vollauszahlungshypothese nicht berücksichtigt, ob der Flow to Equity in einer Periode einen positiven oder negativen Wert annimmt. Im Fall eines negativen Werts bedeutet die Auszahlungsannahme, dass die Eigenkapitalgeber den entsprechenden Betrag zum Periodenende in das Unternehmen einlegen.

Eine Nicht-Beachtung der Vollausschüttungsfiktion bei der Planung der Flows to Equity kann darüber hinaus eine Doppelzählung und damit einen überhöhten Unternehmenswert zur Folge haben. Bei der Ermittlung der Flows to Equity ist zu beachten, dass für alle Vorperioden eine Vollausschüttung unterstellt wurde. Erträge aus einer (teilweisen) Thesaurierung der erwirtschafteten Zahlungsüberschüsse (z.B. Zinserträge) dürfen bei der Ermittlung der Flows to Equity nicht angesetzt werden. Die Vollauszahlungshypothese macht daher als Basis für die Berechnung der bewertungsrelevanten Cashflows eine genaue Planung der zinstragenden Verbindlichkeiten und des Zinsaufwands (unter Beachtung dieser Hypothese) erforderlich.

Diese Problematik soll anhand des Ausgangsmodells für die KfZ-Zulieferer GmbH verdeutlicht werden. Gemäß Vollauszahlungsprämisse hätte beispielsweise im Jahr 5 ein Betrag von 16,2 Mio. € ausgeschüttet werden müssen. Die Eigenkapitalentwicklung zeigt jedoch, dass statt des gesamten Flows to Equity nur

11,0 Mio. € (zuzüglich der Ausschüttung der Zinserträge (nach Steuern) in Höhe von 0,7 Mio. €, die bei der Flow to Equity-Ermittlung nicht berücksichtigt wurden) ausgeschüttet wurden. Das führt zu einem Anstieg der liquiden Mittel um 5,2 Mio. € und damit in den Folgeperioden zu einem Anstieg der Zinserträge. In dem Fallbeispiel ist die Berechnung des Unternehmenswertes jedoch konsistent mit der Vollauszahlungshypothese, da die Zinserträge nicht bei der Berechnung der Flows to Equity berücksichtigt wurden. Der Grund hierfür liegt darin, dass die liquiden Mittel als nicht-betriebsnotwendig eingestuft wurden und ihr Wert somit separat ermittelt wird. Vorsicht ist jedoch geboten, wenn es zu einem Absinken der liquiden Mittel aufgrund von die FtE übersteigenden Ausschüttungen kommt. Der als nicht-betriebsnotwendig eingestufte (und somit separat bewertete) Bestand an liquiden Mitteln darf nicht unterschritten werden (andernfalls wäre er doch für die betrieblichen Prozesse erforderlich). Ein Absinken unter diesen Bestand ist durch Kreditaufnahme zu verhindern. Um die Vollauszahlungshypothese nicht zu verletzen, ist dann der zusätzliche Zinsaufwand für diese Kredite bei der Unternehmenswertberechnung zu berücksichtigen.

Bezieht man die Zinserträge auf liquide Mittel in die Berechnung der Flows to Equity ein (weil der Kassenbestand als betriebsnotwendig eingestuft wird), so bedingt die richtige Berücksichtigung der Vollauszahlungshypothese in der Planung, dass sich der Bestand an liquiden Mitteln nicht verändern darf. (Grund: Die Ausschüttung muss mit den Zahlungsüberschüssen übereinstimmen.)

Zur Umgehung der mit der Vollausschüttungshypothese verbundenen Probleme kann beim Equity-Ansatz auch eine exakte Planung des Ausschüttungsverhaltens berücksichtigt werden. In diesem Fall dürfen nur die jeweils in einer Periode tatsächlich zur Ausschüttung vorgesehenen Beträge abgezinst werden. Dabei können auch die genauen (ggf. unterjährigen) Ausschüttungstermine im Abzinsungsfaktor abgebildet werden und somit die Fiktion, dass die Ausschüttung immer genau am Periodenende erfolgt, aufgegeben werden. Werden Cashflows einbehalten, so erhöhen diese das künftige Ausschüttungspotenzial.

Die Möglichkeit einer exakten Abbildung des tatsächlich geplanten Ausschüttungsverhaltens des Unternehmens ist einer der wesentlichen Vorteile des Equity-Ansatzes gegenüber dem Entity- bzw. APV-Ansatz. Ein weiterer Vorteil besteht darin, dass beim Equity-Ansatz die Finanzierungsprämisse frei wählbar ist. Die Annahme eines in Zukunft konstanten Verschuldungsgrades ist nicht erforderlich. Änderungen der Kapitalstruktur fließen über die Position „Veränderungen des Fremdkapitalbestands“ in die Ermittlung der Flows to Equity ein. Da die Entwicklung des Fremdkapitalbestands frei geplant werden kann, wird es im Zeitablauf zu Schwankungen beim Verschuldungsgrad kommen. Wenn – wie bei dem in diesem Buch dargestellten Equity-Ansatz – bei der Unternehmenswertberechnung der Eigenkapitalkostensatz im Zeitablauf als konstant unterstellt wird, folgt daraus als zweite implizite Prämisse des dargestellten Equity-Ansatzes die **Unabhängigkeit der Renditeforderung der Eigenkapitalgeber vom Verschuldungsgrad**.

Diese Annahme bedeutet eine gewisse Inkonsistenz, da in die Berechnung der Eigenkapitalkosten nach dem CAPM Beta-Faktoren einfließen, die den Verschuldungsgrad berücksichtigen (levered Betas). Daher müsste eigentlich eine periodenspezifische Anpassung der Eigenkapitalkosten an den in der jeweiligen

Periode ermittelten Verschuldungsgrad vorgenommen werden. Das würde aber bedeuten, dass ein DCF-Equity-Modell mit einer periodenspezifischen Festlegung des Diskontierungssatzes verwendet wird (was grundsätzlich möglich ist).

Um die Komplexität des Modells nicht zu erhöhen, wird bei der praktischen Anwendung des Equity-Ansatzes üblicherweise eine im Zeitablauf konstante Renditeforderung der Eigenkapitalgeber unterstellt.

Des weiteren wird auch eine Konstanz der Renditeforderung der Fremdkapitalgeber (also des Marktzinses für Fremdkapital) angenommen. Auch dieses ist eine vereinfachende Annahme, da der Fremdkapitalzins von der Bonität des Schuldners abhängig ist. Die Einschätzung der Schuldnerbonität hängt u.a. aber vom Verschuldungsgrad ab; in der Realität dürfte zumindest ein deutlicher Anstieg des Verschuldungsgrades zu einer Anhebung des Fremdkapitalzinses führen.

3.6.2 Die dem Entity-Ansatz zugrunde liegenden Annahmen

Auch der Entity-Ansatz basiert auf einer **Vollauszahlungsprämisse.** Diese unterstellt, dass der gesamte operative Free Cashflow einer Periode jeweils am Periodenende an die Kapitalgeber (Eigen- und Fremdkapitalgeber) ausgeschüttet wird. Die bei der Diskussion der Annahmen des Equity-Ansatzes gemachten Anmerkungen zur Vollausschüttungshypothese gelten beim Entity-Ansatz analog. So ist beispielsweise auch beim Entity-Ansatz die gesellschaftsrechtliche Ausschüttungsfähigkeit als Nebenbedingung zu beachten. Allerdings ist die Nebenrechnung zur Überprüfung der Ausschüttungsfähigkeit beim Entity-Ansatz etwas komplizierter, da die oFCF an Eigen- und Fremdkapitalgeber ausgeschüttet werden. Die Auszahlungen an die Fremdkapitalgeber[56] zählen jedoch nicht zu den handelsrechtlichen Ausschüttungen.

Die zweite Modell-implizite Prämisse des Entity-Ansatzes ist die **Annahme einer in Zukunft konstanten Kapitalstruktur auf Marktwertbasis.** Nur wenn die Kapitalstruktur künftig gleich bleibt, kann die Diskontierung der operativen Free Cashflows mit einem konstanten gewogenen Kapitalkostensatz *WACC* erfolgen.

Durch die Vorgabe einer Kapitalstruktur bei der Ermittlung des *WACC* wird die künftige Finanzierungspolitik des Unternehmens bestimmt. Eine Modell-konforme Finanzierungspolitik bedeutet:

- Weicht die bestehende Kapitalstruktur von der angesetzten Zielkapitalstruktur ab, so passt das Unternehmen seine Finanzierung unverzüglich an die vorgegebene Zielkapitalstruktur an.
- Im theoretischen Fall künftig konstanter operativer Free Cashflows bleibt der Marktwert des Eigenkapitals konstant. Daher muss auch der Marktwert des Fremdkapitals in den zukünftigen Perioden konstant gehalten werden.
- Normalerweise schwanken die oFCF im Zeitablauf. Schwankende oFCF bedeuten jedoch, dass der Marktwert des Gesamtkapitals ebenfalls schwankt.

[56] Die Auszahlungen an die Fremdkapitalgeber ergeben sich als Zins auf den Modell-konformen Fremdkapitalbestand zuzüglich der Abnahme bzw. abzüglich der Zunahme des Modell-konformen Fremdkapitalbestandes.

Würde der Marktwert des Fremdkapitals konstant gehalten, so hätte dies eine Veränderung der Kapitalstruktur zur Folge. Deshalb ist bei variablen oFCF in jeder Periode eine entsprechende Anpassung des Fremdkapitalvolumens notwendig.

Der Entity-Ansatz führt nur dann zu genauen Unternehmenswerten, wenn die der Modell-konformen Finanzierung entsprechenden Anpassungen des verzinslichen Fremdkapitals auch tatsächlich vorgenommen werden.

Für die KfZ-Zulieferer GmbH ist die Berechnung der Modell-konformen Finanzierung in Tabelle 3–34 dargestellt.

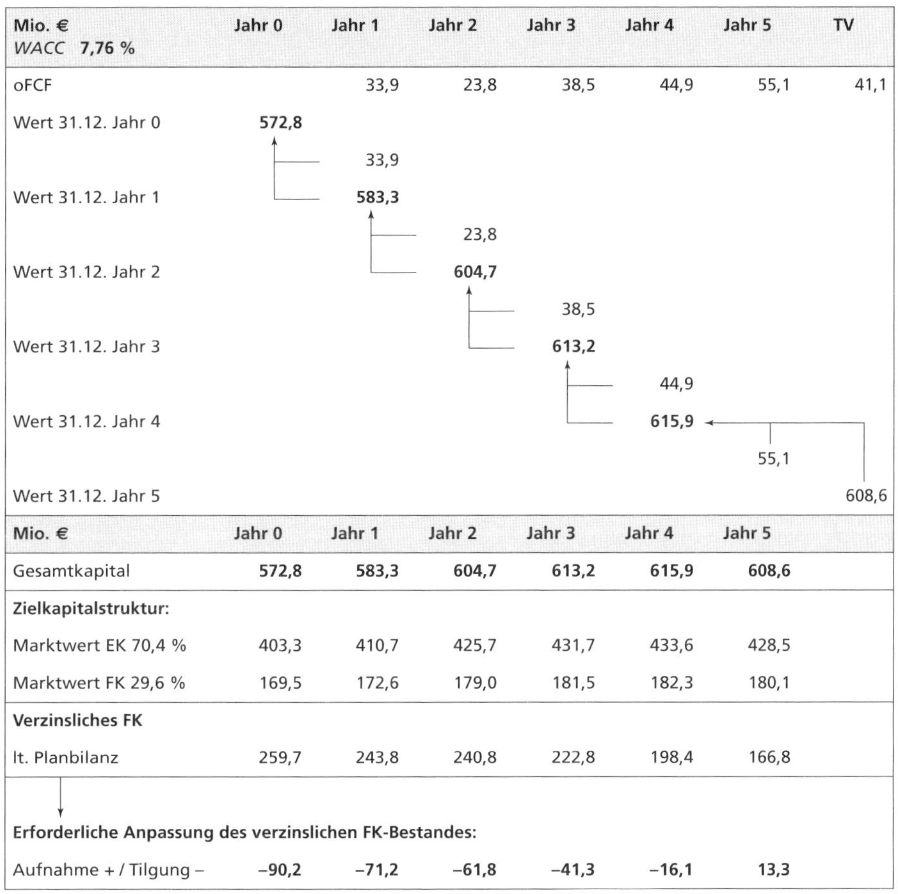

Mio. € *WACC* **7,76 %**	**Jahr 0**	**Jahr 1**	**Jahr 2**	**Jahr 3**	**Jahr 4**	**Jahr 5**	**TV**
oFCF		33,9	23,8	38,5	44,9	55,1	41,1
Wert 31.12. Jahr 0	**572,8**						
		33,9					
Wert 31.12. Jahr 1		**583,3**					
			23,8				
Wert 31.12. Jahr 2			**604,7**				
				38,5			
Wert 31.12. Jahr 3				**613,2**			
					44,9		
Wert 31.12. Jahr 4					**615,9**		
						55,1	
Wert 31.12. Jahr 5							608,6

Mio. €	**Jahr 0**	**Jahr 1**	**Jahr 2**	**Jahr 3**	**Jahr 4**	**Jahr 5**
Gesamtkapital	**572,8**	**583,3**	**604,7**	**613,2**	**615,9**	**608,6**
Zielkapitalstruktur:						
Marktwert EK 70,4 %	403,3	410,7	425,7	431,7	433,6	428,5
Marktwert FK 29,6 %	169,5	172,6	179,0	181,5	182,3	180,1
Verzinsliches FK						
lt. Planbilanz	259,7	243,8	240,8	222,8	198,4	166,8
Erforderliche Anpassung des verzinslichen FK-Bestandes:						
Aufnahme + / Tilgung –	**–90,2**	**–71,2**	**–61,8**	**–41,3**	**–16,1**	**13,3**

Tabelle 3–34: Ermittlung der mit dem Entity-Modell konformen Finanzierung

Um die Modell-konforme Finanzierung zu ermitteln, ist zunächst für jede Periode der Wert des Gesamtkapitals nach dem Entity-Ansatz zu bestimmen. Diesen erhält man durch Diskontierung der ab dieser Periode anfallenden oFCF auf den Periodenanfang dieser Periode. Gemäß dem Anteil des Fremdkapitals in der Zielkapitalstruktur ist daraus nun für jede Periode der (Modell-konforme) Marktwert des Fremdkapitals zu berechnen. Aus Vereinfachungsgründen wurde davon ausgegangen, dass der Buchwert des Fremdkapitals dem Marktwert entspricht. Dann kann aus der Entwicklung des Marktwertes des Fremdkapitals im Zeitablauf bestimmt werden, wie viel Fremdkapital in jeder Periode aufzunehmen bzw. zu tilgen ist.

Der Fremdkapitalanteil der Zielkapitalstruktur der KfZ-Zulieferer GmbH (29,6 %) ist deutlich geringer als der bestehende Fremdkapitalanteil (41,9 % per 31.08. des Jahres 1 bzw. 45,3 % per 31.12. des Jahres 0). Um eine Modell-konforme Finanzierung sicherzustellen muss daher unverzüglich der bestehende Fremdkapitalanteil zurückgeführt werden; das ist der Grund für die im Beispiel berechnete hohe Tilgungsleistung zum 31.12. des Jahres 0.

Equity- und Entity-Ansatz führen zu den gleichen Unternehmenswerten, wenn von denselben Finanzierungsprämissen ausgegangen wird. Bei der KfZ-Zulieferer GmbH entspricht die in der Planbilanz angesetzte Fremdkapitalentwicklung jedoch nicht der Modell-konformen Finanzierung, was in der Realität die Regel sein dürfte. Berechnet man daher den Equity-Wert auf Basis dieser nicht mit dem Entity-Ansatz konformen Finanzierung, so stimmen die Finanzierungsprämissen der beiden Ansätze nicht mehr überein, es kommt zu Abweichungen der berechneten Unternehmenswerte (368,7 Mio. € nach dem Entity-Ansatz und 373,6 Mio. € nach dem Equity-Ansatz).

Im Folgenden soll verdeutlicht werden, dass gleiche Finanzierungsprämissen zu gleichen Unternehmenswerten führen: Dazu wurden die Modell-konformen Fremdkapitalbestände des Entity-Ansatzes (vgl. Tabelle 3–34) in den Equity-Ansatz übernommen; zur Berechnung vgl. Tabellen 3–35 und 3–36.

Aus Vereinfachungsgründen wurde dabei die zum Bewertungsstichtag vorzunehmende „Anfangstilgung" in angepasster Höhe bereits zum Bilanzstichtag 31.12. des Jahres 0 vorgenommen. Es berechnet sich ein Unternehmenswert nach dem Equity-Ansatz in Höhe von 367,9 Mio. €. Die noch bestehende Abweichung zwischen den Unternehmenswerten nach Equity- und Entity-Ansatz, die deutlich geringer geworden ist, dürfte auf Rundungsdifferenzen sowie auf eine geringfügig unterschiedliche Berechnung des Zinsaufwands zurückzuführen sein. (Der Zinsaufwand im Equity-Ansatz wurde – gemäß Unternehmensplanung – auf den Durchschnitt zwischen Fremdkapitalanfangs- und -endbestand einer Periode berechnet, bei der Berechnung der Modell-konformen Finanzierung werden hingegen immer Anfangsbestände zugrunde gelegt).

Betrachtet man die Annahme einer künftig konstanten Kapitalstruktur vor dem Hintergrund der vorstehenden Erläuterungen als unrealistisch und möchte sie daher aufgeben, so muss man auf ein Entity-Modell mit periodenspezifischer Berechnung des *WACC* zurückgreifen.

3.6.3 Entity-Modell mit periodenspezifischer Berechnung des WACC

Lässt man Schwankungen der Kapitalstruktur im Zeitablauf zu, so ändern sich die Gewichtungsfaktoren zwischen den verschiedenen Finanzierungsquellen und damit auch der gewogene Kapitalkostensatz. Die einfacheren Entity-Modelle mit periodenspezifischem *WACC* gehen wie der Equity-Ansatz von einer Unabhängigkeit der Renditeforderungen der Eigen- und Fremdkapitalgeber vom Verschuldungsgrad aus. Ein solches Modell wird im Folgenden dargestellt.

In einem Modell mit periodenspezifischer Berechnung des *WACC* geht man bei der Berechnung des Unternehmenswertes retrograd vor:

Ermittlung der FtE in Mio. € **Jahr**	**1**	**2**	**3**	**4**	**5**	**Endwert**
Operatives Ergebnis vor Steuer/Zins (EBIT)	53,0	59,6	73,9	76,2	74,1	74,8
[–] Zinsaufwand	11,1	11,4	11,7	11,8	11,8	11,8
[–] Steuern (Unt.) auf das EBT	16,2	18,6	24,1	24,9	24,1	24,4
[+] Abschreibungen	75,0	78,7	86,0	89,5	92,1	93,1
[+] Veränderung kurzfristiger Rückstellungen	1,9	2,0	4,6	3,5	3,1	0,8
[+] Veränderung langfristiger Rückstellungen	3,0	3,0	3,0	3,0	3,0	
[–] Investitionen	78,6	95,6	88,9	89,4	82,0	96,7
[–] Veränderung Working Capital	–0,1	0,9	11,5	8,5	6,6	1,9
Finanzschulden	172,6	179,0	181,5	182,3	180,1	181,9
[+] Veränderung Finanzschulden	3,1	6,4	2,5	0,8	–2,2	1,8
Flow to Equity	**30,2**	**23,2**	**33,8**	**38,4**	**45,6**	**35,7**

Tabelle 3–35: Ermittlung der FtE der KfZ-Zulieferer GmbH bei Annahme einer mit dem Entity-Ansatz konformen Finanzierung

Equity-Ansatz **Jahr**		**1**	**2**	**3**	**4**	**5**	**Endwert**
Diskontierungszinssatz	9,35%						
Multiplikator		0,9707	0,8877	0,8118	0,7425	0,6790	0,6790
Flow to Equity		30,2	23,2	33,8	38,4	45,6	35,7
Barwert der Cashflows		29,3	20,6	27,4	28,6	31,0	290,3
[+] Barwert der Cashflows	136,9						
[+] Barwert des Terminal Value	290,3						
Anteil des TV an Summe der CF	68,0%						
[+] liquide Mittel	33,3						
[+] nicht-betriebsnotw. Vermögen	0,0						
	460,5						
abzüglich Anfangstilgung	**92,6**	90,2 aufgezinst mit FK-Kostensatz auf 31.08. des Jahres 1					
Equity Value 31.08. Jahr 1	**367,9**	**Mio. €**					

Tabelle 3–36: Berechnung des Unternehmenswertes der KfZ-Zulieferer GmbH bei Annahme einer mit dem Entity-Ansatz konformen Finanzierung

Im ersten Schritt wird der Terminal Value berechnet. Auch in den Modellen mit periodenspezifischer Festlegung des *WACC* wird dieser nur für die Jahre der Detailplanungsperiode spezifisch ermittelt, für den Terminal Value besteht weiterhin die Annahme einer konstanten Zielkapitalstruktur. Es gilt:

$$TV = \frac{oFCF_{TV}}{WACC_{TV} - g}$$

mit $WACC_{TV}$ = periodenspezifischer *WACC* für den Terminal Value

Durch Einsetzen der Formel für den *WACC*

$$WACC_{TV} = r_{EK} \cdot \left(1 - \frac{FK_{TV}}{TV}\right) + r_{FK} \cdot \frac{FK_{TV}}{TV}$$

mit FK_{TV} = Fremdkapitalbestand im Terminal Value

kann der Terminal Value wie folgt berechnet werden:

$$TV = \frac{oFCF_{TV} + (r_{EK} - r_{FK}) \cdot FK_{TV}}{r_{EK} - g}$$

Hat man den Wert des Terminal Value berechnet, so kann man nach obigen Formeln auch die Kapitalstruktur und den *WACC* im Terminal Value bestimmen. Ein Zirkularitätsproblem ergibt sich hier nicht.

Im zweiten Schritt wird der *WACC* des letzten Detailplanjahres und der Wert zum 01.01. dieses Jahres ermittelt:

Den Wert zum 31.12. der Periode *n* erhält man, indem man zum Terminal Value den oFCF der Periode *n* hinzuaddiert. Damit ergibt sich der Wert zum 01.01. als

$$Wert_{1.1.n} = \frac{TV + oFCF_n}{(1 + WACC_n)}$$

mit $WACC_n$ = periodenspezifischer *WACC* der Periode *n*

Durch Einsetzen der Formel für den *WACC*

$$WACC_n = r_{EK} \cdot \left(1 - \frac{FK_{1.1.n}}{Wert_{1.1.n}}\right) + r_{FK} \cdot \frac{FK_{1.1.n}}{Wert_{1.1.n}}$$

mit $FK_{1.1.n}$ Fremdkapitalbestand zu Beginn der Periode *n*

ergibt sich der Wert zum 01.01. der Periode *n* nach der Formel:

$$Wert_{1.1.n} = \frac{Wert_{31.12.n} + (r_{EK} - r_{FK}) \cdot FK_{1.1.n}}{1 + r_{EK}}$$

Mithilfe des Wertes zum 01.01. kann wiederum die Kapitalstruktur und damit der *WACC* für die Periode *n* ermittelt werden.

Schritt für Schritt berechnet man so retrograd jeweils den Wert zum 01.01. der Vorperiode, bis man am Bewertungsstichtag angekommen ist. Dabei gilt:

$$Wert_{31.12.t} = oFCF_t + Wert_{1.1.(t+1)}$$

Der daraus für den Bewertungsstichtag resultierende Wert entspricht dem Barwert der Cashflows und des Endwertes. Um zum Equity-Wert des Unternehmens zu gelangen, ist analog dem Entity-Ansatz mit konstantem *WACC* vorzugehen.

Tabelle 3–37 zeigt die Berechnung des Unternehmenswertes nach einem Modell mit periodenspezifischem *WACC* für die KfZ-Zulieferer GmbH.

Um die Genauigkeit weiter zu erhöhen, könnte man nun noch die Renditeforderungen der Eigen- und Fremdkapitalgeber in jeder Periode an den jeweiligen Verschuldungsgrad anpassen. Es ist jedoch fraglich, ob der daraus resultierende Erkenntnisgewinn eine derartige Erhöhung der Komplexität rechtfertigt.

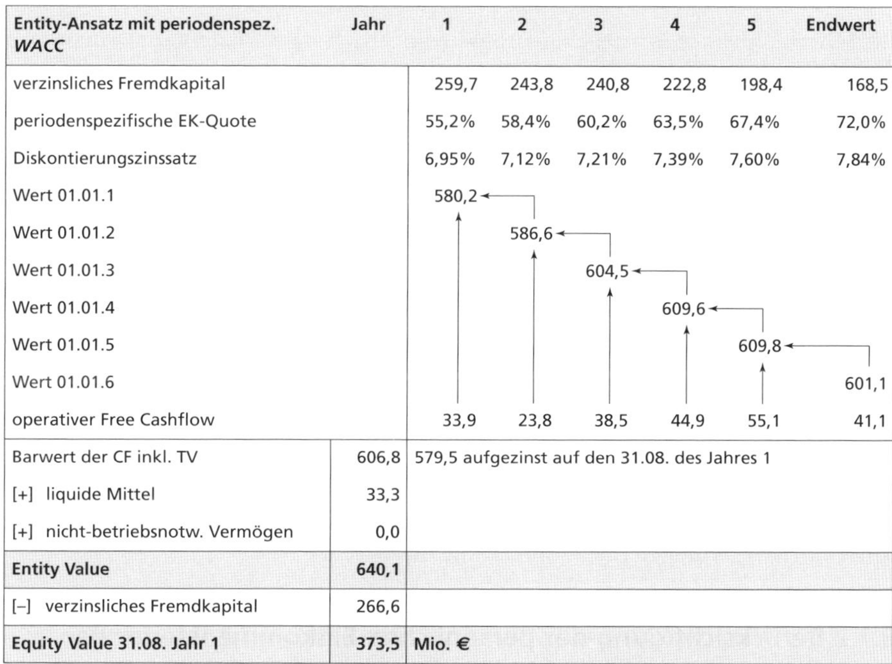

Entity-Ansatz mit periodenspez. *WACC*	Jahr	1	2	3	4	5	Endwert
verzinsliches Fremdkapital		259,7	243,8	240,8	222,8	198,4	168,5
periodenspezifische EK-Quote		55,2%	58,4%	60,2%	63,5%	67,4%	72,0%
Diskontierungszinssatz		6,95%	7,12%	7,21%	7,39%	7,60%	7,84%
Wert 01.01.1		580,2					
Wert 01.01.2			586,6				
Wert 01.01.3				604,5			
Wert 01.01.4					609,6		
Wert 01.01.5						609,8	
Wert 01.01.6							601,1
operativer Free Cashflow		33,9	23,8	38,5	44,9	55,1	41,1
Barwert der CF inkl. TV	606,8	579,5 aufgezinst auf den 31.08. des Jahres 1					
[+] liquide Mittel	33,3						
[+] nicht-betriebsnotw. Vermögen	0,0						
Entity Value	**640,1**						
[–] verzinsliches Fremdkapital	266,6						
Equity Value 31.08. Jahr 1	**373,5**	**Mio. €**					

Tabelle 3–37: Berechnung des Unternehmenswertes der KfZ-Zulieferer GmbH nach einem DCF-Modell mit periodenspezifischem WACC

Da der Adjusted Present Value-Ansatz in der Praxis nur selten Verwendung findet, wird auf eine gesonderte Diskussion der dem APV-Ansatz zugrunde liegenden Annahmen verzichtet.

Die Diskussion der den verschiedenen DCF-Ansätzen zugrunde liegenden Annahmen soll verdeutlichen, dass die in der Praxis üblicherweise zur Anwendung kommenden Bewertungsmodelle auf vereinfachenden Annahmen beruhen, die zu gewissen Ungenauigkeiten bei den berechneten Unternehmenswerten führen. Das sollte man jedoch nicht zum Anlass nehmen, diese DCF-Modelle zu verwerfen. Die aus den Vereinfachungen resultierenden Ungenauigkeiten sind in der Regel gering, insbesondere vor dem Hintergrund der (erheblichen) Auswirkungen auf den Unternehmenswert, die von Planabweichungen bei den geplanten Cashflows ausgehen. Da die Planung der Cashflows mit Unsicherheit behaftet ist, kann der berechnete DCF-Wert nicht „absolut richtig" sein, man sollte daher immer eine Unternehmenswertspanne als Bewertungsresultat heranziehen. Im Hinblick auf eine solche Spanne fallen kleinere auf Vereinfachungen beruhende Ungenauigkeiten nicht ins Gewicht.

3.7 DCF-Bewertung und Steuern

3.7.1 Einflussebenen der Steuer im DCF-Modell

Im Mittelpunkt der Unternehmensbewertung nach dem DCF-Verfahren stehen die den Kapitalgebern zufließenden finanziellen Vorteile. Hierbei sind zwei Komponenten zu differenzieren: die jährlichen finanziellen Überschüsse (je nach Modell oFCF oder FtE) und der Diskontierungszinssatz, durch den erstere auf den Bewertungsstichtag abgezinst werden. Steuern haben grundsätzlich auf beide Komponenten einen Einfluss. Zum einen sind sie bei der Ermittlung der bewertungsrelevanten Cashflows in Abzug zu bringen. Zum anderen sind sie bei der Berechnung des Diskontierungszinssatzes zu berücksichtigen. Hinsichtlich des Diskontierungszinssatzes ist zwischen dem steuerlichen Einfluss auf die Eigenkapitalkosten und den Auswirkungen auf die Fremdkapitalkosten zu unterscheiden. In die Ermittlung der Eigenkapitalkosten fließt ausschließlich die persönliche Einkommensteuer der Unternehmenseigner ein – sofern sie in der jeweiligen DCF-Modellvariante Berücksichtigung findet. In die Berechnung der Fremdkapitalkosten sind grundsätzlich alle Ertragsteuerarten (mit den entsprechenden Steuersätzen) aufzunehmen, die bei der Berechnung der abzuzinsenden Zahlungsströme abgezogen wurden. Der Grund liegt darin, dass die Opportunitätskosten des Fremdkapitals dem Fremdkapitalzins abzüglich der durch die Zahlung der Zinsen hervorgerufenen Steuerminderung entsprechen.

3.7.2 Berücksichtigung der persönlichen Einkommensteuer der Unternehmenseigner

In der Bewertungspraxis werden hinsichtlich des Einbezugs der persönlichen Einkommensteuer der Unternehmenseigner unterschiedliche Modellansätze verwendet. Hierbei ist darauf zu achten, dass innerhalb des jeweils verwendeten Modells keine Inkonsistenzen bestehen: Wenn bei der Berechnung der abzuzinsenden Cashflows persönliche Ertragsteuern der Unternehmenseigner in Abzug gebracht werden, so müssen diese analog auch bei der Berechnung des Abzinsungsfaktors berücksichtigt werden.

Im dargestellten DCF-Grundmodell wurden – sowohl bei der Ermittlung der bewertungsrelevanten Cashflows als auch beim Diskontierungszinssatz – nur die Steuern auf Unternehmensebene berücksichtigt, persönliche Steuern der Unternehmenseigner blieben außen vor. Die Verwendung dieses Grundmodells entspricht internationalen Gepflogenheiten. Auf internationaler Ebene finden üblicherweise nur die Steuern auf Unternehmensebene Berücksichtigung. Auch bei Unternehmensbewertungen im Zuge von Börseneinführungen wird in der Regel nach dem DCF-Grundmodell verfahren. Das liegt hauptsächlich an der Orientierung an internationalen Standards, darüber hinaus mag eine Rolle spielen, dass die Bewertung für eine Vielzahl anonymer Aktienkäufer erfolgt. Da es sich bei den potenziellen Käufern sowohl um natürliche Personen als auch um juristische Personen im In- und Ausland handelt, ist eine individuelle Berücksichtigung der persönlichen Einkommensteuer kaum möglich.

Ferner sind gemäß IAS 36 bzw. *IDW*-Stellungnahme zur Rechnungslegung (IDW RS HFA 10)[57] die persönlichen Ertragsteuern auch bei der Bewertung von Beteiligungen und sonstigen Unternehmensanteilen für die Zwecke eines handelsrechtlichen Jahresabschlusses sowie bei Impairment Tests nicht zu berücksichtigen.

Um den Wert eines Unternehmens aus Sicht der Unternehmenseigner zu berechnen, muss deren persönliche Besteuerung jedoch in das Bewertungsmodell einbezogen werden. Der Wert eines Unternehmens berechnet sich ja aus den finanziellen Vorteilen, die den aktuellen bzw. potenziellen Eignern aus dem Unternehmen künftig zufließen werden. Diese finanziellen Vorteile richten sich einerseits nach den vom Unternehmen erwirtschafteten finanziellen Überschüssen – also je nach DCF-Modell den oFCF bzw. den FtE – (sofern diese ausgeschüttet werden). Andererseits wirken sich die mit dem Eigentum an dem Unternehmen verbundenen Zahlungsverpflichtungen, d.h. die aufgrund des Eigentums an dem Unternehmen zu zahlenden persönlichen Steuern (Einkommensteuer, Solidaritätszuschlag und ggf. Kirchensteuer), mindernd auf die finanziellen Vorteile aus. Da die persönlichen Ertragsteuern der Unternehmenseigner einen Einfluss auf die Vermögensposition und damit auf die Vorteilhaftigkeit der zu vergleichenden Handlungsalternative haben, sind sie bewertungsrelevant.

Grundsätzlich müssen die persönlichen Ertragsteuern auf Basis der individuellen Verhältnisse der (derzeitigen bzw. künftigen) Unternehmenseigner festgelegt werden. Hierbei ist zu beachten, ob der Unternehmenseigner eine natürliche oder juristische Person ist und ob es sich um einen Steuerinländer oder -ausländer handelt. Ist die Unternehmensbewertung aus Sicht einer inländischen Kapitalgesellschaft (als Unternehmenseigner) durchzuführen, so ist als persönlicher Ertragsteuersatz der Unternehmenssteuersatz t_{Ka} zu wählen, der sich in Deutschland aus dem Gewerbesteuersatz und dem Körperschaftsteuersatz (inkl. Solidaritätszuschlag) dieser Kapitalgesellschaft berechnet. Erfolgt die Unternehmenswertberechnung für eine natürliche Person, so ist neben der Höhe des anzusetzenden Einkommensteuersatzes (zuzüglich Solidaritätszuschlag) auch zu prüfen, ob Kirchensteuer gezahlt wird. Probleme treten immer dann auf, wenn der Wert eines Unternehmens für verschiedene Anteilseigner mit unterschiedlichen steuerlichen

[57] Vgl. IDW Standard: Grundsätze zur Durchführung von Unternehmensbewertungen (IDW S1), Fassung vom 18.10.2005, S. 1321.

Verhältnissen ermittelt werden soll. In diesem Fall werden der Bewertung in der Praxis typisierte steuerliche Verhältnisse zugrunde gelegt.

Auch der HFA des *IDW* empfiehlt für die Ermittlung objektivierter Unternehmenswerte eine steuerliche Typisierung. Dabei wird je nach Bewertungsanlass zwischen unmittelbaren und mittelbaren Typisierungen unterschieden[58]:

Bei gesetzlich (z.B. Sqeeze out) und vertraglich (z.B. Ein-/Austritt von Gesellschaftern aus einer Personengesellschaft) begründeten Bewertungsanlässen wird der objektivierte Unternehmenswert aus der Perspektive einer inländischen, unbeschränkt steuerpflichtigen, natürlichen Person ermittelt, die ihre Anteile im Privatvermögen hält. Bei der Berechnung der finanziellen Überschüsse und des Diskontierungszinssatzes sind typisierte persönliche Ertragsteuern dieser natürlichen Person zu berücksichtigen (unmittelbare Typisierung).

Soll die Bewertung als objektivierte Informationsgrundlage (z.B. für Kaufpreisverhandlungen bei Unternehmenserwerben) dienen, hält der HFA des *IDW* vor dem Hintergrund der international üblichen Vorgehensweise eine mittelbare Typisierung der steuerlichen Verhältnisse der Anteilseigner für sachgerecht. Die Typisierung der steuerlichen Verhältnisse der Anteilseigner erfolgt dabei mittelbar durch Verwendung der am Kapitalmarkt beobachtbaren (nicht um persönliche Einkommensteuern bereinigten) Renditen im Diskontierungszinssatz. Da sich diese Renditen unter Einfluss der persönlichen Besteuerung der einzelnen Investoren bilden, wird bei der Bewertung auf eine explizite Berücksichtigung persönlicher Ertragsteuern bei der Ermittlung der finanziellen Überschüsse und des Diskontierungszinssatzes verzichtet.

3.7.3 DCF-Bewertung unter Berücksichtigung der deutschen Steuergesetzgebung

3.7.3.1 Bewertungsrelevante Steuern in Deutschland

Bei jeder DCF-Bewertung müssen die Steuern auf Unternehmensebene zwingend berücksichtigt werden. In den Unternehmenssteuersatz gehen in Deutschland die Gewerbeertrag- und die Körperschaftsteuer ein, zusätzlich ist noch der Solidaritätszuschlag einzubeziehen. Des Weiteren sind – wie im vorangehenden Abschnitt beschrieben – auch die persönlichen Ertragsteuern der Unternehmenseigner, also Einkommensteuer, Solidaritätszuschlag (und ggf. Kirchensteuer) bewertungsrelevant. Im Folgenden werden die für eine Bewertung maßgeblichen Spezifika dieser Steuern näher beleuchtet.

Auch andere Steuerarten können sich auf den Unternehmenswert auswirken. Bei einem Unternehmenskauf kann beispielsweise die Grunderwerbsteuer oder auch die Umsatzsteuer einen wertbeeinflussenden Faktor darstellen. Aufgrund der im allgemeinen jedoch untergeordneten Bedeutung wird diese Thematik nicht weiter vertieft.

---

[58] Vgl. Entwurf einer Neufassung des IDW Standards: Grundsätze zur Durchführung von Unternehmensbewertungen (IDW ES 1 i.d.F. 2007) 4.4.2.

3.7.3.1.1 Körperschaftsteuer

Die Körperschaftsteuer ist die Einkommensteuer der juristischen Personen und wird demzufolge von Kapitalgesellschaften erhoben. Als eines der Kernelemente der Unternehmensteuerreform 2008 wurde der Körperschaftsteuersatz zum 01.01.2008 von 25% auf 15% gesenkt. Zuzüglich des Solidaritätszuschlags von 5,5% ergibt sich daraus eine Steuerbelastung von 15,825%.

3.7.3.1.2 Gewerbeertragsteuer

Die Gewerbeertragsteuer ist von allen Unternehmen zu entrichten. Der Gewerbeertragsteuersatz berechnet sich durch Multiplikation einer im Gewerbesteuergesetz bestimmten Messzahl mit dem durch die jeweilige Gemeinde festgelegten Hebesatz. Die Abzugsfähigkeit der Gewerbesteuer von ihrer eigenen Bemessungsgrundlage sowie von der körperschaftsteuerlichen Bemessungsgrundlage wurde zum 01.01.2008 abgeschafft. Um die dadurch entstandene Erhöhung der Bemessungsgrundlage der Gewerbesteuer auszugleichen, wurde für alle Gewerbebetriebe die Gewerbesteuermesszahl von 5% auf 3,5% verringert. Bei einem Gewerbesteuerhebesatz von 400% ergibt sich daraus beispielsweise ein Gewerbeertragsteuersatz von 14%.

Seit dem 01.01.2008 müssen sämtliche Zinsaufwendungen, Renten, dauernde Lasten und Gewinnanteile Stiller Gesellschafter in Höhe von 25% auf die gewerbesteuerliche Bemessungsgrundlage hinzugerechnet werden. Ebenfalls hinzuzurechnen sind je 25% der folgenden pauschalierten Finanzierungskostenanteile:

- Mieten, Pachten und Leasingraten für unbewegliche Wirtschaftsgüter mit einem Finanzierungskostenanteil von 75%
- Mieten, Pachten und Leasingraten für bewegliche Wirtschaftsgüter mit einem Finanzierungskostenanteil von 20%
- Entgelte für die Überlassung von Lizenzen und Konzessionen mit einem Finanzierungskostenanteil von 25%

3.7.3.1.3 Zinsschranke

Einer der wohl strittigsten Punkte der Unternehmensteuerreform 2008 ist die Einführung der sogenannten Zinsschranke, die die (körperschaft- und gewerbe-) steuerliche Abzugsfähigkeit von Fremdfinanzierungskosten einschränkt. Die Zinsschranke besitzt für Kapitalgesellschaften und Personengesellschaften gleichermaßen Gültigkeit, lediglich Einzelunternehmen sind nicht betroffen. Im Folgenden wird nur die grundsätzliche Wirkung der komplizierten Zinsschrankenregelung beschrieben, bezüglich der Details wird auf das Unternehmensteuerreformgesetz 2008 verwiesen, das auf der Website des Bundesfinanzministeriums eingesehen werden kann.

Die Zinsschranke sieht vor, dass maximal 30% des Ergebnisses vor Zinsen, Steuern und Abschreibungen (EBITDA) mit dem Netto-Zinsaufwand verrechenbar ist. Demzufolge können Zinsaufwendungen zunächst unbeschränkt mit Zinserträgen verrechnet werden. Der gegebenenfalls verbleibende Zinsaufwandssaldo ist jedoch nur bis zu einer maximalen Höhe von 30% des EBITDA steuerlich abzugsfähig. Die Regelung bezieht sich auf alle Zinsen, die Teil einer inländischen Gewinnermittlung sind. Neben Gesellschafterdarlehenszinsen sind damit beispielsweise auch die Zinsen für Bankfinanzierungen und Anleihen betroffen.

In folgenden Fällen greift die Zinsschrankenregelung nicht ein:

- Freigrenze: Die mit Zinserträgen saldierten Zinsaufwendungen sind kleiner als 3 Mio. €.
- Konzern-Klausel: Das Unternehmen gehört nicht zu einem Konzern. Bei Kapitalgesellschaften darf zusätzlich jedoch keine schädliche Gesellschafter-Fremdfinanzierung vorliegen.
- Escape-Klausel: Die Eigenkapitalquote des Unternehmens liegt nicht unter der Konzern-Eigenkapitalquote.

Zinsen, die aufgrund der Zinsschrankenregelung nicht steuerlich abzugsfähig sind, werden in das nächste Jahr vorgetragen (Zinsvortrag) und sind dann wieder – unter Beachtung der Zinsschranke – grundsätzlich zum Abzug zugelassen.

Die Zinsschranke kann gerade für Unternehmen in Krisensituationen signifikante negative Auswirkungen haben. Mangels eines ausreichenden EBITDA sind Schuldzinsen dann nämlich weitestgehend nicht steuerlich abzugsfähig und lösen damit Ertragsteuern aus, obgleich eine Verlustsituation besteht.

3.7.3.1.4 Verlustvorträge bei Kapitalgesellschaften

Der Verlustvortrag bezeichnet die Möglichkeit innerhalb der Einkommensteuergesetzgebung zur Übertragung steuerlicher Verluste auf nachfolgende Jahre. Bis einschließlich 2003 konnten Verluste im Rahmen eines Verlustvortrags unbegrenzt mit Einnahmen aus nachfolgenden Jahren verrechnet werden. Zum 1.1.2004 wurde der Verlustvortrag jedoch in der Weise beschränkt, dass nur noch Verluste bis zu einem Gesamtbetrag der Einkünfte von 1 Mio. €[59] vollständig abzugsfähig sind. Darüber hinaus ist nur noch ein Ausgleich von maximal 60 % der 1 Mio. € übersteigenden Einkünfte möglich. Ein eventuell noch verbleibender Verlustvortrag kann allerdings auch weiterhin zeitlich unbegrenzt auf nachfolgende Jahre vorgetragen werden.

Zum 01.01.2008 sind neue gesetzliche Regelungen zur Verlustvortragsbeschränkung bei einem Anteilseignerwechsel in Kraft getreten: Die Neuregelung sieht vor, dass bei einem Anteilseignerwechsel von mehr als 25% der Anteile an einer Kapitalgesellschaft innerhalb eines Zeitraums von fünf Jahren etwaige vorhandene steuerliche Verlustvorträge anteilig verloren gehen. Übersteigt der Anteilseignerwechsel innerhalb eines 5-Jahres-Zeitraums 50%, gehen vorhandene Verlustvorträge in voller Höhe unter.

3.7.3.1.5 Einkommensteuer bei Anteilen an Kapitalgesellschaften

Für Anteile an Kapitalgesellschaften, die sich im Betriebsvermögen einer Personengesellschaft befinden, gilt ab dem 01.01.2009 das Teileinkünfteverfahren: Ausschüttungen und Veräußerungsgewinne werden zu 60% in die Steuerbemessungsgrundlage einbezogen und mit dem individuellen Einkommensteuersatz des jeweiligen Gesellschafters besteuert. Mit den Ausschüttungen in wirtschaftlichem Zusammenhang stehende Werbungskosten können mit einem entsprechenden Anteil, d.h. 60%, steuermindernd berücksichtigt werden.

Werden Anteile an Kapitalgesellschaften im Privatvermögen eines Anteilseigners (natürliche Person) gehalten, unterliegen anfallende Dividenden ab dem 01.01.2009

[59] bzw. 2 Mio. € bei Ehegatten

den Regelungen der Abgeltungsteuer mit einem Steuersatz von 25% zuzüglich Solidaritätszuschlag. Werbungskosten sind nicht abzugsfähig. Liegt der persönliche Einkommensteuersatz unter 25% besteht die Möglichkeit, mit dem niedrigeren persönlichen Steuersatz besteuert zu werden. Bei einer Beteiligungsquote über 25% bzw. bei einer Beteiligungsquote über 1% in Verbindung mit einer beruflichen Betätigung in der Gesellschaft kann die Abgeltungsteuer auf Antrag durch eine Besteuerung nach dem Teileinkünfteverfahren mit entsprechender Abzugsfähigkeit der Werbungskosten ersetzt werden.

Die Besteuerung von Veräußerungsgewinnen von im Privatvermögen gehaltenen Anteilen hängt von der Höhe der Beteiligung des Anteilseigners ab. War der Veräußerer innerhalb von fünf Jahren vor der Veräußerung zu mindestens einem Prozent an der Kapitalgesellschaft mittelbar oder unmittelbar beteiligt, unterliegen die Veräußerungsgewinne dem Teileinkünfteverfahren. Wurde die 1%-Grenze nicht erreicht, kommt die Abgeltungsteuer zur Anwendung.[60]

Werden die Anteile an Kapitalgesellschaften im Betriebsvermögen einer Kapitalgesellschaft gehalten, so sind die Ausschüttungen und Veräußerungsgewinne nur zu 5% zu versteuern. Als Einkommensteuersatz der Kapitalgesellschaft ist der Unternehmenssteuersatz anzusetzen, der sich aus dem Gewerbesteuersatz und dem Körperschaftsteuersatz (zuzüglich Solidaritätszuschlag) dieser Kapitalgesellschaft berechnet. Aufgrund der 95%igen Steuerbefreiung ergibt sich durchgerechnet auf den Ausschüttungsbetrag damit – je nach Gewerbesteuerhebesatz – eine Einkommensteuerbelastung von nur ca. 1,5%.

3.7.3.1.6 Einkommensteuer bei Anteilen an Personengesellschaften

Im Gegensatz zu Kapitalgesellschaften, deren Gewinne mit einem Definitiv-Körperschaftsteuersatz von 15% belastet werden, sind Einzelunternehmen und Personengesellschaften nicht selbst Objekt einer Einkommensteuerbelastung. Körperschaftsteuern fallen nicht an. Stattdessen muss der einzelne Unternehmer bzw. Mitunternehmer die Einkünfte aus dem Unternehmen seiner persönlichen Einkommensteuer unterwerfen.

Hierbei ist zu beachten, dass die Unternehmensgewinne in dem Jahr zu versteuern sind, in dem sie anfallen. Ob die erwirtschafteten Gewinne ausgeschüttet oder thesauriert werden, spielt für die Erhebung der Einkommensteuer von den Unternehmenseignern keine Rolle. Im Rahmen der Neuregelungen durch die Unternehmensteuerreform 2008 wird dem Gesellschafter einer Personengesellschaft allerdings ein Wahlrecht eingeräumt: Der dem einzelnen Unternehmer bzw. Mitunternehmer zuzurechnende Gewinn kann wie bisher in voller Höhe[61] mit dem persönlichen Einkommensteuersatz des Steuerpflichtigen besteuert werden (Einmalbesteuerung). Der im Unternehmen belassene Gewinn kann aber ab 01.01.2008 auch ganz oder teilweise mit einem speziellen Thesaurierungssatz von 28,25% zu-

---

[60] Bis 01.01.2009 gilt für natürliche Personen und Personengesellschaften das Halbeinkünfteverfahren, nach dem Ausschüttungen und Veräußerungsgewinne von Beteiligungen an Kapitalgesellschaften nur zur Hälfte in die Bemessungsgrundlage einbezogen und mit dem individuellen Einkommensteuersatz (zuzüglich Solidaritätszuschlag) versteuert werden.

[61] Das Teileinkünfteverfahren bzw. die Beschränkung der Steuerpflicht auf 5% der Gewinne bei Kapitalgesellschaften als Unternehmenseigner gilt für Einkünfte aus Personengesellschaften bzw. Einzelunternehmen nicht.

züglich Solidaritätszuschlag besteuert werden (Thesaurierungsbegünstigung). Werden diese Gewinne jedoch in einem der folgenden Wirtschaftsjahre entnommen, müssen sie mit 25% zuzüglich Solidaritätszuschlag nachversteuert werden. Insgesamt kommt es damit häufig zu einer höheren Belastung im Vergleich zur Einmalbesteuerung im Jahr der Gewinnerzielung. Die Variante der Thesaurierungsbegünstigung ist für den Unternehmer im Regelfall nur dann vorteilhaft, wenn langfristig keine Entnahmen vorgenommen werden, die den laufenden Gewinn übersteigen, (Effekt der Steuerstundung) und zudem die „reguläre" Steuerbelastung (der persönliche Einkommensteuersatz) auch langfristig im oberen Bereich liegt.

Bei Anteilen an Personengesellschaften, die im Privatvermögen einer natürlichen Person gehalten werden, ist zu berücksichtigen, dass gemäß § 35 EStG die Gewerbesteuer in Höhe des 3,8-fachen Gewerbesteuermessbetrages auf die Einkommensteuer angerechnet wird. Der Gewerbesteuermessbetrag ergibt sich durch Multiplikation der im Gewerbesteuergesetz festgelegten Messzahl mit der Gewerbesteuerbemessungsgrundlage.

3.7.3.2 Bewertung von Kapitalgesellschaften ohne Berücksichtigung persönlicher Einkommensteuern der Unternehmenseigner

Soll eine deutsche Kapitalgesellschaft ohne Berücksichtigung persönlicher Einkommensteuern der Unternehmenseigner bewertet werden, kommt grundsätzlich das in den vorangegangenen Kapiteln beschriebene DCF-Grundmodell zur Anwendung. Der Unternehmenssteuersatz t entspricht dabei der Summe aus Gewerbeertragsteuersatz t_G und Körperschaftsteuersatz (inkl. Solidaritätszuschlag) t_K:

$$t = t_G + t_K.$$

Bei einem Gewerbesteuerhebesatz von 400% ergibt sich daraus beispielsweise ein Unternehmenssteuersatz von 29,825%.[62] Allerdings sind mit der Zinsschranke und den Hinzurechnungen bei der Gewerbesteuerbemessungsgrundlage zwei Besonderheiten zu beachten.

Im dargestellten DCF-Grundmodell sind wir davon ausgegangen, dass Zinsaufwendungen, Lizenzkosten, Mieten und Leasingraten vollständig von der (körperschaft- und gewerbesteuerlichen) Bemessungsgrundlage abgezogen werden können.

Die Berücksichtigung der nach dem deutschen Steuerrecht diesbezüglich erforderlichen Hinzurechnungen zur Gewerbesteuerbemessungsgrundlage wirkt sich beim Equity-Ansatz nur bei der Berechnung der FtE aus. Die Unternehmenssteuern können nicht mehr einfach unter Anwendung eines festen Unternehmenssteuersatzes auf das Vorsteuerergebnis berechnet werden, sondern müssen differenziert ermittelt werden. Gleiches gilt für die Zinsschranke. Durch Hinzurechnungen bedingte höhere Gewerbesteuerzahlungen bzw. im Falle eines Greifens der Zinsschranke höhere Körperschaft- und Gewerbesteuerzahlungen führen zu niedrigeren FtE und damit zu einem entsprechend geringeren Unternehmenswert.

[62] Vor der Unternehmensteuerreform 2008 betrug der vergleichbare Gesamtsteuersatz einer Kapitalgesellschaft 38,65%; dieser Steuersatz liegt dem Beispiel der KfZ-Zulieferer GmbH zugrunde.

Beim Entity-Ansatz ist eine differenziertere Betrachtung notwendig:

Die 25%-ige Hinzurechnung der Zinsaufwendungen auf die Gewerbesteuerbemessungsgrundlage hat keinen Einfluss auf die Berechnung der oFCF, da diese unter der Fiktion ermittelt wurden, dass das Unternehmen keine Zinsen zahlt. Stattdessen ergibt sich eine Änderung bei der Ermittlung der Fremdkapitalkosten und somit des Diskontierungszinssatzes *WACC*. Die anzusetzenden Fremdkapitalkosten berechnen sich nun nicht mehr unter Abzug des vollen Gewerbesteuersatzes; vielmehr sind nur 75% des Gewerbesteuersatzes in Abzug zu bringen. Die Fremdkapitalkosten betragen damit

$$\text{Fremdkapitalkosten} = r_{FK} \cdot (1 - 0{,}75 \cdot t_G - t_K).$$

Die Auswirkung der Hinzurechnungen bei Lizenzaufwendungen, Mieten und Leasingraten ist davon abhängig, ob diese Aufwandsarten dem Leistungsbereich oder dem Finanzierungsbereich zugerechnet wurden. In der Regel ist von einer Zuordnung zum Leistungsbereich auszugehen, d.h. die Leasingraten, Mieten und Lizenzaufwendungen wurden bei der Ermittlung des operativen Ergebnisses und damit der oFCF abgezogen. In diesem Fall sollte auch die durch die Hinzurechnung veranlasste Gewerbesteuerzahlung bei der Berechnung der oFCF berücksichtigt werden; der *WACC* wird nicht beeinflusst. Bei einer Zuordnung der Leasinggeschäfte zum Finanzierungsbereich[63] ist analog der beschriebenen Hinzurechnung der Zinsaufwendungen vorzugehen. Aufgrund der unterschiedlichen Hinzurechnungsanteile ist es dann sinnvoll, die verzinslichen Verbindlichkeiten in mehrere Komponenten aufzuteilen. Für die diversen Fremdkapitalarten ermittelt man den Marktwert des Fremdkapitals und die jeweiligen Fremdkapitalkosten und berechnet auf dieser Basis den *WACC*.

Bezüglich der Zinsschranke ist zunächst zu prüfen, ob sie für das zu bewertende Unternehmen von Relevanz ist bzw. greift. Ist gemäß Unternehmensplanung nicht davon auszugehen, dass in (mindestens) einem Planjahr der Saldo aus Zinsaufwendungen und Zinserträgen 30% des EBITDA übersteigt, so hat die Zinsschrankenregelung keinen Einfluss auf die Unternehmensbewertung bzw. das DCF-Grundmodell. Sobald die Zinsschranke jedoch greift – d.h. der Zinssaldo ist größer als 30% des EBITDA –, ist die steuerliche Entlastung aus der Aufnahme von Fremdkapital nicht mehr allein abhängig von der Höhe der Zinsen, sondern auch von der Höhe des EBITDA. Da in diesem Fall die Fremdkapitalkosten und damit auch der *WACC* von der Höhe des EBITDA abhängen, das EBITDA aber in der Regel über den Planungshorizont schwankt, ist für eine theoretisch richtige Ermittlung des Unternehmenswerts nach dem DCF-Entity-Verfahren ein Modell mit periodenspezifischem *WACC* zu verwenden. In der Praxis wird man sich bei einem Greifen der Zinsschranke in der Regel mit einem Entity-Modell auf Basis von Total Cashflows[64] behelfen. Dabei wird die Steuerersparnis aus Fremdkapitalzinsen bereits im Cashflow und nicht erst im Diskontierungszinssatz *WACC* berücksichtigt. Liegt der Zinssaldo dauerhaft über 30% des EBITDA, lässt sich das für die Berechnung der Total Cashflows abzuziehende Tax Shield recht einfach als Produkt aus dem für die Zinsbesteuerung maßgeblichen Steuersatz und 30% des

---

[63] Vgl. hierzu Abschnitt 3.8.3.3.

[64] Vgl. diesbezüglich Abschnitt 3.2.1.

EBITDA $((0{,}75 \cdot t_G + t_K) \cdot 0{,}3 \cdot \text{EBITDA})$ berechnen. Bei der Ermittlung des Diskontierungszinssatzes *WACC* darf die Steuerersparnis aus den Fremdkapitalzinsen dann natürlich nicht noch einmal berücksichtigt werden.

Die Tabellen 3–38 bis 3-41 bzw. Abbildung 3.13 zeigen die Ermittlung des Unternehmenswertes der KfZ-Zulieferer GmbH unter Ansatz eines Unternehmenssteuersatzes von 29,825% sowie einer 25%-igen Hinzurechnung der Zinsen bei der Gewerbesteuerbemessungsgrundlage. Die Zinsschranke greift im Beispiel der KfZ-Zulieferer GmbH nicht, da der Zinssaldo regelmäßig 30% des EBITDA nicht erreicht. Alle übrigen Annahmen des Grundmodells, insbesondere die Risikoprämie und die Eigenkapitalkosten, wurden unverändert übernommen. Da ein verändertes steuerliches Umfeld in der Realität jedoch Auswirkungen auf die Risikoprämie haben wird, ist ein Vergleich des im Beispiel ermittelten Wertes ‚nach Steuerreform 2008' mit dem in den Vorkapiteln ermittelten Wert ‚vor Steuerreform 2008' nur bedingt aussagekräftig.[65]

Ermittlung der oFCF in Mio. € **Jahr**	**1**	**2**	**3**	**4**	**5**	**Endwert**
Operatives Ergebnis vor Steuern/Zinsen (EBIT)	53,0	59,6	73,9	76,2	74,1	74,8
[-] Adaptierte Steuern auf das EBIT	15,8	17,8	22,0	22,7	22,1	22,4
[=] NOPLAT	37,2	41,8	51,9	53,5	52,0	52,4
[+] Abschreibungen	75,0	78,7	86,0	89,5	92,1	93,1
[+] Veränderung der kurzfristigen Rückstellungen	1,9	2,0	4,6	3,5	3,1	0,8
[+] Veränderung der langfristigen Rückstellungen	3,0	3,0	3,0	3,0	3,0	
[-] Investitionen	78,6	95,6	88,9	89,4	82,0	96,7
[-] Veränderung des Working Capital	-0,1	0,9	11,5	8,5	6,6	1,9
Operativer Free Cashflow	**38,6**	**29,0**	**45,1**	**51,6**	**61,6**	**47,7**

Tabelle 3–38: Ermittlung der oFCF der KfZ-Zulieferer GmbH nach Steuerreform 2008

Ermittlung der FtE in Mio. € **Jahr**	**1**	**2**	**3**	**4**	**5**	**Endwert**
Operatives Ergebnis vor Steuern/Zinsen (EBIT)	53,0	59,6	73,9	76,2	74,1	74,8
[-] Fremdkapitalzins	16,4	15,7	15,1	13,7	11,9	11,0
[=] Operatives Ergebnis vor Steuern (EBT)	36,6	43,9	58,8	62,5	62,2	63,8
[-] Steuern (Unt.) auf das EBT	11,5	13,6	18,1	19,1	19,0	19,4
[=] Operatives Ergebnis nach Steuern (JÜ)	25,1	30,3	40,7	43,4	43,2	44,4
[+] Abschreibungen	75,0	78,7	86,0	89,5	92,1	93,1
[+] Veränderung der kurzfristigen Rückstellungen	1,9	2,0	4,6	3,5	3,1	0,8
[+] Veränderung der langfristigen Rückstellungen	3,0	3,0	3,0	3,0	3,0	
[-] Investitionen	78,6	95,6	88,9	89,4	82,0	96,7
[-] Veränderung des Working Capital	-0,1	-0,9	11,5	8,5	6,6	1,9
[+] Veränderung der Finanzschulden	-15,9	-3,0	-18,0	-24,4	-31,6	1,7
Flow to Equity	**10,6**	**14,5**	**15,9**	**17,1**	**21,2**	**41,4**

Tabelle 3–39: Ermittlung der FtE der KfZ-Zulieferer GmbH nach Steuerreform 2008

[65] Vgl. diesbezüglich auch Abschnitt 3.7.3.4.

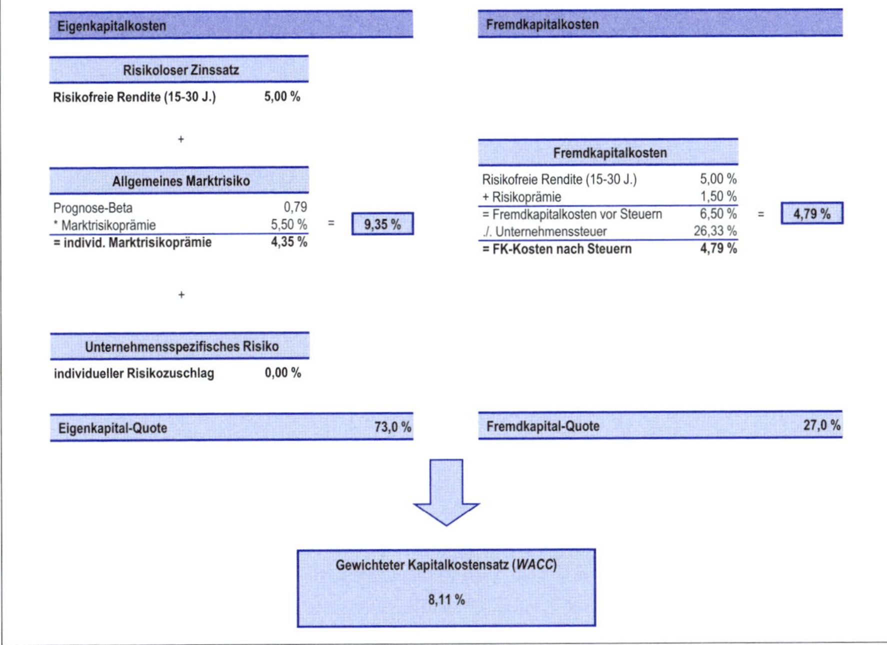

Abbildung 3–13: Berechnung der Kapitalkosten für die KfZ-Zulieferer GmbH nach Steuerreform 2008

Entity-Ansatz Jahr		1	2	3	4	5	Endwert
Diskontierungszinssatz	8,11%						
Multiplikator		0,9743	0,9012	0,8336	0,7710	0,7131	0,7131
operativer Free Cashflow		38,6	29,0	45,1	51,6	61,6	47,7
Barwert der Cashflows		37,6	26,1	37,6	39,8	43,9	478,4
[+] Barwert der Cashflows	185,0						
[+] Barwert des Terminal Value	478,4	→ $= \frac{47{,}7}{8{,}11\% - 1\%} \cdot 0{,}7131$					
Anteil des TV an der Summe der CF	72,1%						
[+] liquide Mittel	33,4						
[+] nicht-betriebsnotw. Vermögen	0,0						
Entity Value	**696,8**						
[-] verzinsliches Fremdkapital	268,0	aufgezinst auf 31.08.Jahr 1 mit FK-Kosten					
Equity Value 31.08.Jahr 1	**428,8**	**Mio. €**					

Tabelle 3–40: Berechnung des Unternehmenswertes (EK) der KfZ-Zulieferer GmbH nach dem Entity-Ansatz nach Steuerreform 2008

Equity-Ansatz Jahr		1	2	3	4	5	Endwert
Diskontierungszinssatz	9,35%						
Multiplikator		0,9707	0,8877	0,8118	0,7425	0,6790	0,6790
Flow to Equity		10,6	14,5	15,9	17,1	21,2	41,4
Barwert der Cashflows		10,3	12,8	12,9	12,7	14,4	336,7
[+] Barwert der Cashflows	63,1						
[+] Barwert des Terminal Value	336,7	→ $= \frac{41{,}4}{9{,}35\% - 1\%} \cdot 0{,}6790$					
Anteil des TV an der Summe der CF	84,2%						
[+] liquide Mittel	33,4						
[+] nicht-betriebsnotw. Vermögen	0,0						
Equity Value 31.08.Jahr 1	**433,2**	**Mio. €**					

Tabelle 3–41: Berechnung des Unternehmenswertes (EK) der KfZ-Zulieferer GmbH nach dem Equity-Ansatz nach Steuerreform 2008

3.7.3.3 Bewertung von Kapitalgesellschaften unter Einbezug persönlicher Einkommensteuern der Unternehmenseigner[66]

Wie bereits angesprochen ist bei einem Einbezug der persönlichen Einkommensteuer in die Bewertung die persönliche Einkommensteuer der Unternehmenseigner sowohl bei der Ermittlung der bewertungsrelevanten Cashflows als auch bei der Ermittlung des Diskontierungszinssatzes zu berücksichtigen.

3.7.3.3.1 Berechnung der bewertungsrelevanten Cashflows

Der Bewertung sind die Cashflows zugrunde zu legen, die die Anteilseigner nach Abzug der persönlichen Einkommensteuerbelastung erhalten.

Bei Erträgen aus Kapitalgesellschaften erfolgt die Besteuerung nach dem Zuflussprinzip. Das bedeutet, dass der Unternehmenseigner persönliche Einkommensteuer (ESt) auf die an ihn ausgeschütteten Zahlungsströme bezahlt. Für Gewinne, die vom Unternehmen thesauriert werden, fallen keine persönlichen Einkommensteuern an.

Wie in Abschnitt 3.6 erläutert basieren die DCF-Grundmodelle auf einer Vollauszahlungsprämisse[67]: Demgemäß wird beim Entity-Ansatz jährlich der ermittelte operative Free Cashflow, beim Equity-Ansatz jährlich der berechnete Flow to Equity ausgeschüttet. Folglich ist auf den nach dem Grundmodell ermittelten oFCF bzw. FtE die persönliche Einkommensteuer zu entrichten.

3.7.3.3.1.1 Natürliche Personen als Unternehmenseigner

Ab dem 01.01.2009 werden grundsätzlich alle Kapitaleinkünfte (u.a. Dividenden und Zinsen) auf Ebene einer natürlichen Person als Anteilseigner mit einer einheitlichen Abgeltungsteuer belastet. Der Abgeltungsteuersatz beträgt 25% zuzüglich Solidaritätszuschlag, also insgesamt 26,375%.[68]

Daraus folgt:

$$\text{oFCF nach ESt} = \text{oFCF} \cdot (1 - t_E) = \text{oFCF} \cdot (1 - 0{,}26375) = \text{oFCF} \cdot 0{,}73625$$

bzw.

$$\text{FtE nach ESt} = \text{FtE} \cdot (1 - t_E) = \text{FtE} \cdot (1 - 0{,}26375) = \text{FtE} \cdot 0{,}73625$$

mit t_E = anwendbarer Einkommensteuersatz der natürlichen Person
= Abgeltungsteuersatz von 25% zzgl. Solidaritätszuschlag.

Die Tabellen 3–42 und 3–43 zeigen für die KfZ-Zulieferer GmbH die Ermittlung der oFCF bzw. FtE nach persönlicher Einkommensteuer der Unternehmenseigner.

---

66 Die folgenden Erläuterungen zur Berücksichtigung der persönlichen Einkommensteuer der Unternehmenseigner beziehen sich auf den Entity- und den Equity-Ansatz. Auf eine gesonderte Darstellung des APV-Ansatzes wird aufgrund dessen geringer Verwendung in der Praxis verzichtet.

67 Alternativ kann jedoch (insbesondere beim Equity-Ansatz) das Ausschüttungsverhalten auch explizit geplant werden.

68 Es wird hier unterstellt, dass die Anteile an der zu bewertenden Gesellschaft im Privatvermögen der natürlichen Person gehalten werden. Die in Abschnitt 3.7.3.1.5 beschriebene Variante der Teileinkünftebesteuerung, die zur Anwendung kommt, wenn Anteile im Betriebsvermögen einer Personengesellschaft gehalten werden, soll hier nicht näher vertieft werden.

Ermittlung der oFCF nach ESt in Mio. € Jahr	1	2	3	4	5	Endwert
Operativer Free Cashflow	38,6	29,0	45,1	51,6	61,6	47,7
[-] persönliche Einkommensteuer 26,375% (Abgeltungsteuer inkl. Soli) des oFCF	10,2	7,6	11,9	13,6	16,2	12,6
oFCF nach pers. Einkommensteuer	**28,4**	**21,4**	**33,2**	**38,0**	**45,4**	**35,1**

Tabelle 3–42: Ermittlung der oFCF nach persönlicher Einkommensteuer für die KfZ-Zulieferer GmbH aus Sicht einer natürlichen Person als Eigner

Ermittlung der FtE nach ESt in Mio. € Jahr	1	2	3	4	5	Endwert
Flow to Equity	10,6	14,5	15,9	17,1	21,2	41,4
[-] persönliche Einkommensteuer 26,375% (Abgeltungsteuer inkl. Soli) des FtE	2,8	3,8	4,2	4,5	5,6	10,9
FtE nach pers. Einkommensteuer	**7,8**	**10,7**	**11,7**	**12,6**	**15,6**	**30,5**

Tabelle 3–43: Ermittlung der FtE nach persönlicher Einkommensteuer für die KfZ-Zulieferer GmbH aus Sicht einer natürlichen Person als Eigner

3.7.3.3.1.2 Inländische Kapitalgesellschaft als Unternehmenseigner

Bei inländischen Kapitalgesellschaften werden Einkünfte aus Kapitalgesellschaften nach wie vor nur zu 5% besteuert.

Daraus folgt:

$$\text{oFCF nach ESt} = \text{oFCF} \cdot (1 - 0{,}05 \cdot t_{Ka})$$

bzw.

$$\text{FtE nach ESt} = \text{FtE} \cdot (1 - 0{,}05 \cdot t_{Ka})$$

mit t_{Ka} = persönlicher Ertragsteuersatz (= Unternehmenssteuersatz) der Kapitalgesellschaft (Unternehmenseigner) (= 29,825% bei Annahme eines Gewerbesteuerhebesatzes von 400).

Die Tabellen 3–44 und 3–45 zeigen für die KfZ-Zulieferer GmbH die Ermittlung der oFCF und FtE nach persönlicher Einkommensteuer einer Kapitalgesellschaft als Unternehmenseigner, wobei der persönliche Ertragsteuersatz dieser Kapitalgesellschaft 29,825% betragen soll.

Ermittlung der oFCF nach ESt in Mio. € Jahr	1	2	3	4	5	Endwert
Operativer Free Cashflow	38,6	29,0	45,1	51,6	61,6	47,7
[-] persönliche Einkommensteuer 29,825% auf 5% des oFCF	0,6	0,4	0,7	0,8	0,9	0,7
oFCF nach pers. Einkommensteuer	**38,0**	**28,6**	**44,4**	**50,8**	**60,7**	**47,0**

Tabelle 3–44: Ermittlung der oFCF nach persönlicher Einkommensteuer für die KfZ-Zulieferer GmbH aus Sicht einer Kapitalgesellschaft als Eigner

Ermittlung der FtE nach ESt in Mio. € Jahr	1	2	3	4	5	Endwert
Flow to Equity	10,6	14,5	15,9	17,1	21,2	41,4
[-] persönliche Einkommensteuer 29,825% auf 5% des FtE	0,1	0,2	0,2	0,2	0,3	0,6
FtE nach pers. Einkommensteuer	**10,5**	**14,3**	**15,7**	**16,9**	**20,9**	**40,8**

Tabelle 3–45: Ermittlung der FtE nach persönlicher Einkommensteuer für die KfZ-Zulieferer GmbH aus Sicht einer Kapitalgesellschaft als Eigner

3.7.3.3.2 Ermittlung des Diskontierungszinssatzes

Um den Einfluss der persönlichen Einkommensteuer auf die **Eigenkapitalkosten** zu analysieren, ist es hilfreich, sich die Bedeutung des Diskontierungszinssatzes (anhand des Equity-Ansatzes) vor Augen zu führen:

Die Investition in ein Unternehmen hat zur Folge, dass die investierten Mittel nicht anderweitig angelegt werden können. Durch die Verdrängung anderer Anlagen entstehen Ertragsminderungen, die die Opportunitätskosten der Unternehmensinvestition darstellen. Der Investition in ein Unternehmen wird maximal der Wert beigemessen, bei dem diese Ertragsminderungen gerade noch durch die Unternehmenserträge kompensiert werden. Dieser Grenzwert lässt sich bestimmen, indem die finanziellen Überschüsse des Unternehmens mit einem Zinssatz diskontiert werden, der der Rendite der besten alternativen Kapitalverwendungsmöglichkeit entspricht. Der Diskontierungszinssatz misst somit die Opportunitätskosten der alternativen Kapitalverwendungsmöglichkeiten. Bei diesem Vergleich der finanziellen Vorteile aus dem Unternehmen mit Alternativanlagen müssen jedoch gewisse Äquivalenzanforderungen erfüllt sein. So müssen sich die Erträge beispielsweise auf denselben Zeitraum erstrecken, eine vergleichbare Unsicherheitsdimension und insbesondere auch dieselbe Verfügbarkeit aufweisen. Letztere Anforderung hat bei einer Betrachtung der finanziellen Unternehmensüberschüsse nach persönlichen Einkommensteuern zur Folge, dass auch die Zahlungsströme aus der Alternativanlage nach persönlichen Steuern zu betrachten sind.

Um dem Prinzip der Verfügbarkeitsäquivalenz gerecht zu werden, ist bezüglich des Diskontierungszinssatzes zu differenzieren, ob die Alternativanlage in festverzinsliche Wertpapiere oder in Aktien bzw. Anteile an Kapitalgesellschaften erfolgt:

Bei einer Alternativanlage in festverzinsliche Wertpapiere unterliegen die finanziellen Überschüsse vollständig der persönlichen Einkommensbesteuerung. Dementsprechend verringert sich die Eigenkapitalrendite um den vollen Einkommensteuersatz. Die Eigenkapitalkosten für den Diskontierungszinssatz berechnen sich dann als

$$\text{EK-Kosten nach ESt} = r_{EK} \cdot (1 - t_E)$$

wobei für Kapitalgesellschaften als Unternehmenseigner gilt: $t_E = t_{Ka}$
und für natürliche Personen (Privatvermögen) als
Unternehmenseigner: $t_E = 26{,}375\,\%$.

Geht man hingegen von einer Alternativanlage in Anteile einer Kapitalgesellschaft aus, so werden die finanziellen Überschüsse bei Kapitalgesellschaften als Unternehmenseigner nur zu 5% mit persönlichen Einkommensteuern belegt. Die Eigenkapitalkosten berechnen sich für Kapitalgesellschaften dann nach der Formel

$$\text{EK-Kosten nach ESt} = r_{EK} \cdot (1 - 0{,}05 \cdot t_{Ka}).$$

Aus Sicht eines Privatanlegers werden die Einkünfte aus einer Kapitalgesellschaft als Alternativanlage ab dem Jahr 2009 grundsätzlich in gleicher Höhe besteuert wie die finanziellen Überschüsse aus festverzinslichen Wertpapieren. Wie bei einer Alternativanlage in festverzinsliche Wertpapiere berechnen sich die Eigenkapitalkosten für natürliche Personen dann nach der Formel

$$\text{EK-Kosten nach ESt} = r_{EK} \cdot (1 - t_E).$$

Das gilt jedoch nur unter der Voraussetzung, dass die Kapitalgesellschaft alle erwirtschafteten finanziellen Überschüsse im Jahr des Entstehens auch ausschüttet bzw. sich einbehaltene Überschüsse im Unternehmen exakt mit den Eigenkapitalkosten verzinsen und das Unternehmen im Zeitablauf damit keine Kurs- bzw. Wertsteigerung aus thesaurierten Gewinnen erfährt.[69]

Zwar sind Veräußerungsgewinne (bei Unternehmensbeteiligungen kleiner 1%) auch mit der Abgeltungsteuer zu versteuern, diese Steuer fällt jedoch nicht sofort an, sondern erst bei Veräußerung des Unternehmensanteils mit der Realisierung des Wertzuwachses. Bei Gewinnthesaurierung ergibt sich hinsichtlich der Besteuerung der thesaurierungsbedingten Wertzuwächse ein Steuerstundungseffekt, der (verglichen mit einer sofortigen vollständigen Ausschüttung) zu einem niedrigeren Barwert der Gesamtsteuerlast und somit zu einer niedrigeren Effektivsteuerbelastung führt. Anleger können den Realisationstermin und damit den Zeitpunkt der Besteuerung von Veräußerungsgewinnen frei wählen. Die Höhe des Steuerstundungseffektes bzw. des Effektivsteuersatzes und damit auch der Diskontierungszinssatz und letztendlich der Unternehmenswert ist daher sowohl von der Ausschüttungspolitik als auch von der individuellen Haltedauer abhängig. Je länger die Haltedauer und je größer das Wertwachstum der Anteile an der Kapitalgesellschaft, desto niedriger ist der effektive Steuersatz der Alternativanlage und damit auch der Wert des zu bewertenden Unternehmens. Um den effektiven Steuersatz jedoch quantifizieren zu können, bedarf es Informationen über die Haltedauer sowie die Wertentwicklung der hinter der Alternativanlage stehenden Unternehmensanteile.

Der Fachausschuss Unternehmensbewertung (FAUB) des *IDW* geht für typisierte Anteilseigner derzeit grundsätzlich von langen Haltedauern[70] und einer dementsprechend geringen effektiven Steuerbelastung von zu Wertsteigerungen führenden thesaurierten Gewinnen aus.

Je nach der aus den unterschiedlichen Ansätzen resultierenden Höhe des Diskontierungszinssatzes erhält man differierende Unternehmenswerte. Dabei führt bei Kapitalgesellschaften als Anteilseigner die Annahme einer Alternativanlage in Anteile an Kapitalgesellschaften zu einem höheren Diskontierungszinssatz und damit zu einem niedrigeren Unternehmenswert als die Annahme einer Alternativanlage in festverzinsliche Wertpapiere. Sind die Anteilseigner natürliche Personen, ist der Unternehmenswert bei einer Alternativanlage in Unternehmensanteile von den getroffenen Annahmen hinsichtlich Ausschüttungspolitik und Haltedauer der Unternehmensanteile abhängig.

Welche Anlageform als Alternativanlage herangezogen wird, sollte – wie auch die gegebenenfalls zu treffenden Annahmen hinsichtlich Ausschüttungen und Haltedauer – letztlich von den individuellen Möglichkeiten bzw. Absichten der Investoren abhängig gemacht werden, für die die Bewertung vorgenommen wird. Dabei

---

[69] Diese Annahme geht über die Vollauszahlungsprämisse, die dem DCF-Modell in der Regel zugrunde gelegt wird, hinaus. Sie beinhaltet beispielsweise, dass keine Investitionen getätigt werden, die sich mit einer über den Eigenkapitalkosten liegenden Rendite verzinsen.

[70] Es ist grundsätzlich davon auszugehen, dass **der** Anleger den Wert bestimmt, der bereit ist, den höchsten Preis zu bezahlen. Das ist in obiger Betrachtung der Anleger mit der längsten Haltedauer.

sollte man jedoch bedenken, dass mit festverzinslichen Anlagen zwar der risikofreie Zins problemlos erzielbar ist, nicht jedoch die bei den zu bewertenden Unternehmen angesetzte Rendite.

Um eine ähnlich hohe Rendite wie bei dem zu bewertenden Unternehmen zu erreichen, ist im Vergleich zu festverzinslichen Anlagen ein höheres unternehmerisches Risiko in Kauf zu nehmen, was gleichbedeutend mit einer Investition in Unternehmensanteile ist. Demzufolge bewegen sich die Eigenkapitalkosten nach Einkommensteuern zwischen den beiden oben aufgezeigten Möglichkeiten.

Einen modelltheoretischen Ansatz zur Ableitung der Eigenkapitalkosten nach Einkommensteuern bietet das Tax-CAPM, welches das Standard-CAPM um die explizite Berücksichtigung der Wirkungen persönlicher Ertragsteuern erweitert und somit einer gegebenenfalls unterschiedlichen Besteuerung von Zinseinkünften und Dividenden Rechnung trägt. Im Standard-CAPM wird die Portfoliorendite (vor Steuern) durch die Summe aus risikolosem Basiszinssatz und Marktrisikoprämie erklärt. Analog setzt sich im Tax-CAPM die Portfoliorendite nach Steuerwirkungen zusammen aus dem um die Besteuerungswirkungen modifizierten risikolosen Zinssatz – dazu wird der risikolose Zinssatz um den vollen persönlichen Ertragsteuersatz reduziert – und eine von Besteuerungswirkungen beeinflusste Marktrisikoprämie. Dabei erhält man die Portfoliorendite nach Steuern (Tax-CAPM) durch Abzug der Steuerlast auf Dividenden (Abgeltungssteuer bzw. 5%-Belastung) von der im Standard-CAPM berechneten Portfoliorendite vor Steuern.

Formelmäßig lässt sich dieser Zusammenhang für **Kapitalgesellschaften als Unternehmenseigner** wie folgt abbilden:

$$(r_f + MRP) \cdot (1 - 0{,}05 \cdot t_{Ka}) = r_f \cdot (1 - t_{Ka}) + MRP_{nSt}$$

mit MRP_{nSt} = die um Besteuerungswirkungen modifizierte Marktrisikoprämie

Durch Umformen erhält man folgende Berechnungsformel für die um Besteuerungswirkungen modifizierte Marktrisikoprämie:

$$MRP_{nSt} = (1 - 0{,}05 \cdot t_{Ka}) \cdot MRP + 0{,}95 \cdot t_{Ka} \cdot r_f$$

Durch die im Vergleich zur Besteuerung der Aktienrendite höhere Besteuerung des risikofreien Zinssatzes ist die Marktrisikoprämie nach Steuern höher als die vor Steuern.

Die Eigenkapitalkosten nach Einkommensteuern berechnen sich dann als

$$\text{EK-Kosten nach ESt} = r_f \cdot (1 - t_{Ka}) + [(1 - 0{,}05 \cdot t_{Ka}) \cdot MRP + 0{,}95 \cdot t_{Ka} \cdot r_f] \cdot \beta$$

Geht man von der Annahme **keines thesaurierungsbedingten Wertzuwachses** aus, lautet die Ausgangsgleichung für **natürliche Personen als Unternehmenseigner**:

$$(r_f + MRP) \cdot (1 - t_E) = r_f \cdot (1 - t_E) + MRP_{nSt}$$

und die um Besteuerungswirkungen modifizierte Marktrisikoprämie entspricht der um den Steuersatz reduzierten Vorsteuer-Marktrisikoprämie:

$$MRP_{nSt} = (1 - t_E) \cdot MRP$$

Aus der steuerlichen Gleichstellung der Aktienrendite und der Zinseinkünfte resultiert eine unter der Marktrisikoprämie vor Steuern liegende Marktrisikoprämie nach Steuern.

Die Eigenkapitalkosten nach Einkommensteuern berechnen sich dann als

$$\text{EK-Kosten nach ESt} = r_f \cdot (1 - t_E) + (1 - t_E) \cdot MRP \cdot \beta$$

bzw. $$\text{EK-Kosten nach ESt} = (1 - t_E) \cdot \text{EK-Kosten vor ESt}$$

Gibt man die Annahme der Wertkonstanz auf und lässt **thesaurierungsbedingte Wertzuwächse** zu, so muss das Tax-CAPM erweitert werden. Die Vorsteuerrendite des Marktportfolios, die im CAPM durch die Summe aus risikolosem Basiszins und Marktrisikoprämie erklärt wird, wird zerlegt in eine Dividendenrendite und Kursgewinne:

$$r_f + MRP = \text{Dividendenrendite} + \text{Kursgewinne}$$

Die zugehörige Nachsteuerrendite des Marktportfolios, die im Tax-CAPM als Summe aus dem um die persönlichen Ertragsteuern geminderten Basiszinssatz und einer ebenfalls um Besteuerungswirkungen beeinflussten Marktrisikoprämie abgebildet wird, setzt sich dann zusammen aus der Dividendenrendite nach Abzug der Abgeltungsteuer (zuzüglich Solidaritätszuschlag) und den versteuerten Kursgewinnen:

$$r_f \cdot (1 - t_E) + MRP_{nSt} = \text{Dividendenrendite} \cdot (1 - t_E) + \text{Kursgewinne} \cdot (1 - t_{Eff})$$

mit t_{Eff} = Effektivsteuersatz, der sich aus t_E unter Berücksichtigung des Steuerstundungseffektes (abhängig von der Haltedauer) hinsichtlich der Besteuerung der thesaurierungsbedingten Wertzuwächse ergibt, wobei gilt $t_{Eff} \leq t_E$

Die um Besteuerungswirkungen modifizierte Marktrisikoprämie berechnet sich dann als

$$\begin{aligned} MRP_{nSt} &= - r_f \cdot (1 - t_E) + \text{Dividendenrendite} \cdot (1 - t_E) + \text{Kursgewinne} \cdot (1 - t_{Eff}) \\ &= (1 - t_E) \cdot [- r_f + \text{Dividendenrendite} + \text{Kursgewinne}] + \text{Kursgewinne} \cdot \\ &\quad (t_E - t_{Eff}) = (1 - t_E) \cdot MRP + \text{Kursgewinne} \cdot (t_E - t_{Eff}) \end{aligned}$$

Die Marktrisikoprämie nach Steuern und damit auch die Eigenkapitalkosten sind also umso höher – und der berechnete Unternehmenswert umso niedriger – je höher die Kursgewinne (der Alternativanlage) sind und je später diese realisiert und damit steuerwirksam werden (niedrigerer Effektivsteuersatz).

In der weiteren Darstellung werden die Eigenkapitalkosten nach Einkommensteuer nach dem Tax-CAPM unter der Annahme berechnet, dass es nicht zu thesaurierungsbedingten Wertzuwächsen kommt.

Bei der Berechnung des *WACC* verändert die Berücksichtigung persönlicher Einkommensteuern auch die Berechnung der **Fremdkapitalkosten**: Die Berechnung der Fremdkapitalkosten erfolgt grundsätzlich unter Berücksichtigung aller Ertragsteuerarten (mit den entsprechenden Steuersätzen), die auch in die Berechnung der bewertungsrelevanten Cashflows Eingang gefunden haben. Diese Behandlung reflektiert die durch die Zahlung der Fremdkapitalzinsen hervorgerufene Steuerminderung, die die Fremdkapitalkosten für das Unternehmen senkt. Bei der Berechnung der Cashflows wurde die persönliche Einkommensteuer bei natürlichen Personen in voller Höhe mit dem Abgeltungsteuersatz (zzgl. Solidaritätszuschlag) bzw. bei Kapitalgesellschaften zu 5% berücksichtigt, folglich ist auch bei der Ermittlung der Fremdkapitalkosten der Abgeltungsteuersatz (zzgl. Solidaritätszuschlag) in voller Höhe bzw. nur 5% des Einkommensteuersatzes der Kapitalgesellschaft in Abzug zu bringen. Daraus folgt für eine natürliche Person (Privatvermögen) als Unternehmenseigner

$$\text{Fremdkapitalkosten nach ESt} = r_{FK} \cdot (1 - t) \cdot (1 - t_E) = r_{FK} \cdot (1 - t) \cdot 0{,}73625$$

bzw. für eine Kapitalgesellschaft als Unternehmenseigner

$$\text{Fremdkapitalkosten nach ESt} = r_{FK} \cdot (1 - t) \cdot (1 - 0{,}05 \cdot t_{Ka})$$

mit t = Unternehmenssteuersatz des zu bewertenden Unternehmens
t_E = anzuwendender Einkommensteuersatz der natürlichen Person, entspricht dem Abgeltungsteuersatz von 25% zzgl. Solidaritätszuschlag
und t_{Ka} = Unternehmenssteuersatz der Kapitalgesellschaft als Unternehmenseigner

Damit berechnet sich der gewogene Kapitalkostensatz unter Berücksichtigung persönlicher Einkommensteuer $WACC_{ESt}$ für eine natürliche Person als Unternehmenseigner nach der Formel

$$WACC_{ESt} = [\, r_f \cdot (1 - t_E) + MRP \cdot (1 - t_E) \cdot \beta] \cdot \frac{EK}{GK} + [\, r_{FK} \cdot (1 - t) \cdot (1 - t_E)\,] \cdot \frac{FK}{GK}$$
$$= (1 - t_E) \cdot [(\, r_f + MRP \cdot \beta) \cdot \frac{EK}{GK} + (\, r_{FK} \cdot (1 - t)) \cdot \frac{FK}{GK}]$$

bzw. für eine Kapitalgesellschaft als Unternehmenseigner nach der Formel

$$WACC_{ESt} = [\, r_f \cdot (1 - t_{Ka}) + [(1 - 0{,}05 \cdot t_{Ka}) \cdot MRP + 0{,}95 \cdot t_{Ka} \cdot r_f] \cdot \beta\,] \cdot \frac{EK}{GK}$$
$$+ [\, r_{FK} \cdot (1 - t) \cdot (1 - 0{,}05 \cdot t_{Ka}\,)\,] \cdot \frac{FK}{GK}$$

3.7.3.3.3 Berechnung des Unternehmenswertes

3.7.3.3.3.1 Natürliche Person als Unternehmenseigner

Für die KfZ-Zulieferer GmbH berechnet sich nach obiger Formel ein $WACC_{ESt}$ in Höhe von 6,03% bzw. Eigenkapitalkosten nach Einkommensteuer in Höhe von 6,88% (vgl. Abbildung 3–14). Daraus ergibt sich ein Unternehmenswert in Höhe von 452,0 Mio. € nach dem Entity-Ansatz (vgl. Tabelle 3–46) bzw. 471,2 Mio. € nach dem Equity-Ansatz (vgl. Tabelle 3–47).

Die unter Berücksichtigung persönlicher Ertragsteuern berechneten Unternehmenswerte liegen oberhalb der Werte, die mit dem DCF-Modell ohne Berücksichtigung persönlicher Einkommensteuern ermittelt wurden.

Dieses Ergebnis entspricht nicht den Erwartungen: Sofern alle Einkünfte aus Kapitalvermögen mit dem gleichen persönlichen Ertragsteuersatz besteuert werden, sinken die bewertungsrelevanten Cashflows um den selben Prozentsatz wie die Diskontierungszinssätze. Die Berücksichtigung persönlicher Einkommensteuern sollte dann keinen Einfluss auf den Unternehmenswert haben. Diese Aussage ist jedoch in obigem Modell nur dann zutreffend, wenn in der Zukunft in jedem Jahr (einschließlich der Jahre, die in den Terminal Value einfließen) exakt der gleiche Cashflow erzielt wird. In diesem Fall lässt sich der Unternehmenswert (hier am Beispiel des Equity-Ansatzes) mittels der Formel für die ewige Rente ermitteln als

$$\text{Equity Value nach ESt} = \frac{(1 - t_E) \cdot \text{FtE}}{(1 - t_E) \cdot \text{EK-Kosten vor ESt}} = \frac{\text{FtE}}{\text{EK-Kosten vor ESt}} = \text{Equity Value vor ESt}$$

Die Voraussetzung gleichbleibender Cashflows ist jedoch nicht mehr gegeben, wenn die Cashflows in der für den Terminal Value relevanten Fortführungsperiode mit einer Wachstumsrate $g \neq 0$ wachsen. In diesem Fall lässt sich die Steuer in der

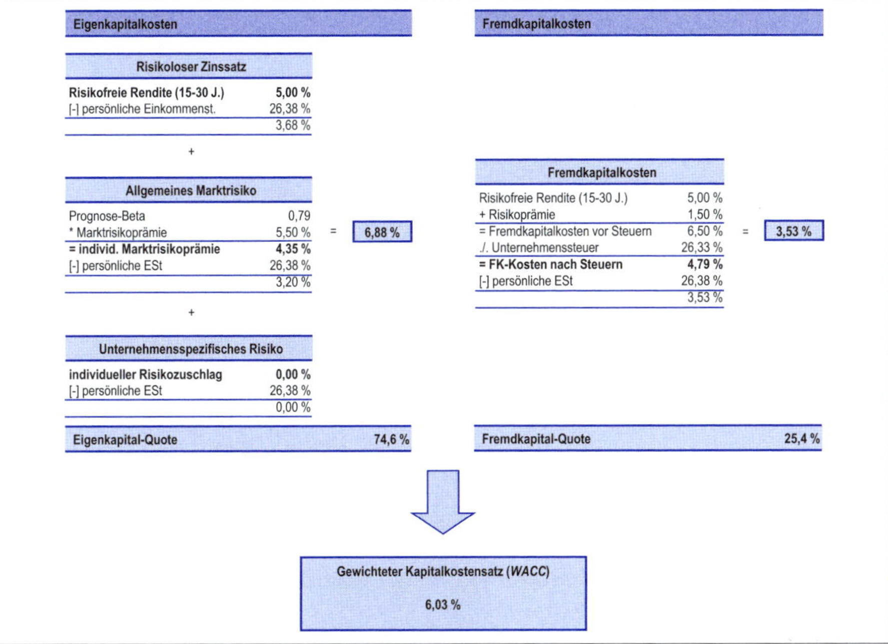

Abbildung 3–14: Berechnung der Kapitalkosten für die KfZ-Zulieferer GmbH unter Berücksichtigung persönlicher Einkommensteuern der Eigner (natürliche Person)

Entity-Ansatz							Endwert
Jahr		1	2	3	4	5	
Diskontierungszinssatz	6,03%						
Multiplikator		0,9807	0,9249	0,8723	0,8227	0,7759	0,7759
operativer Free Cashflow n. ESt		28,4	21,4	33,2	38,0	45,4	35,1
Barwert der Cashflows		27,9	19,8	29,0	31,3	35,2	541,4
[+] Barwert der Cashflows	143,2						
[+] Barwert des Terminal Value	541,4	→ $= \frac{35,1}{6,03\%-1\%} \cdot 0,7759$					
Anteil des TV an der Summe der CF	79,1%						
[+] liquide Mittel	33,2						
[+] nicht-betriebsnotw. Vermögen	0,0						
Entity Value	**717,8**						
[-] verzinsliches Fremdkapital	265,8	aufgezinst auf 31.08.Jahr 1 mit FK-Kosten nach pers. ESt					
Equity Value 31.08.Jahr 1	**452,0**	**Mio. €**					

Tabelle 3–46: Berechnung des Unternehmenswertes (EK) der KfZ-Zulieferer GmbH nach dem Entity-Ansatz unter Berücksichtigung persönlicher Einkommensteuern der Eigner (natürliche Person)

Equity-Ansatz							Endwert
Jahr		1	2	3	4	5	
Diskontierungszinssatz	6,88%						
Multiplikator		0,9781	0,9151	0,8562	0,8011	0,7495	0,7495
Flow to Equity n. ESt		7,8	10,7	11,7	12,6	15,6	30,5
Barwert der Cashflows		7,6	9,8	10,0	10,1	11,7	388,8
[+] Barwert der Cashflows	49,2						
[+] Barwert des Terminal Value	388,8	→ $= \frac{30,5}{6,88\%-1\%} \cdot 0,7495$					
Anteil des TV an der Summe der CF	88,8%						
[+] liquide Mittel	33,2						
[+] nicht-betriebsnotw. Vermögen	0,0						
Equity Value 31.08.Jahr 1	**471,2**	**Mio. €**					

Tabelle 3–47: Berechnung des Unternehmenswertes (EK) der KfZ-Zulieferer GmbH nach dem Equity-Ansatz unter Berücksichtigung persönlicher Einkommensteuern der Eigner (natürliche Person)

Formel für die ewige Rente nicht einfach rauskürzen, die Unternehmenswerte ohne bzw. mit Berücksichtigung persönlicher Ertragsteuern sind nicht mehr identisch:

$$\text{Equity Value nach ESt} = \frac{(1-t_E)\cdot \text{FtE}}{(1-t_E)\cdot \text{EK-Kosten vor ESt} - g} \neq \frac{\text{FtE}}{\text{EK-Kosten vor ESt} - g} = \text{Equity Value vor ESt}$$

Im Beispiel der KfZ-Zulieferer GmbH wachsen die Cashflows im Terminal Value mit einer Wachstumsrate von 1%. Bei der Ermittlung der Eigenkapitalkosten nach Steuern wurde für die Alternativanlage jedoch unterstellt, dass es zu keinen thesaurierungsbedingten Wertzuwächsen kommt. Durch die steigenden Cashflows bei der KfZ-Zulieferer GmbH, die ja gegenüber der Annahme exakt gleichbleibender Cashflows eine Verschiebung von Ausschüttungen in die Zukunft bedeuten, kann der Anteilseigner hinsichtlich seiner persönlichen Ertragsteuern einen Steuerstundungseffekt realisieren. Diese Steuerstundung führt zu höheren Unternehmenswerten.

Exkurs: Verdeutlichung des Steuerstundungseffekts anhand eines Renditevergleichs einer Kuponanleihe und einer Nullkuponanleihe

Der angesprochene Steuerstundungseffekt lässt sich an einem einfachen Beispiel durch den Vergleich der Nacheinkommensteuerrenditen einer Kuponanleihe und einer Nullkuponanleihe verdeutlichen. Hierzu werden folgende Annahmen getroffen:

Anfangsinvestition:	100
Zins:	5%
Einkommensteuersatz:	25%

In den nachfolgenden Tabellen werden 3- und 5-jährige Kuponanleihen mit Nullkuponanleihen der selben Laufzeit verglichen. Die Rendite der Zahlungsreihen wurde mit der Methode des internen Zinsfußes ermittelt, wobei unterstellt wurde, dass die ausbezahlten Zinsen im Falle der Kuponanleihen vom Empfänger mit einer der Anleiherendite entsprechenden Rendite wiederangelegt werden können.

Geht man davon aus, dass die Cashflows aus dem zu bewertenden Unternehmen und aus einer Alternativinvestition auf der Anteilseignerebene einer exakt vergleichbaren persönlichen Besteuerung unterliegen, so muss man die (unter dem Einkommensteuersatz t_E liegende) Effektivbesteuerung der durch die Wachstumsrate g bedingten Wertsteigerungen bzw. Kursgewinne bei der Ermittlung der Eigenkapitalkosten berücksichtigen.[72] Daraus resultieren – verglichen mit obiger Berechnung – höhere Eigenkapitalkosten nach Einkommensteuer und niedrigere Unternehmenswerte. Bei richtiger Ermittlung des Effektivsteuersatzes für die Kursgewinne und unter der Annahme, dass für das zu bewertende Unternehmen und die Alternativanlage die gleiche Ausschüttungsquote gilt, sind die resultierenden Unternehmenswerte dann mit den im Grundmodell ohne Einkommensteuern berechneten Werten identisch. Da die Bestimmung des Effektivsteuersatzes sehr aufwändig ist, bietet es sich an, in diesen Fällen auf das Grundmodell ohne Berücksichtigung von Einkommensteuern zurückzugreifen.

[72] Vgl. hierzu die Ausführungen zum Tax-CAPM in Abschnitt 3.7.3.3.2.

Bei der Kuponanleihe entspricht die Rendite vor Steuern dem Zins und die Rendite nach Steuern dem Zins nach Abzug der Einkommensteuer. Auch bei der Nullkuponanleihe gleicht die Vorsteuerrendite mit 5% dem Zins. Die Nachsteuerrendite ist jedoch höher als bei der Kuponanleihe. Dieser Effekt entsteht dadurch, dass bei der Nullkuponanleihe Steuern erst im Jahr der Auszahlung/Fälligkeit anfallen und die Zinsen sich bis zu diesem Zeitpunkt mit der Vorsteuerrendite verzinsen, während sie sich bei der Kuponanleihe mit der Nachsteuerrendite verzinsen. Dieser Steuerstundungseffekt wird umso deutlicher, je länger die betrachteten Laufzeiten sind: Mit zunehmender Laufzeit steigt die Nacheinkommensteuerrendite der Nullkuponanleihe an.

In unserem Beispiel liegt die Nachsteuerrendite der 3-jährigen Nullkuponanleihe 4 Basispunkte, die der 5-jährigen Nullkuponanleihe 9 Basispunkte über der Nachsteuerrendite der Kuponanleihe.

Jahr	0	1	2	3	4	5
Kuponanleihe						
Kapitalzufluss vor Steuern	-100,00	5,00	5,00	105,00		
Vorsteuerrendite	5,00%					
Kapitalzufluss nach Steuern	-100,00	3,75	3,75	103,75		
Nachsteuerrendite	3,75%					
Nullkuponanleihe						
Kapitalzufluss vor Steuern	-100,00	0,00	0,00	115,76		
Vorsteuerrendite	5,00%					
Kapitalzufluss nach Steuern	-100,00	0,00	0,00	111,82		
Nachsteuerrendite	3,79%					
Kuponanleihe						
Kapitalzufluss vor Steuern	-100,00	5,00	5,00	5,00	5,00	105,00
Vorsteuerrendite	5,00%					
Kapitalzufluss nach Steuern	-100,00	3,75	3,75	3,75	3,75	103,75
Nachsteuerrendite	3,75%					
Nullkuponanleihe						
Kapitalzufluss vor Steuern	-100,00	0,00	0,00	0,00	0,00	127,63
Vorsteuerrendite	5,00%					
Kapitalzufluss nach Steuern	-100,00	0,00	0,00	0,00	0,00	120,72
Nachsteuerrendite	3,84%					

Dem entsprechend schlägt das *IDW* für Bewertungen, die als objektivierte Informationsgrundlage (z.B. für Kaufpreisverhandlungen bei Unternehmenserwerben) dienen sollen, in seinem Konzept der mittelbaren Typisierung vor, bei der Bewertung auf eine explizite Berücksichtigung persönlicher Ertragsteuern zu verzichten. Es wird die Annahme getroffen, dass die Nettozuflüsse aus dem Bewertungsobjekt und aus einer Alternativinvestition in ein Aktienportfolio auf der Anteilseignerebene einer vergleichbaren persönlichen Besteuerung unterliegen.

3.7.3.3.3.2 Inländische Kapitalgesellschaft als Unternehmenseigner

Aus Sicht einer Kapitalgesellschaft als Unternehmenseigner (mit t_{Ka} = 29,825%) berechnet sich für die KfZ-Zulieferer GmbH ein $WACC_{ESt}$ in Höhe von 7,81% bzw. Eigenkapitalkosten nach ESt in Höhe von 8,91%, vgl. Abbildung 3–15. Daraus ergibt sich ein Unternehmenswert in Höhe von 447,2 Mio. € nach dem Entity-Ansatz (vgl. Tabelle 3–48) bzw. 452,7 Mio. € nach dem Equity-Ansatz (vgl. Tabelle 3–49).

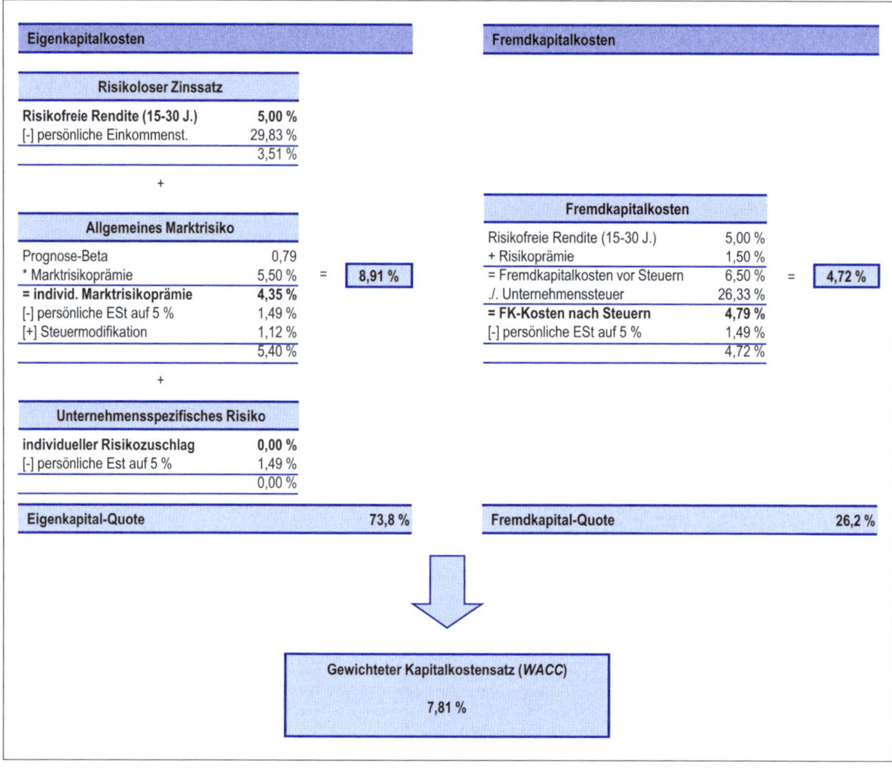

Abbildung 3–15: Berechnung der Kapitalkosten für die KfZ-Zulieferer GmbH unter Berücksichtigung persönlicher Einkommensteuern der Eigner (Kapitalgesellschaft)[72]

Entity-Ansatz Jahr		1	2	3	4	5	Endwert
Diskontierungszinssatz	7,81%						
Multiplikator		0,9752	0,9046	0,8390	0,7782	0,7218	0,7218
operativer Free Cashflow n. ESt		38,0	28,6	44,4	50,8	60,7	47,0
Barwert der Cashflows		37,1	25,9	37,2	39,6	43,8	498,1
[+] Barwert der Cashflows	183,6						
[+] Barwert des Terminal Value	498,1	→ $= \frac{47{,}0}{7{,}81\%-1\%} \cdot 0{,}7218$					
Anteil des TV an der Summe der CF	73,1%						
[+] liquide Mittel	33,4						
[+] nicht-betriebsnotw. Vermögen	0,0						
Entity Value	**715,1**						
[-] verzinsliches Fremdkapital	267,9	aufgezinst auf 31.08.Jahr 1 mit FK-Kosten nach pers. ESt					
Equity Value 31.08.Jahr 1	**447,2**	**Mio. €**					

Tabelle 3–48: Berechnung des Unternehmenswertes (EK) der KfZ-Zulieferer GmbH nach dem Entity-Ansatz unter Berücksichtigung persönlicher Einkommensteuern der Eigner (Kapitalgesellschaft)

[72] Die Steuermodifikation berechnet sich als $0{,}95 \cdot t_{K\alpha} \cdot r_f \cdot \beta = 1{,}12\%$, vgl. Abschnitt 3.7.3.3.2.

Equity-Ansatz							**Endwert**
Jahr		**1**	**2**	**3**	**4**	**5**	
Diskontierungszinssatz	8,91%						
Multiplikator		0,9720	0,8925	0,8195	0,7524	0,6909	0,6909
Flow to Equity n. ESt		10,5	14,3	15,7	16,9	20,9	40,8
Barwert der Cashflows		10,2	12,8	12,9	12,7	14,4	356,3
[+] Barwert der Cashflows	63,0						
[+] Barwert des Terminal Value	356,3	→ $= \frac{40,8}{8,91\%-1\%} \cdot 0,6909$					
Anteil des TV an der Summe der CF	85,0%						
[+] liquide Mittel	33,4						
[+] nicht-betriebsnotw. Vermögen	0,0						
Equity Value 31.08.Jahr 1	**452,7**	**Mio. €**					

Tabelle 3–49: Berechnung des Unternehmenswertes (EK) der KfZ-Zulieferer GmbH nach dem Equity-Ansatz unter Berücksichtigung persönlicher Einkommensteuern der Eigner (Kapitalgesellschaft)

Beim Beispiel der KfZ-Zulieferer GmbH liegen die unter Berücksichtigung persönlicher Ertragsteuern berechneten Unternehmenswerte aus Sicht einer inländischen Kapitalgesellschaft als Unternehmenseigner oberhalb des Wertes, der mit dem DCF-Modell ohne Berücksichtigung persönlicher Einkommensteuern ermittelt wurde. Das ist jedoch bei einer Ermittlung der Eigenkapitalkosten nach Steuern auf Basis eines Tax-CAPM nicht generell der Fall.

Gemäß Tax-CAPM wird der risikolose Zins um den vollen persönlichen Ertragsteuersatz reduziert, die Marktrisikoprämie nach Steuern erhöht sich gegenüber der im Standard-CAPM (vor Steuern) berechneten Marktrisikoprämie. Im Marktportfolio bzw. bei einem Beta-Faktor von 1 ist diese Erhöhung gerade so groß, dass die Summe aus um Steuerwirkungen modifiziertem risikolosen Zinssatz und Marktrisikoprämie gerade (gegenüber dem Standard-CAPM) um 5% des persönlichen Einkommensteuersatzes vermindert wird. Um diesen Prozentsatz reduzieren sich jedoch auch die bewertungsrelevanten Cashflows durch die Berücksichtigung persönlicher Ertragsteuern. Unter der Voraussetzung, dass in jedem künftigen Jahr gleichbleibende Cashflows erzielt werden[73], hat die Berücksichtigung persönlicher Ertragsteuern dann bei einem Beta von 1 keinen Effekt auf den Unternehmenswert. Bei einem Beta kleiner 1 reduziert sich der Eigenkapitalkostensatz nach Einkommensteuern stärker als die Cashflows, folglich erhält man einen höheren Wert. Bei einem Beta größer 1 sinken die Werte durch die Berücksichtigung persönlicher Einkommensteuern.

Ein Vergleich der nach den verschiedenen Ansätzen (vor bzw. nach Steuern, Differenzierung nach Unternehmenseigner) berechneten Unternehmenswerte zeigt, dass es **den** Unternehmenswert nicht gibt. Der Wert, den Investoren einem Unternehmen beimessen, hängt immer von ihren persönlichen Verhältnissen (Steuern, Anlagemöglichkeiten etc.) ab.

Möchte man verschiedene Unternehmenswerte vergleichen, so ist immer darauf zu achten, ob und in welcher Form persönliche Einkommensteuern der Unternehmenseigner in die Berechnung Eingang gefunden haben. Gleiches gilt bei der Beurteilung von Bewertungsgutachten.

[73] Vgl. diesbezüglich die Erläuterungen in Abschnitt 3.7.3.3.3.1.

3.7.3.4 Auswirkungen der Unternehmensteuerreform 2008 auf den Unternehmenswert

Im DCF-Grundmodell wurde den Unternehmenswertberechnungen für die KfZ-Zulieferer GmbH ein Unternehmenssteuersatz von 38,65% zugrunde gelegt. Dieser Unternehmenssteuersatz ergab sich auf der Basis der vor der Steuerreform 2008 geltenden Steuerregeln unter der Annahme eines Gewerbesteuerhebesatzes von 400. Nach der Steuerreform beträgt der vergleichbare Gesamtsteuersatz 29,825%. Es wäre jedoch falsch, aus dieser Steuersatzsenkung den Schluss zu ziehen, dass die Unternehmensteuerreform generell einen wertsteigernden Effekt hat.

Vielmehr sind mit der Unternehmensteuerreform in der Besteuerungskette bis zum Anteilseigner vielfältige, teilweise gegenläufige Auswirkungen verbunden. Die konkreten Effekte sind von den Verhältnissen des Einzelfalls abhängig.

Die Steuerreform beinhaltet eine Reihe entlastender Maßnahmen. Insbesondere sind hier die Absenkung des Körperschaftsteuersatzes von 25% auf 15%, die Senkung der Gewerbesteuermesszahl von 5% auf 3,5% und für Personengesellschaften die Anhebung des Anrechnungsfaktors der Gewerbesteuer bei der Einkommensteuer vom 1,8-fachen auf das 3,8-fache des Gewerbesteuermessbetrages sowie die Einführung der Thesaurierungsrücklage für bilanzierende Unternehmen zu nennen. Dem stehen jedoch auch belastende Maßnahmen gegenüber, wie z.B. die Verschärfung der gewerbesteuerlichen Hinzurechnung von Finanzierungsbestandteilen, die Einführung einer Zinsschranke mit Einschränkung des Schuldzinsenabzugs, die Streichung des Betriebsausgabenabzugs für die Gewerbesteuer und der Wegfall des Halbeinkünfteverfahrens für Dividenden verbunden mit der Einführung einer Abgeltungsteuer von 25% auf sämtliche Kapitalerträge inklusive Veräußerungserlöse.

Für Kapitalgesellschaften lassen sich verglichen mit dem alten Steuersystem folgende Grundtendenzen hinsichtlich der finanziellen Überschüsse ausmachen: Auf Unternehmensebene sinkt die nominelle steuerliche Gesamtbelastung deutlich. Den niedrigeren Steuersätzen steht zwar die Verbreiterung der gewerbesteuerlichen Bemessungsgrundlage und die Zinsschranke gegenüber. Dennoch verbleiben in der Regel höhere finanzielle Überschüsse. Auf Anteilseignerebene ergibt sich jedoch durch die Einführung der Abgeltungsteuer eine höhere persönliche Steuerbelastung. So werden Dividenden künftig (ab 2009) definitiv mit 25% zzgl. Solidaritätszuschlag versteuert, während bislang nur der hälftige Einkommensteuersatz (typisiert 17,5% auf Basis des vom *IDW* vorgeschlagenen typisierten Einkommensteuersatzes von 35%) angesetzt wurde. Die Steuerreform führt zu einer Verlagerung der Besteuerung von der Unternehmensebene auf die Anteilseignerebene.

Auswirkungen auf den Diskontierungszinssatz ergeben sich dadurch, dass die Alternativinvestition am Kapitalmarkt aus der Perspektive von inländischen unbeschränkt steuerpflichtigen natürlichen Personen mit einer einheitlichen Abgeltungsteuer besteuert wird (verglichen mit dem Halbeinkünfteverfahren vor Steuerreform) und auch für künftige Veräußerungsgewinne zusätzliche persönliche Steuern anfallen (bisher konnten Veräußerungsgewinne bei Beteiligungsquoten unter 1% nach einer Haltedauer von einem Jahr steuerfrei vereinnahmt werden). Das grundsätzliche Bestreben der Anteilseigner, ihre Rendite nach Abzug persönlicher Steuern konstant zu halten, wird in höheren Renditeforderungen an die Unternehmen bzw. einer höheren Marktrisikoprämie zum Ausdruck kommen. Höhere Renditen sind als Folge der Unternehmensteuerreform nicht unplausibel, da der Steuersatz für Unternehmen gesenkt wurde. Eine verbreiterte Bemessungsgrundlage führt allerdings zu gegenläufigen Effekten. Darüber hinaus ist zu beachten, dass nicht alle Marktteilnehmer von der Veränderung der persönlichen Besteuerung betroffen sind. Deshalb ist vorstellbar, dass sich die am Kapitalmarkt erzielbaren Renditen ohne Berücksichtigung persönlicher Steuern zwar leicht erhöhen, unter Berücksichtigung persönlicher Steuern aber gegebenenfalls leicht verringern.

Insgesamt betrachtet sind von der Steuerreform vor diesem Hintergrund keine signifikanten Auswirkungen auf die Unternehmenswerte zu erwarten. Zu dieser Einschätzung kommt auch das *IDW*.[74]

3.7.3.5 Verlustvorträge/Ausschüttungssperre

Gewerbesteuerliche und körperschaftsteuerliche Verlustvorträge führen, wenn sie steuerlich genutzt werden können, zu einer Erhöhung des Unternehmenswertes. Über eine Verrechnung mit künftigen Gewinnen bedingen Verlustvorträge geringere Steuerzahlungen in den entsprechenden künftigen Perioden. Die Höhe und die zeitliche Verteilung dieser Steuervorteile ergibt sich aus der Unternehmensplanung. Der Wert der Verlustvorträge kann dann als Barwert der erzielten Steuerersparnis berechnet werden.

Dies sei an einem einfachen Beispiel erläutert: Die KfZ-Zulieferer GmbH verfüge über einen gewerbe- und körperschaftsteuerlichen Verlustvortrag in Höhe von 100 Mio. €. Der Verlustvortrag sei steuerlich anerkannt und unbeschränkt vortragsfähig. Verlustrückträge werden ausgeschlossen. Die Bemessungsgrundlagen für Gewerbe- und Körperschaftsteuer seien identisch[75].

Die Ermittlung des Wertes des Verlustvortrags erfolgt zunächst auf Unternehmensebene, d.h. persönliche Steuern der Unternehmenseigner bleiben unberücksichtigt.

Die Bewertung des Verlustvortrags der KfZ-Zulieferer GmbH wurde mittels des DCF-Equity-Modells vorgenommen. Der Vorteil des Equity-Ansatzes liegt darin, dass der Wert des Verlustvortrags separat ermittelt werden kann. Dazu wird in jeder Periode anhand des operativen Ergebnisses vor Steuern (EBT) und des jeweils noch verbliebenen Verlustvortrags unter Anwendung des Unternehmenssteuersatzes die Steuerersparnis berechnet. Da liquide Mittel und nicht-betriebsnotwendiges Vermögen gesondert bewertet werden, bleiben daraus ggf. resultierende Er-

[74] Vgl. Presseinformation 8/2007 des IDW vom 07.09.2007.

[75] In der Praxis wird das in der Regel nicht der Fall sein, da für die Ermittlung der Gewerbesteuerbemessungsgrundlage diverse Hinzurechnungen zu berücksichtigen sind. Ist das Unternehmen beispielsweise auch mit Fremdkapital finanziert, so sind 25% des Zinsaufwandes bei der Ermittlung der Gewerbesteuerbemessungsgrundlage hinzuzurechnen (vgl. Abschnitt 3.7.3.1.2). Da die gewerbesteuerliche Bemessungsgrundlage dann höher ist als die körperschaftsteuerliche Bemessungsgrundlage, wird der Gewerbesteuer-Verlustvortrag früher aufgebraucht sein als der Körperschaftsteuer-Verlustvortrag.

träge analog zur Ermittlung der FtE unberücksichtigt. Da die Steuerersparnis in voller Höhe den Eigenkapitalgebern zugute kommt, sind die Steuervorteile anschließend mit den Eigenkapitalkosten abzuzinsen. Daraus ergibt sich für den Verlustvortrag zum 31.8. des Jahres 1 ein Wert in Höhe von 25,6 Mio. €, vgl. Tabelle 3–50[76].

Equity-Ansatz						**Endwert**
Jahr		**1**	**2**	**3**	**4**	**5**
Verlustvortrag (VV)		100,0	77,6	50,9	15,2	
EBT		36,6	43,9	58,8	62,5	62,2
davon mit VV zu verrechnen		22,4	26,7	35,7	15,2	
Steuerersparnis	29,825%	6,7	8,0	10,6	4,5	
Diskontierungszinssatz	9,35%					
Multiplikator		0,9707	0,8877	0,8118	0,7425	
Barwert der Steuerersparnis		6,5	7,1	8,6	3,4	
Wert Verlustvortrag 31.8. Jahr 1	**25,6**	**Mio. €**				

Tabelle 3–50: Ermittlung des Wertes eines Verlustvortrags der KfZ-Zulieferer GmbH in Höhe von 100 Mio. € auf Unternehmensebene

Möchte man den Wert des Verlustvortrags auf Ebene der Anteilseigner – unterstellt sei hier eine natürliche Person als Anteilseigner – ermitteln, so hat die Abzinsung mit der Eigenkapitalrendite nach Einkommensteuern zu erfolgen. Diese beträgt 6,88% bei dem Abgeltungsteuersatz von 25% zuzüglich Solidaritätszuschlag[77]. Bezüglich der Steuerersparnis auf Anteilseignerebene ist zu bedenken, dass die Steuerersparnis auf Unternehmensebene zu einer höheren Ausschüttung führt, auf die Einkommensteuer zu zahlen ist. Folglich ist die Steuerersparnis auf Ebene der Anteilseigner geringer als auf Unternehmensebene. Daraus resultiert ein niedrigerer Wert des Verlustvortrags in Höhe von 19,6 Mio. €, vgl. Tabelle 3–51.

Bei der Ermittlung des Wertes des Verlustvortrags wurde unterstellt, dass die KfZ-Zulieferer GmbH nicht über Stille Reserven im nicht-betriebsnotwendigen Vermögen verfügt. Sind Stille Reserven vorhanden, so ergibt sich ein höherer Wert für den Verlustvortrag: Bei Vorliegen Stiller Reserven im nicht-betriebsnotwendigen Vermögen wird von einer sofortigen Realisierung ausgegangen.[78] Bei der Ermittlung des Wertes der Stillen Reserven ist die steuerliche Belastung des Veräußerungsgewinns in Abzug zu bringen. Liegt ein Verlustvortrag vor, so wird er zunächst zu einer Vermeidung bzw. Verminderung dieser steuerlichen Belastung herangezogen werden. Nur ein etwaiger noch verbleibender Verlustvortrag wird mit den künftigen EBTs verrechnet. Da die steuerlichen Vorteile somit zeitlich früher anfallen, erhöht sich der Wert des Verlustvortrags.

In obigem Beispiel wurde der Wert des Verlustvortrags anhand des DCF-Equity-Ansatzes bestimmt. Nimmt man eine Bewertung nach dem Entity-Ansatz vor, so wird im ersten Schritt der Gesamtwert des Unternehmens einschließlich des Verlustvortrags ermittelt. Hierzu wird die Unternehmenssteuerersparnis anhand des

[76] Im Gegensatz zur Tabelle 2–2 wurden aufgrund der Vollausschüttungshypothese der DCF-Modelle bei der Berechnung der EBT keine Zinserträge berücksichtigt.

[77] Vgl. Abschnitt 3.7.3.3.3.1.

[78] Vgl. Abschnitt 3.8.1.2.

Equity-Ansatz						**Endwert**
Jahr		**1**	**2**	**3**	**4**	**5**
Verlustvortrag		100,0	77,6	50,9	15,2	
EBT		36,6	43,9	58,8	62,5	62,2
Steuerersparnis Unt.ebene	29,825%	6,7	8,0	10,6	4,5	
[-] ESt auf Unt.Steuerersparnis	26,375%	1,8	2,1	2,8	1,2	
Steuerersparnis Ant.eigner		4,9	5,9	7,8	3,3	
Diskontierungszinssatz	6,88%					
Multiplikator		0,9781	0,9151	0,8562	0,8011	
Barwert der Steuerersparnis		4,8	5,4	6,7	2,7	
Wert Verlustvortrag 31.8. Jahr 1	**19,6**	**Mio. €**				

Tabelle 3–51: Ermittlung des Wertes eines Verlustvortrags der KfZ-Zulieferer GmbH in Höhe von 100 Mio. € auf Eignerebene (natürliche Person)

EBIT und des (nach Abzug der EBITs der Vorperioden) jeweils noch verbleibenden Verlustvortrags berechnet. Die Abzinsung dieser Steuerersparnis erfolgt mit dem gewogenen Kapitalkostensatz *WACC*. In diesen findet auch der Wert des Verlustvortrags Eingang, da er den Marktwert des Eigenkapitals und damit die Kapitalstruktur beeinflusst (Zirkularitätsproblem). Über den *WACC* hat der Verlustvortrag auch einen Einfluss auf den Barwert der oFCF, daher kann der Wert des Verlustvortrags nicht einfach separat berechnet werden. Um den separaten Wert des Verlustvortrags zu erhalten, muss in einem zweiten Schritt der Wert des Unternehmens ohne Verlustvortrag ermittelt und von dem zuerst berechneten Wert abgezogen werden.

Der nach dem Entity-Ansatz ermittelte Wert des Verlustvortrags ist jedoch mit einem Fehler behaftet. In den Perioden, in denen der Verlustvortrag genutzt werden kann, verändern sich aufgrund der geringeren Steuerersparnis die Opportunitätskosten des Fremdkapitals. Die Berücksichtigung dieses Effektes im *WACC* würde das Modell jedoch sehr komplex machen.

Um diesen Fehler zu vermeiden, muss die Systematik des Entity-Modells durchbrochen und der Wert des Verlustvortrags analog zum Equity-Ansatz separat ermittelt werden. Auch beim Entity-Ansatz ist die Steuerersparnis in diesem Fall auf Basis des EBT der einzelnen Perioden zu ermitteln und mit den Eigenkapitalkosten abzuzinsen. Allerdings sind die heranzuziehenden EBTs dann bei genauer Vorgehensweise (abweichend vom Equity-Ansatz) aus den EBITs durch Abzug der Zinsen für die modellkonforme Fremdfinanzierung[79] zu ermitteln, was den Komplexitätsgrad wiederum erhöht.

Problemfelder bei der Bewertung von Verlustvorträgen:

- Die vereinfachte Berechnung des Wertes eines Verlustvortrags nach dem oben dargestellten Verfahren unterstellt die sofortige Ausschüttung der mit dem Verlustvortrag verbundenen Steuerersparnis. Häufig werden steuerliche Verlustvorträge jedoch von **handelsbilanziellen Verlustvorträgen** begleitet, die unter Umständen die Ausschüttung der Steuervorteile im Entstehungsjahr verhindern.
  Liegen handelsbilanzielle Verlustvorträge vor, so kann die oben dargestellte vereinfachte Wertermittlung nur dann vorgenommen werden, wenn davon ausge-

[79] Vgl. Abschnitt 3.6.2.

gangen werden kann, dass die handelsbilanziellen Verlustvorträge durch Auflösung von Gewinnrücklagen oder Kapitalherabsetzung ausgeglichen werden. Ist das nicht der Fall, ist die zu bewertende Kapitalgesellschaft für die Dauer des Vorliegens eines handelsbilanziellen Verlustvortrags nicht ausschüttungsfähig. Die Ausschüttungssperre bezieht sich dabei nicht nur auf die mit einem Verlustvortrag verbundenen Steuerersparnisse, sondern auch auf die bewertungsrelevanten Cashflows. Das hat zur Folge, dass die auf der Vollausschüttungsprämisse basierenden DCF-Modelle zur Berechnung fehlerhafter Unternehmenswerte führen.
In einem solchen Fall sollte die Wertermittlung für das Gesamtunternehmen einschließlich Verlustvortrag mithilfe eines DCF-Equity-Modells erfolgen, in dem die Ausschüttungen und die Steuerbelastungen explizit geplant werden.
Die Auswirkungen der Ausschüttungssperre auf den Unternehmenswert hängen von der internen Rendite ab, die die thesaurierten Gewinne im Unternehmen erwirtschaften. Entspricht diese genau der von den Unternehmenseignern geforderten Eigenkapitalrendite – was in der Praxis wohl kaum zutrifft –, so führt obige vereinfachte Berechnung des Wertes des Verlustvortrags als Barwert der Steuervorteile zu richtigen Ergebnissen. Erwirtschaften die thesaurierten Gewinne im Unternehmen jedoch eine Rendite unterhalb der geforderten Eigenkapitalrendite – z.B. wenn sie zur Ablösung von Fremdkapital verwendet werden –, so ist der ökonomische Wert des Verlustvortrags geringer als der Barwert der Steuervorteile.

- Oftmals erfolgen Wertermittlungen im Rahmen von Unternehmensverkäufen. Gerade bei Unternehmensverkäufen ist jedoch genau zu prüfen, ob bzw. inwieweit vorhandene steuerliche Verlustvorträge auch erhalten bleiben. So gehen bei einem Anteilseignerwechsel von mehr als 25% der Anteile an einer Kapitalgesellschaft innerhalb eines Zeitraums von fünf Jahren etwaige vorhandene steuerliche Verlustvorträge anteilig verloren. Übersteigt der Anteilseignerwechsel innerhalb eines 5-Jahres-Zeitraums 50%, gehen vorhandene Verlustvorträge in voller Höhe unter.

3.7.3.6 Bewertung von Personengesellschaften bzw. Einzelunternehmen

Im Gegensatz zu Kapitalgesellschaften, deren Gewinne mit einem Definitiv-Körperschaftsteuersatz von 15% belastet werden, sind Einzelunternehmen und Personengesellschaften nicht selbst Objekt einer Einkommensteuerbelastung. Körperschaftsteuern fallen nicht an. Stattdessen muss der einzelne Unternehmer bzw. Mitunternehmer die Einkünfte aus dem Unternehmen seiner persönlichen Einkommensteuer unterwerfen.

Hierbei ist zu beachten, dass die Unternehmensgewinne dann zu versteuern sind, wenn sie anfallen. Ob die erwirtschafteten Gewinne ausgeschüttet oder thesauriert werden, spielt für die Berechnung der von den Unternehmenseignern zu leistenden Einkommensteuern keine Rolle. Die dem einzelnen Unternehmer bzw. Mitunternehmer zuzurechnenden Gewinne unterliegen in voller Höhe der Einkommensteuer, das Teileinkünfteverfahren bzw. die Abgeltungsteuer bei natürlichen Personen als Unternehmenseigner bzw. die Beschränkung der Steuerpflicht auf 5% der Gewinne bei Kapitalgesellschaften als Unternehmenseigner gilt für Einkünfte aus Personengesellschaften bzw. Einzelunternehmen nicht.

Ist der Unternehmenseigner, aus dessen Sicht die Bewertung durchgeführt wird, eine Kapitalgesellschaft – beispielsweise eine Kapitalbeteiligungsgesellschaft –, so ist als Einkommensteuersatz der Körperschaftsteuersatz zuzüglich des Solidaritätszuschlags anzusetzen, der Gewerbesteuer des Unternehmenseigners unterliegen die Einkünfte jedoch nicht. Erfolgt die Bewertung für eine natürliche Person als Unternehmenseigner, so ist zu berücksichtigen, dass gemäß § 35 EStG die Gewerbesteuer in Höhe des 3,8-fachen Gewerbesteuermessbetrages auf die Einkommensteuer angerechnet wird. Der Gewerbesteuermessbetrag ergibt sich durch Multiplikation der im Gewerbesteuergesetz festgelegten Messzahl mit der Gewerbesteuerbemessungsgrundlage.

Daraus folgt für die Berechnung der bewertungsrelevanten Cashflows in den DCF-Modellen:

- Auf Unternehmensebene fällt nur die Gewerbesteuer an. Wie beim DCF-Modell für Kapitalgesellschaften ist diese beim Equity-Ansatz aus dem operativen Ergebnis vor Steuern (EBT), beim Entity-Ansatz aus dem operativen Ergebnis vor Zinsen und Steuern (EBIT) zu berechnen.
- Darüber hinaus ist zwingend die persönliche Einkommensteuer (einschließlich Solidaritätszuschlag und ggf. Kirchensteuer) der Unternehmenseigner zu subtrahieren. Diese wird beim Equity-Ansatz aus dem Jahresüberschuss ermittelt, beim Entity-Ansatz aus dem operativen Ergebnis vor Zinsen und nach adaptierten Steuern (NOPLAT). Handelt es sich bei den Unternehmenseignern um natürliche Personen, so ist die hieraus berechnete Einkommensteuer um den 3,8-fachen Gewerbesteuermessbetrag zu kürzen.

Bei der Bewertung einer Personengesellschaft ist darauf zu achten, dass alle relevanten Kostenfaktoren auch bei der Ermittlung der Cashflows berücksichtigt werden. Hier ist insbesondere der Unternehmerlohn zu nennen, da bei Personengesellschaften Anteilseigner häufig „quasi untentgeltlich" im Unternehmen mitarbeiten und ihr Arbeitsentgelt über ihren Gewinnanteil erhalten. In diesen Fällen ist für die mitarbeitenden Anteilseigner ein branchenüblicher und für die Größe des Unternehmens angemessener Unternehmerlohn als zusätzlicher (steuermindernder) Personalaufwand bei der Ermittlung der Cashflows abzuziehen.

Die Tabellen 3–52 und 3–53 zeigen die Berechnung der Flows to Equity bzw. der operativen Free Cashflows für die KfZ-Zulieferer KG aus Sicht einer natürlichen Person als Unternehmenseigner. Um einen Vergleich der resultierenden Unternehmenswerte mit den für die Kapitalgesellschaft KfZ-Zulieferer GmbH ermittelten DCF-Werten zu ermöglichen, wurde unterstellt, dass die Plan-Gewinn- und Verlustrechnungen bis zu den Vorsteuer-Ergebnissen sowie die Planbilanzen der KfZ-Zulieferer KG denen der KfZ-Zulieferer GmbH entsprechen. Es wurde ein persönlicher Einkommensteuersatz (einschließlich Kirchensteuer und Solidaritätszuschlag) in Höhe von 35% angenommen. Dieser Satz entspricht dem vor der Steuerreform 2008 vom HFA des *IDW* für die Ermittlung objektivierter Unternehmenswerte empfohlenen typisierten Ertragsteuersatz, der aus statistischen Untersuchungen über die durchschnittliche Einkommensteuerbelastung der zu versteuernden Einkommen (mit überwiegend Einkünften aus Gewerbebetrieb oder Kapitalvermögen) abgeleitet wurde.

Ermittlung der oFCF in Mio. € Jahr	1	2	3	4	5	Endwert
Operatives Erg. v. St./Zins (EBIT)	53,0	59,6	73,9	76,2	74,1	74,8
[-] Adaptierte Steuern (GewSt) auf d. EBIT	7,4	8,3	10,3	10,7	10,4	10,5
[=] NOPLAT	45,6	51,3	63,6	65,5	63,7	64,3
[+] Abschreibungen	75,0	78,7	86,0	89,5	92,1	93,1
[+] Veränd. kurzfr. Rückstellungen	1,9	2,0	4,6	3,5	3,1	0,8
[+] Veränd. langfr.Rückstellungen	3,0	3,0	3,0	3,0	3,0	
[-] Investitionen	78,6	95,6	88,9	89, 4	82,0	96,7
[-] Veränd. Working Capital	-0,1	0,9	11,5	8,5	6,6	1,9
Operativer Free Cashflow	**47,0**	**38,5**	**56,8**	**63,6**	**73,3**	**59,6**
[-] Persönl. Eink.Steuer auf NOPLAT	16,0	18,0	22,3	22,9	22,3	22,5
[+] Minderung ESt aufgr. GewSt.-Anrechn.	7,0	7,9	9,8	10,1	9,9	9,9
oFCF nach pers. Einkommensteuer	**38,0**	**28,4**	**44,3**	**50,8**	**60,9**	**47,0**

Tabelle 3–52: Ermittlung der oFCF nach Einkommensteuer für die KfZ-Zulieferer KG aus Sicht einer natürlichen Person als Unternehmenseigner

Ermittlung der FtE in Mio. € Jahr	1	2	3	4	5	Endwert
Operatives Erg. v. St./Zins (EBIT)	53,0	59,6	73,9	76,2	74,1	74,8
[-] Zinsaufwand	16,4	15,7	15,1	13,7	11,9	11,0
[=] Operatives Erg. v. Steuern (EBT)	36,6	43,9	58,8	62,5	62,2	63,8
[-] Steuern (GewSt) auf das EBT	5,7	6,7	8,8	9,2	9,1	9,3
[=] Operatives Erg. nach Unt.St. (JÜ)	30,9	37,2	50,0	53,3	53,1	54,5
[+] Abschreibungen	75,0	78,7	86,0	89,5	92,1	93,1
[+] Veränd. kurzfr. Rückstellungen	1,9	2,0	4,6	3,5	3,1	0,8
[+] Veränd. langfr. Rückstellungen	3,0	3,0	3,0	3,0	3,0	
[-] Investitionen	78,6	95,6	88,9	89,4	82,0	96,7
[-] Veränd. Working Capital	-0,1	0,9	11,5	8,5	6,6	1,9
[+] Veränd. Finanzschulden	-15,9	-3,0	-18,0	-24,4	-31,6	1,7
Flow to Equity	**16,4**	**21,4**	**25,2**	**27,0**	**31,1**	**51,5**
[-] Persönl. Eink. Steuer auf JÜ	10,8	13,0	17,5	18,7	18,6	19,1
[+] Minderung ESt aufgr. GewSt.-Anrechn.	5,4	6,4	8,3	8,8	8,7	8,9
FtE nach pers. Einkommensteuer	**11,0**	**14,8**	**16,0**	**17,1**	**21,2**	**41,3**

Tabelle 3–53: Ermittlung der FtE nach Einkommensteuer für die KfZ-Zulieferer KG aus Sicht einer natürlichen Person als Unternehmenseigner

Beim Equity-Ansatz sind die FtE mit den Eigenkapitalkosten nach Einkommensteuer abzuzinsen. Es führt jedoch zu falschen Ergebnissen, wenn man einfach die im DCF-Modell für Kapitalgesellschaften angesetzte „Vor-Einkommensteuer-Eigenkapitalkosten" um den vollen Einkommensteuersatz (einschließlich Kirchensteuer und Solidaritätszuschlag) reduziert.

Das kann man sich leicht am Beispiel einer Kapitalbeteiligungsgesellschaft als Unternehmenseigner klarmachen. Hierzu sei unterstellt, dass die Kapitalbeteiligungsgesellschaft von ihren Beteiligungsunternehmen eine Mindesteigenkapitalrendite (nach Abzug eigener Ertragsteuern) von 15% erwartet. Handelt es sich bei dem Beteiligungsunternehmen um eine Kapitalgesellschaft, so sind deren Erträge bei der Beteiligungsgesellschaft nur zu 5% zu versteuern. Die Mindesteigenkapitalrendite vor Steuern liegt daher nur geringfügig höher bei ca. 15% / (1 – 5% · 29,825%) = 15,23% (der genaue Prozentsatz ist abhängig vom Gewerbesteuerhebesatz der Beteiligungsgesellschaft). Auf Erträge aus Personengesellschaften muss die Kapitalbeteiligungsgesellschaft jedoch in voller Höhe eigene Körperschaftsteuer zuzüglich des Solidaritätszuschlags (zusammen also 15,825%) entrichten. Soll die nach eigener Körperschaftsteuer zu erzielende Rendite 15% betragen, so ist als Eigenkapitalkostensatz vor Einkommensteuer 15% / (1 – 15,825%) = 17,82% anzusetzen. Würde man einfach die Vor-Einkommensteuer-Eigenkapitalkosten aus dem DCF-Modell für Kapitalgesellschaften (15,23%) für die Bewertung einer Personengesellschaft übernehmen, so wäre der angesetzte Diskontierungszinssatz zu gering und damit der berechnete Unternehmenswert zu hoch.

Diese Argumentation gilt auch für die Fälle, in denen die Eigenkapitalrendite vom Unternehmenseigner nicht fest vorgegeben ist, sondern basierend auf dem CAPM ermittelt werden soll. Das CAPM ist ein Kapitalmarktmodell und daher grundsätzlich nur zur Ermittlung der Eigenkapitalkosten bei am Kapitalmarkt notierten Gesellschaften geeignet. Möchte man aus „Objektivitätsgründen" bei der Ermittlung der Eigenkapitalkosten dennoch auf das CAPM zurückgreifen, so müssen Anpassungen bezüglich der Marktrisikoprämie aufgrund der unterschiedlichen Besteuerung von Kapital- und Personengesellschaften vorgenommen werden. Die Marktrisikoprämie gemäß CAPM wird von Anlegern für eine Anlage in das Marktportfolio, das i.W. Kapitalgesellschaften enthält, gefordert. Die Erträge aus dem Marktportfolio sind – auf Deutschland bezogen – von natürlichen Personen (i.a.) mit dem Abgeltungsteuersatz von 25% zzgl. Solidaritätszuschlag zu versteuern. Da die Erträge aus Personengesellschaften einer anderen Besteuerung unterliegen, werden Anleger für die Anlage in Personengesellschaften verglichen mit dem CAPM eine andere Vor-Einkommensteuer-Marktrisikoprämie fordern. Ob diese über oder unter der CAPM-Marktrisikoprämie liegt, hängt vom Einzelfall (persönlicher Einkommensteuersatz, Gewerbesteuerhebesatz) ab. Zwar dürfte der persönliche Einkommensteuersatz in den meisten Fällen über dem Abgeltungsteuersatz liegen, allerdings ist zusätzlich noch die Anrechenbarkeit der Gewerbesteuer auf die Einkommensteuer in die Betrachtung einzubeziehen.

Wenn für einen Anleger Erträge aus einer Personengesellschaft das gleiche Risiko aufweisen wie Erträge aus einer Kapitalgesellschaft, dann sind diese im Rahmen einer Bewertung mit demselben „Nach-Einkommensteuer-Eigenkapitalkostensatz" abzuzinsen.

Wir empfehlen daher für die Bewertung einer Personengesellschaft, die Eigenkapitalkosten nach demselben Schema zu ermitteln wie in dem für Kapitalgesellschaften verwendeten DCF-Modell unter Berücksichtigung persönlicher Einkommensteuern[80]. Ist mit dem Eigentum an dem zu bewertenden Unternehmen darüber hinaus eine persönliche Haftung verbunden – wie bei einem Einzelunternehmen, einer oHG oder bei einer KG, sofern die Bewertung aus Sicht des Komplementärs erfolgt – ist zu überlegen, ob die nach dem Kapitalgesellschafts-Modell ermittelten Eigenkapitalkosten nach Einkommensteuer noch um einen Zuschlag für die persönliche Haftung erhöht werden sollen.

Unter Verwendung des in Abschnitt 3.7.3.3.3.1 ermittelten Eigenkapitalkostensatzes nach Einkommensteuer in Höhe von 6,88% berechnet sich für die KfZ-Zulie-

80 Vgl. Abschnitt 3.7.3.3.2.

ferer KG aus Sicht einer natürlichen Person als Unternehmenseigner nach dem Equity-Ansatz ein Unternehmenswert in Höhe von 627,3 Mio. €, vgl. Tabelle 3–54.

Equity-Ansatz							**Endwert**
Jahr		**1**	**2**	**3**	**4**	**5**	
Diskontierungszinssatz	6,88%						
Multiplikator		0,9781	0,9151	0,8562	0,8011	0,7495	0,7495
Flow to Equity n. ESt		11,0	14,8	16,0	17,1	21,2	41,3
Barwert der Cashflows		10,8	13,5	13,7	13,7	15,9	526,4
[+] Barwert der Cashflows	67,6						
[+] Barwert des Terminal Value	526,4	→ $= \frac{41,3}{6,88\%-1\%} \cdot 0,7495$					
Anteil des TV an der Summe der CF	88,6%						
[+] liquide Mittel	33,3						
[+] nicht-betr.notw. Vermögen	0,0						
Equity Value 31.08.Jahr 1	**627,3**	**Mio. €**					

Tabelle 3–54: Berechnung des Unternehmenswertes (EK) der KfZ-Zulieferer KG nach dem Equity-Ansatz aus Sicht einer natürlichen Person als Eigner

Beim Entity-Ansatz benötigt man für die Ermittlung des Diskontierungszinssatzes $WACC_{ESt}$ neben den Eigenkapitalkosten nach Einkommensteuer noch die Fremdkapitalkosten nach Einkommensteuer. Diese werden wiederum unter dem Gesichtspunkt der Opportunitätskosten ermittelt, d.h. es müssen alle Steuerarten mit den entsprechenden Sätzen berücksichtigt werden, die in die Berechnung der bewertungsrelevanten Cashflows Eingang gefunden haben. Demnach berechnen sich die Fremdkapitalkosten nach Einkommensteuer als

$$\text{Fremdkapitalkosten nach ESt} = r_{FK} \cdot (1 - t_G - t_E)$$

bzw. unter Berücksichtigung der Hinzurechnung von 25% der Fremdkapitalkosten bei der Gewerbesteuerbemessungsgrundlage als

$$\text{Fremdkapitalkosten nach ESt} = r_{FK} \cdot (1 - 0{,}75 \cdot t_G - t_E)$$

mit t_G = Gewerbeertragsteuersatz
und t_E = Einkommensteuersatz inkl. Solidaritätszuschlag und ggf. Kirchensteuer

Erfolgt die Bewertung aus Sicht einer natürlichen Person, so ist bei der Ermittlung der Fremdkapitalkosten nach Einkommensteuer zusätzlich noch die Anrechnung des 3,8-fachen Gewerbesteuermessbetrages auf die Einkommensteuer zu berücksichtigen, die die zu zahlende Einkommensteuer vermindert. Die Fremdkapitalkosten nach Einkommensteuer erhöhen sich dadurch bei einer Gewerbesteuermesszahl von derzeit 3,5% um $r_{FK} \cdot (0{,}75 \cdot \mathit{3{,}5\%} \cdot \mathit{3{,}8} \cdot \mathit{1{,}055})$. Der Faktor 1,055 rührt daher, dass sich bei einer Verringerung der Einkommensteuer auch der Solidaritätszuschlag entsprechend verringert. Besteht die Möglichkeit der Anrechnung des 3,8-fachen Gewerbesteuermessbetrages, so ermittelt man die Fremdkapitalkosten als

$$\text{Fremdkapitalkosten nach ESt} = r_{FK} \cdot (1 - 0{,}75 \cdot t_G - t_E) + r_{FK} \cdot (0{,}75 \cdot \mathit{3{,}5\%} \cdot \mathit{3{,}8} \cdot \mathit{1{,}055})$$

Für die KfZ-Zulieferer KG erhält man nach dieser Formel Fremdkapitalkosten in Höhe von 6,5% · (1 – 0,75 · *14%* – 35%) + 6,5% · 10,52% = 4,23%.

Damit berechnet sich für die KfZ-Zulieferer KG nach dem Entity-Ansatz ein $WACC_{ESt}$ in Höhe von 6,35% (aus der Iteration zur Lösung des Zirkularitätsproblems ergibt sich eine EK-Quote von 79,7% und eine FK-Quote von 20,3%). Daraus resultiert ein Unternehmenswert in Höhe von 630,5 Mio. €, vgl. Tabelle 3–55.

Entity-Ansatz							Endwert
Jahr		1	2	3	4	5	
Diskontierungszinssatz	6,347%						
Multiplikator		0,9797	0,9213	0,8663	0,8147	0,7661	0,7661
operativer Free Cashflow		38,0	28,4	44,3	50,8	60,9	47,0
Barwert der Cashflows		37,2	26,2	38,4	41,4	46,7	674,3
[+] Barwert der Cashflows	189,9						
[+] Barwert des Terminal Value	674,3	→ $= \frac{47,0}{6,34\%-1\%} \cdot 0,7661$					
Anteil des TV an der Summe der CF	78,0%						
[+] liquide Mittel	33,3						
[+] nicht-betr.notw. Vermögen	0,0						
Entity Value	**897,5**						
[-] verzinsliches Fremdkapital	267,0						
Equity Value 31.08.Jahr 1	**630,5**	**Mio. €**					

Tabelle 3–55: Berechnung des Unternehmenswertes (EK) der KfZ-Zulieferer KG nach dem Entity-Ansatz aus Sicht einer natürlichen Person als Eigner

Der für die KfZ-Zulieferer KG ermittelte Unternehmenswert liegt deutlich über dem für die KfZ-Zulieferer GmbH berechneten Wert. Das liegt daran, dass bei den in dem Beispiel gewählten Parametern (Einkommensteuersatz inkl. Solidaritätszuschlag 35%, Gewerbesteuerhebesatz 400 und Anrechnung des 3,8-fachen Gewerbesteuermessbetrages bei der Einkommensteuer) die Vorsteuer-Erträge einer Personengesellschaft gegenüber denen einer Kapitalgesellschaft (bei Vollausschüttung) deutlich geringer mit Steuer belastet sind. Die gesamte Steuerbelastung beträgt in diesem Fall (ohne Berücksichtigung von Hinzurechnungen bei der Gewerbesteuerbemessungsgrundlage) bei der Kapitalgesellschaft 48,33%, bei der Personengesellschaft hingegen nur 34,97%. Bei einem höheren Einkommensteuersatz sinkt der Wert der Personengesellschaft im Vergleich zum Wert der Kapitalgesellschaft, da der Steuervorteil abnimmt. Bei dem derzeitigen Spitzensteuersatz (2008) von 45,0% zuzüglich Solidaritätszuschlag (ohne Kirchensteuer) beläuft sich die Steuerbelastung bei der Personengesellschaft auf 47,44%, während sie bei der Kapitalgesellschaft aufgrund der einheitlichen Abgeltungsteuer nach wie vor bei 48,33% liegt.

3.8 Spezifische Fragestellungen bei der DCF-Bewertung

3.8.1 Bewertung spezifischer Vermögensbestandteile

3.8.1.1 Nicht-betriebsnotwendiges Vermögen

In die Ermittlung der bewertungsrelevanten Cashflows werden in den DCF-Modellen nur die operativen Überschüsse, d.h. die Überschüsse aus dem betriebsnotwendigen Vermögen, einbezogen. Ein Unternehmen verfügt neben dem betriebsnotwendigen Vermögen häufig jedoch auch über nicht-betriebsnotwendige Vermögensbestandteile. Diese müssen separat bewertet werden und – um zum

Unternehmenswert zu gelangen – dem Barwert der Cashflows hinzuaddiert werden.

Als nicht-betriebsnotwendig sind all die Vermögensgegenstände einzustufen, deren Verkauf nicht zu Einschränkungen der operativen Geschäftstätigkeit führt. Das können zum Beispiel Grundstücke, Gebäude, Kunstgegenstände, Beteiligungen[81] oder Wertpapiere sein. Auch Kassenbestände können zum nicht-betriebsnotwendigen Vermögen zählen, sofern das Unternehmen diese als Reserve über seinen zur Unterstützung des laufenden Geschäftsbetriebes erforderlichen Ziel-Kassenbestand hinaus hält. In der Bewertungspraxis wird der Kassenbestand aus Vereinfachungsgründen oftmals vollständig dem nicht-betriebsnotwendigen Vermögen zugerechnet. Wie bereits erwähnt kann man im allgemeinen davon ausgehen, dass liquide Mittel von über 0,5–2% des Umsatzerlöses den betriebsnotwendigen Reservebestand übersteigen. Es sind jedoch immer auch unternehmensspezifische Besonderheiten zu beachten.

Um einen fairen Wert für ein Unternehmen zu ermitteln, sollte man ferner prüfen, ob Vermögensgegenstände, die grundsätzlich zur Aufrechterhaltung des operativen Geschäfts notwendig sind, durch günstigere Vermögensgegenstände ersetzt werden können, die den gleichen Zweck erfüllen. Ist ein Ersatz möglich, ohne dass es zu Beeinträchtigungen des Cashflows kommt, so ist die Wertdifferenz zwischen zu ersetzendem und „neuem" Vermögensbestandteil ebenfalls als nicht-betriebsnotwendiges Vermögen einzustufen.

Ferner muss geprüft werden, ob als nicht-betriebsnotwendig eingestufte Vermögensbestandteile der Kreditsicherung dienen. In diesem Fall führt eine Veräußerung zu einer Veränderung der Finanzierungssituation des Unternehmens und unter Umständen zu steigenden Fremdkapitalkosten.

Für die nicht-betriebsnotwendigen Vermögensgegenstände ist eine Einzelbewertung unter Berücksichtigung der bestmöglichen Verwendung durchzuführen. In die Ermittlung des Unternehmenswertes sind die nicht-betriebsnotwendigen Vermögensgegenstände mit dem Liquidationswert – also dem Einzelveräußerungswert abzüglich gegebenenfalls anfallender Veräußerungskosten – einzubeziehen, sofern dieser den Barwert der aus den Vermögensgegenständen erzielbaren finanziellen Überschüsse bei Verbleib im Unternehmen übersteigt. Andernfalls ist dieser Barwert, der eine Fortführung der bisherigen Nutzung unterstellt, anzusetzen[82].

Bei der Berechnung dieses Liquidationswertes ist auch zu berücksichtigen, ob bzw. inwieweit die unterstellte Veräußerung zu einer steuerlichen Belastung führt. Wenn der für einen nicht-betriebsnotwendigen Vermögensgegenstand ermittelte Einzelveräußerungswert den Buchwert dieses Vermögensgegenstands nicht übersteigt, führt der Verkauf beim Unternehmen nicht zu einer steuerlichen Belastung, der Verkaufserlös kann vollständig an die Investoren ausgeschüttet werden. Erfolgt die Unternehmensbewertung nach einem DCF-Modell unter Berücksichtigung persönlicher Einkommensteuern, so sind auch die steuerlichen Auswirkungen auf der persönlichen Ertragsteuerebene der Unter-

[81] Zur Berücksichtigung von Beteiligungen vgl. Abschnitt 3.8.2.

[82] Vgl. IDW Standard: Grundsätze zur Durchführung von Unternehmensbewertungen (IDW S 1), neue Fassung vom 18.10.2005, Ziffer 67–71.

nehmenseigner in die Ermittlung des Liquidationswertes einzubeziehen. Bei Einzelunternehmen und Personengesellschaften hat die Entnahme eines Verkaufserlöses keine steuerlichen Auswirkungen auf die Einkommensteuer. Im Gegensatz hierzu ist die Ausschüttung einer Kapitalgesellschaft beim Gesellschafter zu versteuern. Hierbei ist es nicht von Belang, ob die Ausschüttung aus dem Gewinn der Gesellschaft oder aus dem Verkaufserlös nicht-betriebsnotwendiger Vermögensbestandteile erfolgt.

Liegt der Einzelveräußerungswert eines nicht-betriebsnotwendigen Vermögensgegenstands über dessen Buchwert, so führt der unterstellte Verkauf zur Aufdeckung Stiller Reserven. Daraus resultiert bereits auf Unternehmensebene eine steuerliche Belastung. Diese auf Unternehmensebene anfallenden Steuern vermindern den Liquidationswert unabhängig von der Rechtsform des Unternehmens. Darüber hinaus unterliegt die Ausschüttung des nach Unternehmenssteuern verbleibenden Betrags der aufgedeckten Stillen Reserven sowohl bei Eignern von Kapitalgesellschaften als auch bei Inhabern von Personengesellschaften und Einzelunternehmen der persönlichen Einkommensteuer, was zu einer weiteren Reduktion des Liquidationswertes führt.

3.8.1.2 Stille Reserven und Stille Lasten

Bezüglich der Berücksichtigung Stiller Reserven bei der Unternehmensbewertung ist zu differenzieren, ob es sich um Stille Reserven im betriebsnotwendigen oder im nicht-betriebsnotwendigen Vermögen handelt.

Das nicht-betriebsnotwendige Vermögen geht mit seinem Liquidationswert in den Unternehmenswert ein. Diese Bewertung unterliegt der Annahme, dass die Stillen Reserven im nicht-betriebsnotwendigen Vermögen zum Bewertungsstichtag aufgedeckt werden. Die Realisierung der Stillen Reserven führt auf der Unternehmensebene zu einer steuerlichen Belastung[83]. Diese ist bei der Bewertung der Stillen Reserven in Abzug zu bringen. Erfolgt die Wertermittlung nach einem DCF-Modell, in dem die persönlichen Einkommensteuern der Unternehmenseigner Berücksichtigung finden, so ist auch die aus der Ausschüttung der aufgedeckten Stillen Reserven resultierende Einkommensteuer wertmindernd zu berücksichtigen.

Stille Reserven im betriebsnotwendigen Vermögen, beispielsweise in den Vorratsbeständen, werden nicht gesondert bewertet. Es ist davon auszugehen, dass sich die in „operativen" Vermögensbestandteilen enthaltenen Stillen Reserven früher oder später in den vom Unternehmen erwirtschafteten Cashflows niederschlagen. Die in unterbewerteten Vorräten enthaltenen Stillen Reserven werden z.B. bei Verkauf, Verbrauch bzw. Weiterverarbeitung dieser Vorräte realisiert: Aus dem geringeren Materialaufwand resultiert ein höheres Unternehmensergebnis. Die Realisierung dieser Stillen Reserven ist somit im Barwert der geplanten Cashflows schon enthalten. Eine gesonderte Berücksichtigung der Stillen Reserven im betriebsnot-

[83] Gemäß aktueller Steuergesetzgebung sind Gewinne aus dem Verkauf von Beteiligungen deutscher Kapitalgesellschaften an anderen Kapitalgesellschaften nur zu 5 % zu versteuern. Bei Kapitalgesellschaften führt die Aufdeckung Stiller Reserven aus Beteiligungen an Kapitalgesellschaften daher nur zu einer geringen Besteuerung auf Unternehmensebene.

wendigen Vermögen hätte daher eine Doppelerfassung von Wertbestandteilen zur Folge.

In Unternehmen können jedoch nicht nur Stille Reserven, sondern auch Stille Lasten enthalten sein. Diese sind bei der Bewertung wertmindernd zu berücksichtigen, sofern sie nicht bereits in die geplanten Cashflows eingeflossen sind. Unter Stillen Lasten versteht man Verpflichtungen, die sich in der Bilanz (z.B. in den Rückstellungen) nicht oder nicht ausreichend niederschlagen. Beispiele hierfür sind mögliche Altlasten/Bodenverunreinigungen bei Grundstücken, drohende Auflagen für Umweltschutz oder Rückbauverpflichtungen in Mietverträgen. Bestehen bereits Rückstellungen, so ist zu prüfen, ob künftig eine Auflösung geplant ist. Dadurch würde sich der künftige bewertungsrelevante Cashflow verringern, womit der wertmindernde Effekt auf den Unternehmenswert erfasst ist. Ist das nicht der Fall, so ist die Rückstellung als fremdkapitalähnliche Verbindlichkeit vom Unternehmenswert zu subtrahieren. Unter Bewertungsgesichtspunkten kann man auch Eventualverbindlichkeiten wie z.B. Bürgschaften unter Stillen Lasten subsummieren, insbesondere dann wenn mit einer Inanspruchnahme aus den Bürgschaften zu rechnen ist.

Auch bei den Stillen Lasten sind die steuerlichen Auswirkungen in den Wertansatz einzubeziehen.

3.8.1.3 Immaterielles Vermögen

Mitunter wird in der Praxis – insbesondere vonseiten der Unternehmensverkäufer – die Frage gestellt, ob zu dem mithilfe eines DCF-Verfahrens ermittelten Unternehmenswert nicht noch ein Goodwill z.B. für das Know-how, Markenrechte, den Kundenstamm o.ä. hinzugerechnet werden müsste. Hierzu ist Folgendes anzumerken: Beim DCF-Ansatz handelt es sich um ein Gesamtbewertungsverfahren. Alle Gesamtbewertungsverfahren gehen davon aus, dass der Unternehmenswert durch die finanziellen Überschüsse bestimmt wird, die durch das Zusammenwirken aller materiellen und immateriellen Faktoren in einem Unternehmen erzielt werden. In der Regel liegt der Barwert dieser Cashflows über der Summe der Einzelwerte der eingesetzten materiellen und immateriellen Vermögensgegenstände. Alle betriebsnotwendigen materiellen und immateriellen Vermögensbestandteile sind die Voraussetzung für die Erzielung dieser finanziellen Überschüsse. Sie gehen daher im Barwert dieser finanziellen Überschüsse auf und dürfen – um eine Doppelzählung zu vermeiden – nicht noch einmal separat bewertet werden.

Auch beim immateriellen Vermögen ist daher zu differenzieren, ob es sich um betriebsnotwendige oder um nicht-betriebsnotwendige Vermögensbestandteile handelt. Erstere sind notwendig, um den Barwert der bewertungsrelevanten Cashflows zu generieren und sind damit im ermittelten Unternehmenswert bereits enthalten. Nur für das nicht-betriebsnotwendige immaterielle Vermögen wird – analog zu den anderen nicht-betriebsnotwendigen Vermögensgegenständen – ein separater Wert ermittelt und zum Barwert der Cashflows addiert.

Dabei ist es für die Bewertung der nicht-betriebsnotwendigen immateriellen Wirtschaftsgüter unerheblich, ob diese bilanzierungsfähig sind. Für die Unternehmensbewertung macht es keinen Unterschied, ob es sich um derivative immaterielle Vermögensgegenstände handelt, für die ein Kaufpreis bezahlt wurde, oder ob die immateriellen Vermögensgegenstände originär im Unternehmen selbst erstellt wurden.

Zum immateriellen Vermögen zählen beispielsweise Patente, Lizenzen, Gebrauchsmuster und Warenzeichen, Marken, Erfindungen, Rezepte und sonstiges Know-how, Verlagsrechte, Konzessionen, Nutzungsrechte, langfristige Liefer-, Miet-, Pacht- und Leasingverträge sowie ein Geschäfts- oder Firmenwert, der sich beispielsweise aus den Kunden- bzw. Lieferantenbeziehungen des Unternehmens ergeben kann. Im Folgenden werden einzelne Kategorien des immateriellen Vermögens näher beleuchtet.

Patente, Erfindungen, Know-how

Patente dokumentieren Forschungs- und Entwicklungsleistungen. Sie gewähren ein zeitlich begrenztes Monopol. Während der Laufzeit des Patents ermöglichen sie es dem Patentinhaber, eine Monopolrente abzuschöpfen. Diese Monopolrente schlägt sich in der Regel in Form höherer Margen bzw. in Form von Lizenzeinnahmen in einer Erhöhung der künftigen finanziellen Überschüsse nieder. Auch unternehmensspezifisches Know-how führt üblicherweise zu Wettbewerbsvorteilen und wirkt sich somit auf die künftigen Cashflows des Unternehmens aus.

Mitunter verfügen Unternehmen über Patente, die sie nicht bzw. noch nicht nutzen. Sofern die künftige Nutzung dieser Patente noch nicht in die Unternehmensplanung, die ja die Grundlage für die Ermittlung des Barwerts der künftigen Cashflows darstellt, Eingang gefunden hat, müssen diese Patente separat bewertet werden. Gleiches gilt für den aktuellen Stand der Forschung und Entwicklung, sofern zu erwarten ist, dass die Forschung zu Ergebnissen führt, die künftig genutzt werden können.

Eine Bewertung setzt in hohem Maße Detailkenntnisse der Branche voraus. Einen Anhaltspunkt für eine Bewertung liefert die Überlegung, welche branchenüblichen Lizenzgebühren das Unternehmen bezahlen müsste, falls es selbst Lizenznehmer wäre. Der Wert des Patents entspricht dann dem Barwert dieser Lizenzgebühren.

Noch nicht genutzte Patente und Forschungsergebnisse können auch als zukünftige Handlungsoptionen des Unternehmens gewertet werden und als solche über den Realoptionsansatz in die Bewertung einbezogen werden.

Sind Patente für das zu bewertende Unternehmen bzw. für die von dem Unternehmen zu erwirtschaftenden Cashflows von großer Bedeutung, sollten im Hinblick auf eine Plausibilisierung der Planzahlen folgende Punkte analysiert werden:

- Über welche Schutzrechte verfügt das Unternehmen?
- Wem gehören die Patente?
  Die Eigentumsfrage stellt sich, weil bei mittelständischen Unternehmen in Deutschland die Patente häufig auf einen Altgesellschafter persönlich ausgestellt sind. Ferner muss bei Erfindungen von Mitarbeitern das Arbeitnehmererfindergesetz beachtet werden.

- Wird ein Patent wirklich genutzt?
  Neben den Forschungs- und Entwicklungskosten verursachen Patente auch laufende Kosten in Form von Patentgebühren. Diese können durchaus eine nicht zu vernachlässigende Größenordnung annehmen, insbesondere wenn das Patent in vielen Ländern angemeldet ist. Bei nicht- oder teilgenutzten Schutzrechten können sich erhebliche Einsparungspotenziale ergeben. Darüber hinaus ist zu prüfen, ob durch wettbewerbsneutrale Lizensierung in bisher ungenutzte Branchen, Regionen oder Produkte zusätzliche Einnahmen erzielt werden können.
- Wie lange laufen die Patente noch und was passiert nach Patentablauf?
  Nach dem Auslaufen eines Patentes entfällt der damit verbundene Wettbewerbsvorteil: Konkurrenten können nun das gleiche Produkt herstellen bzw. nach dem gleichen Verfahren produzieren. Eine Monopolrente kann folglich nicht mehr abgeschöpft werden, die Cashflows sinken dementsprechend.
  Bei innovativen Unternehmen wird i.d.R. darauf gebaut, dass bis zum Auslaufen der bestehenden Patente neue Patente mit einer entsprechenden Ertragskraft angemeldet werden können. Einen Aufschluss darüber, ob das Unternehmen von vergangenen Entwicklungen zehrt oder durch hohe Forschungs- und Entwicklungs-Aufwendungen versucht, die zukünftige Ertragskraft sicherzustellen, liefert ein Vergleich der aktuellen Forschungs- und Entwicklungskosten mit den imaginären jährlichen Lizenzgebühren für die vorhandenen Patente.
- Ist der Schutz der Patente wirksam?
  Für einen wirksamen Schutz ist die richtige Formulierung des Patentes entscheidend. Es sollte sichergestellt werden, dass das Patent nicht umgangen werden kann.
- Sind die Patente anfechtbar?
  Der Schutz vor Nachahmung, den man sich von Patenten verspricht, ist mitunter trügerisch. Die Grundvoraussetzung für die Erteilung eines Patents ist die Patentfähigkeit einer Erfindung. Um patentfähig zu sein, muss eine Erfindung neu sein, d.h. sie darf nicht bereits veröffentlicht sein und damit zum Stand der Technik gehören. Stellt sich nach Erteilung des Patents heraus, dass die Erfindung vor Patenterteilung bereits veröffentlicht war, kann das Patent widerrufen werden. Ein nicht unbeachtlicher Teil der erteilten Patente wird vom Patentamt widerrufen, was zum Teil darauf zurückzuführen ist, dass Konkurrenzunternehmen intensive Recherchen bezüglich bereits – z.B. im Ausland – veröffentlichter Forschungsergebnisse in Auftrag geben.
- Werden Patentverletzungen anderer verfolgt?
  Um einen wirksamen Schutz zu erzielen, müssen Patentverletzungen anderer auch verfolgt und unterbunden werden. Wird ein Patent von einem Dritten genutzt, ohne dass dieser Lizenzgebühren an den Patentinhaber abführt, und wird dies vom Patentinhaber nicht verfolgt, so läuft der Patentinhaber Gefahr, dass andere Unternehmen, die das Patent in Lizenz nutzen, die Zahlung ohne weitere rechtliche Folgen verweigern können.
- Werden Patente anderer verletzt?
  Patentverletzungen können gravierende Auswirkungen auf die Ertragslage eines Unternehmens haben. Patentverletzungen können zum einen die Klage auf Unterlassung, zum anderen die Klage auf Schadenersatz zur Folge haben. Wird beidem stattgegeben, so muss nicht nur die Produktion aller betroffenen Produkte

und Dienstleistungen eingestellt werden, sondern auch eine entsprechende Schadenersatzzahlung geleistet werden.

Zum Teil lassen sich die Fragen sicherlich im Rahmen einer Due Diligence klären. Für eine tiefergehende Analyse ist es jedoch sinnvoll, einen Experten[84] hinzuzuziehen.

Lizenzen
Der Wert der Lizenzen eines Unternehmens lässt sich als Barwert aller künftig zu zahlenden Lizenzgebühren ermitteln. In der Regel sind die Lizenzen jedoch betriebsnotwendig, so dass eine separate Bewertung entfällt.

Möglicherweise kann aber eine Optimierung bezüglich des Lizenzportfolios vorgenommen werden. Ein effektives Lizenzmanagement im IT-Bereich eines Unternehmens kann so durchaus Einsparungen im zweistelligen Prozentbereich ermöglichen. Bei Produktions- und Vertriebslizenzen muss eine Abschätzung erfolgen, inwieweit die zu erwartenden Deckungsbeiträge in einer vernünftigen Relation zu den Lizenzgebühren stehen.

Langfristige Liefer-, Miet-, Pacht- und Leasingverträge
Langfristige Verträge haben dann einen (positiven oder negativen) Wert, wenn die vereinbarten Preise von den aktuellen marktüblichen Preisen abweichen. Da derartige Verträge jedoch üblicherweise in den Planzahlen berücksichtigt sind, darf keine separate Bewertung vorgenommen werden.

Marken- und Schutzrechte
Marken sind insbesondere bei Konsumgüterunternehmen und Dienstleistungsunternehmen von herausragender Bedeutung für den Unternehmenserfolg. Gemäß einer Umfrage von *PricewaterhouseCoopers/Sattler* aus dem Jahre 1999 entfallen nach Einschätzung deutscher Unternehmer 56 % des Gesamtunternehmenswertes auf Marken. Damit stellt die Marke bei vielen Unternehmen das wichtigste Aktivum dar.

Als Indikatoren für den Wert einer Marke werden in der Regel Markenbekanntheit, Markenimage und Marktanteil herangezogen. Der Wert einer Marke ist meistens über einen längeren Zeitraum hinweg entstanden. Eine Möglichkeit der Wertermittlung stellt die Schätzung der gesamten Werbeaufwendungen dar, die notwendig wären, um die aktuelle Marktposition zu erreichen. Allerdings wird von den von *PricewaterhouseCoopers/Sattler* befragten Unternehmen mehrheitlich bezweifelt, dass eine Markenbewertung zuverlässig durchführbar ist. Darüber hinaus würde eine separate Ermittlung des Markenwertes in den DCF-Modellen auch zu einer Doppelzählung führen.

Der Wert einer Marke besteht für ein Unternehmen in der Erzielung höherer Margen und/oder einem stärkeren Unternehmenswachstum. Über beide Größen fließt der Wert der Marke in die künftig geplanten finanziellen Überschüsse des Unternehmens ein. Der Barwert der künftigen Cashflows beinhaltet somit bereits den Markenwert.

---

[84] Es gibt Unternehmen, die sich auf Patentrecherche und Patentmanagement spezialisiert haben.

Die Übertragung eines etablierten Markennamens auf einen neuen Markt kann entweder in die Planungsrechnung integriert werden oder als potenzielle Investitionsalternative mit dem Realoptions-Ansatz bewertet werden.

Geschäfts- oder Firmenwert
Geschäfts- oder Firmenwert ist die Bezeichnung für die Differenz zwischen dem Kaufpreis eines Unternehmens und dem Wert der einzelnen Vermögensgegenstände. Firmenwerte werden bezahlt, wenn aufgrund der künftig erwarteten Ertragskraft dem Unternehmen ein höherer Wert beigemessen wird als sich aus der Summe der einzelnen Vermögensgegenstände ergibt. Wird eine Unternehmensbewertung nach einem Gesamtbewertungsverfahren durchgeführt, ist der Firmenwert im ermittelten Unternehmenswert demgemäß bereits enthalten.

Auf den Unternehmenswert haben Geschäfts- oder Firmenwerte nur einen Einfluss, wenn sie steuermindernd abgeschrieben werden können. Durch die daraus resultierenden geringeren Steuerzahlungen erhöht sich der zukünftige Cashflow und damit der Unternehmenswert.

3.8.2 Bewertung von Konzernen

Die bisherigen Erläuterungen haben sich auf einzelne Unternehmen konzentriert. Oft handelt es sich bei den zu bewertenden Unternehmen aber nicht um einzelne Unternehmen, sondern um Konzerne und zwar in dem Sinne, dass neben der Obergesellschaft Gesellschaften existieren, an denen diese beteiligt ist. In Abbildung 3–16 ist eine einfache Konzernstruktur aus Konzernmutter, einer Minderheitsbeteiligung und einer Mehrheitsbeteiligung dargestellt.

Beide Beteiligungen können von erheblicher Bedeutung für das operative Geschäft und damit betriebsnotwendig sein. Der wesentliche Unterschied besteht darin, dass die Mehrheitsbeteiligung B-Tochter GmbH vollkonsolidiert wird, während die Minderheitsbeteiligung A-Beteiligung GmbH (in der Regel) nach dem at-equity-Verfahren im Konzernabschluss berücksichtigt wird.

Erstellt man eine Unternehmensbewertung auf der Grundlage des Konzernabschlusses, so enthält der (nach dem bisher dargestellten DCF-Grundmodell) berechnete Unternehmenswert noch Vermögensteile, die außenstehenden Anteilseig-

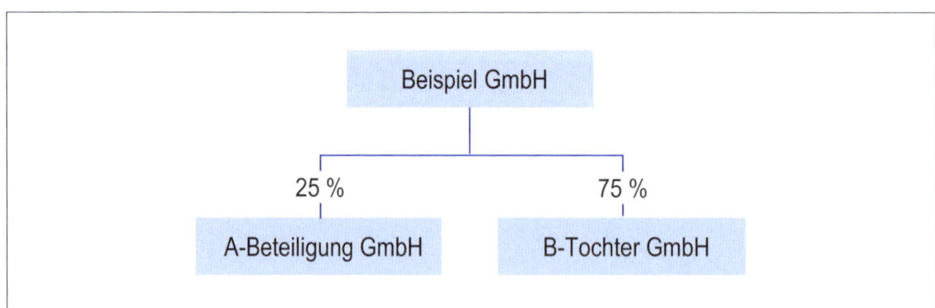

Abbildung 3–16: Einfache Konzernstruktur

nern an Mehrheitsbeteiligungen des Konzerns zustehen. Andererseits ist der Wert der Minderheitsbeteiligungen des Konzerns bisher nicht in die Bewertung eingeflossen. Um einen fairen Wert auf Basis aller Chancen und Risiken für einen Konzern zu ermitteln, sind deshalb „Korrekturen“ des Unternehmenswertes vorzunehmen.

Eine weitere Problematik (insbesondere) bei der Bewertung von Konzernen liegt darin, dass viele Konzerne gleichzeitig (z.B. über diverse Tochtergesellschaften) in verschiedenen Branchen tätig sind. Häufig wird jedoch eine Gesamtbewertung durchgeführt, die den unterschiedlichen Chance-Risiko-Profilen der verschiedenen Konzernsegmente nur ungenügend Rechnung tragen kann. Bei (bezüglich der Branchen) sehr inhomogenen Konzernstrukturen sollte daher eine Einzelbewertung der einzelnen eigenständigen Unternehmensteile sowie der Holdingkosten vorgenommen werden. Die daraus resultierenden Werte werden anschließend addiert, um den Unternehmenswert des Konzerns zu erhalten. Dieses Verfahren wird auch als Sum of the Parts-Bewertung bezeichnet.

Im Folgenden wird zunächst die Bewertung nicht-vollkonsolidierter Beteiligungen und die Bewertung der Anteile Dritter an Konzerntochterunternehmen erläutert und anschließend der Sum of the Parts-Ansatz kurz skizziert.

3.8.2.1 Bewertung nicht-vollkonsolidierter Beteiligungen

Minderheitsbeteiligungen werden in der Konzernbilanz nicht vollkonsolidiert, sondern – sofern sie dem Anlagevermögen zuzurechnen sind, wovon im Folgenden ausgegangen wird – unter den Finanzanlagen erfasst. Bei diesen nicht-vollkonsolidierten Beteiligungen erfolgt der Bilanzansatz je nach Beteiligungshöhe:

Beteiligungen unter 20 % werden mit dem Beteiligungsbuchwert aus dem Einzelabschluss im Konzernabschluss bilanziert, die Ergebnis-Ausschüttungen (bei Kapitalgesellschaften) bzw. der anteilige Gewinn (bei Personengesellschaften) dieser Gesellschaften fließen in der Gewinn- und Verlustrechnung in die Position „Beteiligungserträge“ ein.

Minderheitsbeteiligungen über 20 % werden in der Regel nach der at-equity-Methode in den Konzernabschluss einbezogen[85]. Ziel der at-equity-Konsolidierung ist der Ausweis der Beteiligung in der Konzernbilanz mit dem anteiligen Eigenkapital des Beteiligungsunternehmens. Dazu wird der Beteiligungsbuchwert im Einzelabschluss des beteiligten Unternehmens in die Bestandteile anteiliges Eigenkapital, anteilige Stille Reserven und anteiliger Geschäfts- oder Firmenwert zerlegt. Alle drei Positionen (Buchwertmethode) bzw. anteiliges Eigenkapital und anteilige Stille Reserven (Kapitalanteilsmethode, der Geschäftswert wird hier unter Immateriellen Vermögensgegenständen ausgewiesen) werden unter den Finanzanlagen (Anteile an assoziierten Unternehmen) bilanziert. Stille Reserven und Geschäfts- oder Firmenwert werden in den Folgeperioden abgeschrieben, dadurch

[85] Eine Beteiligung ist nach der at-equity-Methode in den Konzernabschluss einzubeziehen, wenn ein in den Konzernabschluss einbezogenes Unternehmen einen maßgeblichen Einfluss auf die Geschäfts- und Finanzpolitik des Beteiligungsunternehmens ausübt. § 311 Abs. 1 HGB enthält die widerlegbare Vermutung für einen maßgeblichen Einfluss bei einem Stimmrechtsanteil von 20 bis 50 % am Beteiligungsunternehmen.

verringert sich der Beteiligungsansatz in der Konzernbilanz hin auf das anteilige Eigenkapital des Beteiligungsunternehmens. Der anteilige Erfolg des Beteiligungsunternehmens wird in den Beteiligungsansatz mit übernommen und im Konzernergebnis ausgewiesen. Spätere Dividendenzahlungen werden erfolgswirksam gegen den Beteiligungswert im Konzernabschluss verrechnet.

Man könnte Minderheitsbeteiligungen nun auf die Weise in die DCF-Bewertung einbeziehen, dass man die Beteiligungserträge bei der Berechnung der bewertungsrelevanten Cashflows berücksichtigt. Dieser Ansatz hat jedoch den Nachteil, dass damit der Wertansatz von Beteiligungen an Kapitalgesellschaften mit einem Anteil kleiner 20 % vom Ausschüttungsverhalten dieser Gesellschaften abhängt. Darüber hinaus ist die Minderheitsbeteiligung möglicherweise in einer anderen Branche tätig als das Mutterunternehmen. In diesem Fall ist es nicht sinnvoll, die Abzinsung der Beteiligungserträge mit einem Diskontierungszinssatz vorzunehmen, der auf Basis des Beta-Faktors der Muttergesellschaft ermittelt wurde. Beides kann zu Verzerrungen beim berechneten Unternehmenswert führen. Sofern ausreichende Informationen vorhanden sind, ist es vorzuziehen, eine Einzelbewertung der Beteiligungen vorzunehmen und die resultierenden Werte zum Barwert der Cashflows zu addieren.

Zur Ermittlung des Wertes einer Minderheitsbeteiligung kann man – je nach Informationsstand – unterschiedlich vorgehen. Liegt eine vollständige Planung für die jeweils zu bewertende Minderheitsbeteiligung vor, so kann jeweils eine Bewertung mit einem DCF-Modell vorgenommen und anschließend der anteilige Wert ermittelt werden. Gibt es hingegen keine über den Konzernabschluss hinausgehenden Informationen zu den Minderheitsbeteiligungen, so muss man auf die Bilanz-Buchwerte als Näherung für den Wertansatz zurückgreifen. Alternativ kann man auch auf Basis eines für die Zukunft geschätzten durchschnittlichen Ergebnisses der Minderheitsbeteiligungen, das eventuell noch mit einer Wachstumsrate dynamisiert wird, näherungsweise den Wert der Minderheitsbeteiligungen mithilfe der Formel für die ewige Rente bestimmen oder die für die einzelnen künftigen Perioden gegebenenfalls detailliert geplanten Beteiligungserträge abzinsen und aufaddieren. Letztere Vorgehensweise entspricht dem Einbezug der Beteiligungserträge in die bewertungsrelevanten Cashflows, vgl. oben. Erfolgt die Ergebnisprognose – mangels Kenntnis der Jahresergebnisse, die die Minderheitsbeteiligungen in den vergangenen Jahren erzielt haben – auf der Grundlage der in den vergangenen Konzernbilanzen ausgewiesenen Beteiligungsergebnisse, so ist zu beachten, dass im Beteiligungsergebnis Kapitalzuflüsse aus Ausschüttungen mit Gewinnanteilen vermischt sind. Der resultierende Wert ist in diesem Fall wiederum vom Ausschüttungsverhalten der Minderheitsbeteiligungen abhängig.

Auch bei Vorliegen umfangreicher Informationen kann es aus Praktikabilitätsgründen sinnvoll sein, auf eine DCF-Bewertung der Minderheitsbeteiligungen zu verzichten und stattdessen oben beschriebene „Pauschalbewertung" vorzunehmen, insbesondere dann, wenn der Wert der Minderheitsbeteiligungen im Vergleich zum Gesamtwert des Konzerns unbedeutend ist. Je nach Einzelfall sollte eine Abwägung zwischen Aufwand und Nutzen vorgenommen werden.

Analog zur Bewertung des nicht-betriebsnotwendigen Vermögens muss der nach obigen Verfahren ermittelte „Einzelwert" der Minderheitsbeteiligungen noch um eventuelle steuerliche Belastungen, die bei einer Veräußerung entstehen würden, vermindert werden.

Als Beispiel zur Berechnung des Wertes von Minderheitsbeteiligungen soll wieder die KfZ-Zulieferer GmbH dienen. Dazu wird die Annahme getroffen, dass die KfZ-Zulieferer GmbH abweichend von der bisher zugrunde gelegten Bilanz über einige Minderheitsbeteiligungen verfügt. Bezüglich dieser liegen die in Tabelle 3–56 enthaltenen Informationen vor.

in Mio. €	Jahr	-2	-1	0	1e	2e	3e	4e	5e
Beteiligungsergebnis		2,8	4,1	6,3	4,4	5,2	6,4	6,4	6,4
Buchwert		10,3	14,9	13,1					

Tabelle 3–56: Informationsbasis bezüglich der Minderheitsbeteiligungen der KfZ-Zulieferer GmbH

Zusätzlich ist bekannt, dass es sich bei den gehaltenen Beteiligungen sämtlich um Kapitalgesellschaften handelt. Demgemäß setzt sich das Beteiligungsergebnis aus anteiligen Ausschüttungen (bei den nicht konsolidierten Beteiligungen, Beteiligungshöhe < 20 %) und/oder Gewinnen nach Steuern (bei den at-equity-konsolidierten Beteiligungen) zusammen.

Zur Ermittlung des Wertes der Beteiligungen werden die Beteiligungserträge mit dem ermittelten Eigenkapitalzinssatz diskontiert. Die Ermittlung des Wertes der Minderheitsbeteiligungen erfolgt nach dem Equity-Ansatz, da der Wert der Beteiligungen hier ohne Rückkoppelung separat bestimmt werden kann[86]. Sind entsprechende Informationen vorhanden, sollten die Beteiligungserträge den einzelnen Beteiligungen zugeordnet und für jede Beteiligung ein eigener Eigenkapitalzinssatz bestimmt werden. Wenn die für dieses Vorgehen notwendigen Informationen fehlen, muss man auf den Eigenkapitalzinssatz für das zu bewertende Unternehmen zurückgreifen, im Falle der KfZ-Zulieferer GmbH sind das 9,35 %. Für die nicht-vollkonsolidierten Beteiligungen der KfZ-Zulieferer GmbH berechnet sich ein Wert in Höhe von 75,2 Mio. € (vgl. Tabelle 3–57). Die Ausschüttungen von Kapitalgesellschaften an Kapitalgesellschaften unterliegen zu 5 % der Einkommensbesteuerung. Die Steuerbelastung von 1,5 Mio. € (Steuersatz 38,65 % auf 3,76 Mio. € (5 % von 75,2 Mio. €)) muss wertmindernd berücksichtigt werden, so dass für die Minderheitsbeteiligung ein Wert von 73,7 Mio. € zum Barwert der Cashflows im DCF-Modell addiert werden kann. Der über die Beteiligungserträge ermittelte Wert liegt bei der KfZ-Zulieferer GmbH deutlich über dem Buchwert.

Handelt es sich bei einzelnen Beteiligungen um Anteile an Personengesellschaften, so ist das Beteiligungsergebnis, das auf diese Gesellschaften entfällt, ein Vor-Körperschaftsteuerergebnis. Die Kapitalgesellschaft, die die Anteile hält, muss auf die Erträge hieraus noch Körperschaftsteuer entrichten. Vor Ermittlung des Barwertes bzw. alternativ bei der Addition des resultierenden Beteiligungswertes im DCF-Modell muss daher noch die Körperschaftsteuer abgezogen werden. Fehlende Informationen bezüglich der Verteilung der Beteiligungserträge auf Kapital- und Personengesellschaften können demzufolge zu Verzerrungen beim berechneten Wert führen.

[86] Vgl. hierzu die Ausführungen zur Bewertung von Verlustvorträgen in Abschnitt 3.7.3.5.

Equity-Ansatz Jahr		1	2	3	4	5	Endwert
Beteiligungsergebnis		4,4	5,2	6,4	6,4	6,4	6,4
Diskontierungszinssatz	9,35%						
Multiplikator		0,9707	0,8877	0,8118	0,7425	0,6790	0,6790
Barwert der Beteiligungserträge		4,3	4,6	5,2	4,8	4,3	52,0
Wert Minderheitsb. 31.8. Jahr 1	**75,2**	**Mio. €**					

Tabelle 3–57: Ermittlung des Wertes der Minderheitsbeteiligungen der KfZ-Zulieferer GmbH

3.8.2.2 Bewertung der Anteile Dritter am Konzern

Bei der Vollkonsolidierung werden Umsatz, Ergebnis und Vermögen der Tochtergesellschaft in voller Höhe in den Konzernabschluss einbezogen, obwohl Teile davon eigentlich Dritten gehören, d.h. es werden Umsatz- und Ergebnisanteile Dritter im Konzernverbund mitkonsolidiert. Von dem auf der Grundlage der so konsolidierten Zahlen ermittelten Wert des Gesamtkonzerns steht demgemäß den Minderheitsanteilseignern der Tochtergesellschaften ebenfalls ein Anteil zu. Dieser Anteil ist im Rahmen einer Konzernbewertung für die Anteilseigner der Muttergesellschaft vom bisher ermittelten DCF-Wert abzuziehen.

In der Konzernbilanz ist der (auf Basis der Beteiligungsbuchwerte) rein rechnerisch Dritten zustehende Anteil am Eigenkapital des Konzerns auf der Passivseite vom Eigenkapital abgesetzt. In der Gewinn- und Verlustrechnung wird der Dritten zustehende Anteil am Gewinn offen vom Jahresüberschuss abgezogen.

Wie bei den Minderheitsbeteiligungen hängt die Art der Bewertung der Anteile Dritter von der vorhandenen Informationsbasis ab. Liegt eine vollständige Planung für die Konzerntöchter vor, so kann ihr Wert mit einem DCF-Modell berechnet werden. Der Wertanteil Dritter ergibt sich dann jeweils aus deren Beteiligungshöhe.

Fehlen Planzahlen der einzelnen Konzernunternehmen, muss als Näherungswert auf den in der Konzernbilanz ausgewiesenen Buchwert der Anteile Dritter zurückgegriffen werden. Stehen zumindest Informationen zur Umsatzverteilung bzw. Verteilung der operativen Ergebnisse auf die einzelnen Konzerngesellschaften zur Verfügung, kann auf dieser Grundlage eine Aufteilung des Konzernwertes zwischen den Anteilseignern der Muttergesellschaft und den Dritten erfolgen. Unter Umständen kann für eine derartige Wert-Aufteilung – sofern diesbezüglich Informationen vorliegen – auch ein „homogen wirkender“ Werttreiber für den Umsatz verwendet werden: Bei Mobilfunkunternehmen kann dies beispielsweise die Anzahl der Mobilfunkkunden sein, die von den meisten Unternehmen üblicherweise bis auf Länderebene heruntergebrochen angegeben wird. Bei einer derartigen Aufteilung des Konzernwertes stellt sich die Frage, welcher Wert aufgeteilt werden soll: der Barwert der operativen Free Cashflows des Konzerns oder der Wert des Konzern-Eigenkapitals (also der Wert nach Berücksichtigung nicht-betriebsnotwendiger Vermögensteile, Finanzverbindlichkeiten etc.)? Die Antwort hängt letztlich davon ab, wie sich die zinstragenden Verbindlichkeiten und die nicht zur operativen Geschäftstätigkeit gehörenden Vermögensgegenstände innerhalb des

Konzerns verteilen. In der Regel ist davon auszugehen, dass beides bei der Konzernmutter gebündelt ist. In diesem Fall führt eine Verteilung auf Basis des Barwertes der operativen Free Cashflows zu einem besseren Näherungswert.

Als Beispiel zur Berechnung des Wertes der Anteile Dritter verfüge die KfZ-Zulieferer GmbH abweichend von der bisher zugrunde gelegten Bilanz neben Minderheitsbeteiligungen auch über eine vollkonsolidierte Mehrheitsbeteiligung, bei der Anteile Dritter zu berücksichtigen sind. Die hierzu vorliegenden Daten sind in Tabelle 3–58 zusammengefasst.

in Mio. € Jahr	–2	–1	0	1e	2e	3e	4e	5e
Ergebnisanteil Dritter	0	0,6	0,9	0,5	0,8	1,4	1,7	2,0
Buchwert	0	11,8	13,0					

Tabelle 3–58: Informationsbasis bezüglich der Anteile Dritter bei der KfZ-Zulieferer GmbH

Auf dieser Basis berechnet sich ein Wert der Anteile Dritter in Höhe von 21,3 Mio. €, vgl. Tabelle 3–59. Auch dieser liegt über dem Buchwert, wenn die Abweichung hier verglichen mit den Minderheitsbeteiligungen auch gering ist.

Equity-Ansatz Jahr		1	2	3	4	5	Endwert
Ergebnisanteil Dritter		0,5	0,8	1,4	1,7	2,0	2,0
Diskontierungszinssatz	9,35%						
Multiplikator		0,9707	0,8877	0,8118	0,7425	0,6790	0,6790
Barwert der Ergebnisanteile		0,5	0,7	1,1	1,3	1,4	16,3
Wert Anteil Dritter 31.8. Jahr 1	**21,3**	**Mio. €**					

Tabelle 3–59: Ermittlung des Wertes der Anteile Dritter bei der KfZ-Zulieferer GmbH

Aus der Berücksichtigung der dargestellten Minderheitsbeteiligungen und der Anteile Dritter ergibt sich gegenüber dem DCF-Equity-Grundmodell ein um 52,4 Mio. € gesteigerter Unternehmenswert.

3.8.2.3 Sum of the Parts-Bewertung

Bei einer Sum of the Parts-Bewertung wird der Eigenkapitalwert eines Konzerns berechnet als Summe der Werte der einzelnen Geschäftsbereiche zuzüglich des nicht-betriebsnotwendigen Vermögens und abzüglich des Barwertes der Kosten der Konzernzentrale (und – bei einer Berechnung nach dem Entity-Ansatz – des verzinslichen Fremdkapitals).

Beim Sum of the Parts-Ansatz handelt es sich weder um ein typisches Einzelbewertungsverfahren noch um ein typisches Gesamtbewertungsverfahren. Vielmehr werden die einzelnen, separat fortführbaren Konzernteile jeweils als Einheit (nach einem Gesamtbewertungsverfahren) bewertet und dann aufsummiert. Der Einzelbewertungsansatz basiert dagegen auf der Bewertung der einzelnen Vermögensgegenstände eines Unternehmens.

Bei der Bewertung nach Sum of the Parts kommt der Abgrenzung der einzelnen Konzernteile eine besondere Bedeutung zu. Ein Konzernteil sollte eigenständig und unabhängig agieren können. Dies bedeutet nicht, dass keine Liefer- bzw. Dienstleistungsbeziehungen zwischen den Konzernteilen existieren dürfen. Es bedeutet aber sehr wohl, dass die Produkte bzw. die Dienstleistungen der Konzernteile unabhängig voneinander angeboten werden können. Das sei an zwei Beispielen verdeutlicht:

- Die Übernahme der Autovermietung *Hertz* durch *Ford* im Jahr 1987 legt die Vermutung nahe, dass *Ford* sich *Hertz* als Absatzmarkt für seine Fahrzeuge gekauft hatte. Der Verkauf im Jahr 2005 zeigt, dass sowohl die Autoproduktion als auch die Autovermietung ein eigenständig fortführbarer und somit auch eigenständig bewertbarer Teil des Gesamtkonzerns war.
- Eine im Besitz eines Automobilunternehmens stehende Bank finanziert typischerweise den Absatz und das Vertriebsnetz des Herstellers. Die Abhängigkeit beider Unternehmensteile voneinander führt hier soweit, dass zumindest die Bank nur schwerlich alleine existieren kann. In einem solchen Fall, in dem die Überlebensfähigkeit eines Konzernteils von einem anderen Teil des Konzerns abhängt, ist trotz der erheblichen Unterschiede bei den angebotenen Produkten und Dienstleistungen eine Gesamtbewertung dieser Teile durchzuführen. Dabei werden die beiden Konzernteile als Einheit bewertet.

Eine Sum of the Parts-Bewertung eines Konzerns ist einer Gesamtbewertung insbesondere immer dann vorzuziehen, wenn die einzelnen Konzernteile unterschiedlichen Risiken unterliegen und daher die Verwendung einer konstanten, für alle Unternehmensbereiche gleich hohen Risikoprämie bei der Ermittlung des Abzinsungsfaktors für die Cashflows nicht zu sinnvollen Ergebnissen führt. Eine Sum of the Parts-Bewertung ermöglicht es, für jeden Geschäftsbereich spezifische Beta-Faktoren zu verwenden.

Ein besonderes Augenmerk ist bei einer Bewertung nach Sum of the Parts darauf zu legen, ob bzw. inwieweit zwischen den einzelnen Konzernteilen eine Gewinnverschiebung stattfindet. Auch sollte hinterfragt werden, welche Synergien bei einem Herauslösen einzelner Konzernteile aus dem Konzernverbund verloren gehen. Wird diesen Verbundeffekten Rechnung getragen, dann gibt der Sum of the Parts-Ansatz Aufschluss darüber, wie sich die Cashflows und der Gesamtwert des Konzerns auf die einzelnen Konzernteile verteilen und was die Konzernverwaltung kostet.

Die Sum of the Parts-Bewertung wird primär bei der Bewertung von Konzernen verwendet. Sie kann jedoch auch bei Einzelunternehmen sinnvoll sein, die verschiedene, völlig unterschiedliche Geschäftssegmente aufweisen.

3.8.3 Einzelfragen

3.8.3.1 Pensionsaufwendungen, Pensionsrückstellungen und Pensionsverpflichtungen

Zu den komplexesten Fragestellungen im Rahmen einer Unternehmensbewertung zählt die richtige Berücksichtigung der Pensionsverpflichtungen bzw. die Ermittlung des in der Planung anzusetzenden Pensionsaufwands.

Durch eine Pensionszusage wird eine Kreditbeziehung zwischen Unternehmen und Arbeitnehmer begründet. Aufgrund der Pensionszusage verzichten die Arbeitnehmer quasi auf einen Teil des Lohns während ihrer aktiven Beschäftigungszeit. Dieser Lohnverzicht stellt eine Kreditgewährung an das Unternehmen dar. Nach Eintritt des Pensionsfalls ist dieser Kredit einschließlich Zinsen an die Arbeitnehmer zurückzuzahlen. Die zum Bewertungsstichtag bestehenden Rückstellungen für Pensionen stellen den Wert der in der Vergangenheit von den Arbeitnehmern erworbenen Ansprüche auf künftige Ruhegeldzahlungen dar. (Von einer Unter- bzw. Überdotierung sei an dieser Stelle abgesehen.) Sie haben eindeutigen Schuldcharakter.

Im Rahmen einer konsequenten Anwendung des Entity-Ansatzes sind die Pensionsverpflichtungen daher dem verzinslichen Fremdkapital zuzurechnen und vom Gesamtwert des Unternehmens zu subtrahieren, um zum Eigenkapitalwert zu gelangen. Gleichzeitig sind die in den Personalkosten enthaltenen Zuführungen zu Pensionsrückstellungen um die Kapitalkosten für die zur Verfügung gestellten Pensionsrückstellungen zu mindern. Diese Kapitalkosten berechnen sich durch Multiplikation des im jeweiligen Planjahr notwendigen Gesamtbestands an Pensionsrückstellungen mit dem Kapitalkostensatz der „Fremdkapitalkomponente Pensionsverpflichtung". Die Pensionszahlungen, die die Rückzahlung des von den Arbeitnehmern gewährten Kredites (einschließlich Zinsen) darstellen, dürfen bei der Ermittlung der oFCF nicht in Abzug gebracht werden. Um Doppelerfassungen zu vermeiden, darf die Veränderung der Pensionsrückstellungen dann nicht noch gesondert in die Berechnung der oFCF einfließen. Im oFCF ist damit nur noch die Personalkostenkomponente künftiger Zuführungen zu den Pensionsrückstellungen enthalten.

Als Fremdkapitalkomponente sind die Pensionsverpflichtungen bzw. ihre Kapitalkosten dann gewichtet mit ihrem Marktwert (und unter Berücksichtigung der mit ihnen verbundenen Unternehmenssteuerersparnis) auch in die Ermittlung des gewogenen Kapitalkostensatzes *WACC* einzubeziehen. Die Höhe der für die Pensionsverpflichtungen anzusetzenden Kapitalkosten ist jedoch umstritten[87].

Der Marktwert der Pensionsverpflichtungen zum Bewertungsstichtag, mit dem diese in den *WACC* eingehen und der analog dem übrigen verzinslichen Fremdkapital vom Gesamtwert des Unternehmens abzuziehen ist, um zum Eigenkapitalwert zu gelangen, ergibt sich als Barwert der künftigen Pensionszahlungen aus den zum Stichtag bestehenden Pensionsverpflichtungen. Die nach HGB gebildeten Pensionsrückstellungen sind hierfür jedoch nur ein Näherungswert. So ist beispielsweise die gesetzlich vorgeschriebene Rentendynamik, gemäß der regelmäßig eine Überprüfung und Anpassung der Betriebsrenten vorzunehmen ist, nicht berücksichtigt. Des weiteren kann die Außerachtlassung des Karrieretrends bzw. Gehaltstrends zu einer Unterdotierung führen: Die Pensionsrückstellungen richten sich nach dem derzeitigen Gehaltsniveau, Berechnungsgrundlage für die Pensionszahlung sind jedoch die Bezüge vor dem Pensionszeitpunkt, die aufgrund individueller Einkommenserhöhungen wesentlich höher sein können. In Deutschland besteht in der Handelsbilanz ferner eine Rückstellungspflicht nur für Neuzusagen seit dem Inkrafttreten des Bilanzrichtliniengesetzes am 01.01.1986. Unter-

87 Vgl. hierzu *Mandl/Rabel* (1997), S. 355 f.

dotierungen aufgrund von Altzusagen, die grundsätzlich im Anhang auszuweisen sind, sind in die Berechnung des Marktwertes (abzüglich der mit einer Dotierung verbundenen Ertragsteuerersparnis) ebenfalls einzubeziehen.

Im Hinblick auf die praktischen Umsetzungsprobleme bei der Behandlung der Pensionszusagen nach der Bruttomethode schlagen wir vor, auch beim Entity-Ansatz im Rahmen der Ermittlung der bewertungsrelevanten Cashflows hinsichtlich des Bereichs der Pensionsverpflichtungen die Nettomethode anzuwenden – wie auch im dargestellten Grundmodell praktiziert. Diesem Ansatz folgend wird bei der Berechnung der bewertungsrelevanten Cashflows die Veränderung der Pensionsrückstellungen in der betreffenden Periode zum operativen Ergebnis addiert (Erhöhung) bzw. subtrahiert (Verminderung). Die Pensionsrückstellungen werden somit dem Leistungsbereich zugeordnet. Das hat zur Folge, dass sie weder bei der Bestimmung des gewogenen Kapitalkostensatzes bzw. der Festlegung der Zielkapitalstruktur zu berücksichtigen sind noch den Marktwert des verzinslichen Fremdkapitals erhöhen, der zur Ermittlung des Eigenkapitalwertes des Unternehmens vom Marktwert des Gesamtkapitals abzuziehen ist.

Im DCF-Grundmodell wurde bei der Berechnung des Terminal Value davon ausgegangen, dass nach Ablauf der Detailplanungsperiode ein Gleichgewichtszustand erreicht ist, in dem die Pensionsaufwendungen (also die Zuführung zu den Pensionsrückstellungen) den Pensionsauszahlungen (also der Auflösung von Pensionsrückstellungen) entsprechen. Ist dieser Beharrungszustand zu diesem Zeitpunkt noch nicht erreicht, so ist die Auswirkung der Pensionszusagen auf die Finanzierung und Besteuerung differenziert zu prognostizieren.

In die Ermittlung der normalisierten Höhe des Cashflows für den Terminal Value sind die Personalkosten einschließlich der in ihnen enthaltenen Zuführungen zu den Pensionsrückstellungen einzubeziehen. Darüber hinaus sind sämtliche bis zur Erreichung des Beharrungszustands noch anfallende Netto-Zuführungen zu den Rückstellungen für Pensionsverpflichtungen in eine Annuität umzurechnen, die dann als Rückstellungserhöhung bei der Cashflow-Ermittlung zu berücksichtigen ist – so z.B. bei relativ jungen Unternehmen, bei denen die Anzahl der bereits pensionierten Mitarbeiter noch gering ist. Andererseits ist auch denkbar, dass Unternehmen den Umfang ihrer Pensionszusagen für neue Mitarbeiter gekürzt haben oder diese ganz eingestellt haben. Das führt dazu, dass ein zum Ende der Detailplanungsperiode vorhandener Bestand an Pensionsrückstellungen ganz oder teilweise abgebaut wird. Um den damit verbundenen Liquiditätsabfluss zu erfassen, ist die Rückführung der Rückstellung dann ebenfalls in eine Annuität umzurechnen, die als Rückstellungsverringerung bei der Cashflow-Berechnung anzusetzen ist.

Alternativ zu dieser Vorgehensweise können auch sämtliche für die Zukunft (nach der Detailplanungsperiode) prognostizierten Pensionszahlungen (unter Berücksichtigung der Ertragsteuerwirkungen, die sich aus den steuerlich anerkannten Zuführungen zu den Pensionsrückstellungen ergeben) in eine Annuität umgerechnet werden, die dann als jährlicher Pensionsaufwand in die Personalkosten einzubeziehen ist. Um Doppelerfassungen zu vermeiden, dürfen die Zuführungen zu den Rückstellungen dann natürlich nicht mehr als Personalkosten angesetzt und die Veränderungen der Pensionsrückstellungen nicht mehr im Cashflow berücksichtigt werden.

Zur Durchführung der gesonderten Prognoserechnungen zur Ermittlung oben angesprochener Annuitäten bzw. des Wertes der künftigen Pensionszahlungen und der steuerlich anerkannten künftigen Zuführungen zu den Pensionsrückstellungen, die zur Berechnung der Ertragsteuern benötigt werden, ist es zweckmäßig, sich der Hilfe von Unternehmensberatungen zu bedienen, die sich auf die Kalkulation von Versorgungs- und Vergütungsleistungen spezialisiert haben. Diese stützen ihre Pensionsgutachten auf eine Reihe von Informationen, wie z.B. Informationen über den derzeitigen Personalstand und dessen geplante Entwicklung, individuelle Personendaten (Alter, Höhe der Rente etc.), Fluktuationswahrscheinlichkeiten, Höhe der unverfallbaren Ansprüche ausgeschiedener Mitarbeiter, Karrieretrend, Einschätzung wie sich Mitarbeiterzugänge auf die verschiedenen Gehaltsstufen verteilen, geschätzte Entwicklung der Lebenshaltungskosten etc.

Ist die Einholung eines Sachverständigengutachtens nicht möglich, so müssen die Zuführungen zu den Pensionsrückstellungen als Schätzung für die Höhe der künftigen Pensionszahlungen dienen. Falls die Informationen vorliegen, ist es sinnvoller, diesbezüglich auf die Rückstellungszuführungen nach US-GAAP oder IFRS zurückzugreifen. Bei einer Bilanzierung nach US-GAAP oder IFRS werden Rentendynamik und Gehaltstrend berücksichtigt, die Zuführungen zu den Pensionsrückstellungen nach US-GAAP oder IFRS dürften daher eine bessere Schätzung für die Höhe der zukünftigen Pensionsverpflichtungen liefern als die nach HGB kalkulierten Rückstellungszuführungen.

3.8.3.2 Sonstige langfristige Rückstellungen

Mitunter bestehen neben Pensionsrückstellungen noch weitere langfristige Rückstellungen, beispielsweise für Rekultivierung von Kiesgruben oder Braunkohletagebau oder für Rückbau von kerntechnischen Anlagen. Die zur Behandlung von Pensionsrückstellungen gemachten Ausführungen sind hier analog anwendbar. Muss davon ausgegangen werden, dass diese Rückstellungen noch nach Ablauf der Detailplanungsperiode ganz oder teilweise zurückgeführt werden, gibt es zwei Möglichkeiten, den daraus resultierenden Liquiditätsabfluss zu berücksichtigen: Entweder wird der Barwert (abgezinst mit dem Fremdkapitalzins) der künftigen Auszahlungen aus den Rückstellungen als verzinsliche Verbindlichkeit vom Unternehmensgesamtwert abgezogen – die Rückstellungsveränderung wird dann nicht in den Cashflow einbezogen – oder die künftigen Auszahlungen werden in eine Annuität umgerechnet, die sich dann als Rückstellungsminderung in der normalisierten Höhe des Cashflow für den Terminal Value auswirkt.

3.8.3.3 Leasingfinanzierung

Ist das zu bewertende Unternehmen Leasingverpflichtungen eingegangen, so vermindern die Leasingraten das operative Ergebnis. Häufig sind derartige Leasinggeschäfte als Finanzierungsgeschäfte zu werten. Bei einer konsequenten Anwendung des Entity-Ansatzes sollten die aus derartigen Geschäften resultierenden Zahlungen – sofern sie vom Umfang her relevant sind – daher nicht dem Leistungsbereich zugeordnet werden.

Zu diesem Zweck werden die Jahresabschlüsse dahingehend geändert, dass das Anlagevermögen in den einzelnen Jahren um die Anschaffungskosten abzüglich Abschreibungen und die Verbindlichkeiten entsprechend um die Anschaffungskosten abzüglich Tilgungsverpflichtungen erhöht werden. In nach US-GAAP und IFRS aufgestellten Jahresabschlüssen erfolgt der Ausweis von Financial Lease-Verträgen bereits in dieser Form. Die Leasingraten setzen sich aus einem Abschreibungsanteil, einem Zinsanteil und den in Rechnung gestellten Kosten der Leasinggesellschaft (z.B. für Wartung und Versicherung) zusammen. Der in den Leasingraten enthaltene implizite Zinsaufwand ist in den Zinsaufwandsposten umzugliedern, der Abschreibungsanteil in die Abschreibung. Dadurch erhöht sich das operative Ergebnis vor Zinsen und Steuern um den Betrag der impliziten Zinsen, was wiederum eine Auswirkung auf die Steuer hat. Die Kapitalkosten der Leasingfinanzierung sind unter Berücksichtigung dieser Steuerersparnis in die *WACC*-Ermittlung einzubeziehen. Ist die Höhe der Kapitalkosten mangels Kenntnis der Leasingverträge nicht bekannt, ist es zweckmäßig, auf den marginalen Kreditzinssatz des Unternehmens zurückzugreifen. Der Marktwert der Leasingverpflichtungen ist als verzinsliches Fremdkapital vom Gesamtwert des Unternehmens zu subtrahieren, um zum Eigenkapitalwert zu gelangen.

Die erläuterte Umgliederung der Leasingverpflichtungen hat keine Auswirkung auf den berechneten Unternehmenswert. Sie macht jedoch die tatsächliche Kapitalstruktur und das Leverage-Risiko transparent, die wiederum für die Höhe der Renditeforderung der Eigenkapitalgeber von Bedeutung sind.

3.8.3.4 Factoring/Forfaitierung

Neben dem Leasing besteht eine weitere wichtige Möglichkeit für ein Unternehmen, sich „off-balance“ zu finanzieren, im Factoring bzw. in der Forfaitierung. Dabei werden Forderungen aus Lieferungen und Leistungen verkauft und damit das Working Capital reduziert.

Handelt es sich um einen einmaligen Forderungsverkauf, so erhöht sich das Working Capital durch den sukzessiven Aufbau neuer Forderungen aus Lieferungen und Leistungen wieder. Häufig werden jedoch laufende Verkäufe von Forderungen aus Lieferungen und Leistungen (bis zu einer festgelegten Höchstgrenze) vereinbart, zumindest für einen bestimmten Zeitraum (Vertragslaufzeit). In diesem Fall gelingt dem Unternehmen eine langfristige Entlastung des Working Capital.

Plant das zu bewertende Unternehmen künftig Factoring- bzw. Forfaitierungsmaßnahmen, so schlagen sich diese in der Planung des Working Capital und damit in den bewertungsrelevanten Cashflows nieder. Eine gesonderte Berücksichtigung im Rahmen der Bewertung ist damit überflüssig.

Vorsicht ist geboten, wenn vor dem Bewertungsstichtag bereits Factoring- bzw. Forfaitierungsgeschäfte abgeschlossen wurden. Auch in diesem Fall sollten sich die durchgeführten Maßnahmen (bzw. deren „Auslaufen“) in der Planung widerspiegeln. In der Praxis wird eine aus dem Auslaufen von Factoring- bzw. Forfaitierungsverträgen resultierende Erhöhung des Working Capital in der Planung jedoch mitunter vergessen. Da die Cashflows in den betroffenen Perioden damit zu hoch angesetzt werden, resultiert daraus ein zu hoher Unternehmenswert.

3.8.3.5 Bestimmung der im Terminal Value anzusetzenden Investitionen

Die Ermittlung des Terminal Value unterliegt der Annahme, dass sich das Unternehmen in einem Gleichgewichtszustand befindet. Dieser impliziert, dass in der normalisierten Höhe des Cashflows für die Ermittlung des Terminal Value Investitionen in das Anlagevermögen genau in dem Umfang zu berücksichtigen sind, in dem diese zur Erzielung des im Terminal Value angesetzten Ergebnisses notwendig sind. Ist die Struktur des Anlagevermögens homogen, kann man davon ausgehen, dass sich bei Nullwachstum Reinvestitionen und Abschreibungen decken. Wird im Terminal Value eine Wachstumsrate angesetzt, so übersteigen die Investitionen die Abschreibungen um den Betrag „Wachstumsrate multipliziert mit Sachanlagevermögen", d.h. das Sachanlagevermögen wächst jährlich um die angesetzte Wachstumsrate.

Bei vielen Unternehmen ist die Struktur des Anlagevermögens auch nach Ablauf der Detailplanungsperiode jedoch nicht homogen: Besteht das Anlagevermögen aus einer Vielzahl von Vermögensgegenständen mit unterschiedlichen Nutzungsdauern und unterschiedlichen Ersatzzeitpunkten, so lässt sich in der Regel nur ein mehrjähriger Reinvestitionszyklus feststellen. Aber auch wenn das Anlagevermögen nur wenige Vermögensgegenstände umfasst, die großteils sehr lange Reinvestitionszyklen aufweisen, fallen Abschreibungen und Investitionen deutlich auseinander. Das ist beispielsweise bei Energieversorgungsunternehmen der Fall, die ihre Leitungsnetze und Kraftwerke im Abstand von mehreren Jahrzehnten erneuern. Dazu sind dann enorme Investitionen erforderlich, während in den Phasen dazwischen kaum reinvestiert werden muss.

Um herauszufinden, ob in der Detailplanungsperiode von einer homogenen Struktur des Anlagevermögens auszugehen ist, sollte die Historie der Abschreibungen und Investitionen analysiert werden. Dazu werden die in der Vergangenheit durchgeführten und die in der Detailplanungsperiode geplanten Investitionen und Abschreibungen (je Periode) gegenübergestellt. Entsprechen sich die Investitionen und Abschreibungen in den einzelnen Jahren der Detailplanungsperiode grob, so ist die Struktur des Anlagevermögens relativ homogen. In diesem Fall kann der Terminal Value wie im Grundmodell dargestellt ermittelt werden. Existieren jedoch große Abweichungen zwischen Abschreibungen und Investitionen, so sollte eine separate Berechnung der im Terminal Value anzusetzenden Investitionen vorgenommen werden.

Eine separate Berechnung ist erforderlich, weil ein (bedeutendes) zeitliches Auseinanderfallen von Abschreibungen und Investitionen Kapitalbindungs- bzw. Kapitalfreisetzungseffekte hat. Im Vergleich mit dem Grundmodell ändert sich zwar nicht die Summe der während der Lebenszeit des Unternehmens an die Kapitalgeber insgesamt auszuschüttenden (nicht abgezinsten) Cashflows, wohl aber die zeitliche Struktur der Ausschüttungen. Zeitlich frühere Ausschüttungen haben für die Investoren jedoch einen höheren (Bar-)Wert als in späteren Jahren zufließende Zahlungsströme. So hat es natürlich eine Auswirkung auf den Unternehmenswert, ob gerade erst in größerem Umfang investiert wurde und für die nächsten Jahre keine Investitionen mehr anstehen oder ob in naher Zukunft noch große Investitionen getätigt werden müssen.

Zur gesonderten Ermittlung der im Terminal Value anzusetzenden Investitionen sollte für die Vermögensgegenstände des Anlagevermögens eine differenzierte Analyse der Restnutzungsdauer und der daraus (für die Zeit nach der Detailplanungsperiode) folgenden Reinvestitionszeitpunkte und -volumina vorgenommen werden. Darauf basierend wird eine langfristige Planung der Investitionen und Abschreibungen erstellt. Der Zeithorizont sollte über den Detailplanungshorizont hinaus einen Reinvestitionszyklus umfassen. Unter Reinvestitionszyklus ist dabei der Zeitraum zu verstehen, nach dessen Ablauf sich das „Investitionsmuster" wiederholt. Betrachtet man nur einen einzelnen Anlagevermögenstyp, so entspricht der Reinvestitionszyklus der Nutzungsdauer.

Durch Abzinsung der zukünftigen während des Reinvestitionszyklus geplanten Investitionen wird ein Barwert der Investitionsaufwendungen (zum Ende der Detailplanungsperiode) ermittelt. Über die Umrechnung des Barwertes in jährliche Annuitätsraten für die Dauer des Reinvestitionszyklus erhält man den in die Ermittlung des Terminal Value einzubeziehenden Investitionsbetrag. Die Berechnung der Abschreibungshöhe erfolgt analog.

Wird die Unternehmensbewertung nach dem Equity-Ansatz vorgenommen, so ist noch zu berücksichtigen, ob bzw. inwieweit das zeitliche Auseinanderfallen von Abschreibungen und Investitionen Auswirkungen auf die Höhe des verzinslichen Fremdkapitals und die anfallenden Fremdkapitalzinsen hat. Stützt man sich bei der Unternehmensbewertung auf die Vollausschüttungsannahme, so kann man den Finanzierungsaspekt allerdings außer Acht lassen, soweit sich durch die Abweichung von Abschreibungen und Investitionen keine negativen FtE ergeben.

Der dargestellte Sachverhalt soll anhand eines einfachen Beispiels verdeutlicht werden: Im Grundmodell für die KfZ-Zulieferer GmbH wurde bezüglich der Struktur des Anlagevermögens im Terminal Value Homogenität unterstellt, d.h. die Höhe der Ersatzinvestitionen wurde entsprechend der Höhe der Abschreibung festgelegt. Die Homogenität gelte für jede einzelne Anlageart, so dass sich das folgende Beispiel auf die Analyse eines Anlagetyps – konkret des Maschinenbestands – beschränken kann. Abweichend vom bisherigen Beispiel sei der Einfachheit halber angenommen, dass die Wachstumsrate im Terminal Value 0 % beträgt. Die Darstellung erfolgt anhand des DCF-Equity-Modells.

Der (geplante) Buchwert der Maschinen beläuft sich zum 31.12. des Jahres 5 auf 85 Mio. €. Die jährliche Abschreibung auf den Maschinenbestand beträgt 17 Mio. €. Die Annahme der Homogenität impliziert dann, dass der Abschreibungshöhe entsprechend jährlich Maschineninvestitionen im Wert von 17 Mio. € getätigt werden.

Im Folgenden wird die Annahme der Homogenität aufgegeben: Beim Maschinenbestand handelt es sich um eine einzige Maschine mit Anschaffungskosten in Höhe von 102 Mio. €, die Anschaffung der Maschine ist im Jahr 5 erfolgt. Die Gesamtnutzungsdauer beträgt 6 Jahre, die Restnutzungsdauer 5 Jahre. Es wird linear abgeschrieben. In diesem Fall weichen die jährlichen Abschreibungen in Höhe von 17 Mio. € und die geplanten Investitionen – die nächsten 5 Jahre werden keine Investitionen getätigt, im sechsten Jahr betragen die Investitionen 102 Mio. € – erheblich voneinander ab[88].

Um den im Terminal Value anzusetzenden Investitionsbetrag zu ermitteln, wird der Barwert der während des Reinvestitionszyklus (Jahre 5–11) geplanten Investitionen zum 31.12. des Jahres 5 ermittelt. Dazu werden die Investitionen des Jahres 11 mit der Eigenkapitalrendite 9,35 % abgezinst. Als Barwert ergibt sich ein Betrag von 59,7 Mio. €. Rechnet man diesen in eine Annuität um, so erhält man als in den Terminal Value einzubeziehende Höhe der Investitionen 13,44 Mio. €, vgl. Tabelle 3–60.

Equity-Ansatz Jahr Mio. €		**6**	**7**	**8**	**9**	**10**	**11**
Buchwert 31.12.		68,0	51,0	34,0	17,0	0,0	85,0
Abschreibung		17,0	17,0	17,0	17,0	17,0	17,0
Investitionen		0	0	0	0	0	102,0
Diskontierungszinssatz	9,35%						
Multiplikator		0,9145	0,8363	0.7648	0,6994	0,6396	0,5849
Barwert d. Investitionen Ende Jahr 5	59,7						
→ Annuität der Investitionen		13,44	13,44	13,44	13,44	13,44	13,44

Tabelle 3–60: Beispiel zur Berechnung der im Terminal Value anzusetzenden Investitionen bei inhomogener Struktur des Maschinenbestands

Gegenüber dem Fall eines homogenen Maschinenbestandes (jährliche Investitionen in Höhe von 17 Mio. €) ist der normalisierte Flow to Equity, der der Berechnung des Terminal Value zugrunde gelegt wird, um 3,56 Mio. € angestiegen. Daraus errechnet sich bei Nullwachstum eine Steigerung des Terminal Value um 38,1 Mio. € bzw. per 31.08. des Jahres 1 ein um 25,9 Mio. € gestiegener Unternehmenswert.

Das Beispiel verdeutlicht, dass der Bestimmung der Investitionen im Rahmen der Berechnung des Terminal Value – in Abhängigkeit vom konkreten Einzelfall – eine erhebliche Bedeutung zukommen kann.

3.8.3.6 Derivative Finanzinstrumente

Unter dem Oberbegriff Finanzderivate wird eine Vielzahl unterschiedlicher Finanzinstrumente subsummiert, die in der Regel der Absicherung von Zins- und/oder Währungsrisiken dienen. Mitunter werden sie auch zu Spekulationszwecken genutzt. Zu den derivativen Finanzinstrumenten zählen zum Beispiel Swaps, Caps, Floors, Collars, Forward Rate Agreements, Financial Futures und Optionen. An dieser Stelle soll weder eine Beschreibung der einzelnen Instrumente geliefert noch detailliert darauf eingegangen werden, welches die Bestimmungsfaktoren für den Marktwert der einzelnen Instrumente sind. Beides würde den

---

[88] Wie bisher (vgl. Abschnitt 3.4) wird auch hier vereinfachend davon ausgegangen, dass die Cashflows am Ende des Geschäftsjahres anfallen. (Das gilt auch für eine Maschineninvestition, die in der ersten Jahreshälfte vorgenommen wird.)

Rahmen dieses Buches sprengen. Hier sei lediglich darauf hingewiesen, dass Finanzderivate entweder einen Wert oder eine Verpflichtung für ein Unternehmen darstellen und somit einen Einfluss auf den Unternehmenswert haben.

In welcher Form Finanzderivate in die Unternehmensbewertung einzubeziehen sind, hängt vom jeweiligen Finanzderivat ab. Grundsätzlich kann man die derivativen Finanzinstrumente in zwei Gruppen unterteilen: Instrumente mit Optionscharakter, bei denen ein Vertragspartner ein Recht bzw. eine Option hat, der andere eine Verpflichtung – hierzu zählen neben den Optionen auch Caps, Floors und Collars –, und Instrumente mit Termingeschäftscharakter, die für beide Vertragsparteien verpflichtend sind.

Aufgrund der Ungewissheit der Optionsausübung ist es in der Regel nicht sinnvoll, die Zahlungsströme aus Optionsgeschäften in den geplanten Cashflows zu berücksichtigen. Vielmehr sollte der Marktwert der Option ermittelt bzw. (z.B. durch Rückfrage bei den entsprechenden Abteilungen der Banken) in Erfahrung gebracht werden. Handelt es sich bei dem zu bewertenden Unternehmen um den Optionsberechtigten, stellt die Option in Höhe des Marktwertes einen Vermögensgegenstand dar, der zum Barwert der Cashflows addiert wird. Ist das zu bewertende Unternehmen hingegen der Stillhalter der Option, so stellt die Option in Höhe des Marktwertes eine Verpflichtung dar, die vom Barwert der Cashflows abzuziehen ist.

Bei Swaps, Forward Rate Agreements und Financial Futures handelt es sich um zweiseitig verpflichtende Verträge, die auf Leistungsaustausch gerichtet sind. Je nach Art der Vereinbarung und den aktuellen Marktkonditionen (Zinsniveau, Wechselkurs) haben sie für das zu bewertende Unternehmen einen positiven oder negativen Marktwert. Der Marktwert ergibt sich dabei aus der Abdiskontierung der Zahlungsströme eines Geschäfts auf Basis der aktuellen Marktkonditionen, alternativ kann er auch bei der Bank, mit der das Geschäft abgeschlossen wurde, erfragt werden. Der Wert zum letzten Bilanzstichtag kann darüber hinaus in der Regel auch dem Anhang des Geschäftsberichts entnommen werden. Im Rahmen einer Bewertung nach dem Entity-Ansatz wird der (positive bzw. negative) Marktwert zum Barwert der oFCF addiert. Führt man eine Bewertung nach dem Equity-Ansatz durch, so sollte man die aus Swaps, Forward Rate Agreements oder Financial Futures resultierenden Zahlungsströme in die Planung der FtE einbeziehen.

3.8.3.7 Die Problematik negativer Cashflows

DCF-Modelle eignen sich grundsätzlich nur zur Bewertung von Unternehmen, die positive Cashflows aufweisen.

Bei Unternehmen, deren Cashflows überwiegend negativ sind, ist dieser Sachverhalt unmittelbar einsichtig. Bei einer Abdiskontierung der künftigen Zahlungsströme ergibt sich ein negativer Barwert der Cashflows. Derartige Krisenunternehmen, bei denen auch künftig nicht mit ausreichend positiven Cashflows zu rechnen ist, um auftretende negative Cashflows auszugleichen, sollten mit dem Liquidationswert bewertet werden. Eine DCF-Bewertung geht hingegen vom Going concern-Prinzip, d.h. der Unternehmensfortführung, aus.

Aber auch bei Unternehmen, die nur in einigen Perioden negative Cashflows aufweisen – so z.B. Unternehmen in Sanierungsphasen oder Wachstumsunternehmen, die zu Beginn der Planung oftmals negative Cashflows generieren – führen die herkömmlichen DCF-Modelle zu falschen Unternehmenswerten: Erstens wird (aufgrund der Vollausschüttungsprämisse) unterstellt, dass Kapitalgeber im Falle negativer Cashflows eine Kapitaleinlage in entsprechender Höhe leisten. Es ist aber keineswegs sicher, ob sie dazu auch willens und in der Lage sind. Noch wesentlicher ist jedoch der zweite Aspekt. Werden positive Cashflows mit einem Zinssatz diskontiert, in dem eine (positive) Risikoprämie enthalten ist, führt ein höheres Risiko zu einem niedrigeren Unternehmenswert. Dieses Prinzip, auf dem die Bewertung nach den DCF-Ansätzen basiert, hat jedoch bei negativen Cashflows den umgekehrten Effekt. Je höher der Diskontierungszinssatz, desto geringer die (negative) Auswirkung eines negativen Cashflows auf den Barwert der Cashflows und somit auf den Unternehmenswert. Das widerspricht der (mit dem Ansatz einer positiven Risikoprämie implizit verbundenen) Annahme der Risikoaversion der Investoren.

Sind bei einem DCF-Ansatz die Cashflows (teilweise) negativ, so ist zunächst einmal zu prüfen, ob die bewertungsrelevanten Cashflows bei einem anderen DCF-Ansatz auch negativ sind. Möglicherweise ist bei Vorliegen eines negativen FtE der oFCF der entsprechenden Periode noch positiv, weil in ihm der zu leistende Kapitaldienst (Zins und Tilgung) nicht enthalten ist. Denkbar ist jedoch auch die umgekehrte Variante: Trotz eines negativen oFCF kann der FtE derselben Periode positiv sein, wenn ein entsprechend hoher Fremdkapitalbetrag zur Finanzierung aufgenommen werden kann.

Führen die herkömmlichen DCF-Modelle zu negativen Cashflows kann es sinnvoll sein, zur Bewertung ein DCF-Equity-Modell zu verwenden, in dem die Vollausschüttungsprämisse aufgegeben wird und das Ausschüttungsverhalten explizit geplant wird. Unter Umständen können negative Cashflows dann aus nicht ausgeschütteten positiven Cashflows vorhergehender Jahre „finanziert" werden oder mit künftigen positiven Cashflows verrechnet werden. Voraussetzung für letzteres ist ein ausreichend hoher Bestand an (als betriebsnotwendig eingestuften und somit nicht separat bewerteten) liquiden Aktiva, die sich entsprechend verringern.

Eine andere Möglichkeit, eine Verzerrung des Unternehmenswertes aufgrund negativer Cashflows zu vermeiden, besteht darin, negative Cashflows mit anderen Diskontierungszinssätzen abzuzinsen als die positiven Cashflows. Für die Abzinsung negativer Cashflows kann zum Beispiel der risikofreie Zinssatz, gegebenenfalls auch mit entsprechenden Abschlägen (in Konsistenz mit den Risikozuschlägen bei positiven Cashflows), verwendet werden.

Weist ein Unternehmen negative Cashflows auf und erfolgt trotzdem eine Abdiskontierung mit einem einheitlichen Zinssatz, so ist davon auszugehen, dass der berechnete Unternehmenswert zu hoch ist.

3.9 Exkurs: Dividend Discount Modell

3.9.1 Vorbemerkungen

Ein Modell, das insbesondere im Bereich der Aktienanalyse zur Unternehmensbewertung herangezogen wird, ist das Dividend Discount Modell. Das Dividend Discount Modell baut auf ähnlichen Annahmen auf wie das vorne beschriebene DCF-Modell nach dem Equity-Ansatz. Basis für die Berechnung des Unternehmenswertes ist wie beim Equity-Ansatz der Geldzufluss bei den Eigenkapitalgebern. Abweichend von den DCF-Modellen gehen aber beispielsweise Investitionen in das Anlagevermögen sowie das Umlaufvermögen nicht direkt über eine Veränderung der Cashflows in die Bewertung ein, sondern indirekt über die mit ihnen verbundene Veränderung des Eigenkapitals und damit über das nicht ausgeschüttete Jahresergebnis. Berücksichtigt der Equity-Ansatz explizit das Ausschüttungsverhalten und die Erträge aus spezifischen Vermögensgegenständen, so führen Equity-Ansatz und Dividend Discount Modell zu identischen Werten.

3.9.2 Ableitung der wesentlichen Parameter aus der Planung

Die erwarteten Dividenden, die die Basis des Modells bilden, werden in der Praxis häufig aus dem Wachstum des Jahresergebnisses bzw. dem Return on Equity und der Ausschüttungsquote hochgerechnet.

Im dargestellten Beispiel dient für die Ermittlung der Dividenden die Planung aus Kapitel 2 als Basis. Die bei den DCF-Modellen in der Regel als spezifische Vermögensbestandteile separat erfassten Positionen, wie z.B. Kasse, nicht-betriebsnotwendiges Vermögen und Anteile Dritter, fließen über ihren Einfluss auf die Dividenden in die Bewertung ein. Die Zinserträge und die Veränderungen des Kassenbestands sind in der ursprünglichen Planung (vgl. Kapitel 2) bereits berücksichtigt. Um die Behandlung spezifischer Vermögensgegenstände zu verdeutlichen, wird ergänzend auf die Planungen für die Beteiligungen und Minderheiten (vgl. Abschnitt 3.8.2) zurückgegriffen und die Planung aus Kapitel 2 entsprechend adjustiert.

In Tabelle 3–61 ist die Ableitung der adjustierten Werte dargestellt, die für das Dividend Discount Modell wesentlich sind. Dies sind das Jahresergebnis, die Dividenden und das Eigenkapital. Im Beispiel ergeben sich diese Werte aus der detaillierten Planung für die KfZ-Zulieferer GmbH.

Für die Adjustierung des Jahresergebnisses wird das Beteiligungsergebnis nach Steuern hinzugerechnet und der Dritten zustehende Ergebnisanteil abgezogen. Zusätzlich wird ab dem Jahr 2 die Rendite nach Steuern auf die im Vorjahr thesaurierten Adjustierungen hinzuaddiert. Die Erträge aus zusätzlichen thesaurierten Gewinnen im Jahr 2 von 0,4 Mio. € berechnen sich beispielsweise als kumulierter thesaurierter Gewinn aus Anpassungen der Vorjahre von 2,7 Mio. € multipliziert mit der für diese Position angenommenen Rendite vor Steuern von 15,24 %.

Aus den Anpassungen des Jahresergebnisses und der Ausschüttungsquote ergibt sich die Adjustierung der Dividende. Die Dividende aus Anpassungen im Jahr 2 von 1,4 Mio. € ist das Produkt aus den Ergebnisanpassungen für Beteiligungen,

in Mio. €	Jahr	1	2	3	4	5
Ableitung adjustiertes Jahresergebnis						
[+] Jahresergebnis		23,1	27,6	36,8	39,1	38,9
[+] Erträge aus Beteiligungen (brutto)		4,4	5,2	6,4	6,4	6,4
[–] Steuern (Bemessungsgrundlage 5%)	38,65%	–0,1	–0,1	–0,1	–0,1	–0,1
[+] Erträge aus Beteiligungen (netto)		4,3	5,1	6,3	6,3	6,3
[–] Anteile Dritter am Ergebnis		0,5	0,8	1,4	1,7	2,0
[+] Erträge aus zusätzlichen thesaurierten Gewinnen	15,24% vor Steuern		0,4	0,9	1,5	2,0
[–] Steuern	38,65%		0,2	0,3	0,6	0,8
[+] Erträge aus zusätzlichen thesaurierten Gewinnen nach Steuern			0,2	0,6	0,9	1,2
[+/–] Anpassungen für Beteiligungen und Anteile Dritter		3,8	4,5	5,5	5,5	5,5
[=] Adjustiertes Jahresergebnis		26,9	32,1	42,3	44,6	44,4
Ableitung adjustierte Dividende						
[+] Dividende aus Jahresergebnis	30%	6,9	8,4	11,0	11,7	11,7
[+] Dividende aus Anpassungen	30%	1,1	1,4	1,7	1,7	1,7
[=] Adjustierte Dividende		8,0	9,8	12,7	13,4	13,4
Ableitung adjustiertes Eigenkapital						
[+] Eigenkapital		200,7	219,9	245,7	273,1	300,3
[+] Kumulierter thesaurierter Gewinn aus Anpassungen		2,7	5,8	9,6	13,4	17,2
[=] Adjustiertes Eigenkapital		203,4	225,7	255,3	286,5	317,5

Tabelle 3–61: Notwendige Plananpassungen für ein vollintegriertes Dividend Discount Modell

Anteilen Dritter und Erträgen aus zusätzlichen thesaurierten Ergebnissen nach Unternehmenssteuern im Jahr 2 von 4,5 Mio. € und der Ausschüttungsquote von 30 %.

Zum Eigenkapital wird jeweils die Summe des kumulierten thesaurierten Ergebnisbeitrags der Anpassungen des Jahresergebnisses hinzuaddiert. Für das Jahr 2 beträgt der kumulierte thesaurierte Gewinn aus Anpassungen 5,8 Mio. €. Er berechnet sich als thesaurierter Gewinn im Jahr 1 von 2,7 Mio. € zuzüglich der Adjustierung des Jahresergebnisses im Jahr 2 von 4,5 Mio. € abzüglich der auf Anpassungen entfallenden Dividende im Jahr 2 von 1,4 Mio. €.

Im Folgenden werden zwei Berechnungsschritte der Tabelle 3–57 näher beleuchtet: die Besteuerung von Einkünften aus Kapitalgesellschaften und die Ermittlung der erwarteten Erträge aus thesaurierten Gewinnen.

Detaillierte Erläuterung: Besteuerung von Dividenden

Bei der Berechnung der Erträge aus Beteiligungen wurde die Besteuerung der Dividenden berücksichtigt: Von diesen sind derzeit 5 % zu versteuern, sofern der Empfänger wie die KfZ-Zulieferer GmbH eine Kapitalgesellschaft ist. Die Berechnung ist nachfolgend für das Jahr 2 dargestellt:

Beteiligungsertrag nach Steuern
= Beteiligungsertrag vor Steuern · (1 – 5% · Steuersatz)
= 5,2 · (1 – 5% · 38,65 %)
= 5,1

Detaillierte Erläuterung: Verzinsung thesaurierter Gewinne
Wie in der Planung in Kapitel 2 wird auch für die Ergebnisanpassungen eine Ausschüttungsquote von 30 % unterstellt. Durch die Thesaurierung von 70 % der Erträge baut sich über den Planungshorizont eine Position an flüssigen Mitteln auf, für die bestimmt werden muss, welche Rendite sie erwirtschaftet. Als Alternativen existieren die Verzinsung mit der geforderten Eigenkapitalrendite vor Unternehmenssteuern[89] bzw. mit dem marktgängigen Anlagezinssatz.

Die betriebsnotwendige Kasse sowie die nicht-betriebsnotwendigen thesaurierten Erträge, für die keine Alternativanlagen mit einer entsprechenden Rendite vorhanden sind, verzinsen sich mit dem Anlagezinssatz. Diese Alternative führt im Dividend Discount Modell dazu, dass einer Kassenposition häufig ein geringerer Wert zugemessen wird als im DCF-Modell nach dem Equity-Ansatz, da dort die Kasse oft – der Einfachheit halber – in voller Höhe als spezifischer Wert zum Barwert der Cashflows hinzuaddiert wird. Dies ist unter der Voraussetzung, dass die Kasse in voller Höhe nicht-betriebsnotwendig und ausschüttungsfähig ist, richtig und sollte sich dann auch im Dividend Discount Modell widerspiegeln, da ansonsten beide Modelle von unterschiedlichen Zuflusszeitpunkten beim Eigenkapitalgeber und implizit von unterschiedlichen Renditen für die Kassenposition ausgehen.

Die in der Planung in Kapitel 2 bereits berücksichtigte und im DCF-Modell als nicht-betriebsnotwendig eingestufte Kasse verzinst sich annahmegemäß mit 3 % auf den Kassenbestand zu Jahresbeginn. Diese Annahme ist nicht konsistent mit der Einstufung der Kasse als nicht-betriebsnotwendig im DCF-Modell, dient aber zur Veranschaulichung der Bewertung einer als betriebsnotwendig erachteten Kasse im Dividend Discount Modell.

Die geforderte Eigenkapitalrendite vor Unternehmenssteuern kann verwendet werden, solange genügend Investitionsalternativen mit einer entsprechenden Rendite existieren und die thesaurierten Erträge als nicht-betriebsnotwendig eingestuft werden. Mit dieser Vorgehensweise wird erreicht, dass die Thesaurierung von Erträgen, die nicht-betriebsnotwendig sind, bewertungsneutral ist, d.h. diesen Erträgen wird derselbe Wert zugemessen, als wären sie im Entstehungszeitpunkt ausgeschüttet worden, und der Wert im DCF-Modell nach dem Equity-Ansatz gleicht dem nach dem Dividend-Discount-Modell.

Die thesaurierten Ergebnisanpassungen sind nicht-betriebsnotwendig und es wird angenommen, dass weitere Investitionsalternativen im Unternehmen vorhanden sind, die eine Rendite nach Steuern in Höhe der gefordeten Eigenkapitalrendite von 9,35 % besitzen, aber noch nicht explizit in der Planung erfasst sind. Die Erträge aus Investitionsalternativen im Unternehmen sind voll zu versteuern. Die Rendite dieser Investitionsalternativen vor Unternehmenssteuern berechnet sich wie folgt:

---

[89] Vgl. IDW Standard: Grundsätze zur Durchführung von Unternehmensbewertungen (IDW S 1), neue Fassung vom 02.04.2008, Ziffer 35–37.

$$15{,}24\,\% = \mathit{Eigenkapitalrendite}/(1 - \text{Steuersatz}) = 9{,}35\,\%/(1 - 38{,}65\,\%)$$

Am Beispiel der zu Beginn des Jahres 1 bestehenden Kasse wird im Folgenden gezeigt, was die unterschiedlichen Annahmen für den der Kasse zugemessenen Wert bedeuten. Im DCF-Modell nach dem Equity-Ansatz wird die zu Beginn des Jahres 1 existierende und als nicht-betriebsnotwendig erachtete Kasse in Höhe von 32,9 Mio. € mit dem Habenzinssatz von 3 % abzüglich Steuern von 38,65 % auf den Bewertungsstichtag 31.8. des Jahres 1 aufgezinst. Ihr Wert zum Stichtag beträgt somit 33,3 Mio. €.

Wird wie in Tabelle 3–62 angenommen, dass die Kasse betriebsnotwendig ist, nur Erträge in Höhe des Habenzinssatzes erwirtschaftet und nur 30 % der Erträge nach Steuern ausgeschüttet werden, so hat sie zum Bewertungszeitpunkt nur einen Wert von 3,1 Mio. €.

in Mio. € Jahr	1	2	3	4	5	Endwert
[+] Anfangsbestand Kasse	32,90	33,33	33,76	34,19	34,63	35,08
[+] Zinsertrag (brutto)	0,99	1,00	1,01	1,03	1,04	1,05
[–] Steuern	–0,38	–0,39	–0,39	–0,40	–0,40	–0,41
[+] Zinsertrag (netto)	0,61	0,61	0,62	0,63	0,64	0,64
[–] Ausschüttung	–0,18	–0,18	–0,19	–0,19	–0,19	–0,29
Ausschüttungsquote	29,5%	29,5%	30,6%	30,2%	29,7%	45,2%
[=] Endbestand Kasse	33,33	33,76	34,19	34,63	35,08	35,43
Wachstum gegenüber Vorjahr		1,3%	1,3%	1,3%	1,3%	1,0%
Ausschüttung	0,18	0,18	0,19	0,19	0,19	0,29
Multiplikator	0,9707	0,8877	0,8118	0,7425	0,6790	8,1317[90]
Barwert der Zinserträge	0,17	0,16	0,15	0,14	0,13	2,35
Nettobarwert der Kasse	3,10					

Tabelle 3–62: Kasse – Habenzinssatz und Thesaurierung

Wird hingegen angenommen, dass die Kasse zwar nicht ausgeschüttet wird, jedoch genügend alternative Investitionsmöglichkeiten existieren, die eine Verzinsung in Höhe der geforderten Eigenkapitalrendite vor Steuern, d.h. 15,24 %, erwirtschaften, so hat die Kasse einen Wert von 34,9 Mio €. Der Wertzuwachs von 32,9 Mio. € auf 34,9 Mio. € entspricht der Aufdiskontierung des Anfangsbestands auf den Bewertungsstichtag mit der Eigenkapitalrendite und diese Vorgehensweise wird deshalb auch als bewertungsneutral bezeichnet.

3.9.3 Berechnung der Dividende im Terminal Value

Zur Berechnung des Unternehmenswertes mit dem Dividend Discount Modell ist neben den Angaben in Tabelle 3–63 noch die Dividende im Terminal Value zu be-

[90] $8{,}1317 = \text{Multiplikator des Jahres 5}/(\text{Eigenkapitalrendite} - \text{Wachstumsrate}) = \frac{0{,}6790}{9{,}35\,\% - 1\,\%}$.

rechnen. Bei Nullwachstum im Terminal Value kann das Jahresergebnis vollständig ausgeschüttet werden. Wird jedoch im Terminal Value Wachstum unterstellt, muss hierfür weiterhin ein – wenn auch vergleichsweise geringer Teil – des Jahresergebnisses einbehalten werden. Die Einbehaltungsquote berechnet sich als Wachstumsrate dividiert durch Return on Equity[91].

in Mio. €	Jahr	1	2	3	4	5	Endwert
[+] Anfangsbestand Kasse		32,90	35,05	37,35	39,79	42,39	45,16
[+] Zinsertrag (brutto)		5,01	5,34	5,69	6,06	6,46	6,88
[–] Steuern		–1,94	–2,06	–2,20	–2,34	–2,50	–2,66
[+] Zinsertrag (netto)		3,07	3,28	3,49	3,72	3,96	4,22
[–] Ausschüttung		–0,92	–0,98	–1,05	–1,12	–1,19	–3,77
Ausschüttungsquote		30,0%	29,9%	30,1%	30,1%	30,1%	89,3%
[=] Endbestand Kasse		35,05	37,35	39,79	42,39	45,16	45,61
Wachstum gegenüber Vorjahr			6,6%	6,5%	6,5%	6,5%	1,0%
Ausschüttung		0,92	0,98	1,05	1,12	1,19	3,77
Multiplikator		0,9707	0,8877	0,8118	0,7425	0,6790	8,1317
Barwert der Zinserträge		0,89	0,87	0,85	0,83	0,81	30,64
Nettobarwert der Kasse		34,90					

Tabelle 3–63: Kasse – Eigenkapitalrendite vor Unternehmenssteuern und Thesaurierung

Zur Ermittlung der Dividende wird die Wachstumsrate im Terminal Value in Höhe von 1 % zuerst auf das adjustierte Jahresergebnis des letzten Planjahres von 44,4 Mio. € und das adjustierte Eigenkapital von 317,5 Mio. € angewendet. Aus dem ermittelten Jahresergebnis von 44,8 Mio. € und dem Eigenkapital zum Ende des letzten Planjahres t = 5 von 317,5 Mio. € berechnet sich der Return on Equity im Teminal Value von 14,1 %. Aus der Wachstumsrate im Terminal Value von 1 % im Verhältnis zum Return on Equity von 14,1 % ergibt sich die Einbehaltungsquote im Terminal Value von 7,1 % bzw. die Ausschüttungsquote von 92,9 %. Die Dividende im Terminal Value von 41,6 Mio. € berechnet sich als Produkt aus Ausschüttungsquote von 92,9 % und Jahresergebnis von 44,8 Mio. €.

3.9.4 Berechnung des Unternehmenswertes

Auf Basis der getroffenen Annahmen errechnet sich für die KfZ-Zulieferer GmbH ein Unternehmenswert von 384,1 Mio. € (vgl. Tabelle 3–64). Demgegenüber erhält man gemäß dem DCF-Verfahren nach dem Equity-Ansatz einen Wert von 426,0 Mio. € (373,6 Mio. € für das operative Geschäft inkl. Kasse plus 73,7 Mio. € für die Beteiligungen minus 21,3 Mio. € für die Anteile Dritter).

[91] Vgl. Abschnitt 4.7.4.

in Mio. €	Jahr	1	2	3	4	5	Endwert
Jahresergebnis		26,9	32,1	42,3	44,6	44,4	44,8
Dividende		8,0	9,8	12,7	13,4	13,4	41,6
Ausschüttungsquote		29,7%	30,5%	30,0%	30,0%	30,2%	92,9%
Eigenkapital		203,4	225,7	255,3	286,5	317,5	320,7
Return on Equity		14,6%	15,8%	18,7%	17,5%	15,5%	14,1%
Veränderung zum Vorjahr in Prozent		10,2%	11,0%	13,1%	12,2%	10,8%	1,0%
Diskontierungszinssatz	9,35%						
Multiplikator		0,9707	0,8877	0,8118	0,7425	0,6790	8,1317
Dividende		8,0	9,8	12,7	13,4	13,4	41,6
Barwert der Dividende		7,8	8,7	10,3	9,9	9,1	338,3
[+] Barwert Dividenden in der Detailplanungsphase	45,8						
[+] Barwert Dividenden im Terminal Value	338,3						
Anteil des TV am Equity Value	88,1%						
Equity Value per 31.08. des Jahres 1	384,1						

Tabelle 3–64: Berechnung des Unternehmenswertes (Eigenkapital) der KfZ-Zulieferer GmbH nach dem Dividend Discount Modell

Das Delta von 41,9 Mio. € ist im Wesentlichen auf die unterschiedliche Behandlung der zu Beginn des Jahres 1 vorhandenen Kasse sowie auf die unterschiedliche Behandlung der aufgrund thesaurierter Gewinne ansteigend geplanten Kasse zurückzuführen. Weitere Unterschiede ergeben sich aus der unterschiedlichen Vorgehensweise bei der Ermittlung der Flows to Equity bzw. der Dividenden im Terminal Value. Dies sind insbesondere Abweichungen beim Zinsaufwand und bei den Pensionsrückstellungen, die aufgrund der vergleichsweise pauschalen Vorgehensweise anders als beim DCF-Verfahren im Dividend Discount Modell implizit mit 1 % wachsen.

3.9.5 Fazit

Beim Dividend Discount Modell ist insbesondere bei der Berechnung des Terminal Value Vorsicht geboten, da die angenommenen nachhaltigen Wachstumsraten im Vergleich mit dem Equity-Ansatz oft deutlich höher angesetzt werden. Der Grund hierfür ist, dass das nachhaltige Wachstum im Steady-State als Produkt aus Einbehaltungsquote und Return on Equity berechnet wird und die Ausschüttungsquote sich meist an historischen bzw. mittelfristig erwarteten Quoten orientiert. Die Ausschüttungsquoten börsennotierter Unternehmen liegen im Schnitt deutlich unter 92,9 %, wie sie sich bei Annahme eines 1 %-igen Wachstums für die KfZ-Zulieferer GmbH ergibt. Niedrigere Ausschüttungsquoten führen rechnerisch jedoch zu höheren Wachstumsraten.

Vergleichsweise hohe Wachstumsraten, die sich aufgrund des dargestellten Zusammenhangs ergeben, sind deshalb auf ihre Nachhaltigkeit zu hinterfragen. Dies gilt insbesondere auch für den als nachhaltig angenommenen Return on Equity.

Das Dividend Discount Modell baut auf wenigen, stark vereinfachenden Annahmen auf und sollte deshalb nur eingesetzt werden, wenn die Erstellung einer detaillierten Unternehmensplanung, wie sie als Basis für den Equity-Ansatz notwendig ist, nicht möglich ist. Dies ist bei der Bewertung börsennotierter Unternehmen oft der Fall. Jedoch sollte auch hier darauf geachtet werden, dass die Annahmen plausibel sind und die Bewertung mit dem Dividend Discount Modell nicht nur der Untermauerung gezahlter Börsenkurse dient.

3.10 Wahrscheinlichkeitsgewichtete Szenarien

3.10.1 Vorbemerkungen

Bei den Discounted Cashflow-Modellen wird der Wert eines Unternehmens auf der Grundlage von Planzahlen ermittelt, die mit Unsicherheit behaftet sind. In der Realität gibt es nicht nur einen möglichen, sondern viele Entwicklungspfade. Die Unternehmenswertermittlung in der bisherigen Darstellung erfolgte auf Basis des wahrscheinlichsten bzw. eines mittleren erwarteten Szenarios. Dies ist eine sinnvolle Vorgehensweise, wenn das zugrunde gelegte Planszenario mit sehr hoher Wahrscheinlichkeit eintritt oder die erwarteten Entwicklungspfade sich gleichgewichtig um dieses Szenario verteilen.

Sind die Wahrscheinlichkeiten der einzelnen Entwicklungspfade jedoch schief verteilt oder handelt es sich bei der Häufigkeitsverteilung der Wahrscheinlichkeiten um eine Funktion mit mehreren „Hochpunkten", kann die Reduktion der Betrachtung auf ein Szenario zu unzufriedenstellenden Ergebnissen führen.

Dies kann anhand eines einfachen Beispiels verdeutlicht werden: Bei einer Kaufentscheidung betrage der Wert des Akquisitionsobjekts (abzgl. des Kaufpreises) mit einer Wahrscheinlichkeit von 90 % „–100" und mit einer Wahrscheinlichkeit von 10 % „1000". Bei der Aggregation auf ein durchschnittliches Szenario ergibt sich ein Wert von „10" und die Kaufentscheidung fällt bei dieser Betrachtung positiv aus. Je nach Einstellung zum Risiko werden sich jedoch bei einer 90 %-igen Wahrscheinlichkeit des Scheiterns viele potenzielle Investoren gegen einen Kauf entscheiden.

Um eine transparente und damit fundierte Entscheidung zu ermöglichen, ist es in oben genannten Fällen sinnvoll, mehrere (bzw. bei einer diskreten Wahrscheinlichkeitsverteilung gegebenenfalls alle) Szenarien durchzuplanen und jedes einzelne zu bewerten. Bei der Entscheidungsfindung kann dann sowohl der Gesamtwert, der sich als Summe der wahrscheinlichkeitsgewichteten Werte der einzelnen Szenarien ergibt, als auch die Wahrscheinlichkeitsverteilung berücksichtigt werden.

3.10.2 Generelle Annahmen zum Bewertungsbeispiel

Im Folgenden wird die Bewertung mit Szenarien am Beispiel des fiktiven Unternehmens Perpetuo-Mobile GmbH, kurz PMG, dargestellt. Die PMG ist ein Forschungs- und Entwicklungsunternehmen und hat die Grundlagenforschung für ein revolutionäres Antriebsaggregat abgeschlossen und die Patente bereits angemeldet. Die Fertigungslizenz wurde an die KfZ-Zulieferer GmbH vergeben. Die KfZ-Zulieferer GmbH zahlt der PMG für den Lizenzerwerb 25 Mio. € nach dem erfolgreichen Test des Prototyps im Jahr 5 sowie eine prozentuale Lizenzgebühr vom generierten Deckungsbeitrag über die Restlaufzeit des Patents. Nach Ablauf des Patents zum Ende des Jahres 17 muss die KfZ-Zulieferer GmbH keine Lizenzgebühren mehr bezahlen. Derzeit steht das Unternehmen am Anfang von Phase 1, in der der Prototyp gebaut werden soll. In Phase 2 wird der Prototyp getestet und in Phase 3 die Produktionsanlage für die Massenfertigung entwickelt und beim Lizenznehmer aufgebaut. Phase 4 ist die Vermarktungs- und Vertriebsphase, für die ein rascher Anstieg der Lizenzeinnahmen im Rahmen der anfänglichen Marktdurchdringung und nach Erreichen des Hochpunktes in den Jahren 11 und 12 aufgrund von in der Automobilbranche üblichen jährlichen Preiszugeständnissen ein langsames aber kontinuierliches Abschmelzen erwartet wird. Zum Ende des Jahres 17 läuft das Patent aus, so dass auch kein Deckungsbeitrag mehr erwirtschaftet werden kann. Je nach den Ergebnissen in Phase 2 und 3 besteht die Möglichkeit, dass höherwertige und teurere Materialien in der Produktion eingesetzt werden müssen. Die höheren Materialkosten beim Lizenznehmer führen zu niedrigeren Lizenzeinnahmen und damit Umsätzen bei der PMG, da angenommen wird, dass die Lizenzgebühr sich in Abhängigkeit vom Deckungsbeitrag berechnen. Es gibt insgesamt 5 Szenarien:

- Szenario 1: Erfolg – Niedrige Kosten
- Szenario 2: Erfolg – Hohe Kosten
- Szenario 3: Liquidation nach Misserfolg in Phase 3
- Szenario 4: Liquidation nach Misserfolg in Phase 2
- Szenario 5: Liquidation nach Misserfolg in Phase 1

In Abbildung 3–17 sind der Szenario-Baum sowie die erwarteten Wahrscheinlichkeiten für die beschriebenen Szenarien dargestellt.

Die KfZ-Zulieferer GmbH überlegt aktuell, ob es wirtschaftlich sinnvoll ist, die PMG komplett zu übernehmen und führt deshalb eine Bewertung durch. Dies ist aus Vereinfachungsgründen eine stand-alone Bewertung.

Des weiteren werden folgende Annahmen getroffen:

- Jegliche Ausgaben werden im Jahr der Entstehung zu Aufwendungen und es existiert kein Working Capital und kein Anlagevermögen. Der Jahresüberschuss ist damit gleich dem operativen Free Cashflow.
- Der Kassenbestand zu Beginn beträgt 40 Mio. €. Im Jahr 3 erfolgt eine Einzahlung durch die Eigentümer i.H.v. 10 Mio. €. Aus öffentlichen Forschungsgeldern fließen 15 Mio. € im Jahr 3 zu und der Lizenznehmer KfZ-Zulieferer GmbH zahlt für Lizenzerwerb 25 Mio. € im Jahr 5. Die öffentlichen Forschungsgelder und der Lizenzerwerb werden als Umsatz verbucht.
- Die Lizenzeinnahmen in den Jahren 7 bis 17 entwickeln sich wie oben beschrieben in Abhängigkeit vom Deckungsbeitrag beim Lizenznehmer. Die Lizenzeinnahmen sind in Szenario 2 aufgrund höherer Materialkosten und damit niedrigerer Deckungsbeiträge beim Lizenznehmer halb so hoch wie in Szenario 1. Die Lizenzeinnahmen sind in den Jahren 7 bis 17 die einzigen Umsätze der PMG.

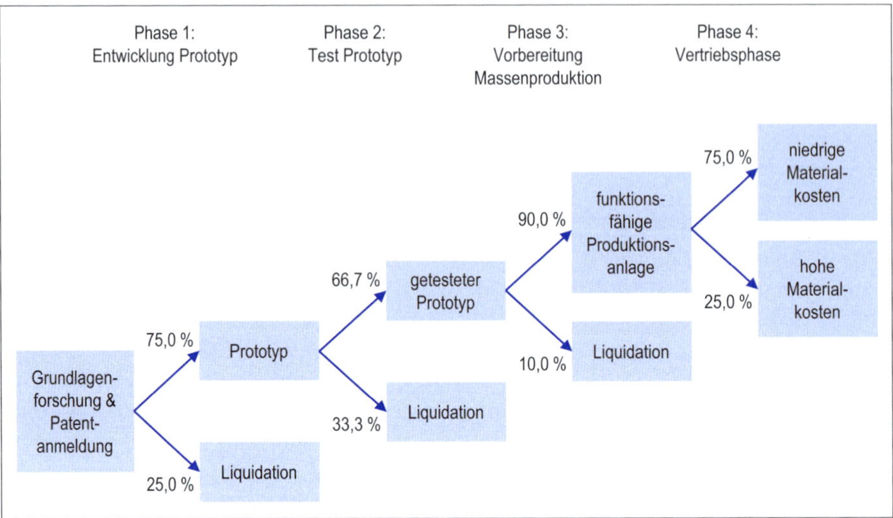

Abbildung 3–17: Darstellung des Szenariobaums

- In die Planung gehen in alle Szenarien dieselben pauschalierten Fixkosten ein.
- Die Kosten der außerplanmäßigen Liquidation in den Szenarien 3 bis 5 betragen 2 Mio. €.
- Der pauschalierte Steuersatz beträgt 40 %. Es besteht ein steuerrechtlicher und ein handelsrechtlicher Verlustvortrag (kurz VV) von jeweils 25 Mio. € und 60 % der Vorsteuergewinne eines Jahres sind mit dem steuerrechtlichen Verlustvortrag verrechenbar.
- Die Kasse wird zu einem Zinssatz von 2,5 % angelegt.
- Zum Ende des Jahres 6 wird eine Kapitalherabsetzung von 70 Mio. € durchgeführt, die gegen die handelsrechtlichen Verlustvorträge verrechnet wird. Der Kapitalherabsetzung steht ein angenommenes eingesetztes Eigenkapital von insgesamt 75 Mio. € entgegen, das der Summe aus dem handelsrechtlichen Verlustvortrag zu Beginn des Jahres 1 von 25 Mio. € und der Kasse zu Beginn des Jahres 1 von 40 Mio. € sowie dem Eigenkapitaleinschuss von 10 Mio. € im Jahr 3 entspricht. Das im Unternehmen verbleibende Eigenkapital von 5 Mio. € dient der Finanzierung des operativen Geschäfts und wird mit der Auflösung der Gesellschaft zum Ende des Jahres 17 ausgekehrt.

Für die PMG wird derselbe Eigenkapitalzinssatz wie für die KfZ-Zulieferer GmbH verwendet. Dieser spiegelt das operative Branchenrisiko für einen Automobilzulieferer wider, dem auch die PMG ausgesetzt ist. Das unternehmensspezifische technologische Risiko der PMG wird dagegen über den Szenariobaum abgebildet. Der Bewertungsstichtag ist der 01.01. des Jahres 1.

3.10.3 Bewertung

Für die Bewertung werden zuerst die Flows to Equity für die einzelnen Szenarien ermittelt. Anschließend wird in einer tabellarischen Übersicht die Wertentwicklung für die einzelnen Szenarien sowie für die Summe der gewichteten Szenariowerte dargestellt.

In den Tabellen 3–65 und 3–66 ist die Ermittlung des Flows to Equity für Szenario 1: Erfolg – Niedrige Kosten dargestellt.

Das Beispiel enthält für Forschungs- und Entwicklungsunternehmen durchaus typische Situationen wie anfänglich negative Cashflows, Nachfinanzierungen sowie große Kassenbestände in Verbindung mit handelsrechtlichen Ausschüttungssperren nach der erfolgreichen Umsetzung des Projekts.

Die Kasse wird zum Ausgleich künftiger negativer Cashflows benötigt und ist damit betriebsnotwendig. Sie fließt über die generierten Zinserträge in die Bewertung ein. Die Einlagen/Entnahmen sowie die unter Berücksichtigung der handelsrechtlichen Ausschüttungssperren ausschüttungsfähigen Dividenden und damit die

in Mio. €		Phase 1		Phase 2		Phase 3		Phase 4–1	
	Jahr	1	2	3	4	5	6	7	8
Szenario 1: Erfolg – Niedrige Kosten									
Umsatz				15,0		25,0		25,0	50,0
Fixkosten Projekt		–17,5	–17,5	–5,0	–5,0	–15,0	–15,0	–2,5	–2,5
Fixkosten Verwaltung		–2,0	–2,0	–2,0	–2,0	–2,0	–2,0	–2,0	–2,0
EBIT		–19,5	–19,5	8,0	–7,0	8,0	–17,0	20,5	45,5
Zinsertrag	2,5%	1,0	0,5	0,1	0,5	0,3	0,5	0,1	0,1
EBT		–18,5	–19,0	8,1	–6,5	8,3	–16,5	20,6	45,6
Steuer	40,0%			–1,3		–1,3		–3,3	–7,3
EAT		–18,5	–19,0	6,8	–6,5	7,0	–16,5	17,3	38,3
VV steuerrechtlich	–25,0	–43,5	–62,5	–57,6	–64,1	–59,2	–75,7	–63,3	–35,9
VV handelsrechtlich	–25,0	–43,5	–62,5	–55,7	–62,2	–55,2	–1,7		
Kapitalflussrechnung des Unternehmens									
Kasse Jahresanfang		40,0	21,5	2,5	19,3	12,8	19,8	3,3	5,0
EAT		–18,5	–19,0	6,8	–6,5	7,0	–16,5	17,3	38,3
Einlagen/Entnahmen				10,0					
Dividenden								–15,6	–38,3
Kasse Jahresende		21,5	2,5	19,3	12,8	19,8	3,3	5,0	5,0
Kapitalab-/zufluss bei Eigenkapitalgeber									
Einlagen/Entnahmen				–10,0					
Dividenden								15,6	38,3
FtE		0,0	0,0	–10,0	0,0	0,0	0,0	15,6	38,3

Tabelle 3–65: Teil 1 von Szenario 1: Erfolg – Niedrige Kosten

in Mio. €	Phase 4 – 2								
Jahr	9	10	11	12	13	14	15	16	17
Szenario 1: Erfolg – Niedrige Kosten									
Umsatz	75,0	100,0	125,0	125,0	115,0	105,0	95,0	85,0	75,0
Fixkosten Projekt	–2,5	–2,5	–2,5	–2,5	–2,5	–2,5	–2,5	–2,5	–2,5
Fixkosten Verwaltung	–2,0	–2,0	–2,0	–2,0	–2,0	–2,0	–2,0	–2,0	–2,0
EBIT	70,5	95,5	120,5	120,5	110,5	100,5	90,5	80,5	70,5
Zinsertrag	0,1	0,1	0,1	0,1	0,1	0,1	0,1	0,1	0,1
EBT	70,6	95,6	120,6	120,6	110,6	100,6	90,6	80,6	70,6
Steuer	–13,9	–38,2	–48,2	–48,2	–44,2	–40,2	–36,2	–32,2	–28,2
EAT	56,7	57,4	72,4	72,4	66,4	60,4	54,4	48,4	42,4
VV steuerrechtlich									
VV handelsrechtlich									
Kapitalflussrechnung des Unternehmens									
Kasse Jahresanfang	5,0	5,0	5,0	5,0	5,0	5,0	5,0	5,0	5,0
EAT	56,7	57,4	72,4	72,4	66,4	60,4	54,4	48,4	42,4
Einlagen/Entnahmen									–5,0
Dividenden	–56,7	–57,4	–72,4	–72,4	–66,4	–60,4	–54,4	–48,4	–42,4
Kasse Jahresende	5,0	5,0	5,0	5,0	5,0	5,0	5,0	5,0	0,0
Kapitalab-/zufluss bei Eigenkapitalgeber									
Einlagen/Entnahmen									5,0
Dividenden	56,7	57,4	72,4	72,4	66,4	60,4	54,4	48,4	42,4
FtE	56,7	57,4	72,4	72,4	66,4	60,4	54,4	48,4	47,4

Tabelle 3–66: Teil 2 von Szenario 1: Erfolg – Niedrige Kosten

Flows to Equity sind explizit geplant. Die Einbehaltung nicht ausschüttungsfähiger Kassenbestände und deren Anlage zum Habenzins ist bei negativen Cashflows eine adäquate Alternative zur Diskontierung der Cashflows auf Unternehmensebene mit dem Habenzinssatz nach Steuern[92].

Der negative Flow to Equity im Jahr 3, d.h. die Einlage der Eigentümer, ist mit der geforderten Eigenkapitalrendite zu diskontieren, da die Eigentümer den Einlagebetrag bis zum Zeitpunkt der Einlage anderweitig zu ihrer geforderten Eigenkapitalrendite anlegen können.

Der Unterschied zwischen dem steuerlichen und dem handelsrechtlichen Verlustvortrag im Jahr 3 ergibt sich daraus, dass sich der steuerliche Verlustvortrag im Jahr 3 von 57,6 Mio. € als steuerlicher Verlustvortrag im Jahr 2 von 62,5 Mio. € minus 60 % des Vorsteuerergebnisses im Jahr 3 von 8,1 Mio. € berechnet, während bei der Berechnung des handelsrechtlichen Verlustvortrages von 55,7 Mio. € 100 %

92 Vgl. auch Abschnitt 3.8.3.7.

des Nachsteuerergebnisses im Jahr 3 von 6,8 Mio. € vom handelsrechtlichen Verlustvortrag des Jahres 2 von 62,5 Mio. € abgezogen werden.

Durch die Kapitalherabsetzung in Höhe von 70 Mio. € zum Ende des Jahres 6 werden die Gewinne des Jahres 7 weitgehend ausschüttungsfähig. Wird keine Kapitalherabsetzung durchgeführt, bleiben die Ausschüttungssperren bestehen, so dass die künftig erwirtschafteten Gewinne erst nach Ausgleich der handelsrechtlichen Verlustvorträge ausgeschüttet und das eingezahlte Kapital erst nach Liquidation der PMG im Jahr 17 entnommen werden können. Aufgrund des zeitlich späteren Zuflusses ist der Wert dann entsprechend geringer.

In den Tabellen 3–67 und 3–68 ist die Ermittlung der Flows to Equity für das Szenario 2: Erfolg – Hohe Kosten abgebildet. Dieses unterscheidet sich nur dadurch vom Szenario 1, dass die Umsätze in Phase 4 halb so hoch sind. Die Verlustvorträge werden dadurch später aufgebraucht und der Flow to Equity fällt geringer aus.

Eine Zusammenführung der Szenarien 1 und 2 zu einem gewichteten durchschnittlichen Szenario führt in der Stand-alone Betrachtung aufgrund der Steuergesetzgebung zu einer fehlerhaften Steuerberechnung. Der Grund hierfür ist, dass

in Mio. €		Phase 1		Phase 2		Phase 3		Phase 4 – 1	
	Jahr	1	2	3	4	5	6	7	8
Szenario 2: Erfolg – Hohe Kosten									
Umsatz				15,0		25,0		12,5	25,0
Fixkosten Projekt		–17,5	–17,5	–5,0	–5,0	–15,0	–15,0	–2,5	–2,5
Fixkosten Verwaltung		–2,0	–2,0	–2,0	–2,0	–2,0	–2,0	–2,0	–2,0
EBIT		–19,5	–19,5	8,0	–7,0	8,0	–17,0	8,0	20,5
Zinsertrag	2,5%	1,0	0,5	0,1	0,5	0,3	0,5	0,1	0,1
EBT		–18,5	–19,0	8,1	–6,5	8,3	–16,5	8,1	20,6
Steuer	40,0%			–1,3		–1,3		–1,3	–3,3
EAT		–18,5	–19,0	6,8	–6,5	7,0	–16,5	6,8	17,3
VV steuerrechtlich	–25,0	–43,5	–62,5	–57,6	–64,1	–59,2	–75,7	–70,8	–58,4
VV handelsrechtlich	–25,0	–43,5	–62,5	–55,7	–62,2	–55,2	–1,7		
Kapitalflussrechnung des Unternehmens									
Kasse Jahresanfang		40,0	21,5	2,5	19,3	12,8	19,8	3,3	5,0
EAT		–18,5	–19,0	6,8	–6,5	7,0	–16,5	6,8	17,3
Einlagen/Entnahmen				10,0					
Dividenden								–5,1	–17,3
Kasse Jahresende		21,5	2,5	19,3	12,8	19,8	3,3	5,0	5,0
Kapitalab-/zufluss bei Eigenkapitalgeber									
Einlagen/Entnahmen				–10,0					
Dividenden								5,1	17,3
FtE		0,0	0,0	–10,0	0,0	0,0	0,0	5,1	17,3

Tabelle 3–67: Teil 1 von Szenario 2: Erfolg – Hohe Kosten

in Mio. €				Phase 4 – 2					
Jahr	9	10	11	12	13	14	15	16	17
Szenario 2: Erfolg – Hohe Kosten									
Umsatz	37,5	50,0	62,5	62,5	57,5	52,5	47,5	42,5	37,5
Fixkosten Projekt	–2,5	–2,5	–2,5	–2,5	–2,5	–2,5	–2,5	–2,5	–2,5
Fixkosten Verwaltung	–2,0	–2,0	–2,0	–2,0	–2,0	–2,0	–2,0	–2,0	–2,0
EBIT	33,0	45,5	58,0	58,0	53,0	48,0	43,0	38,0	33,0
Zinsertrag	0,1	0,1	0,1	0,1	0,1	0,1	0,1	0,1	0,1
EBT	33,1	45,6	58,1	58,1	53,1	48,1	43,1	38,1	33,1
Steuer	–5,3	–7,3	–18,8	–23,2	–21,2	–19,2	–17,2	–15,2	–13,2
EAT	27,8	38,3	39,3	34,9	31,9	28,9	25,9	22,9	19,9
VV steuerrechtlich	–38,6	–11,2							
VV handelsrechtlich									
Kapitalflussrechnung des Unternehmens									
Kasse Jahresanfang	5,0	5,0	5,0	5,0	5,0	5,0	5,0	5,0	5,0
EAT	27,8	38,3	39,3	34,9	31,9	28,9	25,9	22,9	19,9
Einlagen/Entnahmen									–5,0
Dividenden	–27,8	–38,3	–39,3	–34,9	–31,9	–28,9	–25,9	–22,9	–19,9
Kasse Jahresende	5,0	5,0	5,0	5,0	5,0	5,0	5,0	5,0	0,0
Kapitalab-/zufluss bei Eigenkapitalgeber									
Einlagen/Entnahmen									5,0
Dividenden	27,8	38,3	39,3	34,9	31,9	28,9	25,9	22,9	19,9
FtE	27,8	38,3	39,3	34,9	31,9	28,9	25,9	22,9	24,9

Tabelle 3–68: Teil 2 von Szenario 2: Erfolg – Hohe Kosten

im Falle negativer Vorsteuerergebnisse generell keine direkte Cashflow wirksame Steuererstattung durch das Finanzamt stattfindet, sondern diese in den darauffolgenden Jahren mit Gewinnen verrechnet werden. Bei der Aggregation zu einem mittleren Szenario geht aber in der Regel nicht die gewichtete Steuerlast in die Bewertung ein, sondern die für das gewichtete mittlere Szenario ermittelte. Wenn bei der Aggregation negative Vorsteuerergebnisse eines Szenarios mit positiven Vorsteuerergebnissen eines anderen verrechnet werden, hat dies implizit eine direkte Cashflow wirksame Steuererstattung zur Folge.

In den Szenarien 3 und 4 ist im Jahr 3 durch die Eigenkapitalgeber eine Einlage von 10 Mio. € zu erbringen, die der Durchfinanzierung der PMG dient. Der zum Ende der jeweiligen Phase vorhandene und um die Schließungskosten in Höhe von 2 Mio. € reduzierte Kassenbestand wird in den Szenarien 3 bis 5 an die Eigenkapitalgeber ausgekehrt (vgl. Tabelle 3–69).

In den Tabellen 3–70 und 3–71 ist die Wertentwicklung für die einzelnen Szenarien sowie für die Summe der gewichteten Szenarien dargestellt.

in Mio. €	Phase 1		Phase 2		Phase 3		Phase 4 – 1	
Jahr	1	2	3	4	5	6	7	8
Szenario 3: Liquidation nach Misserfolg in Phase 3								
Kapitalab-/zufluss bei Eigenkapitalgeber								
FtE	0,0	0,0	–10,0	0,0	0,0	1,3		
Szenario 4: Liquidation nach Misserfolg in Phase 2								
Kapitalab-/zufluss bei Eigenkapitalgeber								
FtE	0,0	0,0	–10,0	10,8				
Szenario 5: Liquidation nach Misserfolg in Phase 1								
Kapitalab-/zufluss bei Eigenkapitalgeber								
FtE	0,0	0,5						

Tabelle 3–69: Szenarien 3–5: Misserfolg

Der Wert eines Szenarios zu Beginn eines Jahres ergibt sich retrograd aus der Diskontierung der Summe der Flows to Equity dieses Jahres und des Barwertes der Flows to Equity der folgenden Jahre zu Beginn des nächsten Jahres. Der Barwert der zukünftigen Flows to Equity im Szenario 1 für das Jahr 7 von 345,4 Mio. € beispielsweise errechnet sich aus der Summe der Flows to Equity des Jahres 7 von 15,6 Mio. € und dem Barwert der Cashflows der Jahre 7 bis 17 von 362,1 Mio. € geteilt durch Eins plus Eigenkapitalzinssatz von 9,35 %. Da die Flows to Equity der Jahre 1 bis 6 zu Beginn des Jahres 7 bereits geflossen sind, werden sie in der Berechnung des fiktiven Barwertes zu Beginn des Jahres 7 nicht berücksichtigt.

Die Wahrscheinlichkeit der einzelnen Szenarien ergibt sich aus dem Szenariobaum. Die Wahrscheinlichkeit, dass nach erfolgreichem Abschluss der Phase 1 und 2 im Jahr 5 das Szenario 1 eintritt, beträgt beispielsweise 67,5 % und berechnet sich retrograd als Produkt aus der Wahrscheinlichkeit niedriger Kosten in Phase 4 von 75 % sowie der Erfolgswahrscheinlichkeit in Phase 3 von 90 %. Die Wahrscheinlichkeit, dass nach erfolgreichem Abschluss der Phase 1 im Jahr 3 das Szenario 1 eintritt, beträgt 45,0 % und ergibt sich retrograd aus der oben berechneten Wahrscheinlichkeit, dass nach erfolgreichem Abschluss der Phase 1 und 2 im Jahr 5 das Szenario 1 eintritt, von 67,5 % sowie der Erfolgswahrscheinlichkeit in Phase 2 von 66,7 %.

Der anteilige Wert (NPV) eines Szenarios zu einem bestimmten Zeitpunkt ergibt sich aus dem Barwert der Flows to Equity und der retrograd ermittelten Wahrscheinlichkeit dieses Szenarios zu diesem Zeitpunkt. Der anteilige Wert des Szenarios 2 zu Beginn des Jahres 3 von 16,9 Mio. € ist das Produkt aus dem Barwert von 112,7 Mio. € und der Wahrscheinlichkeit von 15,0 % dieses Szenarios zu Beginn des Jahres 3.

Die Summe der anteiligen Barwerte ergibt den Wert der PMG zu Beginn einer Periode. Die implizite Nebenbedingung in dieser Berechnung ist, dass die PMG zu dem Zeitpunkt noch existiert und dass die Entwicklung bis zu diesem Zeitpunkt damit erfolgreich war. Die Summe der anteiligen Barwerte von 227,9 Mio. € im Jahr 5 ergibt sich so aus dem anteiligen Barwert des Szenarios 1 von 195,0 Mio. €, des Szenarios 2 von 32,8 Mio. € und des Szenarios 3 von 0,1 Mio. €. Die Szena-

in Mio. €	Phase 1		Phase 2		Phase 3		Phase 4 – 1	
Jahr	1	2	3	4	5	6	7	8
Szenario 1: Erfolg – Niedrige Kosten								
FtE	0,0	0,0	–10,0	0,0	0,0	0,0	15,6	38,3
Barwert FtE	194,4	212,5	232,4	264,2	288,8	315,9	345,4	362,1
Wahrscheinlichkeit	33,8%	33,8%	45,0%	45,0%	67,5%	67,5%	75,0%	75,0%
Anteiliger NPV	65,6	71,8	104,6	118,9	195,0	213,2	259,0	271,6
Szenario 2: Erfolg – Hohe Kosten								
FtE	0,0	0,0	–10,0	0,0	0,0	0,0	5,1	17,3
Barwert FtE	94,2	103,1	112,7	133,2	145,7	159,3	174,2	185,4
Wahrscheinlichkeit	11,3%	11,3%	15,0%	15,0%	22,5%	22,5%	25,0%	25,0%
Anteiliger NPV	10,6	11,6	16,9	20,0	32,8	35,8	43,5	46,3
Szenario 3: Liquidation nach Misserfolg in Phase 3								
FtE	0,0	0,0	–10,0	0,0	0,0	1,3		
Barwert FtE	–6,9	–7,5	–8,2	1,0	1,1	1,2		
Wahrscheinlichkeit	5,0%	5,0%	6,7%	6,7%	10,0%	10,0%		
Anteiliger NPV	–0,3	–0,4	–0,5	0,1	0,1	0,1		
Szenario 4: Liquidation nach Misserfolg in Phase 2								
FtE	0,0	0,0	–10,0	10,8				
Barwert FtE	–0,1	–0,1	–0,1	9,9				
Wahrscheinlichkeit	25,0%	25,0%	33,3%	33,3%				
Anteiliger NPV	0,0	0,0	0,0	3,3				
Szenario 5: Liquidation nach Misserfolg in Phase 1								
FtE	0,0	0,5						
Barwert FtE	0,4	0,5						
Wahrscheinlichkeit	25,0%	25,0%						
Anteiliger NPV	0,1	0,1						
Zusammenfassung der Einzelszenarien								
Σ anteiliger NPVs	75,9	83,0	121,0	139,0	227,9	249,1	302,5	317,9

Tabelle 3–70: Teil 1 der Wertentwicklung (Stand-alone)

rien 4 und 5 werden bei dieser Berechnung nicht berücksichtigt, weil ein erfolgreicher Abschluss der Phase 1 und 2 diese Szenarien ausschließt.

Auffällig an der Wertentwicklung ist, dass beim Übergang von einer in die nächste Phase der Wert sprunghaft ansteigt, d.h. jeder Erfolg führt zu einem deutlichen Anstieg des Wertes. Dies hängt damit zusammen, dass nach dem erfolgreichen Abschluss einer Phase die Wahrscheinlichkeit insgesamt erfolgreich zu sein zunimmt. So steigt die Eintrittwahrscheinlichkeit für Szenario 1 beim Übergang von Phase 2 zu Phase 3 um 50 % von 45,0 % auf 67,5 %, weil die Misserfolgwahrscheinlichkeit für Phase 2 von 33,3 % wegfällt. Dies ist auch der Grund dafür, dass Aktien von

in Mio. €	Phase 4 – 2								
Jahr	9	10	11	12	13	14	15	16	17
Szenario 1: Erfolg – Niedrige Kosten									
FtE	56,7	57,4	72,4	72,4	66,4	60,4	54,4	48,4	47,4
Barwert FtE	357,6	334,4	308,2	264,7	217,0	170,9	126,5	83,9	43,3
Wahrscheinlichkeit	75,0%	75,0%	75,0%	75,0%	75,0%	75,0%	75,0%	75,0%	75,0%
Anteiliger NPV	268,2	250,8	231,2	198,5	162,8	128,2	94,9	62,9	32,5
Szenario 2: Erfolg – Hohe Kosten									
FtE	27,8	38,3	39,3	34,9	31,9	28,9	25,9	22,9	24,9
Barwert FtE	185,4	175,0	153,0	128,0	105,1	83,0	61,9	41,8	22,8
Wahrscheinlichkeit	25,0%	25,0%	25,0%	25,0%	25,0%	25,0%	25,0%	25,0%	25,0%
Anteiliger NPV	46,4	43,7	38,3	32,0	26,3	20,8	15,5	10,4	5,7
Zusammenfassung der Einzelszenarien									
Σ anteiliger NPVs	314,6	294,5	269,5	230,5	189,1	149,0	110,4	73,3	38,2

Tabelle 3–71: Teil 2 der Wertentwicklung (Stand-alone)

Forschungs- und Entwicklungsunternehmen an der Börse sehr empfindlich auf positive und negative Nachrichten reagieren.

Hinzuweisen ist bei dieser Darstellung darauf, dass die Berechnung der Summe der wahrscheinlichkeitsgewichteten Werte sinnvoll ist, soweit die Ausprägung zu diesem Zeitpunkt noch unsicher ist. Zu Beginn des Jahres 9 ist beispielsweise eindeutig bekannt, ob Szenario 1 oder 2 eingetreten ist und der Wert der PMG beträgt entweder 357,6 Mio. € oder 185,4 Mio. € und nicht 314,6 Mio. €.

Der Wert der PMG zu Beginn des Jahres 1 beträgt 75,9 Mio. €. Ohne Kapitalherabsetzung im Jahr 6 hätte die PMG einen Wert von 69,0 Mio. €.

3.10.4 Fazit

Wie bereits erwähnt ist die Bewertung mithilfe wahrscheinlichkeitsgewichteter Szenarien insbesondere dann sinnvoll und nützlich, wenn die Wahrscheinlichkeitsverteilung eine schiefe Funktion oder – wie im obigen Beispiel – eine Funktion mit mehreren Hochpunkten, d.h. mit diversen sich deutlich unterscheidenden Entwicklungspfaden, die jeweils eine hohe Wahrscheinlichkeit aufweisen, ist.

Der größte Vorteil der Szenariobewertung ist die deutlich verbesserte Transparenz. Jedes einzelne Szenario ist aufgrund der differenzierten Annahmen genau nachvollziehbar und als Grundlage für eine Entscheidung kann nicht nur der aggregierte Gesamtwert, sondern auch der Wert und die Wahrscheinlichkeit der Einzelszenarien herangezogen werden. Diese Verbreiterung der Informationsbasis ermöglicht eine fundierte Entscheidung.

Der größte Nachteil der Szenarien ist, dass mit steigender Anzahl der Szenarien der Grad an Komplexität rasch zunimmt. Das Bewertungswerkzeug erfüllt dann nicht mehr seinen ureigenen Zweck einer klaren und für Dritte nachvollziehbaren Abbildung der Bewertung.

3.11 Exkurs: Vereinfachtes Ertragswertverfahren

3.11.1 Die Konzeption des vereinfachten Ertragswertverfahrens

Das Bundesverfassungsgericht (BVerfG) hat für den **betrieblichen Bereich** – Einzelunternehmen, Personen- und Kapitalgesellschaften – gefordert, dass bei der Ermittlung der erbschaft- und schenkungssteuerlichen Bemessungsgrundlage alle Wirtschaftsgüter (zumindest) mit einem **Annäherungswert an den gemeinen Wert** (Verkehrswert) angesetzt werden müssen. Nach § 9 Abs. 2 BewG wird der gemeine Wert durch den Preis bestimmt, der im gewöhnlichen Geschäftsverkehr nach der Beschaffenheit des Wirtschaftsguts bei einer Veräußerung zu erzielen wäre.[93]

Der gemeine Wert ist

- vorrangig aus Börsenkursen zu bestimmen oder – soweit diese nicht vorliegen –
- aus Verkäufen unter fremden Dritten abzuleiten, die weniger als ein Jahr (aus der Warte des Bewertungszeitpunkts) zurückliegen.

Sind diese Voraussetzungen nicht erfüllt, greift die Bewertung unter ertragsorientierten Gesichtspunkten, d.h. unter Anwendung sog. marktgängiger Verfahren.[94] Zu diesen marktgängigen Bewertungsverfahren gehören z.B.

- substanzorientierte Verfahren wie das Reproduktionswertverfahren oder das Liquidationswertverfahren,
- die ertragswertorientierten Verfahren wie z.B. das Ertragswertverfahren und das Discounted Cashflow (DCF)-Verfahren sowie
- Multiplikatorenverfahren.

Ein vereinfachtes Ertragswertverfahren kann als Alternative zu den oben genannten Methoden angewendet werden. Voraussetzung ist, dass dieses Verfahren im Einzelfall nicht zu unangemessenen Ergebnissen führt. Das vereinfachte Ertragswertverfahren soll die Möglichkeit bieten, ohne großen Ermittlungsaufwand und hohe Kosten für einen Gutachter einen objektivierten Anteils- bzw. Unternehmenswert auf Grundlage der Ertragsaussichten zu ermitteln.

Beim vereinfachten Ertragswertverfahren wird zur Ermittlung des vereinfachten Ertragswerts das zukünftig nachhaltig erzielbare Jahresergebnis[95] mit dem Kapitalisierungsfaktor multipliziert. Das vereinfachte Ertragswertverfahren ist sowohl auf Unternehmen in der Rechtsform der Kapitalgesellschaft als auch auf Einzelunternehmen und Personengesellschaften anwendbar.

Die Bewertung nach dem vereinfachten Ertragswertverfahren erfolgt in folgenden Schritten:

1. Es wird das zukünftig nachhaltig erzielbare Jahresergebnis ermittelt. Vereinfachend wird als Grundlage hierfür das in der Vergangenheit tatsächlich erzielte

[93] Vgl. *Eisele, D.* (2010), S. 82 ff.
[94] Vgl. *Eisele, D.* (2010), S. 82 ff.
[95] Analog zu der in diesem Buch verwendeten Terminologie wird hier der Begriff „Jahresergebnis" benutzt. Im Zusammenhang mit dem vereinfachten Ertragswertverfahren wird in der Regel der Begriff „Jahresertrag" verwendet, welcher inhaltlich jedoch mit dem „Jahresergebnis" identisch ist.

Durchschnittsergebnis herangezogen, das ggf. um Korrekturposten zu bereinigen ist.
2. Das zukünftig nachhaltig erzielbare Jahresergebnis wird mit dem Kapitalisierungsfaktor multipliziert. Dieser ist der Kehrwert des Kapitalisierungszinssatzes, der sich wiederum aus dem (variablen) Basiszinssatz und einem fixen (Risiko-)Zuschlag von 4,5 % zusammensetzt.
3. Die Multiplikation des zukünftig nachhaltig erzielbaren Jahresergebnisses mit dem Kapitalisierungsfaktor ergibt – ggf. noch unter Hinzurechnung weiterer Wertkomponenten (Beteiligungen, etc.) – den gemeinen Wert, d.h. den Unternehmenswert nach dem vereinfachten Ertragswertverfahren.

Die Unternehmensbewertung nach dem vereinfachten Ertragswertverfahren wird in Abbildung 3–18 nochmals verdeutlicht.

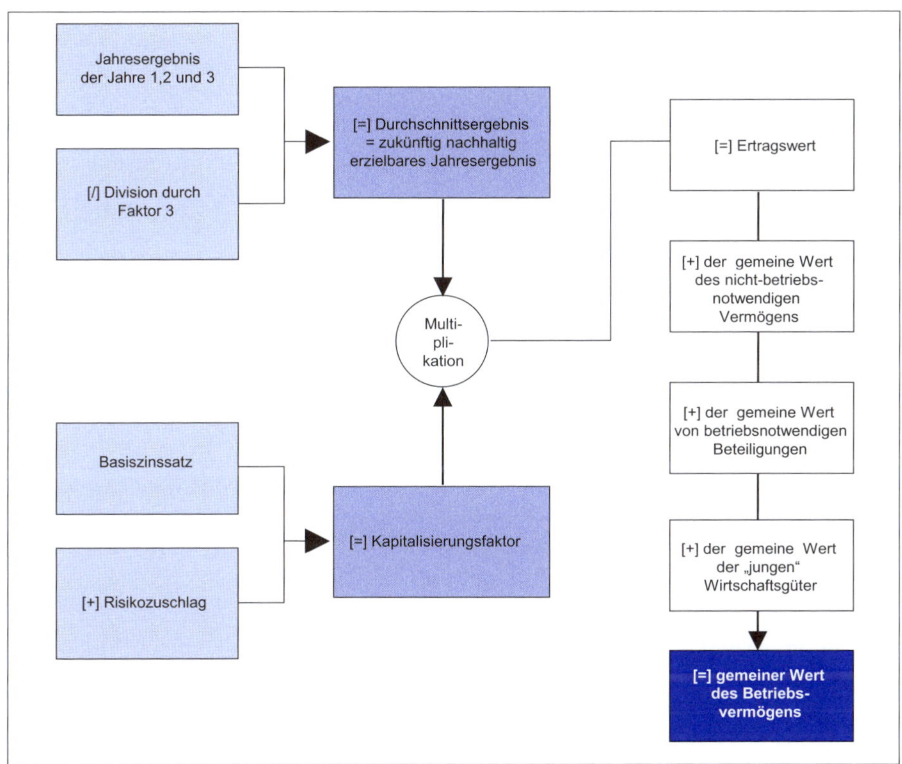

Abbildung 3–18: Vereinfachtes Ertragswertverfahren

3.11.2 Ermittlung des nachhaltig erzielbaren Jahresergebnisses

Nach dem vereinfachten Ertragswertverfahren bildet das zukünftig nachhaltig erzielbare Jahresergebnis die Basis für die Bewertung. Als Beurteilungsgrundlage für die Schätzung des Jahresergebnisses wird das in der Vergangenheit tatsächlich erzielte Durchschnittsergebnis herangezogen. Regelmäßig ist dabei von den Ergebnissen der letzten drei abgelaufenen Wirtschaftsjahre auszugehen. Das Ergebnis des laufenden Jahres kann ebenfalls herangezogen werden, wenn dieses für die Herleitung der Zukunftswerte von Bedeutung ist. Im Gegensatz zum bisherigen Stuttgarter Verfahren werden die einzelnen Jahre nicht unterschiedlich gewichtet, sondern die drei Jahresergebnisse durch den Faktor 3 dividiert. Das Durchschnittsergebnis stellt das nachhaltig erzielbare Jahresergebnis dar.[96]

Das nachhaltig erzielbare Jahresergebnis wird aus den korrigierten Jahresergebnissen des Unternehmens abgeleitet. Ausgangswert ist der Gewinn im Sinne des Einkommensteuergesetzes, das heißt im Falle der Bilanzierung der Unterschiedsbetrag des Betriebsvermögensvergleichs (§ 4 Abs. 1 EStG) und im Falle der Einnahmenüberschussrechnung der Überschuss der Betriebseinnahmen über die Betriebsausgaben (§ 4 Abs. 3 EStG).

Da auf das nachhaltig erzielbare Jahresergebnis abzustellen ist, muss der Ausgangswert des einzelnen Jahresergebnisses hinsichtlich solcher Ertragskomponenten korrigiert werden, die einmaligen Charakter haben oder jedenfalls das maßgebliche Jahresergebnis in Zukunft nicht beeinflussen.

Der Ausgangswert wird wie folgt korrigiert:

Hinzurechnungen:

- Investitionsabzugsbeträge, Sonderabschreibungen, erhöhte Absetzungen, Bewertungsabschläge sowie Teilwertabschreibungen
- Absetzungen auf den Geschäfts- oder Firmenwert oder firmenwertähnliche Wirtschaftsgüter
- einmalige Veräußerungsverluste sowie außerordentliche Aufwendungen
- im Gewinn nicht enthaltene Investitionszulagen, soweit in Zukunft mit weiteren zulagebegünstigten Investitionen in gleichem Umfang zu rechnen ist
- Ertragsteueraufwand im Gewinnermittlungszeitraum (Körperschaftsteuer, Zuschlagsteuern und Gewerbesteuer)
- Aufwendungen, die im Zusammenhang stehen mit nicht-betriebsnotwendigem Vermögen, innerhalb der letzten zwei Jahre eingelegtem Vermögen sowie übernommene Verluste aus Beteiligungen, die zum betriebsnotwendigen Vermögen gehören

Kürzungen:

- gewinnerhöhende Auflösungsbeträge steuerfreier Rücklagen sowie Teilwertzuschreibungen
- einmalige Veräußerungsgewinne sowie außerordentliche Erträge
- im Gewinn enthaltene Investitionszulagen, soweit in Zukunft nicht mit weiteren zulagebegünstigten Investitionen in gleichem Umfang zu rechnen ist
- ein angemessener Unternehmerlohn, soweit in der bisherigen Ergebnisrechnung kein solcher berücksichtigt wurde
- Erträge aus der Erstattung von Ertragsteuern im Gewinnermittlungszeitraum (Körperschaftsteuer, Zuschlagsteuern und Gewerbesteuer)
- Erträge, die im Zusammenhang stehen mit nicht-betriebsnotwendigem Vermögen, innerhalb der letzten zwei Jahre eingelegtem Vermögen sowie Erträge aus Beteiligungen, die zum betriebsnotwendigen Vermögen gehören

---

[96] Vgl. *Eisele, D.* (2010), S. 83 ff.

Zusätzlich sind die sonstigen wirtschaftlich nicht begründeten Vermögensminderungen oder -erhöhungen zu korrigieren, die Einfluss auf das zukünftig nachhaltig erzielbare Jahresergebnis haben und mit gesellschaftsrechtlichem Bezug sind. Damit sollen zum Beispiel verdeckte Gewinnausschüttungen bei Kapitalgesellschaften, überhöhte Pachtzahlungen und Ähnliches ausgeglichen werden.

Zur Abgeltung des betrieblichen Ertragsteueraufwands ist das jeweilige Jahresergebnis um 30 % zu mindern. Aus dem Ansatz eines fiktiven Steueraufwands in Höhe von 30 % ist das Bestreben des Gesetzgebers ersichtlich, die rechtsformneutrale Anwendung des vereinfachten Ertragswertverfahrens sicherzustellen. Um dies zu gewährleisten, werden in einem ersten Schritt (siehe Korrekturkatalog) die Jahresergebnisse um den tatsächlichen Ertragsteueraufwand erhöht sowie um Erträge aus der Erstattung betrieblicher Ertragsteuern (einschl. Zuschlagsteuern) gemindert. In einem zweiten Schritt wird ein pauschaler Ertragsteueraufwand in Höhe von 30 % von dem jeweils korrigierten Jahresergebnis abgezogen.

Tabelle 3–72 zeigt die Ermittlung des nachhaltig erzielbaren Jahresergebnisses.

in Mio. € **Jahr**		**-2**	**-1**	**0**
Jahresergebnis/Ausgangswert		32,9	36,2	47,8
– Beteiligungsergebnis		7,0	10,2	15,8
+ Steuern auf Einkommen und Ertrag		18,2	19,3	27,5
+ Aufwand für nicht-betriebsnotwendiges Vermögen		0,0	0,0	0,0
– angemessener Unternehmerlohn		0,0	0,0	0,0
– Erträge des nicht-betriebsnotwendigen Vermögens		0,0	0,0	0,0
Jahresergebnis vor Ertragsteueraufwand		**44,1**	**45,3**	**59,5**
– Abgeltung Ertragsteueraufwand	30%	13,2	13,6	17,9
Jahresergebnis		**30,9**	**31,7**	**41,7**
Summe der Jahre -2 bis 0				**104,2**
nachhaltig erzielbares Durchschnittsergebnis				**34,7**

Tabelle 3–72: Ermittlung des nachhaltig erzielbaren Jahresergebnisses

Korrekturen beim Unternehmerlohn wurden nicht vorgenommen, da bei einer Kapitalgesellschaft das Geschäftsführergehalt bereits im Personalaufwand enthalten ist.

3.11.3 Berechnung des Kapitalisierungsfaktors

Der Kapitalisierungsfaktor setzt sich zusammen aus
- einem (variablen) **Basiszinssatz** und
- einem (Risiko-)**Zuschlag** von 4,5 %.

Als Basiszinssatz wird der von der Deutschen Bundesbank aus den Zinsstrukturdaten für öffentliche Anleihen ermittelte Zinssatz zugrunde gelegt, der für den ersten Börsentag eines Jahres errechnet wird und eine prognostizierte Rendite für langfristig laufende Anleihen darstellt. Der Basiszinssatz wird vom Bundesministerium der Finanzen für das laufende Kalenderjahr festgelegt und veröffentlicht.

Für das Jahr 2012 wurde der Basiszinssatz in einem BMF-Schreiben vom 2. Januar 2012 auf 2,44 % festgesetzt. Der Basiszinssatz ist aus Vereinfachungsgründen für alle Wertermittlungen auf Bewertungsstichtage in dem jeweiligen Kalenderjahr anzuwenden.

Der (Risiko-)Zuschlag beträgt gemäß § 203 Abs. 1 BewG fix 4,5 % und berücksichtigt pauschal neben dem Unternehmerrisiko auch andere Korrekturposten, z.B. Fungibilitätszuschlag, Wachstumsabschlag oder inhaberabhängige Faktoren. Branchenspezifische Faktoren werden ausweislich der Gesetzesbegründung durch einen sogenannten Beta-Faktor von 1,0 berücksichtigt. Dies bedeutet, dass die Einzelrendite wie der Markt schwankt und daher de facto branchenspezifische Faktoren nicht berücksichtigt werden.[97]

Tabelle 3–73 zeigt die Ermittlung des Kapitalisierungszinssatzes und des Kapitalisierungsfaktors. Der Kapitalisierungsfaktor ist Kehrwert des Kapitalisierungszinssatzes. Abweichend vom aktuellen Basiszinssatz für das Jahr 2012 wird in der Beispielrechnung als Basiszinssatz 5 % angesetzt, um die Vergleichbarkeit mit den Ergebnissen der anderen in diesem Buch erläuterten Bewertungsverfahren herzustellen.

Basiszinssatz	5,0%
Risikozuschlag	4,50%
Kapitalisierungszinssatz	**9,5%**
Kapitalisierungsfaktor (= 1/9,5%)	**10,5**

Tabelle 3–73: Kapitalisierungszinssatz und Kapitalisierungsfaktor

3.11.4 Berechnung des Unternehmenswerts

Das zukünftig nachhaltig erzielbare Jahresergebnis ist mit dem Kapitalisierungsfaktor zu multiplizieren. Ergebnis ist der Ertragswert des Unternehmens aus der operativen Geschäftstätigkeit.

Zum Ertragswert aus dem operativen Geschäft sind noch

- der gemeine Wert des nicht-betriebsnotwendigen Vermögens
- der gemeine Wert von Beteiligungen und
- der gemeine Wert der jungen Wirtschaftsgüter

zu addieren.[98]

Ertragswert
+ gemeiner Wert des nicht-betriebsnotwendigen Vermögens
+ gemeiner Wert von Beteiligungen
+ gemeiner Wert der jungen Wirtschaftsgüter
= gemeiner Wert des Betriebsvermögens

[97] Vgl. diesbezüglich auch Abschnitt 3.3.3.2.2.2.

[98] Vgl. *Eisele, D.* (2010), S. 85 f.

Der gemeine Wert des nicht-betriebsnotwendigen Vermögens
Zum nicht-betriebsnotwendigen Vermögen zählen die Vermögensbestandteile eines Unternehmens, die in keinem direkten Zusammenhang zur operativen Geschäftstätigkeit des Unternehmens stehen und folglich veräußert werden können, ohne die Leistungsfähigkeit des Unternehmens zu beeinträchtigen. Zur Kategorie des nicht-betriebsnotwendigen Vermögens zählen z.B. betrieblich nicht genutzter Grundbesitz (Mietwohngrundstück eines Produktionsunternehmens), Kunstgegenstände, überschüssige Liquidität oder Beteiligungen zur Geldanlage, die mit der Unternehmenstätigkeit nichts zu tun haben.

Der gemeine Wert der Beteiligungen
Eine eigenständige Wertermittlung von Beteiligungen ist dann vorgesehen, wenn ein zu bewertendes Unternehmen seinerseits (Unter-)Beteiligungen in seinem betriebsnotwendigen Vermögen hält. Diese Beteiligungen werden mit dem separat ermittelten gemeinen Wert angesetzt. Die Einbeziehung in das Ertragswertverfahren ist nach Darlegung des Gesetzgebers insbesondere dann sachlich nicht gerechtfertigt, wenn es sich um eine Beteiligung an einer Kapitalgesellschaft handelt, die ihre Gewinne in dem dreijährigen Referenzzeitraum vor dem Bewertungsstichtag in nicht unerheblichem Maße thesauriert hatte. Für wirtschaftlich unbedeutende Beteiligungen können gemäß Gesetzesbegründung im Verwaltungsweg noch Vereinfachungen bei der Bewertung eingeräumt werden.

Für die KfZ-Zulieferer GmbH müsste der gemeine Wert der Beteiligungen durch eine gesonderte Unternehmensbewertung ermittelt werden. Vereinfachend wird hier der gemeine Wert als ewige Rente des Durchschnitts der Beteiligungsergebnisse der letzten drei Jahre bei unterstellten Eigenkapitalkosten analog denen der KfZ-Zulieferer GmbH und einem Wachstum von 0 % berechnet. Der gemeine Wert der Beteiligungen beträgt demnach € 117,7 Mio.

Der gemeine Wert junger Wirtschaftsgüter
Da „junge Wirtschaftsgüter " nach Auffassung des Gesetzgebers keinen Beitrag zum Jahresergebnis beigetragen haben, sind sie gesondert anzusetzen und als gemeiner Wert von „jungen Wirtschaftsgütern" auf den Ertragswert zu addieren. Als junges Wirtschaftsgut werden alle Wirtschaftsgüter verstanden, die innerhalb von zwei Jahren vor dem Bewertungsstichtag eingelegt wurden. Auch hier werden sowohl die Erträge als auch die Aufwendungen neutralisiert.
Für die KfZ-Zulieferer GmbH wurden annahmegemäß in den letzten beiden Jahren keine derartigen Einlagen getätigt.

Tabelle 3–74 zeigt die Bewertung der KfZ-Zulieferer GmbH nach dem vereinfachten Ertragswertverfahren. Der Unternehmenswert beträgt 483,4 Mio. €

in Mio. €	
Ertragswert	365,7
+ Ansatz des gemeinen Werts des nicht-betriebsnotwendigen Vermögens	0,0
+ Ansatz des gemeinen Werts der Beteiligungen	117,7
+ Ansatz des gemeinen Werts von „jungen" Wirtschaftsgütern	0,0
Gemeiner Wert des Unternehmens	**483,4**

Tabelle 3–74: Ermittlung des gemeinen Werts des Unternehmens

Auffallend ist die Wertabweichung zwischen dem vereinfachten Ertragswertverfahren und den Ergebnissen der DCF-Ansätze. Dies liegt darin begründet, dass in der Planung bei den DCF-Verfahren ein Beteiligungsergebnis von Null angesetzt wurde, so dass bei der vergleichenden Beurteilung auch beim vereinfachten Ertragswertverfahren der Ansatz des gemeinen Werts der Beteiligungen mit Null angesetzt werden müsste. Würde man den Wert der Beteiligungen mit Null ansetzen, dann würden in diesem Beispiel die DCF-Verfahren und das vereinfachte Ertragswertverfahren zu fast identischen Bewertungsergebnissen führen. Der hohe Grad der Übereinstimmung im Beispiel kann jedoch nicht verallgemeinert werden und darf nicht darüber hinweg täuschen, dass es sich beim vereinfachten Ertragswertverfahren um eine stark vereinfachte Wertermittlung handelt, die Unternehmensbesonderheiten und die zukünftige Entwicklung des Unternehmens außer Acht lässt.

3.12 Exkurs: Internationale Unternehmensbewertung

3.12.1 Grundlagen der internationalen Unternehmensbewertung

Aufgrund der Globalisierung und der dadurch bedingten grenzüberschreitenden Transaktionen werden zunehmend zuverlässige Bewertungsprinzipien und -mechanismen beim Anlage- und Betriebsvermögen von Tochtergesellschaften im Ausland benötigt. Vor allem bei grenzüberschreitenden Unternehmenskäufen und -verkäufen sind für Preisbestimmungen und -verhandlungen und die Beurteilung der wirtschaftlichen Vorteilhaftigkeit fundierte Bewertungen unerlässlich. Auch bei der Unternehmenssteuerung, der Rechnungslegung und der Transparenz für die Kapitalgeber gewinnen Bewertungen an Bedeutung.

Insbesondere der letzte Punkt hat während und nach der jüngsten weltweiten Finanzkrise die Nachfrage nach internationalen Bewertungen steigen lassen. Während Unternehmen Auslandsinvestitionen früher aus dem Eigenkapital oder mithilfe unbesicherter Kreditlinien bei den Banken finanzieren konnten, musste während der Krise zunehmend Betriebsvermögen als Sicherheit herangezogen werden. Die Ermittlung des Wertes von im Ausland befindlichem Anlage- und Betriebsvermögen ist für Unternehmen, Wirtschaftsprüfer und Banken mit großen Herausforderungen verbunden.

Während in der Praxis pragmatische Lösungsansätze für die Bewertung ausländischer Unternehmen entwickelt wurden, hat sich die Wissenschaft bislang kaum mit diesem Themenkreis befasst.

Unter der internationalen Unternehmensbewertung wird hier die Wertermittlung von ganzen Unternehmen oder Unternehmensanteilen unter Berücksichtigung der Gegebenheiten ausländischer Märkte verstanden.[99] Ausländische Märkte sind hier sowohl Länder mit entwickelten Kapitalmärkten als auch solche, die – verglichen mit den Industrienationen – nicht über solche verfügen, was bei der Bewertung zu

[99] vgl. *Ernst* et al. (2016), S. 21.

besonderen Herausforderungen führt. Dabei geht es nicht nur um die Frage, ob herkömmliche Bewertungsmethoden angewendet werden können, sondern auch darum, wie – angesichts oft fehlender Informationen – Länderrisiken und Transferrisiken adäquat bei der Bewertung zu berücksichtigen sind. Hier wird die internationale Unternehmensbewertung aus deutscher Sicht dargestellt. „Inland" bedeutet Deutschland und „Ausland" alle anderen Länder.

3.12.1.1 Anlässe für eine internationale Unternehmensbewertung

Typische Anlässe für eine internationale Unternehmensbewertung zeigt Abbildung 3–19:

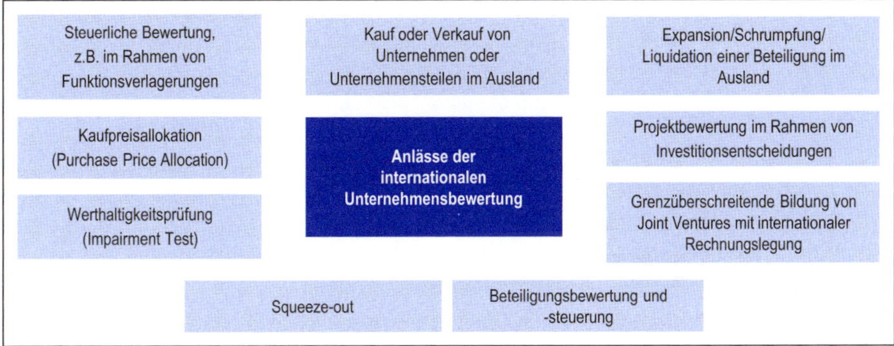

Abbildung 3–19: Anlässe einer internationalen Unternehmensbewertung (Quelle: Ernst et al. (2012), S. 22)

3.12.1.2 Besonderheiten der internationalen Unternehmensbewertung

Die Bewertung ausländischer Unternehmen folgt grundsätzlich den üblichen Bewertungsverfahren. Die Bewertung von Unternehmen in volatilen Emerging Markets oder High Growth Markets weist jedoch einige Besonderheiten auf, die spezielle Methoden erfordern. Abbildung 3–20 gibt einen ersten Überblick über die Herausforderungen und Probleme, die mit Emerging Markets/High Growth Markets verbunden sind.

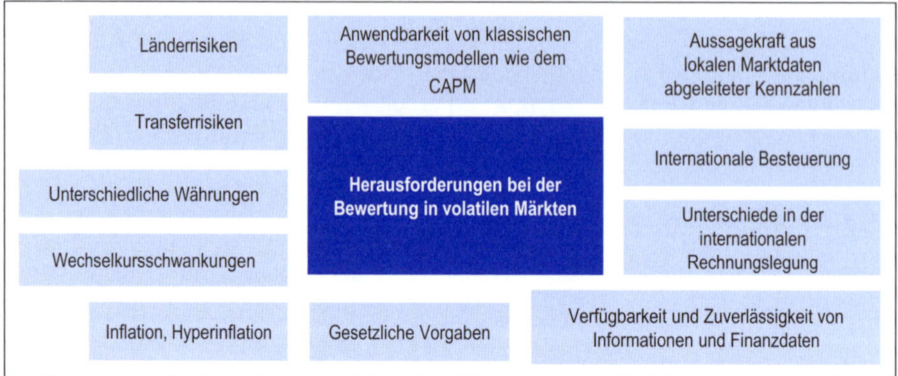

Abbildung 3–20: Übersicht über Problembereiche bei der internationalen Bewertung in volatilen Märkten (Quelle: Ernst et al. (2012), S. 23)

3.12.1.2.1 Unterschiede bei der Rechnungslegung und Besteuerung

Bei der internationalen Unternehmensbewertung besteht oft das Problem, dass sich lokale Rechnungslegungsvorschriften nicht mit den internationalen Rechnungslegungsvorschriften vergleichen lassen.

Finanzkennzahlen von Unternehmen in Emerging Markets/High Growth Markets sind häufig wegen länderspezifischer Vorschriften nur begrenzt mit denen in entwickelten Ländern vergleichbar. Auch wenn es gelingt, vergleichbare Unternehmen (Peer Group) zu bestimmen, sind Vergleiche, etwa bei der Beurteilung der Profitabilität, nicht einfach. Deshalb müssen die Jahresabschlüsse bzw. Kennzahlen zunächst angepasst werden, um verwendbare Analysen und Schlussfolgerungen zu ermöglichen und um Verzerrungen der tatsächlichen Leistungskraft des Bewertungsobjekts zu vermeiden.

Es erfordert oft hohen Aufwand und spezielles Know-how, Informationen über länderspezifische Rechnungslegungsvorschriften zu erlangen. Während die Offenlegungsvorschriften in den letzten Jahren in den entwickelten Ländern zunehmend strikter wurden, sind sie in Emerging Markets/High Growth Markets oft weniger streng. Diese Situation wird voraussichtlich auch in den nächsten Jahren noch so gegeben sein. Auch die obligatorische Anwendung von internationalen Rechnungslegungsvorschriften lässt auf sich warten. Allerdings ist zu erkennen, dass die Emerging Markets/High Growth Markets ihre Rechnungslegungssysteme zunehmend an internationale Standards anpassen, wodurch sich die Transparenz auf diesen Märkten erhöht. Das macht sie für internationale Investoren attraktiver.

Das herrschende Steuerregime und entsprechende gesetzliche Regelungen sind bei der Bewertung ebenfalls relevant. Dabei geht es nicht nur um die Berücksichtigung von zahlungswirksamen Steueraufwendungen je nach Rechtsform, sondern auch um die Beurteilung von steuerlich motivierten Gesellschaftsstrukturen, Ausschüttungsfähigkeit und -implikationen sowie um steuerliche Risiken.

3.12.1.2.2 Währungsunterschiede

Bei der Bewertung von Unternehmen desselben Währungsraums spielen Währungseffekte und Währungsumrechnungen keine Rolle. Wenn aber die Perspektive des Bewertenden im Hinblick auf die Währung des Landes, in dem das Unternehmen seinen Sitz hat, abweicht, muss entschieden werden, in welcher Währung das Bewertungskalkül erfolgen soll. Dabei kann eine Bewertung in der lokalen Währung des Sitzlandes des zu bewertenden Unternehmens oder in einer Referenzwährung erfolgen. Dies ist für den Aspekt der Währungsäquivalenz im Bewertungskalkül bedeutsam.

Nach der Wahl der zugrunde zu liegenden Währung muss darauf geachtet werden, dass die Bewertung konsistent erfolgt, insbesondere bei der Bestimmung und Berechnung der Cashflows und Diskontierungszinssätze. Diese sind entsprechend unter konsistenten Annahmen in die gewählte Währung umzurechnen.

Währungsbedingt können sich Probleme bei den Bewertungskalkülen in Emerging Markets/High Growth Markets ergeben. So lässt sich bei einer Bewertung in Lokalwährung der risikofreie Zinssatz, der zur Ermittlung der Kapitalkosten benötigt wird, nur unter Schwierigkeiten bestimmen, wenn die dortigen Regierungen keine langfristigen öffentlichen Anleihen begeben. Durch solche und andere Faktoren kann die Bewertung mitunter sehr komplex werden.

3.12.1.2.3 Wechselkursschwankungen und Inflation

Bei ausländischen Währungen schwankt oft der Wechselkurs, die Inflationsrate kann sich ebenfalls schnell ändern (Kaufkraftverlust). Zwar wird die lokale Währung oft an eine stabile Fremdwährung wie den Dollar oder Euro gebunden, was jedoch nicht über ihre Volatilität hinwegtäuschen sollte. Die zum Teil deutlichen Auf- oder Abwertungen der Lokalwährung dürfen nicht übersehen werden.

Wechselkursschwankungen und inflationäre Entwicklungen können zu massiven Verzerrungen der Jahresabschlüsse führen. Sie sind bei der Ermittlung der Cashflows und der Diskontierungszinssätze zu berücksichtigen.

3.12.1.2.4 Länderrisiken

Investitionen in Emerging Markets/High Growth Markets werden oft mit wirtschaftlichem Wachstum in diesen Ländern belohnt. Damit gehen jedoch häufig makroökonomische Risiken einher. Investitionen in Länder wie Brasilien, Russland, Indien oder China (BRIC-Staaten) sind meist politischen oder ökonomischen Turbulenzen ausgesetzt. Kein Unternehmen aus einem Emerging Market/High Growth Market kann sich langfristig den dortigen Gegebenheiten entziehen. Von politischen Umbrüchen oder wirtschaftlichen Einbrüchen sind auch die bestgeführten Unternehmen betroffen.

Lässt sich daraus schließen, dass Investitionen in solchen Ländern generell mit höheren Risiken verbunden sind als in Deutschland, Frankreich oder den USA? Bei isolierter Betrachtung der einzelnen Investitionen ist dies zu bejahen. Im Kontext einer weltweit tätigen Unternehmensgruppe kann eine derartige Investition unter Risikogesichtspunkten jedoch einen positiven Beitrag leisten.

Es herrscht Einigkeit, dass Länderrisiken bei der internationalen Unternehmensbewertung zu berücksichtigen sind. Uneinigkeit besteht, wie sich die Prämie für das einzugehende Länderrisiko bestimmt und in das Bewertungskalkül einzubeziehen ist. Dabei spielt die Risikoäquivalenz eine besondere Rolle, insbesondere im Hinblick auf die Kapitalkostenbestimmung bei Ertragswertverfahren.

3.12.1.2.5 Transferrisiken

Transferrisiken betreffen die Repatriierung von Gewinnen und Kapital. Sie können den wirtschaftlichen Erfolg von Auslandsinvestitionen gefährden. Zu den Transferrisiken gehören die devisenrechtlichen Maßnahmen einer Regierung oder Zentralbank, die dem Investor den Empfang von Zahlungen unmöglich macht. Auch wenn der Gegenwert in Lokalwährung deponiert ist, ist ein Transfer nicht möglich, wenn die Zentralbank die erforderlichen Devisen nicht zur Verfügung stellt. Unter das Transferrisiko fällt auch, dass Verbindlichkeiten eines in finanzielle Not geratenen Landes durch zwischenstaatliche Vereinbarungen im Pariser Club umgeschuldet und damit um Jahre aufgeschoben werden.

3.12.1.2.6 Verfügbarkeit und Zuverlässigkeit von Informationen und Finanzdaten

Weitere Probleme können sich bei der Beschaffung von Informationen und Finanzdaten des ausländischen Unternehmens sowie zum Umfeld bzw. Vergleichsunternehmen ergeben. In Emerging Markets/High Growth Markets gibt es oft wenige historische Daten, mitunter fehlen sie sogar vollständig.

Sind die Daten vorhanden, stellt sich die Frage, inwieweit sie zuverlässig und aussagekräftig sind. Die Qualität der Bewertung hängt in besonderem Maße davon ab. Oft müssen Fundamentaldaten wie die Werthaltigkeit von Kauf- und Mietverträgen bei Immobilien überprüft werden. Zudem kann in Emerging Markets/High Growth Markets bei Steuerberechnungen und -zahlungen, den Liquiditäts- und Handelslinien bei Banken oder den Distributions- und Serviceverträgen nicht davon ausgegangen werden, dass Vereinbarungen fortbestehen.

3.12.1.2.7 Aussagekraft von abgeleiteten Kennzahlen

Bei der Unternehmensbewertung werden häufig Parameter anhand von Daten des Kapitalmarkts ermittelt. Ein Beispiel ist der Beta-Faktor, der durch Regression der Renditen des Unternehmens mit den Renditen eines Vergleichsindex berechnet wird. Es fragt sich jedoch, wie aussagekräftig derartige Berechnungen in Anbetracht der oft anzutreffenden Illiquidität, mangelnden Transparenz und hohen Transaktionskosten der Finanzmärkte in Emerging Markets/High Growth Markets sind. Spiegelt der Aktienkurs den korrekten Wert eines Unternehmens wider, auch wenn die Aktie kaum gehandelt und der Kurs häufig fortgeschrieben wird? Kennzahlen aufgrund illiquider und wenig entwickelter Kapitalmärkte lassen sich deshalb oft nur eingeschränkter verwenden, als dies bei entwickelten Märkten der Fall ist. Nicht nur die mangelnde Verfügbarkeit von Finanzinformationen, auch deren Aussagekraft stellt den Bewertenden vor Probleme.

3.12.1.2.8 Anwendbarkeit herkömmlicher Bewertungsverfahren

Angesichts der konzeptionellen und informationsbezogenen Schwierigkeiten muss darüber nachgedacht werden, neue Bewertungsverfahren zu entwickeln.

Nach wie vor werden die traditionellen Bewertungsmethoden angewandt, allen voran das Discounted Cashflow-Verfahren (DCF) mit seinen Ausprägungen.

Auch bei den geltenden Kapitalmarktmodellen zur Bestimmung des Risikos gilt das Capital Asset Pricing Model (CAPM) trotz aller Einschränkungen nach wie vor als anerkannter Standard für die Kapitalkostenbestimmung und wird weltweit angewandt. Fraglich ist jedoch, ob es sich auch um ein geeignetes Modell zur Bestimmung der Kapitalkosten von Unternehmen in Emerging Markets/High Growth Markets handelt. Wie im Folgenden gezeigt wird, muss es angepasst werden. Dabei werden verschiedene Varianten des CAPM oder alternative Ansätze vorgeschlagen. Bei den Varianten liegt die Besonderheit darin, den Zusammenhang zwischen den Modellparametern – risikofreie Rendite, Beta, Marktrisikoprämie und Länderrisikoprämie – so zu definieren, dass es keine Doppel- bzw. Mehrfacherfassung von Risiken gibt und die Risiken in Emerging Markets/High Growth Markets adäquat abgebildet werden.

Man ist sich jedoch nicht einig, wie die Besonderheiten von Emerging Markets/High Growth Markets umzusetzen und welche Modelle bei einer internationalen Bewertung anzuwenden sind.

Dies ist auch einer der Gründe dafür, weshalb es bis heute keinen einheitlichen Standard, sondern eine Vielzahl unterschiedlicher Modelle für die internationale Unternehmensbewertung gibt. Zum einen kommt damit eine durchaus erwünschte Methodenvielfalt zum Ausdruck, zum anderen ist es eine unbefriedigende Antwort auf die Frage, wie Bewertungen auf unvollkommenen Märkten zu erfolgen haben.

Aufgrund der vielen situativen Faktoren, die bei einer internationalen Bewertung zusammenspielen, gibt es nicht immer einfache Lösungen. Wie die einzelnen Faktoren zu berücksichtigen sind, bleibt dem Bewertenden vorbehalten. Eine internationale Bewertung entspricht im Prinzip einer Bewertung im Inland. Bei kapitalwertorientierten Verfahren sind Cashflows zu ermitteln, die mit entsprechenden Kapitalkosten diskontiert werden, bzw. bei den marktorientieren Verfahren Multiplikatoren einer Peer Group zu errechnen, die mit der entsprechenden Bezugsgröße des Unternehmens multipliziert werden.

Der Unterschied und die Schwierigkeit liegen in der Datenbeschaffung und den zusätzlichen Risikofaktoren in Emerging Markets/High Growth Markets, die bei den Input-Parametern zu berücksichtigen sind. Dazu müssen Cashflows und Multiplikatoren bereinigt und das CAPM angepasst bzw. erweitert werden. Einen besonderen Stellenwert hat dabei die Einschätzung der Sicherheit der künftigen Cashflows zunächst in Fremdwährung, letztlich aber auch in der vom Auftraggeber präferierten Referenzwährung.

3.12.2 Länderrisiken

In der Bewertungspraxis werden zunehmend Länderrisikoprämien bei der Berechnung von Kapitalkosten berücksichtigt.[100] Das *IDW* hat eine Stellungnahme zum Thema Länderrisiko veröffentlicht, in der grundsätzlich die Bedeutung von Länderrisiken in der Unternehmensbewertung anerkannt wird.[101] „Für die Exi-

[100] Einen Überblick über verschiedene Verfahren der Länderrisikoprämie findet sich bei *Ernst* et al. (2012), S. 175 ff.

[101] *IDW* (2012).

stenz solcher Länderrisiken im konkreten Bewertungsfall können Risikoprämien von Staatsanleihen (d.h. Renditeaufschläge im Vergleich zu (quasi-)sicheren Anlagen) der für das operative Geschäft relevanten Länder Ansatzpunkte geben."[102] In der Bewertungspraxis wird sich bei der Ermittlung von Länderrisiken oft angelehnt an *Damodarans* Konzept zur „Country Risk Premium".

Zur Berechnung der Länderrisikoprämie stehen folgende Vorgehensweisen zur Auswahl:[103]

Bestimmung der Länderrisikoprämie

- aus den Default Spreads bzw. der sogenannten „Sovereign Yield Spread" öffentlich verfügbarer Anleihen
- aus Länderratings oder durch Unternehmensanleihen
- aus den relativen Standardabweichungen der Aktienmärkte zueinander
- aus einer Kombination aus Default Spreads und relativer Standardabweichung der Aktien- und Bondmärkte zueinander

3.12.2.1 Berechnung aus den Default Spreads

Die einfachste und zugleich am weitesten verbreitete Methode zur Berechnung des Länderrisikos ist es, den sogenannten Default Spread zu bestimmen. Hierzu benötigt man auf der einen Seite eine Staatsanleihe eines entwickelten Industrielandes, von der man ausgeht, dass ihr Ausfallrisiko gegen Null geht. Dies könnten beispielsweise Anleihen aus den USA oder Deutschland sein. Die Rendite der Staatsanleihe entspricht folglich dem risikolosen Zinssatz. Auf der anderen Seite benötigt man eine Anleihe, welche von der lokalen Regierung des Emerging Markets/High Growth Markets begeben wurde. Der Default Spread errechnet sich aus der Differenz der Durchschnittsrenditen (geometrisch oder arithmetisch) beider Papiere. Hier könnten anstelle der Durchschnittsrenditen auch die aktuell am Markt zu beobachtenden Renditen genommen werden. Dabei läuft man jedoch Gefahr, aktuelle Konjunkturhochs bzw. -tiefs in die Berechnung mit einfließen zu lassen. Durch die Bildung des Durchschnitts wird diese Problematik umgangen bzw. ausgeglichen. Da es sich bei beiden Anleihen um Staatsanleihen handelt, wird der Default Spread auch als sogenannter „Sovereign Yield Spread" bezeichnet.

Bei der Auswahl der Anleihe im lokalen Markt ist darauf zu achten, dass sie weitgehend mit den Bedingungen (beispielsweise hinsichtlich Laufzeit) der Staatsanleihe des entwickelten Landes übereinstimmt und auch keine weiteren Zusatzoptionen oder dergleichen enthält. Wichtig ist außerdem, auf eine einheitliche Währung zu achten, da sich Renditen in unterschiedlichen Währungen unterscheiden. So macht es einen Unterschied, eine Rendite von 5% in US-Dollar oder eine von 5% in Yuan zu haben. Die Berechnung der Länderrisikoprämie richtet sich folglich danach, ob eine Unternehmensbewertung in lokaler Währung oder in harter Währung durchgeführt wird.

---

[102] *IDW* (2012), S. 7.

[103] Die Vorgehensweisen gehen auf *Damodaran* (2016), S. 57 ff., zurück.

Beispiel:
Geometrische Durchschnittsrendite eines 10jährigen
US-$ Treasury Bond = 5%
Geometrische Durchschnittsrendite einer 10jährigen brasilianischen
Staatsanleihe in US-$ = 8%

Länderrisikoprämie in US-$ für Brasilien = 8% – 5% = 3%

3.12.2.2 Bestimmung der Länderrisikoprämie aus dem Länderrating bzw. auf Basis von Unternehmensanleihen

Die Bestimmung der Länderrisikoprämie, wie sie bisher dargestellt wurde, funktioniert lediglich, wenn das zu analysierende Land Staatsanleihen in einer Währung begibt, für welche eine ausfallsichere Rendite leicht zu bestimmen ist, also beispielsweise US-$ oder Euro. Probleme ergeben sich jedoch immer dann, wenn die lokale Regierung einerseits überhaupt keine Anleihen begibt, bzw. andererseits sie zwar schon Anleihen begibt, dies aber nur in lokaler Währung tut. Dies ist leider für Emerging Markets/High Growth Markets häufig der Fall.

Länderratings

Einen Ausweg in solchen Fällen bieten unter Umständen Länderratings, wie sie beispielsweise von Finanzinformationsdiensten wie *Moodys* oder *Standard & Poors* veröffentlicht werden. Tabelle 3–75 zeigt einen Ausschnitt eines Länderratings, wie es der Informationsdienst *Moodys* veröffentlicht. So können unter der Annahme, dass Länder mit dem gleichen Rating auch ein gleiches Länderrisiko besitzen, deren Staatsanleihen zur Berechnung des Länderrisikos für das zu analysierende Land herangezogen werden. Hat beispielsweise Brasilien keine Staatsanleihen in US-$ begeben, könnte auch eine indische Staatsanleihe in US-$ herangezogen werden, da beide ein Rating von Baa3 besitzen. So bieten Länderratings eine einfache Möglichkeit, das Länderrisiko zu bestimmen.[104]

Country	Foreign Currency	Currency Rating
Brazil	Baa3	Baa3
China	Aa3	Aa3
Germany	Aaa	Aaa
Greece	Caa3	Caa3
India	Baa3	Baa3
Russia	Ba1	Ba1

Tabelle 3–75: Beispiele für Länderratings nach Moodys: Stichtag Januar 2016 (Quelle: Damodaran (2016), S. 59)

[104] Vgl. *Damodaran* (2016), S. 58 ff.

Die Nachteile der Benutzung von Länderratings müssen jedoch ebenfalls zur Sprache kommen. So hinken Ratingagenturen häufig den aktuellen Marktgegebenheiten etwas hinterher bzw. reagieren zu langsam auf eventuelle Veränderungen in den Ausfallrisiken. Dies wurde insbesondere in der Finanzkrise 2008 deutlich.

Als weiterer Nachteil ist zu nennen, dass Ratingagenturen sich lediglich auf Ausfallrisiken beziehen. Andere Risiken, welche jedoch auch Einfluss auf die Aktienmärkte haben können, werden vernachlässigt. Als Beispiel ist hier ein Anstieg des Ölpreises oder anderer Rohstoffe zu nennen, was einen positiven Einfluss auf rohstoffproduzierende Länder haben kann, jedoch auch Nachteile für rohstoffkonsumierende Länder mit sich bringt.

Gelegentlich werden anstelle von Länderratings auch sogenannte Länderrisiken-Scores verwendet, welche von Spezialinformationsdiensten veröffentlicht werden. Das Prinzip ist hierbei ähnlich wie bei den Länderratings.

Unternehmensanleihen (Corporate Bonds)

Ein weiterer Ausweg in Fällen der Nichtverfügbarkeit von Staatsanleihen in Fremdwährung ist es, auf Renditen von Unternehmensanleihen gleichen Ratings wie das zu analysierende Land zurückzugreifen. Wiederum trifft man die Annahme, dass Anleihen gleichen Ratings vergleichbar sind. Voraussetzung ist erneut, dass das zu analysierende Land auch ein Länderrating besitzt. Trotz gleichen Ratings weisen Unternehmensanleihen allerdings häufig eine etwas höhere Risikoprämie auf als entsprechende Staatsanleihen.

Tabelle 3–76 zeigt Sovereign Spreads und Corporate Bond Spreads, wie sie von *Damodaran* für verschiedene Länderratings bestimmt wurden. Er bestimmte diese auf Grundlage verschiedener Staatsanleihen der Länder sowie mithilfe von Credit-Default-Swaps-Märkten.[105]

Die Werte aus Tabelle 3–76 können somit als einfache und schnelle Methode verwendet werden, um die Default Spreads bzw. die Länderrisikoprämie zu bestimmen. Einzige Voraussetzung ist wie gesagt, dass das jeweilige Land über ein Rating verfügt.

---

[105] Vgl. *Damodaran* (2016), S. 67.

Rating	Sovereign Bonds	Corporate Bonds
Aaa/AAA	0.00%	0.75%
Aa1/AA+	0.44%	0.90%
Aa2/AA	0.55%	1.00%
Aa3/AA-	0.67%	1.05%
A1/A+	0.78%	1.10%
A2/A	0.94%	1.25%
A3/A-	1.33%	1.75%
Baa1/BBB+	1.77%	2.00%
Baa2/BBB	2.11%	2.25%
Baa3/BBB-	2.44%	2.75%
Ba1/BB+	2.77%	3.25%
Ba2/BB	3.33%	4.25%
Ba3/BB-	3.99%	4.50%
B1/B+	4.99%	5.50%
B2/B	6.10%	6.00%
B3/B-	7.21%	7.50%
Caa1/CCC+	8.31%	8.25%
Caa2/CCC	9.98%	9.00%
Caa3/CCC-	11.08%	10.00%

Tabelle 3–76: Default Spreads für verschiedene Länderratings- Sovereign vs. Corporate: Stand Januar 2016 (Quelle: Damodaran (2016), S. 67)

3.12.2.3 Berechnung aus den relativen Standardabweichungen der Aktienmärkte

Die Standardabweichung der Renditen wird in der modernen Portfoliotheorie häufig als Kennzahl für das Risiko benutzt. Überträgt man diesen Gedanken auf die Bestimmung der Risikoprämie in Emerging Markets/High Growth Markets, so kann die Standardabweichung des lokalen Aktienmarktes als Approximation für diese Prämie herangezogen werden. Hat man die Risikoprämie für das Zielland erst einmal bestimmt, lässt sich daraus die Länderrisikoprämie isolieren, indem man die Risikoprämie eines Referenzmarktes von der ermittelten Risikoprämie des Ziellandes abzieht.

Die Bestimmung der Länderrisikoprämie nach diesem Verfahren verläuft demnach in folgenden drei Schritten:[106]

1. Bestimmung der relativen Standardabweichung des Ziellandes
2. Berechnung der Gesamtrisikoprämie des Ziellandes
3. Isolierung der Länderrisikoprämie aus der Gesamtrisikoprämie des Ziellandes

[106] Vgl *Damodaran* (2016), S. 70 ff.

Schritt 1:
In einem ersten Schritt skaliert man zunächst die Standardabweichung des Marktes des Ziellandes mit der des Referenzmarktes und bekommt als Ergebnis ein relatives Risikomaß. Dieses relative Risikomaß besagt, wie viel riskanter das Zielland im Verhältnis zum Referenzmarkt ist.

$$Relative\ Standardabweichung_{Zielland} = \frac{Standardabweichung_{Zielland}}{Standardabweichung_{Referenzmarkt}}$$

Schritt 2:
Multipliziert man die ermittelte relative Standardabweichung mit der Risikoprämie eines etablierten Referenzmarktes, wie beispielsweise dem US Markt, ergibt sich die allgemeine Risikoprämie für den Markt des Ziellandes. Die Idee hinter der Multiplikation der relativen Standardabweichung des Ziellandes ist es, das Risiko des Referenzmarktes dem Risiko des Ziellandes anzupassen. Dies geschieht unter der Prämisse, dass die Standardabweichung auch wirklich ein geeignetes Maß für das Risiko ist.

$$Risikoprämie_{Zielland} = Risikoprämie_{Referenzmarkt} \cdot Relative\ Standardabweichung_{Zielland}$$

Schritt 3:
Im letzten Schritt isoliert man aus der berechneten Gesamtrisikoprämie des Ziellandes den Anteil, welcher der Länderrisikoprämie zuzurechnen ist, indem man die Risikoprämie des Referenzmarktes abzieht.

$$Länderrisikoprämie_{Zielland} = Risikoprämie_{Zielland} - Risikoprämie_{Referenzmarkt}$$

Nachfolgend soll ein einfaches Beispiel für die Bestimmung der Länderrisikoprämie nach diesem Verfahren gegeben werden.

Beispiel:

Zielland:		China
Referenzmarkt:		USA
Risikoprämie USA	=	5%
Standardabweichung China, Hang Seng	=	33,0%
Standardabweichung USA, S&P 500	=	23,3%

Schritt 1: Bestimmung der relativen Standardabweichung des Ziellandes

$$Relative\ Standardabweichung_{China} = \frac{Standardabweichung_{China}}{Standardabweichung_{USA}}$$

$$Relative\ Standardabweichung_{China} = \frac{33\%}{23{,}3\%} = 1{,}4163$$

Schritt 2: Berechnung der Gesamtrisikoprämie des Ziellandes

$$Risikoprämie_{China} = Risikoprämie_{USA} \cdot Relative\ Standardabweichung_{China}$$

$$Risikoprämie_{China} = 5\% \cdot 1{,}4163 = 0{,}0708 = 7{,}08\%$$

Schritt 3: Isolierung der Länderrisikoprämie aus der Gesamtrisikoprämie des Ziellandes

$$Länderrisikoprämie_{China} = Risikoprämie_{China} - Risikoprämie_{USA}$$

$$Länderrisikoprämie_{China} = 7{,}08\% - 5\% = 2{,}08\%$$

Die Bestimmung der Länderrisikoprämie über die relative Standardabweichung weist jedoch in der Praxis mitunter erhebliche methodische Probleme auf. Ein Problem liegt darin begründet, dass die Aktienmarktvolatilität abhängig von der jeweiligen Liquidität innerhalb des Marktes ist. So haben generell hochliquide Aktienmärkte eine höhere Volatilität als illiquide Aktienmärkte. Als Konsequenz würden sich folglich für die häufig illiquiden Märkte innerhalb der Emerging Markets/High Growth Markets geringere Länderrisikoprämien ergeben und somit die Länderrisiken unterschätzt werden. Ein weiteres Problem ist, dass die Standardabweichungen der Märkte in jeweils lokaler Währung ausgedrückt werden. Wie bereits beschrieben unterscheiden sich jedoch Kennzahlen in unterschiedlichen Währungen. Eine Standardabweichung in US-$ sollte nicht mit einer Standardabweichung in Yuan verglichen werden. Diese Problematik ist jedoch zu umgehen, indem die Renditen bzw. Kurse des Marktes des Ziellandes konsistent in die des Referenzmarktes mit den Terminwechselkursen umgerechnet werden.

3.12.2.4 Berechnung aus einer Kombination aus Default Spreads und den relativen Standardabweichungen der Aktien- und Bondmärkte zueinander

Eine weitere Methode, die Länderrisikoprämie in einem Land zu bestimmen, besteht in der Kombination der beiden zuvor genannten Vorgehensweisen. So wurde bei den Default Spreads angenommen, dass diese ein guter Indikator für das zusätzliche Risiko sind, welches man eingehen muss, wenn man in Anlagen dieses Landes investieren will. Bei den relativen Standardabweichungen wurde davon ausgegangen, dass die Standardabweichung das Risiko in Aktienmärkten des Emerging Markets/High Growth Markets hinreichend beschreibt. Wie lassen sich die beiden Ansätze nun kombinieren?

Während die Default Spreads einen ersten Schritt zur Bestimmung der Risikoprämie in einem Land liefern, beziehen sie sich jedoch lediglich auf die Prämie für das Ausfallrisiko. Kritiker argumentieren, dass häufig die Risikoprämie für Aktien höher sein müsse als lediglich das Ausfallrisiko, das auf Basis von Staatsanleihen des Landes ermittelt wurde. Aus diesem Grund soll ähnlich wie im letzten Abschnitt diesem erhöhten Risiko im Aktienmarkt durch die Multiplikation des Default Spreads mit einem relativen Risikomaß Rechnung getragen werden. Das relative Risikomaß ergibt sich hierbei aus dem Verhältnis zwischen der Standardabweichung des lokalen Aktienmarktindex des Ziellandes und der Standardabweichung der Staatsanleihe und soll messen, wie viel risikoreicher ein Investment in Aktien verglichen mit demjenigen in Staatsanleihen ist. Der Default Spread wird praktisch um das erhöhte Risiko im Aktienmarkt im Vergleich zur Staatsanleihe angepasst. Die Länderrisikoprämie steigt entsprechend, wenn entweder das Länderrating sinkt (und dadurch der Default Spread steigt) oder wenn die Standardabweichung im Aktienmarkt ansteigt.[107]

$$\text{Länderrisikoprämie} = \text{Default Spread}_{\text{Zielland}} \cdot \frac{\text{Standardabweichung}_{\text{Aktienmarktindex}}}{\text{Standardabweichung}_{\text{Regierungsanleihe}}}$$

Dieser Ansatz setzt voraus, dass zur Berechnung der Standardabweichung der Staatsanleihe diese auch aktiv gehandelt wird, was häufig nicht gegeben ist. Als Ausweg könnte man den Default Spread auch über das Länderrating ermitteln oder als Näherungslösung die Standardabweichung eines größeren Unternehmens im Land heranziehen, welches als ausfallsicher gilt. Andernfalls ist auf eine der zuvor genannten Vorgehensweisen zurückzugreifen.

Beispiel:

Default Spread Brasilien	=	4,5%
Standardabweichung Brasilien, Bovespa, US-$	=	34,2%
Standardabweichung Staatsanleihe, US-$	=	28,3%

$$\text{Länderrisikoprämie} = \text{Default Spread}_{\text{Brasilien}} \cdot \frac{\text{Standardabweichung}_{\text{Brasilien, Bovespa}}}{\text{Standardabweichung}_{\text{Staatsanleihe}}}$$

$$\text{Länderrisikoprämie} = 4{,}5\,\% \cdot 1{,}2191 = 5{,}486\,\%$$

3.12.3 Modelle zur Berücksichtigung des Länderrisikos in den Eigenkapitalkosten

Die Berücksichtigung des Länderrisikos bei der Bestimmung der Kapitalkosten kann einerseits mittels CAPM-basierter Modelle, andererseits auf Grundlage nicht-CAPM-basierter Modelle ermittelt werden. Wissenschaftler und Praktiker haben eine Reihe von Varianten zum CAPM vorgeschlagen, welche die empirisch

[107] Vgl. *Damodaran* (2016), S. 72 ff.

beobachtbare Bepreisung von Länderrisiken bei der Ermittlung der Eigenkapitalkosten berücksichtigen. Neben den CAPM-basierten Modellen wurden aber auch nicht-CAPM-basierte Modelle als alternative Möglichkeit der Kapitalkostenbestimmung entwickelt. Zunächst wird auf die CAPM-basierten Modelle eingegangen. Im Anschluss werden die nicht-CAPM-basierten Modelle vorgestellt.[108]

3.12.3.1 Ermittlung der Eigenkapitalkosten mittels CAPM-basierter Modelle

Grundlage der CAPM-basierten Modelle bildet, wie der Name bereits vermuten lässt, das klassische CAPM. Da jedoch das klassische CAPM – wie bereits erwähnt – nicht ohne Bedenken auf die Emerging Markets übertragen werden kann, wurden folgende Varianten und Abwandlungen vorgeschlagen, welche im Anschluss kurz erläutert werden sollen:[109]

- Globales CAPM
- Lokales und adjustiertes lokales CAPM
- Hybride CAPM-Modelle
  - (adjustiertes) hybrides CAPM
  - *Lessard*-Modell
  - *Godfrey-Espinosa*-Modell
  - *Goldman-Sachs*-Modell
  - *Damodaran*-Modell
  - *Salomon-Smith-Barney*-Modell

In der Praxis werden diese Modelle meist den nicht-CAPM-basierten Modellen bevorzugt, da sich die Datenbeschaffung für die einzelnen Parameter aufgrund der weiten Verbreitung des CAPM häufig einfacher gestaltet, als dies bei den nicht-CAPM-basierten Modellen der Fall ist. Auf das Problem, die Länderrisikoprämie durch Modifikation des CAPM in die Eigenkapitalkostenberechnung zu integrieren und das CAPM durch eine Länderrisikoprämie zu erweitern, haben *Kruschwitz*, *Löffler* und *Mandl* zu Recht hingewiesen.

3.12.3.1.1 Globales CAPM

Das globale CAPM wurde erstmals von *Solnik* eingesetzt. Teilweise findet sich in der Literatur auch die Bezeichnung International CAPM oder internationales CAPM.

Das globale CAPM basiert auf der Annahme, dass die Märkte weltweit integriert sind und ein freier Kapital- und Informationsfluss auch über Ländergrenzen hinweg gegeben ist. Internationale Investoren sind folglich in der Lage, mit Leichtigkeit jeglichen Markt zu betreten und auch wieder zu verlassen. Dies können sie jeweils mit minimalen Transaktionskosten erreichen. Ein Investor, welcher die Annahmen integrierter Kapitalmärkte und freiem Kapital- und Informationsfluss ak-

---

[108] Vgl. *Ernst* et al. (2012), *Ernst/Gleißner* (2012), *Hofbauer* (2011) und *Pereiro* (2002) sowie die dort angegebene Literatur.

[109] Die im Folgenden verwendete Notation in den Formeln entspricht weitestgehend der Notation von *Pereiro*, vgl. *Pereiro* (2002), S. 39 ff. Damit soll eine bessere Vergleichbarkeit mit den Originalquellen ermöglicht werden.

zeptiert, kann das globale CAPM anwenden. Sind diese Annahmen hingegen nicht erfüllt, existieren beispielsweise Barrieren für internationale Kapitalströme, eignet sich das globale CAPM nicht zur Bestimmung der Eigenkapitalkosten. Da derlei Barrieren häufig für Emerging Markets und andere, noch junge Märkte vorliegen, eignet sich das Modell eher für die Verwendung in entwickelten Märkten, welche den Bedingungen eines perfekten Kapitalmarkts wesentlich näher kommen.

Globales CAPM

$$C_E = r_{f,G} + B_{L,G} \cdot (r_{M,G} - r_{f,G})$$

C_E	=	*Cost of equity capital*	*Eigenkapitalkosten*
$r_{f,G}$	=	*Global riskfree rate*	*Globaler risikoloser Zinssatz*
$B_{L,G}$	=	*Beta of the local target company computed against the global market index*	*Globales Unternehmensbeta = lokales Unternehmensbeta berechnet gegen globales Marktportfolio (Unternehmensrenditen vs. Renditen des globalen Index)*
$r_{M,G}$	=	*Global market return*	*Globale Marktrendite*

3.12.3.1.2 Lokales CAPM und adjustiertes lokales CAPM

Das lokale CAPM geht auf *Pereiro* zurück und stellt wie das globale CAPM eine Variation des klassischen CAPM dar. In der Literatur wird das lokale CAPM teilweise auch als Domestic CAPM oder Segmented CAPM bezeichnet.

Das lokale CAPM stellt gewissermaßen die Gegenseite des globalen CAPM dar. Während das globale CAPM von integrierten Märkten ausgeht, setzt das lokale CAPM segmentierte Märkte voraus. In segmentierten Märkten liegen erhebliche Barrieren für den internationalen Kapital- und Informationsfluss vor. So handelt es sich um ein Modell, das sich für gut diversifizierte Investoren eignet, die jedoch auf einen lokalen Markt beschränkt sind.

Im Gegensatz zu integrierten Märkten können vorhandene Länderrisiken (R_C) in segmentierten Märkten nicht durch internationale, geographische Diversifikation eliminiert werden, weshalb sie in den Eigenkapitalkosten zu berücksichtigen sind.

Lokales CAPM

$$C_E = r_{f,L} + B_{L,L} \cdot (r_{M,L} - r_{f,L})$$

mit $$r_{f,L} = r_{f,G} + R_C$$

C_E	=	*Cost of equity capital*	*Eigenkapitalkosten*
$r_{f,L}$	=	*Local riskfree rate*	*Lokaler risikoloser Zinssatz*
$r_{f,G}$	=	*Global riskfree rate*	*Globaler risikoloser Zinssatz*
R_C	=	*Country risk premium*	*Länderrisikoprämie*
$B_{L,L}$	=	*Local company beta computed against a local market index*	*Lokales Unternehmensbeta = lokales Unternehmensbeta berechnet gegen lokales Marktportfolio (Unternehmensrenditen vs. Renditen des lokalen Index)*
$r_{M,L}$	=	*Return of the local market*	*Lokale Marktrendite*

Ein Problem des lokalen CAPM besteht darin, dass es dazu neigt, Risiken zu überschätzen. Einer Studie von *Erb*, *Harvey* und *Viskanta* aus dem Jahre 1995 zufolge führt die Berücksichtigung des Länderrisikos im einfachen lokalen CAPM in einem gewissen Umfang zu einer doppelten Berücksichtigung, da bereits Teile des Länderrisikos in der Marktrisikoprämie enthalten sind. *Pereiro* schlägt vor, diese doppelte Berücksichtigung durch einen Korrekturfaktor zu neutralisieren, welcher dem Bestimmtheitsmaß (R_i^2) der Regression der Volatilität des lokalen Aktienmarktes mit der Variation des Länderrisikos entspricht. R_i^2 drückt folglich den Teil der Aktienvolatilität aus, welcher durch das Länderrisiko verursacht wird. Als Maß für die Variation des Länderrisikos wird der Morgan Stanley EMBI Index verwendet. Mindert man das lokale CAPM folglich um den Faktor ($1-R_i^2$) wird das Aktienkursrisiko um das Ausmaß der Doppelzählung vermindert. Es wird demnach lediglich die Aktienvolatilität einbezogen, welche nicht durch das Länderrisiko verursacht wird.

Adjustiertes lokales CAPM

$$C_E = r_{f,G} + R_C + B_{L,L} \cdot (r_{M,L} - r_{f,L}) \cdot (1 - R_i^2)$$

C_E	=	*Cost of equity capital*	*Eigenkapitalkosten*
$r_{f,G}$	=	*Global riskfree rate*	*Globaler risikoloser Zinssatz*
$r_{f,L}$	=	*Local riskfree rate*	*Lokaler risikoloser Zinssatz*
R_C	=	*Country risk premium*	*Länderrisikoprämie*
$B_{L,L}$	=	*Local company beta computed against a local market index*	*Lokales Unternehmensbeta = lokales Unternehmensbeta berechnet gegen lokales Marktportfolio (Unternehmensrenditen vs. Renditen des lokalen Index)*
$r_{M,L}$	=	*Return of the local market*	*Lokale Marktrendite*
R_i^2	=	*Variance in the equity volatility of the target company i that is explained by country risk*	*Korrekturfaktor*

Außerdem erscheint am lokalen CAPM problematisch, dass sich in einer globalisierten Welt, wie sie heute zumindest teilweise existiert, kaum Investoren finden lassen, deren gesamtes Portfolio sich nur auf einen bestimmten lokalen Markt beschränken lässt. Auch wenn sich noch ein gewisses „Home-Bias" in den Portfolien vieler Investoren nachweisen lässt, erscheint die praktische Relevanz dieses Ansatzes dennoch fragwürdig.

Ferner wird kritisiert, dass aufgrund der oft schwach ausgeprägten und damit ineffizienten Kapitalmärkte in vielen Emerging Markets die für den Ansatz notwendigen Daten zur Berechnung der Input-Parameter nicht vorhanden oder, wenn vorhanden, nicht besonders aussagekräftig sind.

3.12.3.1.3 Hybride CAPM-Modelle

Die Bestimmung wichtiger Parameter wie der lokalen Marktrisikoprämie oder des lokalen Beta-Faktor wird durch die hohe Volatilität, welche in vielen Schwellenländern vorzufinden ist, erheblich erschwert. Das Problem der mangelnden Verlässlichkeit lokaler Datenreihen kann durch die Verwendung hybrider CAPM-Modelle verringert werden, die auf eine Kombination aus globalen und lokalen Daten zurückgreifen.

3.12.3.1.3.1 (Adjustiertes) hybrides CAPM und Lessard-Modell

Beim hybriden Modell wird die globale Marktrisikoprämie ($r_{M,G} - r_{f,G}$) mithilfe eines Länderbetas ($BC_{L,G}$) an den lokalen Markt angepasst. Der Vorteil dieses Ansatzes liegt darin, dass die leichter zu beschaffenden Daten des Weltmarktes genutzt werden können.

Hybrides CAPM

$$C_E = r_{f,G} + R_C + BC_{L,G} \cdot B_{G,G} \cdot (r_{M,G} - r_{f,G})$$

C_E	=	*Cost of equity capital*	*Eigenkapitalkosten*
$r_{f,G}$	=	*Global riskfree rate*	*Globaler risikoloser Zinssatz*
R_C	=	*Country risk premium*	*Länderrisikoprämie*
$BC_{L,G}$	=	*Country beta (relative sensitivity of the returns of the local [emerging] stock market to the global market returns*	*Länderbeta = Zusammenhang zwischen den Renditen des lokalen Marktes und dem Weltmarktportfolio*
$B_{G,G}$	=	*Average unlevered beta of comparable companies quoting in the global market (relevered with the financial structure of the target company)*	*Durchschnittsbeta vergleichbarer Unternehmen im Weltmarkt = Zusammenhang zwischen Renditen vergleichbarer Unternehmen des Weltmarktes und dem Weltmarktportfolio*
$r_{M,G}$	=	*Return of the global market*	*Globale Marktrendite*

Ein Spezialfall des hybriden CAPM, bei dem anstelle des globalen Marktes der Markt in den USA herangezogen wird, ist das *Lessard*-Modell. Das Länderrisiko wird bei diesem Modell berechnet, indem das Beta eines vergleichbaren Projektes in den USA mit dem Länderbeta eines projektspezifischen Betas multipliziert wird:

***Lessard*-Modell**

$$C_E = r_{f,US} + R_C + BC_{L,US} \cdot B_{US} \cdot (r_{M,US} - r_{f,US})$$

C_E	=	*Cost of equity capital*	*Eigenkapitalkosten*
$r_{f,US}$	=	*U.S. risk free rate*	*Risikoloser Zinssatz der USA*
R_C	=	*Country risk premium*	*Länderrisikoprämie*
$BC_{L,US}$	=	*Country beta (relative sensitivity of the returns of the local [emerging] stock market to the U.S. market returns)*	*Länderbeta = Zusammenhang zwischen den Renditen des lokalen Marktes und dem US-Marktportfolio*
B_{US}	=	*Beta of a U.S.-based project that is comparable to the project*	*Beta eines vergleichbaren Projektes in den USA*
$r_{M,US}$	=	*Return of the U.S. stock market index*	*Marktrendite der USA*

Wie beim lokalen CAPM kann beim hybriden CAPM durch den Korrekturfaktor R_i^2 wiederum die Doppelberücksichtigung des Länderrisikos eliminiert werden. Deshalb wird auch von einem adjustierten hybriden CAPM gesprochen. Der Name „hybrid", was so viel bedeutet wie „gemischt" oder „gebündelt", steht hingegen für die Tatsache, dass sowohl lokale, als auch globale Risikoparameter berücksichtigt werden.

Adjustiertes hybrides CAPM

$$C_E = r_{f,G} + R_C + BC_{L,G} \cdot B_{G,G} \cdot (r_{M,G} - r_{f,G}) \cdot (1 - R_i^2)$$

C_E	=	*Cost of equity capital*	*Eigenkapitalkosten*
$r_{f,G}$	=	*Global riskfree rate*	*Globaler risikoloser Zinssatz*
R_C	=	*Country risk premium*	*Länderrisikoprämie*
$BC_{L,G}$	=	*Country beta (relative sensitivity of the returns of the local [emerging] stock market to the global market returns*	*Länderbeta = Zusammenhang zwischen den Renditen des lokalen Marktes und dem Weltmarktportfolio*
$B_{G,G}$	=	*Average unlevered beta of comparable companies quoting in the global market (relevered with the financial structure of the target company)*	*Durchschnittsbeta vergleichbarer Unternehmen im Weltmarkt = Zusammenhang zwischen Renditen vergleichbarer Unternehmen des Weltmarktes und dem Weltmarktportfolio*
$r_{M,G}$	=	*Return of the global market*	*Globale Marktrendite*
R_i^2	=	*Variance in the equity volatility of the target company i that is explained by country risk*	*Korrekturfaktor*

Das (adjustierte) hybride CAPM und *Lessard*-Modell erscheinen für alle Bewertungssituationen geeignet, in denen teilintegrierte Märkte vorliegen und weder das globale noch das lokale CAPM direkt angewendet werden können. Da es sich bei Emerging Markets/High Growth Markets heutzutage meist um teilintegrierte Märkte handelt, ist das (adjustierte) hybride CAPM und das *Lessard*-Modell für die Bewertungspraxis empfehlenswert. Die Modelle sind auch von der Datenanforderung so definiert, dass das Problem der Erhältlichkeit und Qualität der benötigten Daten gelöst werden kann.

3.12.3.1.3.2 Godfrey-Espinosa-Modell

Ein weiteres Modell zur Bestimmung der Eigenkapitalkosten bildet das *Godfrey-Espinosa*-Modell, benannt nach seinen beiden Entwicklern.

***Godfrey-Espinosa*-Modell**

$$C_E = r_{f,US} + R_C + B_{Mod.} \cdot (r_{M,US} - r_{f,US})$$

$$B_{Mod.} = \frac{\sigma_L}{\sigma_{US}} \cdot 0{,}6$$

C_E	=	*Cost of equity capital*	*Eigenkapitalkosten*
$r_{f,US}$	=	*U.S. riskfree rate*	*Risikoloser Zinssatz der USA*
R_C	=	*Country risk premium*	*Länderrisikoprämie*
$B_{Mod.}$	=	*Modified beta*	*Modifizierter Beta-Faktor*
$r_{M,US}$	=	*Return of the U.S. stock market index*	*Marktrendite der USA*
σ_L	=	*Standard deviation of returns in the local market*	*Standardabweichung der Renditen im lokalen Markt*
σ_{US}	=	*Standard deviation of returns in the U.S. equity market*	*Standardabweichung der Renditen im US-amerikanischen Markt*

Eine strikte Grundannahme dieses Modells ist es, dass der Korrelationskoeffizient zwischen dem Bezugsmarkt und dem Markt des entsprechenden Schwellenlandes 1 betragen muss, diese folglich perfekt korrelieren müssen.

Da ein Teil des Länderrisikos bereits in der Marktrisikoprämie enthalten zu sein scheint, werden durch Addition der Länderrisikoprämie wiederum Risiken teilweise doppelt berücksichtigt. Um diese Doppelberücksichtigung auszugleichen, modifizieren *Godfrey* und *Espinosa* das Beta um einen Korrekturfaktor in Höhe von 0,6. Dieser Korrekturfaktor beruht auf einer Studie von *Erb*, *Harvey* und *Viskanta*, welche belegt, dass ca. 40% der Schwankungen auf den Aktienmärkten durch Schwankungen des Länderrisikos erklärt werden können und demnach lediglich die restlichen 60% zu berücksichtigen sind.

Das *Godfrey-Espinosa*-Modell erscheint aufgrund seiner strikten Annahmen der perfekten Korrelation des Bezugsmarktes und des Marktes des entsprechenden Schwellenlandes sowie der verwendeten Größe für den „pauschalen" Korrekturfaktor in Höhe von 0,6, der auf einer nicht für alle Schwellenländer repräsentativen Studie beruht, als Grundmodell für die Bewertung von Unternehmen in Emerging Markets/High Growth Markets nicht geeignet. Für die Validierung des Modells wären noch weitere Studien notwendig.

3.12.3.1.3.3 Goldman-Sachs-Modell

Das Goldman-Sachs-Modell wurde von *Mariscal/Hargis* entwickelt. Es ist dem *Godfrey-Espinosa*-Modell sehr ähnlich, enthält jedoch eine bessere Anpassung, um Doppelzählungen zu vermeiden. Darüber hinaus wird durch die Integration eines lokalen Unternehmensbeta $B_{L,L}$ und einer unternehmensspezifischen Risikoprämie φ_{Id} die Berechnung unternehmensspezifischer Eigenkapitalkosten ermöglicht. Die unternehmensspezifische Risikoprämie ergibt sich aus den speziellen Charakteristika des Unternehmens (bspw. zyklische Industrie, Anteil der Erlöse außerhalb des Heimatmarkts).

Die unternehmensspezifischen Eigenkapitalkosten werden wie folgt bestimmt:

***Goldman-Sachs*-Modell**

$$C_E = r_{f,US} + R_C \cdot \left(\frac{\sigma_L}{\sigma_{US}}\right) \cdot B_{L,L} \cdot (r_{M,US} - r_{f,US}) \cdot (1-\varphi) + \varphi_{Id}$$

C_E	=	*Cost of equity capital*	*Eigenkapitalkosten*
$r_{f,US}$	=	*U.S. risk free rate*	*Risikoloser Zinssatz der USA*
R_C	=	*Country risk premium*	*Länderrisikoprämie*
$B_{L,L}$	=	*Local company beta computed against a local market index*	*Lokales Unternehmensbeta = lokales Unternehmensbeta berechnet gegen lokales Marktportfolio (Unternehmensrenditen vs. Renditen des lokalen Index)*
$r_{M,US}$	=	*Return of the U.S. stock market index*	*Marktrendite der USA*
σ_L	=	*Standard deviation of returns in the local market*	*Standardabweichung der Renditen im lokalen Markt*
σ_{US}	=	*Standard deviation of returns in the U.S. equity market*	*Standardabweichung der Renditen im US-amerikanischen Markt*
φ		*Correlation of dollar returns between the local stock market and the sovereign bond used to measure country risk,*	*Korrelation der Dollarrenditen zwischen dem lokalen Aktienmarkt und der zur Messung des Länderrisikos verwendeten Staatsanleihe*
φ_{Id}		*Idiosyncratic risk premium related to the special features of the target firm (e.g., specific firm credit rating as embodied in its corporate debt spread, industry cyclicality, percentage of revenues coming from the target country, etc.)*	*Unternehmensspezifische Risikoprämie*

Aus praktischer Sicht ist zu kritisieren, dass aus dem Modell nicht hervorgeht, wie bei der Berechnung der unternehmensspezifischen Risikoprämie konkret vorzugehen ist. Auf Grund des großen Gestaltungsspielraums ergibt sich ein hohes Maß an Subjektivität.

3.12.3.1.3.4 Damodaran-Modell

Damodaran schlägt drei Ansätze zur Berücksichtigung des Länderrisikos vor:

- den Additiven Ansatz („Holzhammermethode"),
- den Beta-Ansatz,
- den Lambda-Ansatz.

Beim Additiven Ansatz, welcher laut *Damodaran* auch als „Holzhammermethode" bezeichnet werden kann, wird angenommen, dass sich das Länderrisiko auf jedes Unternehmen im Land auf gleiche Weise auswirkt. Wie der Name bereits andeutet, wird die Länderrisikoprämie hierbei additiv dem risikolosen Zins hinzugerechnet.

Damodaran-Modell – Additiver Ansatz

$$C_E = r_{f,US} + B_{L,L} \cdot (r_{M,US} - r_{f,US}) + R_C$$

C_E	=	*Cost of equity capital*	*Eigenkapitalkosten*
$r_{f,US}$	=	*U.S. riskfree rate*	*Risikoloser Zinssatz der USA*
R_C	=	*Country risk premium*	*Länderrisikoprämie*
$B_{L,L}$	=	*Local company beta computed against a local market index*	*Lokales Unternehmensbeta = lokales Unternehmensbeta berechnet gegen lokales Marktportfolio (Unternehmensrenditen vs. Renditen des lokalen Index)*
$r_{M,US}$	=	*Return of the U.S. stock market index*	*Marktrendite der USA*

Im Gegensatz zum Additiven Ansatz wird beim Beta-Ansatz angenommen, dass sich das Länderrisiko unterschiedlich auf die einzelnen Unternehmen im Land auswirkt. Die Höhe der Auswirkung kommt dabei im Beta zum Ausdruck. Dabei gilt, dass sich das Länderrisiko des Unternehmens proportional zum Marktrisiko verhält. Entsprechend sind Unternehmen mit einem höheren Beta dem Länderrisiko stärker ausgesetzt als Unternehmen mit einem niedrigen Beta.

Damodaran-Modell – Beta Ansatz

$$C_E = r_{f,US} + B_{L,L} \cdot \left((r_{M,US} - r_{f,US}) + R_C\right)$$

C_E	=	*Cost of equity capital*	*Eigenkapitalkosten*
$r_{f,US}$	=	*U.S. riskfree rate*	*Risikoloser Zinssatz der USA*
R_C	=	*Country risk premium*	*Länderrisikoprämie*
$B_{L,L}$	=	*Local company beta computed against a local market index*	*Lokales Unternehmensbeta = lokales Unternehmensbeta berechnet gegen lokales Marktportfolio (Unternehmensrenditen vs. Renditen des lokalen Index)*
$r_{M,US}$	=	*Return of the U.S. stock market index*	*Marktrendite der USA*

Der Lambda-Ansatz stellt *Damodarans* bevorzugte Methode zur Zurechnung der Länderrisikoprämie dar, da er es erlaubt, dass das Länderrisiko eines Unternehmens vom Marktrisiko abweichen kann. Neben dem Beta-Faktor *B* führt er einen neuen Faktor Lambda λ zur Messung des individuellen Länderrisikos ein. Das Lambda skaliert wie der Beta-Faktor in der Gegend um 1. Ein Lambda von 1 impliziert demnach ein Unternehmen mit durchschnittlichem Länderrisiko, wohingegen ein Lambda von über bzw. unter 1 aussagt, dass das Unternehmen dem Länderrisiko jeweils stärker (schwächer) als durchschnittlich ausgesetzt ist. Durch Einführung des Lambda-Faktors entsteht aus dem ursprünglichen Ein-Faktorenmodell ein Zwei-Faktorenmodell mit dem Länderrisiko als zweitem Faktor und Lambda als Maßzahl der Ausprägung des Länderrisikos.

Das *Damodaran*-Modell basiert auf dem von *Kruschwitz*, *Löffler* und *Mandl* (2011) intensiv diskutierten Lambda-Ansatz. *Damodaran* verwendet in seinem Ansatz aus dem Jahre 2002 die Berechnung eines unternehmensspezifischen Länderrisikos. Dieses unternehmensspezifische Länderrisiko zeigt auf, dass Unternehmen in einem Land in Abhängigkeit von ihrer Branche und Größe einem unterschiedlichen Risiko ausgesetzt sind. Das unternehmensspezifische Länderrisiko wird dadurch berechnet, dass die Länderrisikoprämie mit dem Lambda-Faktor λ multipliziert wird. λ steht für den unternehmensspezifischen Umgang mit Länderrisiken bzw. die Abhängigkeit eines Unternehmens von Länderrisiken.

Damodaran-Modell – Lambda-Ansatz

$$C_E = r_{f,US} + R_C \cdot \lambda + B_{L,L} \cdot (r_{M,US} - r_{f,US})$$

C_E	=	*Cost of equity capital*	*Eigenkapitalkosten*
$r_{f,US}$	=	*U.S. riskfree rate*	*Risikoloser Zinssatz der USA*
R_C	=	*Country risk premium*	*Länderrisikoprämie*
λ	=	*Firm-specific exposure to country risk ranging from zero to one*	*Unternehmensspezifische Abhängigkeit vom Länderrisiko mit einem Wert zwischen null und eins*
$B_{L,L}$	=	*Local company beta computed against a local market index*	*Lokales Unternehmensbeta = lokales Unternehmensbeta berechnet gegen lokales Marktportfolio (Unternehmensrenditen vs. Renditen des lokalen Index)*
$r_{M,US}$	=	*Return of the U.S. stock market index*	*Marktrendite der USA*

Auf akademischer Ebene wurde der Lambda-Ansatz intensiv diskutiert, da er vom Modellaufbau her die ausgefeilteste Variante der *Damodaran*-Ansätze darstellt. In der Bewertungspraxis bedient man sich unabhängig der akademischen Diskussionen jedoch des Beta-Ansatzes, da er einfach, transparent und wenig manipulierbar ist.

3.12.3.1.3.5 Salomon-Smith-Barney-Modell

Zenner/Akaydin haben das globale CAPM modifiziert. In diesem Ansatz wird die Länderrisikoprämie mit unternehmensspezifischen Risiken multipliziert und wie folgt umgesetzt:

Salomon-Smith-Barney-Modell			
$C_E = r_{f,H} + R_C \cdot \left(\frac{\gamma_1 + \gamma_2 + \gamma_3}{30} \right) + B_{L,G} \cdot (r_{M,G} - r_{f,G})$			
C_E	=	*Cost of equity capital*	*Eigenkapitalkosten*
$r_{f,H}$	=	*Risk free rate of the home country of the multinational corporation doing the valuation*	*Risikoloser Zinssatz des Heimatlandes, in dem das multinationale Unternehmen, das die Bewertung durchführt, sitzt.*
$r_{f,G}$	=	*Global riskfree rate*	*Globaler risikoloser Zinssatz*
R_C	=	*Country risk premium*	*Länderrisikoprämie*
γ_1	=	*Firm-related score from 0 to 10 with a 0 indicating the best access to capital markets*	*Zugang zu Kapitalmärkten (Skala von 0-10, wobei 0 den besten Zugang zu Kapitalmärkten angibt)*
γ_2	=	*Industry score from 0 to 10 with a 0 indicating the least susceptibility of the industry to political intervention*	*Anfälligkeit des Investments für politische Risiken (Skala von 0-10, wobei 0 die geringste Anfälligkeit für politische Intervention angibt)*
γ_3	=	*Home country firm score from 0 to 10 with a 0 indicating that the investment at the local level constitutes only a small portion of the firm's total assets*	*Bedeutung des Investments für das investierende Unternehmen (Skala von 0-10, wobei 0 angibt, dass das Investment nur einen geringen Anteil der Assets des Unternehmens ausmacht)*
$B_{L,G}$	=	*Beta of the local target company computed against the global market index*	*Globales Unternehmensbeta = lokales Unternehmensbeta berechnet gegen globales Marktportfolio (Unternehmensrenditen vs. Renditen des globalen Index)*
$r_{M,G}$	=	*Global market return*	*Globalen Marktrendite*

Positiv an diesem Modell ist hervorzuheben, dass es erstmals auch das Unternehmen einbezieht, das die Investition durchführen möchte. Dies führt dazu, dass unterschiedliche Unternehmen für dieselbe Investition im selben Land unterschiedliche Eigenkapitalkosten errechnen. Kritisch anzumerken ist, dass die Berechnung von y_1, y_2 und y_3 von den Unternehmen festzulegen ist und daher auf subjektiven Einschätzungen des Bewerters beruht. Dies erschwert die Ermittlung eines objektivierten Wertes. Der Ansatz bietet aber auch für die Ermittlung eines subjektiven Unternehmenswertes keine befriedigende Lösung, da die „Scorewerte" (anders als z.B. Wahrscheinlichkeitsverteilungen für Risiken) auch ex post kaum prüfbar sind und damit die generelle Akzeptanz des Ansatzes leidet.

Allen CAPM-basierten Modellen liegt die Problematik zugrunde, dass sie als Ergänzung zum CAPM die Länderrisikoprämie berücksichtigen wollen, die Abbildung von Marktunvollkommenheiten unter Bezug auf das CAPM die Modelle jedoch ad absurdum führt. Folgt man der Ansicht, dass die Bewertungspraxis Modelle bedarf, die Marktunvollkommenheiten z.B. in Form von Länderrisiken abbilden, so sind eigenständige Modelle zu entwickeln, die keinen Bezug auf das CAPM nehmen.

3.12.3.2 Ermittlung der Eigenkapitalkosten mittels nicht-CAPM-basierter Modelle

Die Ergebnisse, welche bei Anwendung der CAPM Varianten in Emerging Markets/High Growth Markets resultieren, konnten bisher empirisch weder vollständig bestätigt noch widerlegt werden. Aufgrund der teilweise methodischen und konzeptionellen Schwächen des CAPM haben Praktiker und Wissenschaftler jedoch weitere, nicht-CAPM-basierte Modelle für die Berechnung der Eigenkapitalkosten entwickelt. Im Folgenden sollen vier dieser Modelle vorgestellt werden:

- *Estrada*-Modell
- *Erb-Harvey-Viskanta*-Modell (EHVM)
- Arbitrage Pricing Theory (APT)
- Simulationsbasierter Ansatz

Während das *Estrada*-Modell hinsichtlich der Datenbeschaffung in der Praxis als durchaus praktikabel und folglich als interessante Alternative zu den CAPM-basierten Modellen angesehen werden kann, trifft dies auf das *Erb-Harvey-Viskanta*-Modell (EHVM) und die Arbitrage Pricing Theory (APT) nicht in vollem Umfang zu.

Beim *Erb-Harvey-Viskanta*-Modell (EHVM) und der Arbitrage Pricing Theory (APT) handelt es sich um sogenannte Mehrfaktorenmodelle, welche versuchen, die vorhandenen Risiken durch mehrere Faktoren abzubilden. Die Bestimmung dieser Faktoren setzt häufig einen erheblichen Mehraufwand hinsichtlich der Datenbeschaffung voraus. Die erforderlichen Daten sind bei den in Emerging Markets/High Growth Markets herrschenden Problemen und Herausforderungen jedoch häufig nicht zu ermitteln. Der Zusatznutzen rechtfertigt oft nicht den Mehraufwand.

Der simulationsbasierte Ansatz kann grundsätzlich die methodischen Probleme, die zwischen CAPM-basierten und nicht-CAPM-basierten Modellen bestehen, überwinden, indem er die Länderrisiken in die Cashflows einbaut. Als problematisch erweisen sich jedoch die Datenbeschaffung und der in der Unternehmensbewertungspraxis noch wenig verbreitete Umgang mit Monte-Carlo-Simulations-Modellen.

Ein Vorteil der nicht-CAPM-basierten Modelle liegt in ihrer Gesamtrisikobetrachtung, weshalb sie häufig auch als Gesamtrisikomodelle bezeichnet werden. Im Gegensatz zu CAPM-basierten Modellen, welche per Definition lediglich systematische Risiken berücksichtigen, beziehen die nicht-CAPM-basierten Modelle zumindest auch teilweise vorhandene unsystematische Risiken in die Eigenkapitalkostenberechnung mit ein.

3.12.3.2.1 Estrada-Modell

Das Estrada-Modell, benannt nach dem spanischen Ökonomen *Javier Estrada*, ähnelt auf den ersten Blick dem klassischen CAPM.

Der entscheidende Unterschied liegt darin begründet, dass *Estrada* anstelle des Beta-Faktors ein sogenanntes Downside-Risikomaß (RM_i) verwendet. Dies begründet er dadurch, dass rationale Investoren normalerweise lediglich die negativen Abweichungen vom Erwartungswert als Risiko interpretieren, die positiven hingegen als Chance. Im klassischen CAPM wird das Risiko hingegen als Varianz der Renditen und demnach als positive oder negative Abweichung interpretiert. Diese Form des Risikomaßes wurde häufig am CAPM kritisiert. Indem nun ein Downside Risikomaß verwendet wird, wird versucht, diese Problematik des CAPM zu umgehen.

Das Downside-Risikomaß wird durch das Verhältnis der Semistandardabweichung der Renditen des lokalen Bezugsmarktes zu der Semistandardabweichung der Renditen des Weltmarktes berechnet. In der Semistandardabweichung wird lediglich die negative Abweichung vom Erwartungswert berücksichtigt.

***Estrada*-Modell**

$$C_E = r_{f,US} + (r_{M,G} - r_{f,G}) \cdot RM_i$$

$$RM_i = \frac{semi\sigma_{L,M}}{semi\sigma_G}$$

C_E	=	*Cost of equity capital*	*Eigenkapitalkosten*
$r_{f,G}$	=	*Global riskfree rate*	*Globaler risikoloser Zinssatz*
$r_{M,G}$	=	*Global market return*	*Globale Marktrendite*
RM_i	=	*Downside risk measure, the ratio between the semi standard deviation of returns with respect to the mean in market i and the semi standard deviation of returns with respect to the mean in the world market*	*Maß für das Downside-Risiko (Verhältnis zwischen der Semistandardabweichung der Renditen in Bezug auf den Mittelwert des Marktes i und der Semistandardabweichung der Renditen in Bezug auf den Mittelwert des Weltmarktes)*
$semi\text{-}\sigma_{L,M}$		*Semi standard deviation of returns with respect to the mean in market i*	*Semistandardabweichung der Renditen des lokalen Marktes*
$semi\text{-}\sigma_G$		*Semi standard deviation of returns with respect to the mean in the world market*	*Semistandardabweichung der Renditen des Weltmarktes*

Studien von *Estrada* (2000), *Harvey* (1995), *Erb*, *Harvey* und *Viskanta* (1996) haben gezeigt, dass systematische Risiken in Schwellenländern häufig nicht signifikant mit den Aktienrenditen korreliert sind, was vermutlich auf die mangelnde Integration dieser Märkte mit dem Weltmarkt zurückzuführen ist. Auf der anderen Seite wurde eine signifikante Korrelation des Downside-Risikos mit den Aktienrenditen festgestellt, was *Estradas* Modell rechtfertigte.

Weiterhin fanden *Harvey* und *Estrada* heraus, dass die mittels CAPM ermittelten Beta-Faktoren von Unternehmen in Emerging Markets häufig zu klein schienen, um auf Eigenkapitalkosten zu schließen, welche Investoren bei durchgeführten Transaktionen für angemessen hielten. So argumentierte *Estrada*, dass sein Modell die teilweise segmentierten Märkte innerhalb von Emerging Markets besser wiedergibt, da es Ergebnisse liefert, welche zwischen den zu niedrigen Werten des CAPM und den zu hohen Werten anderer Gesamtrisikomodelle liegen.

3.12.3.2.2 Erb-Harvey-Viskanta-Modell (EHVM)

Für Volkswirtschaften ohne Aktienmarkt schlagen *Erb*, *Harvey* und *Viskanta* (1996) die Verwendung eines auf Länderkreditrisikoratings basierenden Modells vor. In diesen Länderkreditrisikoratings werden unter anderem politische Risiken, Wechselkursrisiken, Inflation und andere typische Länderrisiken berücksichtigt.

***Erb-Harvey-Viskanta*-Modell**

$$R_{i,t+1} = \gamma_0 + \gamma_1 \cdot \ln(CCR_{i,t}) + \varepsilon_{i,t+1}$$

R_i	=	*Semiannual return in U.S. dollars for country i*	*Halbjährliche Rendite in US-Dollar für das Land i*
γ_0	=	*Regression constant*	*Regressionskontante*
γ_1	=	*Regression coefficient*	*Regressionskoeffizient*
CCR	=	*Country credit rating*	*Länderkreditrating*
ε	=	*Regression residual*	*Regressionsresiduum*

Da es sich beim EHVM-Modell um ein Gesamtrisikomodell handelt, sei noch erwähnt, dass in der Regel die ermittelten Eigenkapitalkosten höher sind als die des Downside-Risikomodells von *Estrada*.

Die Kritik an diesem Modell konzentriert sich im Wesentlichen auf zwei Punkte. Zum einen werden bei Verwendung von Länderkreditratings unternehmensspezifische Risiken nicht berücksichtigt, zum anderen stellen diese Ratings häufig sehr subjektive Risikomaße dar, da bei deren Bestimmung oft qualitative Inputs verwendet werden und eine willkürliche Gewichtung der Einflussgrößen erfolgt.

3.12.3.2.3 Arbitrage Pricing Theory (APT)

Die Arbitrage Pricing Theory (APT) kann als eine allgemeinere Form des CAPM betrachtet werden, da sie mehrere Faktoren zur Bestimmung der Risikoprämien zulässt. Die APT wird folglich auch als Mehrfaktorenmodell bezeichnet. Die Eigenkapitalkosten können nach der APT wie folgt bestimmt werden:

Arbitrage Pricing Theory (APT)

$$C_E = r_f + (r_{M,1} - r_f) \cdot B_1 + (r_{M,2} - r_f) \cdot B_2 + \ldots + (r_{M,k} - r_f) \cdot B_k$$

C_E	=	*Cost of equity capital*	*Eigenkapitalkosten*
r_f	=	*Riskfree rate*	*Risikoloser Zinssatz*
$r_{M,k}$	=	*Lokal market return of the factor k*	*Rendite des lokalen Marktes, die vom k-ten Faktor abhängt und unabhängig von allen anderen Faktoren ist*
B_k	=	*Sensitivity of the jth asset to factor k*	*Sensibilität der Aktienrenditen gegenüber dem k-ten Faktor*

Anstelle nur eines Faktors für das systematische Risiko (Marktrisiko), wie dies beispielsweise innerhalb des CAPM der Fall ist, kann innerhalb der APT theoretisch eine beliebige Anzahl unterschiedlicher Faktoren berücksichtigt werden. Die Größen in Klammer geben jeweils die Risikoprämie für den Faktor im Modell an. Die Betas geben die Sensitivität der Rendite gegenüber dem jeweiligen Faktor wieder. Können die Faktoren aus den verfügbaren Daten jeweils extrahiert werden, kann die APT die Eigenkapitalkosten theoretisch genauer bestimmen als das CAPM bzw. die „Werttreiber" der Eigenkapitalkosten transparent machen.

Doch welche Faktoren sind entscheidend? Laut einer Studie von *Chen*, *Roll* und *Ross* (1986) sind folgende fünf Einflussfaktoren entscheidend für die Höhe der Eigenkapitalkosten:

- die industrielle Produktion
- Veränderungen in den Ausfallprämien
- Veränderungen der Zinsstrukturkurve
- unerwartete Inflation
- Veränderungen der realen Rendite

Die Hauptkritik an der APT liegt in ihrer schwierigen praktischen Anwendbarkeit begründet. So sind die Faktoren, welche per Definition nicht miteinander korrelieren dürfen, häufig unter hohem Aufwand aus dem verfügbaren Datenmaterial zu extrahieren. Obwohl die Faktoranalyse und neuere statistische Verfahren hierfür Lösungsmöglichkeiten anbieten und folglich eine Anwendung ermöglichen, findet die APT mit analytisch konstruierten Risikofaktoren in der Praxis dennoch generell eher wenig Anklang. Spezialfälle der APT, wie das oft als solches aufgefasste *Fama-French*-3-Fakten-Modell, haben aber CAPM in der Forschung stark verdrängt.

Auch im Hinblick auf die Verwendung der APT in Schwellenländern ergibt sich die bekannte Problematik, dass das zugrunde liegende Datenmaterial häufig unzuverlässig ist und demnach die Ermittlung der Faktoren erschwert wird.

3.12.3.2.4 Simulationsbasierte Bewertung

Ein weiterer, nicht CAPM-basierter Ansatz zur Erfassung von Länderrisiken sind die simulationsbasierten Bewertungsmodelle. Bei simulationsbasierten Bewertungsansätzen können landesbezogene Risiken (wie die Unsicherheit über die Inflation, die Möglichkeit der Enteignung oder Zahlungsunfähigkeit des Staates) unmittelbar bei der Simulation der unsicheren zukünftigen Erträge und Cashflows des Unternehmens berücksichtigt werden. Ausgehend von der Unternehmensplanung wird mittels Monte-Carlo-Simulation eine große repräsentative Anzahl von Zukunftsszenarien des Unternehmens und die Implikationen für die zukünftigen Cashflows berechnet. Länderrisiken können Planabweichungen auslösen und werden bei der Szenarioberechnung berücksichtigt. Sie führen ceteris paribus zu einer größeren „Bandbreite" der Cashflows und einem höheren Risikomaß, also beispielsweise Standardabweichung oder Value-at-Risk der Cashflows. Eine Zunahme des (nicht diversifizierten) Risikoumfangs führt dabei unter sonst gleichen Bedingungen zu einem höheren risikogerechten Diskontierungszinssatz oder Risikoabschlag (bei der Sicherheitsäquivalentmethode). Damit ist eine eigenständige Erfassung über eine „Länderrisikoprämie" nicht erforderlich.

Der Vorteil der Ableitung des bewertungsrelevanten Risikoumfangs aus den unsicheren Cashflows, ermittelt mittels Simulation, besteht darin, dass auch Diversifikationseffekte zwischen „länderbezogenen Risiken" und „sonstigen unternehmensbezogenen Risiken" automatisch erfasst sind – die „künstliche" Trennung ist nicht erforderlich. Zudem wird eine adäquate Bewertung ausgehend von Wahrscheinlichkeitsverteilungen der unsicheren Cashflows auch dann möglich, wenn keine historischen Kapitalmarktdaten (Aktienrenditen) als Grundlage der Risikoqualifizierung (wie für die Bestimmung des Beta-Faktors im CAPM) vorliegen.

Insgesamt wird es durch den Ansatz möglich, auch landesbezogene Risiken in einer konsistenten Weise im Kontext der Bewertung zu berücksichtigen. Die Bewertung ausgehend von den unsicheren Cashflows nimmt dabei die Perspektive eines langfristig engagierten Investors ein, der Cashflow Risiken (nicht jedoch temporäre Kursschwankungen) zu tragen hat, also die Perspektive einer „Unternehmensbewertung in engerem Sinne" (im Vergleich zum Risikoverständnis eines kurzfristig engagierten Aktionärs, der sich mit „Kursschwankungsrisiken" befasst).

3.12.3.3 Vergleich der Modelle

Tabelle 3–77 zeigt die Vor- und Nachteile der vorgestellten Modelle auf.

	Vorteile	Nachteile
CAPM-basierte Modelle		
Globales CAPM	• Einfache Anwendung • Verlässlich Daten verfügbar	• Geringe Integration der Emerging Markets
Lokales CAPM	• Verständlicher Ansatz	• Verlässliche Daten nicht verfügbar • Emerging Markets sind meist nicht vollständig segmentiert
Adjustiertes lokales CAPM	• Verständlicher Ansatz • Keine Doppelzählung von Länderrisiken	• Verlässliche Daten nicht verfügbar • Emerging Markets sind meist nicht vollständig segmentiert
Hybride CAPM	• Differenzierte Betrachtung der einzelnen Risikoarten • Berechnung eines projektspezifischen Betas • Verlässliche globale Daten verfügbar	• Verlässliche lokale Daten nicht verfügbar
Adjustiertes hybrides CAPM	• Differenzierte Betrachtung der einzelnen Risikoarten • Berechnung eines projektspezifischen Betas • Verlässliche globale Daten verfügbar • Keine Doppelzählung von Länderrisiken	• Verlässliche lokale Daten nicht verfügbar
***Lessard*-Modell**	• Differenzierte Betrachtung der einzelnen Risikoarten • Berechnung eines projektspezifischen Betas • Verlässliche globale Daten verfügbar	• Verlässliche lokale Daten nicht verfügbar • Als Vergleichsmarkt USA
***Godfrey-Espinosa*-Modell**	• Differenzierte Betrachtung der einzelnen Risikoarten • Verlässliche globale Daten verfügbar	• Länderrisiko nicht für alle Investments identisch • Improvisierte Multiplikation mit 0,6 • Verlässliche lokale Daten nicht verfügbar
***Goldman-Sachs*-Modell**	• Berechnung unternehmensspezifischer Kapitalkosten • Verlässliche globale Daten verfügbar	• Berechnung der unternehmensspezifischen Risikoprämie • Verlässliche lokale Daten nicht verfügbar
Damodaran	• Berechnung unternehmensspezifischer Kapitalkosten • Verlässliche globale Daten verfügbar	• Berechnung von λ nur durch grobe Schätzung möglich • Verlässliche lokale Daten nicht verfügbar
***Salomon-Smith-Barney*-Modell**	• Berechnung unternehmensspezifischer Kapitalkosten • Verlässliche globale Daten verfügbar	• Berechnung von γ_1, γ_2, γ_3 beruht auf subjektiver Einschätzung • Verlässliche lokale Daten nicht verfügbar

Nicht-CAPM-basierte Modelle		
Estrada-Modell	• Nur Erfassung der negativen Abweichung von einer prognostizierten Größe (entspricht der Alltagsdefinition von Risiko)	• Downside-Risikomaß noch eher unbekannt • Mangel an theoretischer Fundierung
Erb-Harvey-Viskanta-Modell (EHVM)	• Einfache Anwendung • Verlässliche Daten verfügbar • Anwendung auch ohne Aktienmarkt bzw. verlässliche Marktinformationen möglich	• Länderrisiko nicht für alle Investments identisch • Mangel an theoretischer Fundierung
Arbitrage Pricing Theory (APT)	• Zum Teil höhere Erklärungskraft als CAPM	• Faktorauswahl schwierig • Verlässliche Daten nicht verfügbar
Simulationsbasierte Bewertung (*Ernst/Gleißner*)	• Integration von Länderrisiken im Kontext von Planung und anderen Risiken des Unternehmens • Konsistenz zu CAPM als Spezialfall möglich	• Simulationsmodell (MCS) aufzubauen

Tabelle 3–77: Vergleichende Gegenüberstellung der CAPM-basierten und nicht-CAPM-basierten Modelle (Quelle: In Anlehnung an Hofbauer (2011), S. 126)

In der Diskussion um das CAPM und dessen Anwendbarkeit in der internationalen Unternehmensbewertung stimmen viele Wissenschaftler und Bewertungspraktiker mit *Kaplan* überein, der die Diskussion um das CAPM wie folgt zusammenfasste: „*Keep in mind how lousy alternatives are when evaluationg CAPM.*“[110]

In der Hinsicht ist es auch nicht verwunderlich, dass z.B. *Ballwieser* die große Bedeutung des CAPM begründet mit der „Handlichkeit“ der Renditegleichung und der guten Eignung für empirische Regressionsanalysen. Zu den Modellannahmen des CAPM führt an er gleicher Stelle dagegen aus:

„Das Modell […] hat viele restriktive Prämissen. Zu ihnen zählen ein Einperiodenkalkül, fehlende Transaktionskosten (inklusive Steuern), identische Erwartungen der Marktteilnehmer über die Renditen aus festverzinslichem Wertpapier und riskanten Aktien sowie Entscheidungen nach dem (μ, σ)-Kriterium. Keine dieser Annahmen ist für sich betrachtet realistisch.“[111]

Werden die unrealistischen CAPM-Prämissen vollkommener Märkte angepasst, um die Wirklichkeit adäquater abzubilden, geht die Geschlossenheit – man könnte auch von Abgeschlossenheit sprechen – des CAPM verloren. Die vorgestellten CAPM-basierten und nicht-CAPM-basierten Modelle sind Versuche, empirisch beobachtbare Phänomene wie die Existenz von Länderrisiken zu modellieren, um Antworten auf eine Vielzahl von Problemstellungen der internationalen Unternehmensbewertung zu finden.

Die Praxis der internationalen Unternehmensbewertung zeigt, dass man sich momentan großteils mit Modellen zufrieden geben muss, die sich stark an das CAPM

[110] *Kaplan* zitiert nach *Hofbauer* (2011), S. 71.
[111] *Ballwieser* (2008), S. 105.

anlehnen. Die Bedeutung der internationalen Unternehmensbewertung in einer globalen Welt erfordert jedoch Modelle, die sich außerhalb der Modellwelt des CAPM bewegen können. Der simulationsbasierte Bewertungsansatz stellt eine Vorgehensweise dar, die dem Anspruch gerecht werden kann, Länderrisiken abzubilden, ohne in der Modellwelt vollkommener und vollständiger Märkte verhaftet zu sein, die Länderrisiken nicht vorsieht. Hier besteht noch ein erheblicher Forschungsbedarf.

Estrada fasst den gegenwärtigen Stand der internationalen Unternehmensbewertung mit den folgenden Worten zusammen: „Evaluating investment opportunities in emerging markets is a mix of art and science [...] Although much has been published about discount rates in emerging markets, there is probably a long way to go until a convergence of opinions finally arises."[112]

3.12.4 Wahl der Währung bei der internationalen Unternehmensbewertung

Bei einer internationalen Bewertung stehen dem Bewerter grundsätzlich zwei Vorgehensweisen offen (vgl. Abbildung 3–21). Er hat die Wahl, die Bewertung in lokaler Währung oder in sogenannter „harter Währung" durchzuführen. Unter der lokalen Währung ist in diesem Zusammenhang die meist volatile Inlandswährung des Emerging Markets/High Growth Markets zu verstehen. Die harte Währung bezieht sich auf eine Referenzwährung eines entwickelten Industrielandes, für welches ausreichend und leicht zugängliche Finanzdaten vorhanden sind. Prinzipiell macht es für die Unternehmensbewertung keinen Unterschied, in welcher Währung sie durchgeführt wird, solange die zugrunde liegenden Annahmen konsistent definiert und angewandt werden.

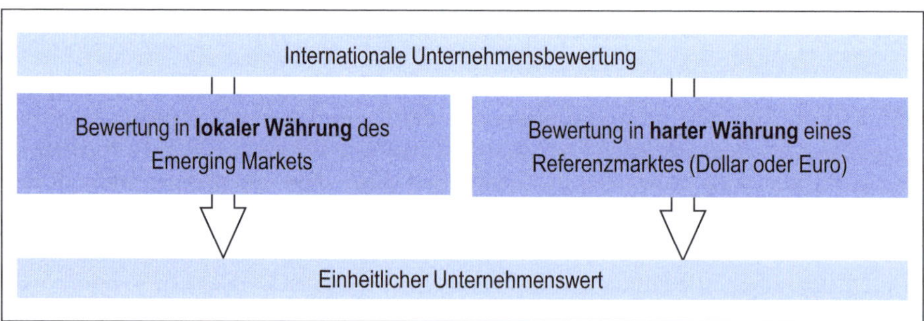

Abbildung 3–21: Wahl der Währung bei der internationalen Unternehmensbewertung

[112] *Estrada* (2007), S. 77

Nachfolgend soll anhand eines einfachen Beispiels Schritt für Schritt gezeigt werden, wie eine Bewertung in Referenzwährung und anschließend in lokaler Währung durchgeführt werden muss, um einen konsistenten Unternehmenswert zu ermitteln. Das hier zu bewertende Unternehmen befindet sich in Südafrika und soll zunächst in US-$ und dann in ZAR bewertet werden.

3.12.4.1 Internationale Unternehmensbewertung in harter Währung des Referenzmarktes

Da viele Emerging Markets/High Growth Markets keine Staatsanleihen in lokaler Währung begeben und sich dadurch eine Bestimmung des risikofreien Zins für die Kapitalkostenberechnung als schwierig erweist, ist es oft angebracht, die Bewertung in einer Referenzwährung wie beispielsweise dem Dollar oder Euro durchzuführen. Bei der Berechnung des Unternehmenswerts in harter Währung muss vor Diskontierung der Cashflows mit dem WACC darauf geachtet werden, dass sowohl der Diskontierungszinssatz als auch die Cashflows in harter Währung, also beispielsweise in US-$, vorliegen. Im vorliegenden Beispiel beträgt der WACC auf US-$ Basis 8,73%. Da die Kapitalkosten in den meisten Fällen schon auf Basis von US-$-Daten vorliegen, müssen lediglich die in lokaler Währung geplanten Cashflows in US-$ konvertiert werden.

Schritt 1: Planung der lokalen Cashflows

Die Planung der Cashflows erfolgt in lokaler Währung, um Verzerrungen der Cashflows aufgrund von Rechnungslegungsvorschriften, Steuervorschriften und dergleichen zu vermeiden. Bei der Planung der lokalen Cashflows ist zu beachten, dass in der Wachstumsrate die erwartete Inflation berücksichtigt wird.

Das Beispielunternehmen plant folgende Cashflows in ZAR:

Operativer Free Cashflow t(1)	198,78 ZAR
Operativer Free Cashflow t(2)	140,35 ZAR
Operativer Free Cashflow t(3)	162,72 ZAR
Operativer Free Cashflow t(4)	171,17 ZAR
Operativer Free Cashflow t(5)	182,88 ZAR
Operativer Free Cashflow t(6)	198,74 ZAR

Schritt 2: Bestimmung der Terminwechselkurse und Konvertierung der lokalen Cashflows in Referenzwährung

Die lokalen Cashflows sind anschließend in die Referenzwährung zu konvertieren. Hierbei ist es wichtig, nicht die aktuelle Spot-Rate zu verwenden, sondern den jeweiligen Terminwechselkurs. Diese Terminwechselkurse sind für die Detailjahre zu schätzen. Eine Möglichkeit, die Terminwechselkurse zu bestimmen, ist, diese unter der Annahme der Kaufkraftparitätstheorie auf Basis der erwarteten Inflation der Währungen nach folgender Formel herzuleiten.

$$\textit{Erwarteter Terminwechselkurs (harte Währung/lokale Währung) in Periode } t =$$

$$= \textit{Spot Rate (harte Währung/lokale Währung)} \cdot \frac{(1 + erwartete Inflation_{Referenzmarkt})^t}{(1 + erwartete Inflation_{Lokaler\ Markt})^t}$$

Für das Beispiel unterstellen wir in t(0) einen Wechselkurs von 0,1184 US-$/ZAR sowie eine Inflation (USA) von 2,07% und eine Inflation (Südafrika) von 5,75%. Für das Jahr t(1) ergibt sich dann folgender, erwarteter Terminwechselkurs:

$$Erwarteter\ Terminwechselkurs\ (harte\ Währung/lokale\ Währung)\ in\ Periode\ t(1) =$$

$$= 0{,}1184 \cdot \frac{(1+0{,}0207)^1}{(1+0{,}0575)^1} = 0{,}01143$$

Folgende Terminwechselkurse finden in der Bewertung Anwendung:

t(1): 0,1143
t(2): 0,1103
t(3): 0,1064
t(4): 0,1027
t(5): 0,0992
t(6): 0,0957

Diese Terminwechselkurse stellen sicher, dass die erwartete Inflation in den Cashflows der erwarteten Inflation in den Kapitalkosten entspricht.

Die lokalen Cashflows der Perioden 1 bis 6 werden nun mit den erwarteten Terminwechselkursen in US-$ umgerechnet.

Sie betragen:

Operativer Free Cashflow t(1)	22,71 US-$
Operativer Free Cashflow t(2)	15,48 US-$
Operativer Free Cashflow t(3)	17,32 US-$
Operativer Free Cashflow t(4)	17,59 US-$
Operativer Free Cashflow t(5)	18,14 US-$
Operativer Free Cashflow t(6)	19,02 US-$

Der Cashflow für die Berechnung des Terminal Value ergibt sich wie folgt:

$$Cashflow\ Terminal\ Value = Cashflow_{Jahr\ 6\ in\ US\text{-}\$} \cdot (1 + Wachstum_{US})$$

$$Cashflow\ Terminal\ Value = 19{,}02\ US\text{-}\$ \cdot 1{,}0207 = 19{,}42\ US\text{-}\$$$

Der Terminal Value berechnet sich wie folgt:

$$Terminal\ Value = \frac{oFCF_{TV}}{Kapitalkosten_{US} - Wachstum_{US}} = \frac{oFCF_{TV}}{WACC_{US} - Inflation_{US}}$$

Im vorliegenden Beispiel ergibt sich folgender Wert:

$$Terminal\ Value = \frac{19{,}42}{0{,}0873 - 0{,}0207} = 291{,}46$$

Schritt 3: Diskontierung der konvertierten Cashflows mit den Kapitalkosten in harter Währung

Nachdem die Cashflows im zweiten Schritt entsprechend in die Referenzwährung konvertiert worden sind, werden diese mit den Kapitalkosten der Referenzwährung diskontiert und der Unternehmenswert ermittelt.

Die Diskontierung der Cashflows kann anhand folgender Formel erfolgen:

$$Barwert = \sum_{t=1}^{n} \frac{oFCF_t}{(1+WACC)^t} + \frac{TV_{oFCF}}{(1+WACC)^n}$$

Im nächsten Schritt werden das separat zu bewertende nicht-betriebsnotwendige Vermögen und die liquiden Mittel hinzuaddiert. Beide Werte müssen jeweils zum Wechselkurs in t=0 in US-$ konvertiert werden. Daraus resultiert der Gesamtunternehmenswert. Anschließend wird der Marktwert des Fremdkapitals abgezogen, der ebenfalls zum aktuellen Kurs in US-$ umgerechnet werden muss. Das Ergebnis der Unternehmensbewertung ist der Equity Value in US-$ (vgl. Abbildung 3–22).

			Plan t_1	Plan t_2	Plan t_3	Plan t_4	Plan t_5	Plan t_6	TV
	Inflation (USA) in t=0	2,07%							
	Inflation (Südafrika) in t=0	5,75%							
	Wechselkurs ($/ZAR) in t=0	0,1184							
	WACC	**8,73%**							
	Diskontierungsfaktor		0,920	0,846	0,778	0,715	0,658	0,605	0,605
	Erwarteter Terminwechselkurs ($/ZAR) in Periode t		0,1143	0,1103	0,1064	0,1027	0,0992	0,0957	
ZAR	Operative Free Cashflows		198,8	140,4	162,7	171,2	182,9	198,7	
$	Operative Free Cashflows		22,71	15,48	17,32	17,59	18,14	19,02	19,42
$	Terminal Value								**291,46**
$	**Barwerte der Operativen Free Cashflows und des Terminal Value**		**20,9**	**13,1**	**13,5**	**12,6**	**11,9**	**11,5**	**176,4**
$	**Enterprise value**	**259,9**							
ZAR	+ Nicht betriebsnotwendiges Vermögen	-							
$	+ Nicht betriebsnotwendiges Vermögen	-							
ZAR	+ Liquid assets	148,2							
$	+ Liquid assets	17,5							
$	**Entity value**	**277,4**							
ZAR	./. Finanzverbindlichkeiten t=0	248,5							
$	./. Finanzverbindlichkeiten t=0	29,4							
$	**Equity value**	**248,0**							

Abbildung 3–22: Unternehmensbewertung mit dem WACC-Ansatz in harter Währung

Im vorliegenden Beispiel ergibt sich ein Unternehmenswert von 248 US-$.

3.12.4.2 Internationale Unternehmensbewertung in lokaler Währung des Emerging Markets/High Growth Markets

Um Verzerrungen durch Währungsumrechnungen zu vermeiden, ist es generell ratsam, die gesamte Analyse und Bewertung zunächst in der Landeswährung des zu bewertenden Unternehmens durchzuführen. Hierzu müssen die Cashflows in lokaler Währung geplant und anschließend die Kapitalkosten, ebenso ausgedrückt in lokaler Währung, bestimmt werden. Probleme ergeben sich immer dann, wenn Parameter nicht in der Landeswährung vorhanden bzw. zu bestimmen sind. So gestaltet sich die Bestimmung des risikolosen Zinssatzes (und damit implizit auch die Kapitalkostenberechnung) ausgedrückt in heimischer Währung als äußerst schwierig, wenn die Regierung des entsprechenden Landes keine Anleihen begibt, bzw. dieses zwar tut, allerdings in einer anderen Währung. In solchen Situationen wählen Bewerter häufig den Weg des geringsten Widerstandes, indem sie die Diskontierungszinssätze in US-Dollar bestimmen und diese anschließend fälschlicherweise für die Diskontierung der in heimischer Währung lautenden Cashflows verwenden. Diese Inkonsistenz zwischen der Währung des Diskontierungszinssatzes und der Cashflows führt jedoch zu falschen Unternehmenswerten. Daher sei nochmals betont, dass die Annahmen hinsichtlich Cashflows und Diskontierungszinssätzen konsistent sein müssen, da sonst Fehlbewertungen daraus folgen.

Annahme: Staatsanleihe liegt nicht oder nicht in lokaler Währung vor

Schritt 1:

Die Planung der Cashflows erfolgt in lokaler Währung. Dabei ist zu beachten, dass in der Wachstumsrate die erwartete Inflation berücksichtigt wird.

Schritt 2:

Bestimmung der Kapitalkosten für den lokalen Markt. In diesem Fall liegt die Staatsanleihe entweder überhaupt nicht vor oder ist in einer anderen Währung wie beispielsweise dem Dollar begeben. Die Kapitalkosten des lokalen Marktes können dennoch bestimmt werden, und zwar indem man sie aus den Kapitalkosten eines Referenzmarktes ableitet. Die Kapitalkosten des Referenzmarktes müssen dabei zunächst bestimmt werden und anschließend unter Berücksichtigung der erwarteten Inflationsdifferenzen in einen Diskontierungszinssatz der lokalen Währung konvertiert werden. Die theoretische Fundierung für diese Konvertierung liefern der internationale Fisher-Effekt und die Kaufkraftparitätstheorie.

Die Bestimmung der lokalen Kapitalkosten erfolgt dabei nach folgender Formel:

$$r_{lokaler\ Markt} = (1 + r_{Referenzmarkt}) \cdot \frac{(1 + erwartete\ Inflation_{lokaler\ Markt})}{(1 + erwartete\ Inflation_{Referenzmarkt})} - 1$$

$$12{,}65\% = (1 + 8{,}73\%) \cdot \frac{(1 + 5{,}75\%)}{(1 + 2{,}07\%)} - 1$$

Schritt 3:

Ermittlung des Barwerts durch Diskontierung der Cashflows mit dem ermittelten Diskontierungszinssatz.

Schritt 4:

Konvertierung des Barwerts mittels Spot-Rate in die Referenzwährung (falls benötigt).

			Plan t_1	Plan t_2	Plan t_3	Plan t_4	Plan t_5	Plan t_6	TV
	Inflation (US) in t=0	2,070%							
	Inflation (Südafrika) in t=0	5,750%							
	Wechselkurs (US$/ZAR) in t=0	0,1184							
	WACC (US)	8,73%							
	WACC (Südafrika)	**12,65%**							
	Diskontierungsfaktor		0,888	0,788	0,699	0,621	0,551	0,489	0,489
ZAR	Operative Free Cashflows		198,8	140,4	162,7	171,2	182,9	198,7	210,2
ZAR	Terminal Value								**3.045,05**
ZAR	**Barwerte der Operativen Free Cashflows und des Terminal Value**		**176,5**	**110,6**	**113,8**	**106,3**	**100,8**	**97,2**	**1.489,9**
ZAR	**Enterprise value**	**2.195,1**							
ZAR	+ Nicht betriebsnotwendiges Vermögen	-							
ZAR	+ Liquid assets	148,2							
ZAR	**Entity value**	**2.343,3**							
ZAR	./. Financialverbindlichkeiten t=0	248,5							
ZAR	**Equity value**	**2.094,8**							

Conversion in US$ with the exchange rate in t=0

US$ value
248,0

Abbildung 3–23: Unternehmensbewertung mit dem WACC-Ansatz in lokaler Währung

4 Unternehmensbewertung mit Multiplikatoren

4.1 Grundprinzip und Vorgehensweise

Bei der Multiplikatorenbewertung handelt es sich um einen marktorientierten Bewertungsansatz (Market Approach), der auf am Markt bereits zustande gekommenen Preisen und dadurch auf am Markt verarbeiteten Informationen aufbaut.

Die Unternehmensbewertung mithilfe von Multiplikatoren ist ein in der Praxis häufig verwendetes Bewertungsverfahren. Dies ist darauf zurückzuführen, dass die Multiplikatorenbewertung relativ einfach und schnell eine erste Wertindikation liefert.

Grundsätzlich können Multiplikatoren für folgende Zwecke verwendet werden:

- Plausibilisierung von Unternehmenswerten, die mit anderen Verfahren ermittelt wurden
- Beurteilung des Wertes eines Unternehmens durch Vergleich der Multiplikatoren dieses Unternehmens mit denen anderer Unternehmen
- Bewertung eines Unternehmens auf Basis der Multiplikatoren vergleichbarer Unternehmen

Bei der **Plausibilisierung** werden beispielsweise auf Basis eines mit dem DCF-Verfahren ermittelten Unternehmenswertes Multiplikatoren gebildet. Diese geben einen Anhaltspunkt für die Einschätzung der Angemessenheit des Wertes. Die Angemessenheit kann „stand alone“ jedoch nur auf Basis von persönlichen Erfahrungen beurteilt werden.

Der **Vergleich** der so berechneten Multiplikatoren mit den Multiplikatoren vergleichbarer Unternehmen ermöglicht es hingegen, die Angemessenheit im Wettbewerbsvergleich einzuschätzen. Ein solcher Vergleich sollte jedoch das Potenzial der Unternehmen in Form von Umsatzwachstum und Margenentwicklung einbeziehen.

Bei der **Unternehmensbewertung** mit Multiplikatoren wird der unbekannte Wert des zu bewertenden Unternehmens anhand von Multiplikatoren, die aus den bekannten Marktwerten anderer mit dem Bewertungsobjekt vergleichbarer Unternehmen abgeleitet sind, bestimmt. Für die Multiplikatorenbewertung gilt dabei folgender Grundsatz:

> Die Bewertung mit Multiplikatoren basiert auf der Annahme, dass **ähnliche** Unternehmen **ähnlich** bewertet werden wie das zu bewertende Unternehmen.

4.1.1 Vorgehensweise bei der Multiplikatorenbewertung

In Abbildung 4–1 ist der typische Ablauf einer Bewertung mit Multiplikatoren dargestellt. Zunächst müssen mit dem zu bewertenden Unternehmen vergleichbare Unternehmen identifiziert werden, man spricht diesbezüglich auch von Vergleichsgruppe oder Peer Group. Danach werden die für die Bildung der Multiplikatoren benötigten Informationen zusammengestellt und aufbereitet. Die aus den aufbereiteten Informationen abgeleiteten Multiplikatoren für die Vergleichsunternehmen werden dann durch Bildung des Medians oder Mittelwerts zu einem Multiplikator aggregiert. Mithilfe dieses aggregierten Multiplikators wird abschließend der Wert des zu bewertenden Unternehmens berechnet.

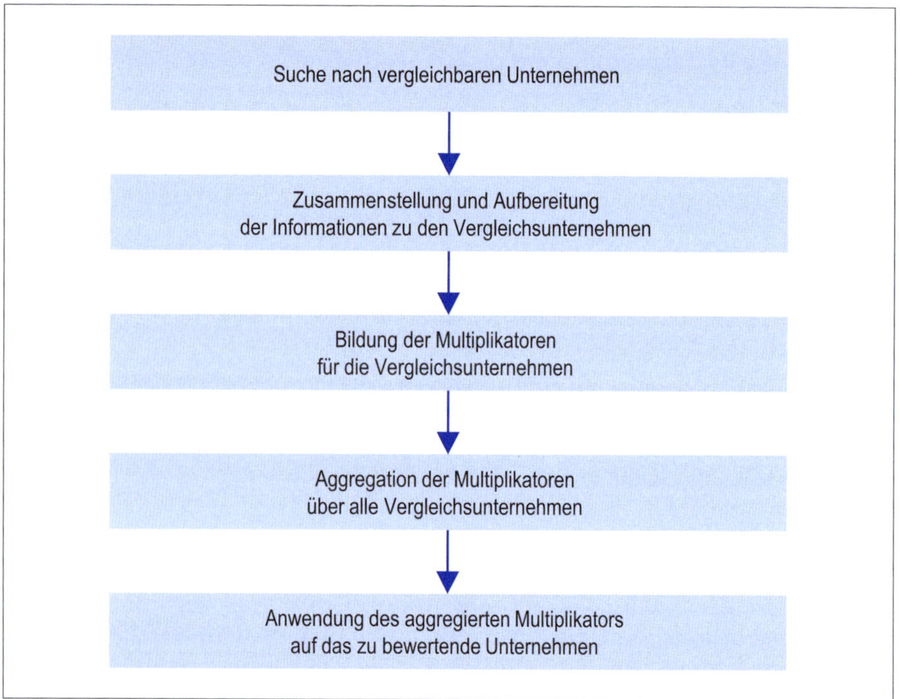

Abbildung 4–1: Ablaufschema für die Multiplikatorenbewertung

4.1.2 Bildung von Multiplikatoren

Die einzelnen Multiplikatoren werden gebildet, indem der Wert eines Unternehmens zu einem bestimmten Zeitpunkt ins Verhältnis zu einer bestimmten Bezugsgröße des Unternehmens (z.B. Umsatz oder Gewinn) gesetzt wird:

$$Multiplikator = \frac{Wert}{Bezugsgröße}$$

Als Bezugsgröße können Zahlen aus der Bilanz, der Gewinn- und Verlustrechnung, der Kapitalflussrechnung oder auch sonstige Kennzahlen des Unternehmens dienen. Wichtig ist hierbei, dass beide Komponenten – Wert und Bezugsgröße – in einem sinnvollen Zusammenhang zueinander stehen. Die Bildung von Multiplikatoren beruht auf der Grundannahme, dass ein lineares Verhältnis zwischen dem Unternehmenswert und der verwendeten Bezugsgröße besteht. In der verwendeten Bezugsgröße sollten sich daher die für das Unternehmen wichtigsten Werttreiber (z.B. Umsatzwachstum, Gewinn etc.) widerspiegeln.

Mit der Wahl der Bezugsgröße werden bestimmte ceteris paribus-Annahmen getroffen: Es wird implizit unterstellt, dass bezüglich aller Faktoren, die in die Bezugsgröße nicht einfließen, vergleichbare Verhältnisse zwischen dem zu bewertenden Unternehmen und allen Vergleichsunternehmen bestehen.

Die Multiplikatoren sind in ihrer Betrachtungsweise alle statisch, d.h. die Bewertung stellt auf die Bezugsgröße eines bestimmten Jahres ab. Meist handelt es sich um geschätzte Kenngrößen des laufenden oder des nächsten Geschäftsjahres. Es gibt jedoch auch Ansätze, die versuchen, mithilfe der Wachstumsrate den Multiplikatoren ein dynamisches Element zu verleihen.

4.1.3 Berechnung des Unternehmenswertes

Der Unternehmenswert für das zu bewertende Unternehmen (U) wird auf der Grundlage eines aus den Einzelmultiplikatoren der Vergleichsunternehmen aggregierten Multiplikators ermittelt. Dazu wird der aggregierte Multiplikator mit der entsprechenden Bezugsgröße des zu bewertenden Unternehmens multipliziert. Es muss sich dabei natürlich um dieselbe Bezugsgröße handeln, auf deren Basis die Multiplikatoren berechnet wurden.

$$\textit{Wert (U)} = \textit{aggregierter Multiplikator} \cdot \textit{Bezugsgröße (U)}$$

In der Praxis werden diverse Multiplikatoren verwendet. Da die unterschiedlichen Multiplikatoren normalerweise zu differierenden Unternehmenswerten führen, sollte sorgfältig überlegt werden, welche Multiplikatoren für das zu bewertende Unternehmen am geeignetsten sind. Im Folgenden werden daher zunächst die in der Praxis gebräuchlichen Multiplikatoren dargestellt und diskutiert.

Im Anschluss daran werden die einzelnen Bewertungsschritte einer Multiplikatorenbewertung detailliert erläutert und für die KfZ-Zulieferer GmbH beispielhaft eine Multiplikatorenbewertung durchgeführt. Das Beispiel zeigt, dass die Multiplikatorenbewertung von einem einfachen Schätzverfahren zu einem komplexen Bewertungsverfahren mutiert, wenn alle mit der Multiplikatorenbewertung verbundenen Problemfelder umfassend berücksichtigt werden. Insbesondere wenn die Zeit knapp ist, wird jedoch in der praktischen Anwendung häufig bei den sehr zeitintensiven Bewertungsschritten, z.B. bei der Identifizierung von vergleichbaren Unternehmen und bei der Datenerhebung, an Analysetiefe gespart.

Abschließend wird auf Basis einer theoretischen Herleitung gezeigt, dass es sich bei der Multiplikatorenbewertung im Prinzip um eine sehr stark vereinfachte DCF-Bewertung handelt.

4.2 Darstellung der unterschiedlichen Multiplikatoren

4.2.1 Equity Value- versus Enterprise Value-Multiplikatoren

Der Begriff „Unternehmenswert“ ist nicht einheitlich definiert: Bei der Multiplikatorenbildung wird diesbezüglich unterschieden zwischen dem Equity Value und dem Enterprise Value. Der Equity Value ist der Marktwert des Eigenkapitals eines Unternehmens. Bei börsennotierten Unternehmen entspricht der Equity Value der Marktkapitalisierung (kurz: Market Cap), d.h. dem Produkt aus Aktienanzahl und Aktienkurs. Der Enterprise Value bezeichnet den Wert des gesamten operativen Geschäfts eines Unternehmens[114]. Das operative Geschäft umfasst alle vollkonsolidierten Tochterunternehmen eines Konzerns. Der Enterprise Value lässt sich wie folgt aus dem Equity Value herleiten:

Enterprise Value = Equity Value
+ Anteile Dritter an Konzerntochterunternehmen
+ zinstragende Verbindlichkeiten
(ggf. inkl. Pensionsverpflichtungen)
– Anteile an nicht vollkonsolidierten Beteiligungen
– Kasse bzw. liquide Aktiva

Hierbei ist zu beachten, dass die einzelnen Komponenten des Enterprise Value grundsätzlich mit ihrem Marktwert anzusetzen sind[115].

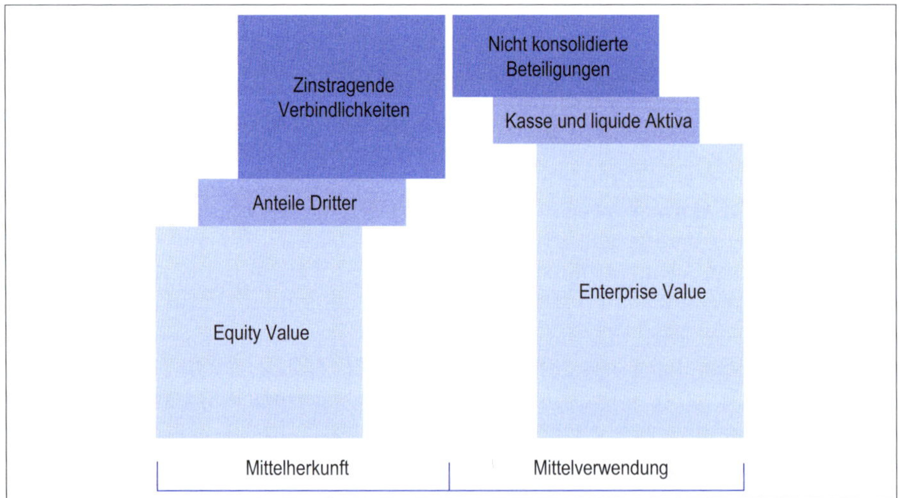

Abbildung 4–2: Überleitung vom Equity Value zum Enterprise Value

[114] Es ist zu beachten, dass der Enterprise Value zwar einen Gesamtunternehmenswert darstellt, aber nicht mit dem Wert des Gesamtkapitals nach dem DCF-Verfahren übereinstimmt. Vielmehr entspricht der Enterprise Value dem im DCF-Entity-Verfahren ermittelten Barwert der operativen Cashflows.

[115] Der Informationsdienst *Bloomberg* berücksichtigt bei der Ermittlung des Enterprise Value die Pensionsverpflichtungen sowie die nicht vollkonsolidierten Beteiligungen nicht und setzt für die Anteile Dritter den Buchwert an.

Bei den **Anteilen Dritter** an Konzerntochterunternehmen handelt es sich um die nicht einem Konzernunternehmen gehörenden Anteile an vollkonsolidierten Mehrheitsbeteiligungen[116]. Haben die Anteile Dritter eine wertmäßig geringe Bedeutung für ein Unternehmen oder stehen nicht genügend Informationen für die Berechnung von Marktwerten zur Verfügung, kann bzw. muss auf die Buchwerte aus dem letzten Jahres- bzw. Quartalsabschluss zurückgegriffen werden.

Die **zinstragenden Verbindlichkeiten** umfassen sowohl Bankdarlehen und Anleihen als auch Gesellschafterdarlehen und Stille Beteiligungen. Die Ermittlung des Marktwertes eines Darlehens wurde in Abschnitt 3.3.2.1 dargestellt. In der Praxis wird aus Vereinfachungsgründen (und da die zur Berechnung von Marktwerten benötigten Informationen oft nicht vorliegen) in der Regel der Buchwert der zinstragenden Verbindlichkeiten aus dem letzten zur Verfügung stehenden Jahres- bzw. Quartalsabschluss angesetzt.

Ebenfalls in die Rechnung einzubeziehen ist eine Unterdeckung bezüglich der Pensionsverpflichtungen, da es sich hierbei um weder in der Bilanz noch in der Gewinn- und Verlustrechnung berücksichtigte Verpflichtungen des Unternehmens handelt. Ob auch Pensionsverpflichtungen zu berücksichtigen sind, für die Pensionsrückstellungen gebildet wurden, ist umstritten[117]. Bei den vorhandenen Pensionsverpflichtungen handelt es sich unabhängig von einer Rückstellungsbildung im übertragenen Sinne um ein zinstragendes Darlehen der berechtigten Mitarbeiter an das Unternehmen[118].

In der Vergangenheit wurden die Pensionsverpflichtungen von den Analysten meist ignoriert, da der Zinsaufwand für dieses „Darlehen“ in der Gewinn- und Verlustrechnung unter den Personalkosten (als Teil der Zuführung zu den Pensionsrückstellungen) erfasst und somit schon in den operativen Ertragskennzahlen berücksichtigt wird. Aufgrund der mit der Börsenbaisse nach der Jahrtausendwende verbundenen hohen Unterdeckung bei vielen Unternehmen rücken die Pensionsverpflichtungen jedoch zunehmend ins Blickfeld der Analysten. Inzwischen gehen immer mehr Analysten dazu über, die Pensionsverpflichtungen separat zu erfassen. Bei dieser Vorgehensweise sind EBITDA und EBIT jedoch um den Zinsanteil bei der Zuführung zu den Pensionsrückstellungen zu bereinigen.

Die Ermittlung der Marktwerte der **Anteile an nicht vollkonsolidierten Beteiligungen** ist beispielhaft in den Abschnitten 4.3.6.2 und 3.8.2.1 dargestellt. Auch hier bleibt oft nur die Möglichkeit, auf Buchwerte zurückzugreifen, da die notwendigen Informationen zur Ermittlung von Marktwerten fehlen.

Bezüglich der **Kasse** wird für die Berechnung des Enterprise Value davon ausgegangen, dass diese in voller Höhe nicht für das operative Geschäft benötigt wird und deshalb subtrahiert werden kann. Zu den liquiden Aktiva zählen zum Beispiel Wertpapiere des Umlaufvermögens und des Anlagevermögens.

Der Equity Value, die Anteile Dritter und die zinstragenden Verbindlichkeiten zeigen die Mittelherkunft im Unternehmen. Die nicht vollkonsolidierten Beteiligun-

[116] Vgl. auch Abschnitt 3.8.2.2 und 4.3.6.1.

[117] *Bloomberg* berücksichtigt Pensionsverpflichtungen bei der Berechnung des Enterprise Value nicht.

[118] Vgl. Abschnitt 3.8.3.1.

gen, die Kasse und der Enterprise Value können hingegen als Mittelverwendung im Unternehmen interpretiert werden (vgl. Abbildung 4–2).

Ob für die Bildung eines Multiplikators der Equity Value oder der Enterprise Value herangezogen werden muss, ist von der verwendeten Bezugsgröße abhängig: Die Bezugsgröße gibt sozusagen ein bestimmtes Bewertungskonstrukt vor. Wird die als Bezugsgröße verwendete Unternehmensgröße alleine vom Eigenkapital erwirtschaftet, so ist sie in Beziehung zum Equity Value zu setzen. Handelt es sich um eine Kenngröße, die vom Gesamtkapital erwirtschaftet wird bzw. allen Kapitalgebern zusteht – hierunter fallen alle „Vor-Zins-Größen" –, ist für die Multiplikatorermittlung nur die Verwendung des Wertes des im operativen Geschäft gebundenen Kapitals, also des Enterprise Value, sinnvoll.

4.2.2 Trading- versus Transaction-Multiplikatoren

Der bei der Bildung der Multiplikatoren verwendete Marktwert der Unternehmen kann auf unterschiedlichen Informationsquellen basieren. Je nach Herkunft der Marktwerte für die Unternehmen unterscheidet man zwischen Trading- und Transaction-Multiplikatoren. Trading-Multiplikatoren beruhen auf an der Börse bezahlten Kursen – sie werden deshalb auch als Börsenmultiplikatoren bezeichnet. Transaction-Multiplikatoren hingegen basieren auf den bei M&A-Transaktionen bezahlten Kaufpreisen. Tabelle 4–1 gibt eine Übersicht über die Kennzeichen der beiden Multiplikatoren-Arten.

Börsenmultiplikatoren werden anhand der tagtäglich an der Börse bezahlten Preise für kleinere Stückzahlen berechnet. Die jederzeitige Verfügbarkeit aktueller Marktpreise macht einen Vorteil der Trading-Multiplikatoren aus. Bei der Multiplikatorenbewertung werden die Börsenwerte zu einem bestimmten Stichtag erfasst. Aufgrund sich verändernder Erwartungen unterliegen Aktienkurse zum Teil heftigen Schwankungen. Deshalb kommt der Auswahl des Bewertungsstichtags eine entsprechende Bedeutung zu.

Bei Börsenkursen ist außerdem auf eine ausreichende Liquidität der Aktie zu achten, da sich nur dann ein fairer Marktpreis herausbilden kann. Ist die Liquidität der Aktie eines Unternehmens zu gering, sollte dieses Unternehmen nicht als Vergleichsunternehmen für eine Bewertung herangezogen werden. Hinweise auf eine mangelnde Liquidität geben beispielsweise ein relativ geringer Free-Float – dieser bezeichnet den Anteil der Aktien, die sich nicht in Festbesitz befinden – und ein über längere Zeit äußerst geringes Handelsvolumen.

Gegenstand von M&A-Transaktionen sind in der Regel größere Pakete, die häufig auch mit einem Kontrollzuschlag verkauft werden. Deshalb sind Transaktions-Multiplikatoren oft höher als Trading-Multiplikatoren. Es kann – insbesondere bei Finanzinvestoren – jedoch auch vorkommen, dass bei Erwerb großer Aktienpakete an börsennotierten Unternehmen Abschläge für eine mangelnde Fungibilität bzw. Liquidität, d.h. für eine eingeschränkte Handelbarkeit der Anteile, in Ansatz gebracht werden. Bei M&A-Transaktionen handelt es sich um einmalige Preisfeststellungen, die durch die jeweiligen transaktionsspezifischen Rahmenbedingungen geprägt sind.

	Trading	Transaction
Quelle	– Börse	– M&A-Transaktionen
Stichtag	– ein spezifischer Zeitpunkt	– unterschiedliche Zeitpunkte
Vorteil	– aktuelle Marktbewertung – viele Vergleichsunternehmen – einfache Informationsbeschaffung	– Prämie für Kontrollmehrheit enthalten
Nachteil	– Marktschwankungen beeinflussen Multiplikatoren, Multiplikator von der Börsenstimmung am Bewertungsstichtag geprägt	– wenige Vergleichstransaktionen – schwierige Informationsbeschaffung – Konjunkturentwicklung beeinflusst Multiplikatoren

Tabelle 4–1: Trading- versus Transaction-Multiplikatoren

Bei Transaction-Multiplikatoren erweist sich die Informationsgewinnung in der Regel als sehr schwierig. Ohne geeigneten Datenbankzugang ist die Grundgesamtheit der Transaktionen in der Regel zu gering, um eine statistisch relevante Aussage treffen zu können. Die gezahlten Auf- bzw. Abschläge sind darüber hinaus neben den unternehmensspezifischen Rahmenbedingungen auch von der Konjunkturentwicklung und der Marktverfassung abhängig. Dies bedingt, dass die gewonnenen Daten nach relativ kurzer Zeit nicht mehr dem Marktgeschehen entsprechen und somit nicht mehr verwendet werden sollten.

Ein spezifisches Problem der Transaction-Multiplikatoren besteht darin, dass diese an den Transaktionszeitpunkt gebunden sind: Transaktionsmultiplikatoren werden für das Jahr der Transaktion bzw. für das darauffolgende Jahr ermittelt. Bei der Aggregation zu einem Multiplikator werden daher aufgrund der abweichenden Stichtage der einzelnen Transaktionen eigentlich nicht direkt vergleichbare Einzelmultiplikatoren zusammengefasst.

Da Trading-Multiplikatoren zu jedem beliebigen Stichtag auf Basis aktueller Kurse ermittelt werden können und die benötigten Informationen frei zugänglich sind, konzentriert sich die weitere Darstellung der Multiplikatorenbewertung im wesentlichen auf Börsenmultiplikatoren.

4.2.3 Überblick über die unterschiedlichen Multiplikatoren

Tabelle 4–2 gibt einen Überblick über die unterschiedlichen Multiplikatoren, die zur Unternehmensbewertung verwendet werden können. Wie bereits erwähnt können Multiplikatoren einerseits danach unterschieden werden, ob es sich um Enterprise Value-Multiplikatoren (abgekürzt mit EV) oder Equity Value-Multiplikatoren (abgekürzt mit MC für Market Cap) handelt. Andererseits kann eine Einordnung der Multiplikatoren auch danach vorgenommen werden, wie stark die Bezugsgröße des jeweiligen Multiplikators durch äußere sowie innere Faktoren beeinflussbar ist und ob für die Bezugsgröße Schätzungen vorliegen.

Die diversen Bezugsgrößen werden auf unterschiedliche Weise von äußeren Rahmenbedingungen – Steuern, Zinsniveau, Rechnungslegungsvorschriften – und durch die Ausnutzung bilanzieller Wahlrechte tangiert.

Vergangenheitsorientierte Multiplikatoren sind für alle Multiplikatoren-Arten ermittelbar. Da eine Unternehmensbewertung aber zukunftsgerichtet sein sollte, ist es wichtig, dass für die Bezugsgrößen Schätzungen von Analysten veröffentlicht sind. In der Regel werden Umsatz, EBITDA, EBIT und das Ergebnis je Aktie, das aus dem Jahresergebnis nach Steuern (EAT) berechnet wird, geschätzt. Selbst bei diesen Basisgrößen kann es jedoch vorkommen, dass Schätzungen nur für eine ungenügende Anzahl von Vergleichsunternehmen vorliegen und damit die Grundgesamtheit der Vergleichswerte für die Ableitung einer statistisch relevanten Aussage zu gering ist. Eine Bewertung auf Basis des spezifischen Multiplikators ist in einem solchen Fall nicht aussagekräftig.

Im Folgenden werden die einzelnen in Tabelle 4–2 aufgezählten Multiplikatoren näher beleuchtet. Darüber hinaus wird auch die Bildung von „Wachstumsmultiplikatoren" erläutert.

	Abkürzung	Bezugsgröße	EV vs. MC[119]	Abhängigkeit v. Rahmenbedingungen[120]	Schätzungen verfügbar[121]
Multiplikatoren auf Basis von Bilanzgrößen					
Kurs-Buchwert-Verhältnis (= Price-Book-Value)	KBV (PBV)	bilanzielles EK oder wirtschaftl. EK	MC	sehr hoch hoch	nein nein
Multiplikatoren auf Basis von Größen aus der Gewinn- und Verlustrechnung					
Enterprise Value/Umsatz	EV/Umsatz	Umsatz	EV	sehr gering	ja
Kurs-Umsatz-Verhältnis (= Price-Sales-Ratio)	KUV (PSR)	Umsatz	MC	sehr gering	ja
Enterprise Value/EBITDA	EV/ EBITDA	EBITDA	EV	gering	ja
Enterprise Value/EBITA	EV/EBITA	EBITA	EV	mittel	nein
Enterprise Value/EBIT	EV/EBIT	EBIT	EV	mittel	ja
Kurs-Gewinn-Verhältnis (= Price-Earnings-Ratio)	KGV (PER)	EAT	MC	hoch	ja
Multiplikatoren auf Basis von Größen aus der Kapitalflussrechnung					
Enterprise Value/oFCF		operating Free Cashflow	EV	gering	nein
Equity Value/FtE	KCF	Flow to Equity	MC	gering	nein
Multiplikatoren auf Basis von Nicht-Finanzkennzahlen					
EV/Umsatzwerttreiber		Werttreiber für den Umsatz	EV	gering	nein

Tabelle 4–2: Übersicht über gängige Multiplikatoren

[119] Angabe, ob es sich bei dem Multiplikator um einen Enterprise Value- oder einen Equity Value-Multiplikator handelt; EV = Enterprise Value; MC = Market Capitalization = Equity Value.

[120] Z.B. Einfluss unterschiedlicher nationaler Rechnungslegungs- und Steuervorschriften sowie der Nutzung von Bilanzierungsspielräumen auf die Bezugsgrößen und somit die Multiplikatoren.

[121] Angabe, ob in der Regel Schätzungen für eine bestimmte Bezugsgröße vorliegen.

4.2.4 Multiplikatoren auf Basis von Bilanzgrößen – Kurs-Buchwert-Verhältnis

Der einzige gebräuchliche Multiplikator auf Basis einer Bilanzgröße ist das Kurs-Buchwert-Verhältnis (KBV), auch als Price-Book-Value (PBV) bezeichnet. Dieses erhält man, indem man den Marktwert des Eigenkapitals in Beziehung setzt zum bilanziellen Eigenkapital:

$$KBV = \frac{Marktkapitalisierung}{bilanzielles\ Eigenkapital}$$

Das bilanzielle Eigenkapital ist ein Abbild der Unternehmensentwicklung, der Bilanzpolitik und der Ausschüttungspolitik der Vergangenheit. Es ist deshalb kein Indikator für die zukünftige Ertragskraft eines Unternehmens. Es kann jedoch als Vermögensstatus eines Unternehmens und zwar speziell als Indikator für den Zerschlagungswert eines Unternehmens interpretiert werden[122]. Die Marktkapitalisierung, die auf einer Einschätzung der künftig vom Unternehmen erwirtschafteten Erträge beruht, stellt dagegen den Fortführungswert des Unternehmens dar.

In der Regel sollte das Kurs-Buchwert-Verhältnis für ein Unternehmen größer 1 sein, was bedeutet, dass der Fortführungswert größer als der Zerschlagungswert (unter Vernachlässigung Stiller Reserven) ist. Bei einem Kurs-Buchwert-Verhältnis kleiner 1 sollte über eine Zerschlagung des Unternehmens nachgedacht werden.

Einen besseren Maßstab als das bilanzielle Eigenkapital stellt dabei das wirtschaftliche Eigenkapital eines Unternehmens dar. Üblicherweise – so z.B. von vielen Banken im Rahmen der Bilanzanalyse – wird das wirtschaftliche Eigenkapital (wEK) wie folgt ermittelt[123]:

wEK = bilanzielles Eigenkapital (vor Anteilen Dritter)
– nicht eingeforderte Einlagen
– Rücklage für eigene Anteile
– Aufwendungen für Ingangsetzung und Erweiterung des Geschäftsbetriebs
– aktivierter Geschäfts- und Firmenwert
– Disagio
– aktivische latente Steuern
– Unterdeckungen bei den Rückstellungen für Pensionen und ähnliche Verpflichtungen
– der zur Ausschüttung vorgesehene Betrag
+ passivische latente Steuern

[122] Dabei ist jedoch zu beachten, dass der Buchwert des Eigenkapitals nicht dem Substanzwert des Unternehmens entspricht, da nicht alle Vermögensgegenstände aktiviert sind und es sich bei den aktivierten Vermögensgegenständen um fortgeführte Anschaffungs- und Herstellungskosten handelt, die durch die Rechnungslegungssysteme und Bilanzierungsspielräume beeinflusst sind.

[123] Vgl. *Küting/Weber* (1997), S. 73.

Aus dem Kurs-Buchwert-Verhältnis ist jedoch keine verlässliche Entscheidungsregel für die Zerschlagung eines Unternehmens, etwa in der Form

$$KBV = \frac{Marktkapitalisierung}{bilanzielles\ Eigenkapital} < 1 \Rightarrow \text{Zerschlagung,}$$

ableitbar. Deutet das Kurs-Buchwert-Verhältnis – bei einem Wert kleiner 1 – darauf hin, dass eine Zerschlagung sinnvoll sein könnte, ist vielmehr noch zu prüfen, ob die Liquidation des Unternehmens auch unter Berücksichtigung der Zerschlagungskosten sowie der zu erwartenden Mehr- bzw. Mindererlöse der einzelnen Vermögensgegenstände gegenüber ihren jeweiligen Buchwerten wirklich die wirtschaftlichere Alternative ist.

Das Kurs-Buchwert-Verhältnis ist aufgrund seiner Vergangenheitsorientierung und dem fehlenden Bezug zur künftigen Ertragskraft des Unternehmens nicht als Bewertungsmaßstab geeignet. Die unterschiedliche Ausnutzung der bilanzpolitischen Spielräume durch die Unternehmensführung macht auch einen Vergleich nahezu unmöglich. Selbst auf Basis des wirtschaftlichen Eigenkapitals ist ein Vergleich nicht sinnvoll, da in den Unternehmen zum Teil erhebliche Stille Reserven bzw. Stille Lasten vorhanden sind, die für den außenstehenden Beobachter nicht erkennbar sind.

Vorteile	– ./.
Nachteile	– Vergangenheitsorientiert – leicht beeinflussbar – keine Berücksichtigung der zukünftigen Ertragskraft

Tabelle 4–3: Zusammenfassende Bewertung des Kurs-Buchwert-Verhältnisses

4.2.5 Multiplikatoren auf Basis von Größen aus der Gewinn- und Verlustrechnung

Die meisten Multiplikatoren bzw. Multiplikatorenbewertungen werden auf Basis von Größen aus der Gewinn- und Verlustrechnung, wie z.B. EBITDA, EBIT, etc., erstellt. Abbildung 4–3 zeigt die Ableitung dieser Ertragsgrößen aus der Gewinn- und Verlustrechnung. Die Ermittlung orientiert sich, wie das Schema zeigt, nur bedingt an der in Jahresabschlüssen üblichen Gliederung, so dass in der Regel eine Umgliederung einzelner Positionen erforderlich ist.

Beispielsweise sind in einer nach dem HGB erstellten Gewinn- und Verlustrechnung die sonstigen Steuern, die ja einen operativen Aufwand darstellen, von ihrer Position nach dem EBT umzugliedern vor das EBITDA. Hingegen sind einmalige Erträge aus dem Verkauf von Anlagegütern und Wertpapieren des Umlaufvermögens, die in der Regel in den sonstigen betrieblichen Erträgen enthalten sind, als außerordentlich einzustufen. Dies erfordert eine Umgliederung von ihrer Position vor dem EBITDA hinter das EBIT. Insbesondere die sonstigen betrieblichen Erträge und Aufwendungen sollten daraufhin analysiert werden, ob sie regelmäßig anfallen oder ob sie nur einen einmaligen und damit außerordentlichen Charakter haben.

Umsatz
+ sonstige operative Erträge
– operative Aufwendungen
= EBITDA (earnings before interest, taxes, depriciation and amortisation)

– Abschreibungen auf Gegenstände des Anlagevermögens
= EBITA (earnings before interest, taxes and amortisation)

– Firmenwertabschreibungen
= EBIT (earnings before interest and taxes)

+ außerordentliche Erträge
– außerordentliche Aufwendungen
+ Beteiligungsergebnis
+ Zinsergebnis (in der Regel negativ)
= EBT (earnings before taxes)

– Ertragsteuern
= EAT (earnings after taxes)

Abbildung 4–3: Ableitung diverser für die Multiplikatorenbildung relevanter Ertragskenngrößen aus der Gewinn- und Verlustrechnung

Des weiteren ist es für die Multiplikatorenbewertung empfehlenswert, bei der Ermittlung der operativen Kennzahlen einmalige Restrukturierungsaufwendungen zu eliminieren. Noch zu leistende Restrukturierungsaufwendungen sollten dann jedoch von dem aus der Multiplikatorenbewertung resultierenden Unternehmenswert abgezogen werden.

Es ist zu beachten, dass die Ermittlung der Größen EBITDA, EBITA, EBIT und EBT nicht allgemein „standardisiert“ ist. So beziehen einige Unternehmen beispielsweise die außerordentlichen Aufwendungen und Erträge oder auch Beteiligungsergebnis und Zinserträge in die Berechnung von EBITDA, EBITA und EBIT mit ein.

Wichtig für eine Multiplikatorenbewertung ist jedoch, dass die Zahlen aller betrachteten Unternehmen nach demselben Schema ermittelt werden. Deshalb ist zu empfehlen, nicht auf die von den Unternehmen ausgewiesenen Kenngrößen zurückzugreifen, sondern eigene Berechnungen vorzunehmen.

Alle Bezugsgrößen vom Umsatz bis hin zum EBIT werden durch das gesamte operativ gebundene Kapital erwirtschaftet bzw. stehen zur Befriedigung aller Kapitalgeber zur Verfügung und sind somit Basis von Enterprise Value-Multiplikatoren. Alle Größen unterhalb des EBIT, wie EBT und EAT, werden dagegen nur durch das Eigenkapital erwirtschaftet bzw. stehen ausschließlich den Eigenkapitalgebern zu und sind demgemäß die Basis für Equity Value-Multiplikatoren.

Generell gilt, dass der Einfluss bilanzpolitischer Spielräume bzw. unterschiedlicher nationaler Rechnungslegungs- und Steuervorschriften umso geringer ist, je weiter oben die Bezugsgröße in der Gewinn- und Verlustrechnung zu finden ist. So ist der Umsatz am wenigsten beeinflusst, mit jedem Schritt in Richtung Nachsteuerergebnis wird die Auswirkung von Bilanzpolitik, Rechnungslegungs- und Steuervorschriften gravierender.

4.2.5.1 Umsatzmultiplikatoren

Die Definition des Umsatzes ist für die Ermittlung des Umsatz-Multiplikators von entscheidender Bedeutung. Wie bereits erwähnt ist der Umsatz die Größe in der Gewinn- und Verlustrechnung, die am geringsten durch bilanzielle Gestaltungsspielräume und die Unterschiede zwischen den Rechnungslegungsnormen beeinflusst ist. Gewisse bilanzielle Spielräume existieren jedoch auch bei der Ermittlung des Umsatzes. So stellen sich zwei grundsätzliche Fragen:

- Wann wird Umsatz realisiert?
- Was wird als Umsatz realisiert?

Wann der Umsatz realisiert wird, ist abhängig von den jeweils gültigen Rechnungslegungsnormen. Nach dem deutschen Handelsgesetzbuch ist ein Umsatz erst mit dem Schreiben der Rechnung realisiert. Nach US-GAAP können dagegen unter bestimmten Voraussetzungen auch Forschungs- und Entwicklungsaufwendungen, z.B. für die Entwicklung neuer Software, als Umsatz aktiviert werden. Unterschiede können sich beispielsweise auch aufgrund der differierenden Behandlung langfristiger Projekte ergeben: Nach HGB werden diese nach der completed contract-Methode bilanziert, nach US-GAAP nach der percentage of completion-Methode. Letztere führt zu einer früheren Umsatzrealisierung.

Was als Umsatz realisiert wird, ist je nach Branche unterschiedlich. Im Online-Handel ist beispielsweise darauf zu achten, ob als Umsatz nur der Provisionserlös verbucht wird – wie z.B. bei *eBay Inc.* - oder das komplette Handelsvolumen – wie z.B. bei *Amazon.com, Inc.* Im Anlagenbau kann ein Unterschied darin bestehen, dass einige Unternehmen auch Generalunternehmerfunktionen übernehmen und so den Umsatz mit margenschwachem Baugeschäft u.ä. aufblähen.

Möchte man Unternehmen anhand von Umsätzen vergleichen – was bei der Bewertung mithilfe von Umsatz-Multiplikatoren ja der Fall ist –, so sollte die Struktur und Abgrenzung der Umsätze genau analysiert werden, um sicherzustellen, dass eine Vergleichbarkeit tatsächlich gegeben ist.

Die umsatzbasierte Multiplikatorenbewertung weist einen gravierenden Nachteil auf: Sie vernachlässigt die Ertragskraft der einzelnen Unternehmen vollständig. Diese Vernachlässigung ist problematisch, weil der Wert eines Unternehmens nicht in den erzielten Umsätzen sondern in den ausschüttbaren Erträgen liegt. Eine Bewertung auf Umsatzbasis sollte deshalb nur dann durchgeführt werden, wenn eine andere Bewertung nicht möglich ist, und die so errechneten Werte sollten mit der nötigen Sorgfalt interpretiert werden.

In Abschnitt 4.4 wird unter anderem auch gezeigt, wie mithilfe der Regressionsanalyse die Ertragskraft der Unternehmen in der umsatzbasierten Bewertung berücksichtigt werden kann. Dabei wird aus den Ertragsmarge-Umsatzmultiplikator-Kombinationen der Vergleichsunternehmen eine Regressionsgerade ermittelt, die dann auf das zu bewertende Unternehmen angewendet wird. Für eine derartige Vorgehensweise können alle operativen Margen herangezogen werden.

In der Praxis werden unterschiedliche Umsatz-Multiplikatoren gebildet: Der Umsatz wird sowohl ins Verhältnis zum Equity Value als auch zum Enterprise Value gesetzt.

Dabei ist das Kurs-Umsatz-Verhältnis (KUV), das den Umsatz in Bezug zur Marktkapitalisierung setzt, der häufiger verwendete Multiplikator.

$$KUV = \frac{Marktkapitalisierung}{Umsatz}$$

Das Kurs-Umsatz-Verhältnis verletzt jedoch die Anforderung der Konsistenz von Wert und Bezugsgröße: Die Bezugsgröße ist der Umsatz aller vollkonsolidierten Unternehmen und wird als solche vom Gesamtkapital, welches für das operative Geschäft eingesetzt wird, erwirtschaftet. Daraus folgt, dass der Umsatz nicht in Beziehung zum Eigenkapital sondern in Beziehung zum Gesamtkapital gesetzt werden muss.

Die Nicht-Berücksichtigung dieser Konsistenz bedeutet, dass das Kurs-Umsatz-Verhältnis implizit unterstellt, dass es keine liquiden Aktiva, keine nicht vollkonsolidierten Beteiligungen, keine Anteile Dritter an vollkonsolidierten Tochtergesellschaften und keine zinstragenden Verbindlichkeiten bei den betrachteten Unternehmen gibt. Dies entspricht jedoch nicht der Realität.

Vorteile	– auch bei negativen Erträgen anwendbar – geringer Einfluss von Bilanzierungs- und Bewertungsmethoden und unterschiedlichen Steuersystemen – viele Schätzungen vorhanden
Nachteile	– keine Berücksichtigung der Ertragskraft – Abhängigkeit von der Umsatzdefinition – **keine Konsistenz von Wert und Bezugsgröße** → **daher ungeeignet**

Tabelle 4–4: Zusammenfassende Bewertung des Kurs-Umsatz-Verhältnisses

Da das Kurs-Umsatz-Verhältnis bei einem Unternehmensvergleich nur dann zu sinnvollen Ergebnissen führen kann, wenn die Unternehmen ähnliche Verschuldungsgrade aufweisen, was jedoch selten der Fall sein dürfte, ist als Umsatzmultiplikator das Verhältnis EV/Umsatz vorzuziehen. Dieses berechnet sich als:

$$EV/Umsatz = \frac{Enterprise\ Value}{Umsatz}$$

Das EV/Umsatz-Verhältnis erfüllt die Anforderung der Konsistenz von Wert und Bezugsgröße. Ansonsten weist es dieselben Vor- und Nachteile auf wie das Kurs-Umsatz-Verhältnis.

Vorteile	– auch bei negativen Erträgen anwendbar – geringer Einfluss von Bilanzierungs- und Bewertungsmethoden und unterschiedlichen Steuersystemen – viele Schätzungen vorhanden
Nachteile	– keine Berücksichtigung der Ertragskraft – Abhängigkeit von der Umsatzdefinition

Tabelle 4–5: Zusammenfassende Bewertung des EV/Umsatz-Verhältnisses

4.2.5.2 EV/EBITDA-Multiplikator

Der EV/EBITDA-Multiplikator setzt den Enterprise Value ins Verhältnis zum Ergebnis vor Zinsen, Steuern, Abschreibungen und Firmenwertamortisation (EBITDA):

$$EV/EBITDA = \frac{Enterprise\ Value}{EBITDA}$$

Im Vergleich zum Umsatz wirken sich unterschiedliche Bilanzierungs- und Bewertungsmethoden auf das EBITDA schon etwas stärker aus. Beispielsweise erfolgt nach US-GAAP die Bewertung langfristiger Auftragsfertigungen nach der percentage of completion-Methode, was im Vergleich zu der nach HGB anzuwendenden completed contract-Methode zu einer deutlich früheren Gewinnrealisation und damit zu einem differierenden EBITDA führt. Auch eine unterschiedliche Ausnutzung bilanzpolitischer Spielräume bei der Bildung und Auflösung von Rückstellungen beeinträchtigt die Vergleichbarkeit der EBITDAs verschiedener Unternehmen. Darüber hinaus hat auch die Entscheidung, ob gemietet oder gekauft wird, einen Einfluss auf die Höhe des EBITDA. Miete führt zu operativen Kosten, die schon das EBITDA mindern. Ein Kauf bedingt hingegen Abschreibungen und Zinszahlungen, die beide das EBITDA unbeeinflusst lassen und sich erst in einer Verminderung des EBIT bzw. des EBT auswirken. Ein entscheidender Vorteil gegenüber den Umsatzmultiplikatoren besteht darin, dass beim EV/EBITDA-Multiplikator die Ertragskraft der betrachteten Unternehmen Berücksichtigung findet.

Verglichen mit den anderen (in den folgenden Gliederungspunkten dargestellten) Ertragsmultiplikatoren ist der Einfluss von Bilanzierungs- und Bewertungsmethoden beim EV/EBITDA-Multiplikator am geringsten. Insbesondere werden buchhalterische Unterschiede bezüglich der Abschreibungen und der Behandlung der Firmenwerte eliminiert. Durch diese „Bereinigung" sind die EBITDAs verschiedener Unternehmen gut miteinander vergleichbar. Diese „Stärke" – Eliminierung buchhalterischer Unterschiede – kann sich jedoch aus einer anderen Betrachtungsperspektive auch als „Schwäche" – Nicht-Berücksichtigung tatsächlicher ökonomischer Unterschiede – erweisen:

Vorteile	– Berücksichtigung der Ertragskraft – der Ertragsmultiplikator, der dem geringsten Einfluss von Bilanzierungs- und Bewertungsmethoden und unterschiedlichen Steuersystemen unterliegt – Schätzungen i.d.R. vorhanden
Nachteile	– keine Aussagekraft bei unterschiedlicher ökonomischer Anlageintensität – nicht sinnvoll bei negativem EBITDA

Tabelle 4–6: Zusammenfassende Bewertung des EV/EBITDA-Verhältnisses

Nimmt man eine Unternehmensbewertung auf Basis des EBITDA vor, so wird implizit unterstellt, dass das zu bewertende Unternehmen die gleiche ökonomische Anlageintensität bzw. Abschreibungsquote hat wie die Unternehmen der Vergleichsgruppe. Ökonomisch meint hier den tatsächlichen Werteverzehr des Anlagevermögens. Unterschiedliche Anlageintensitäten stellen hier ein Problem dar, weil sie den Cashflow beeinflussen. Bei identischem EBITDA führen unterschiedliche ökonomische Anlageintensitäten zu differierenden Cashflows. Oder aus einer anderen Sichtweise betrachtet ist das EBITDA eines sehr anlageintensiven Unternehmens bei gleichem EBIT höher als das eines personalintensiveren Unternehmens. Dies bleibt bei einer Bewertung mit dem EV/EBITDA-Multiplikator unberücksichtigt. Als Vergleichsmaßstab für Unternehmen mit verschiedener Anlagenintensität ist das EBITDA somit nicht geeignet.

4.2.5.3 EV/EBITA-Multiplikator

Beim EV/EBITA-Multiplikator wird der Enterprise Value ins Verhältnis zum EBITA gesetzt:

$$EV/EBITA = \frac{Enterprise\ Value}{EBITA}$$

Beim Übergang vom EBITDA zum EBITA kommt mit der Abschreibungspolitik und den unterschiedlichen Abschreibungsnormen ein weiteres gestalterisches bzw. beeinflussendes Element hinzu. Aufgrund differierender Abschreibungsverfahren (linear, degressiv u.a.) und Abschreibungsdauer ist die Vergleichbarkeit des EBITA gegenüber dem EBITDA etwas eingeschränkt. Andererseits besteht kein Problem bei unterschiedlichen Anlageintensitäten.

Das EBITA ist eine Ertragskenngröße vor Abzug der Firmenwertabschreibung. Da die Firmenwerte zwar in der Vergangenheit einmal bezahlt wurden, aber in Zukunft nicht wieder beschafft werden müssen und auch keiner Abnutzung im üblichen Sinne unterliegen, wird häufig die Auffassung vertreten, dass das EBITA die wirkliche Leistungsfähigkeit des Unternehmens besser widerspiegelt als das EBIT. Die Abschreibungen auf das Sachanlagevermögen und andere immaterielle Vermögensgegenstände sind im EBITA hingegen berücksichtigt: Diese Abschreibungen sollen Mittel zur Wiederbeschaffung verbrauchter Anlagegüter im Unternehmen binden.

Ein wesentlicher Nachteil des EV/EBITA-Multiplikators ist das Fehlen von Analysten-Schätzungen. Da Firmenwerte nach US-GAAP künftig nur noch außerordentlich abgeschrieben werden müssen und diese außerordentlichen Abschreibungen für den externen Beobachter üblicherweise in ihrer Höhe nicht vorhersehbar

Vorteile	– Berücksichtigung der Ertragskraft – ggü. EV/EBITDA: auch anwendbar bei unterschiedlichen ökonomischen Anlageintensitäten – ggü. EV/EBIT: spiegelt tatsächliche Ertragskraft besser wider
Nachteile	– i.d.R. keine Schätzungen vorhanden – nicht sinnvoll bei negativem EBITA

Tabelle 4–7: Zusammenfassende Bewertung des EV/EBITA-Verhältnisses

sind, kann man jedoch davon ausgehen, dass die meisten EBIT-Schätzungen für US-Unternehmen inzwischen EBITA-Schätzungen sind.

4.2.5.4 EV/EBIT-Multiplikator

Der EV/EBIT-Multiplikator ist der im Rahmen von M&A-Transaktionen gebräuchlichste Multiplikator. Man erhält ihn, wenn man den Enterprise Value ins Verhältnis zum EBIT setzt:

$$EV/EBIT = \frac{Enterprise\ Value}{EBIT}$$

EBITA und EBIT unterscheiden sich nur hinsichtlich der Firmenwertabschreibungen. Diese sind in den einzelnen Rechnungslegungsnormen unterschiedlich geregelt. Nach HGB ist der Firmenwert linear über einen bestimmten Zeitraum abzuschreiben, während nach US-GAAP und IFRS nur außerordentliche Abschreibungen auf Firmenwerte vorgenommen werden. Das erschwert einen Vergleich anhand des EBIT als einer Größe nach Firmenwertabschreibung, wenn die zu vergleichenden Unternehmen nach unterschiedlichen Systemen bilanzieren.

Des weiteren ist das EBIT auch davon abhängig, ob ein Unternehmen über Akquisitionen gewachsen ist und damit Firmenwerte bezahlt hat, die abgeschrieben werden müssen.

Vorteile	– Berücksichtigung der Ertragskraft – ggü. EV/EBITDA: auch anwendbar bei unterschiedlichen ökonomischen Anlageintensitäten – i.d.R. Schätzungen vorhanden
Nachteile	– ggü. EV/EBITA und EV/EBITDA: die großen Unterschiede bezüglich der Firmenwertabschreibung in den unterschiedlichen Rechnungslegungsnormen schlagen auf das EBIT durch – nicht sinnvoll bei negativem EBIT

Tabelle 4–8: Zusammenfassende Bewertung des EV/EBIT-Verhältnisses

4.2.5.5 Kurs-Gewinn-Verhältnis

Das Kurs-Gewinn-Verhältnis (KGV) – auch als Price-Earnings-Ratio (PER) bekannt – ist der in der Praxis am häufigsten verwendete Ertragsmultiplikator. Insbesondere für börsennotierte Unternehmen stellt das Kurs-Gewinn-Verhältnis den gängigsten Maßstab zur Beurteilung eines Unternehmens dar. Das Kurs-Gewinn-Verhältnis setzt den Marktwert des Eigenkapitals in Beziehung zum Ergebnis nach Steuern und wird entweder auf Basis der auf eine Aktie heruntergebrochenen Kenngrößen oder auf Basis der für das Gesamtunternehmen geltenden Kenngrößen berechnet:

$$KGV = \frac{Kurs\ je\ Aktie}{Gewinn\ je\ Aktie} = \frac{Market\ Cap}{EAT}$$

Das Kurs-Gewinn-Verhältnis kann vereinfacht als die Anzahl von Jahren interpretiert werden, die es dauert, bis ein Anleger das von ihm investierte Kapital in Form von auf Unternehmensebene versteuerten Gewinnen zurückerhalten würde.

Verglichen mit dem EBIT wirken sich auf das Ergebnis nach Steuern (EAT) noch zwei weitere Faktoren aus: das Zinsergebnis und die Steuern. Beide Größen werden sowohl durch nationale Rahmenbedingungen als auch durch unternehmensspezifische Gegebenheiten beeinflusst. Das Zinsergebnis wird durch die Höhe der Verschuldung, das nationale Zinsniveau und den in seiner Höhe von der Schuldnerbonität abhängigen Risikozuschlag auf den risikofreien Zins bestimmt. Die Steuern sind abhängig von den gesetzlichen Rahmenbedingungen und der Bilanzpolitik des Unternehmens.

Dies verdeutlicht, dass das Kurs-Gewinn-Verhältnis noch wesentlich stärker als der EV/EBIT-Multiplikator durch unterschiedliche nationale Rahmenbedingungen geprägt wird. Daher sollte jeder Kurs-Gewinn-Multiplikator im Hinblick auf den Einfluss nationaler Rechnungslegungsnormen, Bilanzpolitik und differierender Steuersysteme hinterfragt werden.

Andererseits schlagen sich im Kurs-Gewinn-Verhältnis jedoch auch die unternehmensspezifischen Einflussfaktoren umfangreicher nieder als bei den anderen Ertragsmultiplikatoren.

Ein besonderes Problem tritt beim Kurs-Gewinn-Verhältnis dann auf, wenn ein Unternehmen aufgrund von Verlustvorträgen aus der Vergangenheit keine Steuern zahlt. Bei einem solchen Unternehmen ist das Nachsteuerergebnis höher und der Multiplikator damit niedriger als bei einem steuerzahlenden Unternehmen mit gleichem Vorsteuerergebnis. Verlustvorträge führen jedoch nur zeitlich begrenzt – nämlich bis zu ihrem Aufbrauchen – zur Steuerbefreiung. Daher ist es in der Regel sinnvoll, bei der Berechnung des Kurs-Gewinn-Verhältnis eines Unternehmens mit einem Verlustvortrag ein fiktives Nachsteuerergebnis zu verwenden, das sich durch Belastung des Vorsteuerergebnisses mit dem durchschnittlichen landesüblichen Steuersatz ergibt. Dadurch wird die Vergleichbarkeit der Multiplikatoren aller Vergleichsunternehmen gewährleistet.

Ebenso sollten einmalige Sondereffekte im Nachsteuerergebnis (z.B. Restrukturierungsaufwendungen) bei der Berechnung des Multiplikators eliminiert werden.

Vorteile	– Berücksichtigung der Ertragskraft – umfangreiche Berücksichtigung unternehmensspezifischer Einflussfaktoren – sehr viele Schätzungen vorhanden
Nachteile	– großer Einfluss von Bilanzierungs- und Bewertungsmethoden und unterschiedlichen Steuersystemen – Verlustvorträge führen zu Verzerrungen – Einmalige Sondereffekte (z.B. Restrukturierung) führen zu Verzerrungen – nicht sinnvoll bei negativem Nachsteuerergebnis (negative Nachsteuerergebnisse kommen häufiger vor als beispielsweise negative EBITs)

Tabelle 4–9: Zusammenfassende Bewertung des Kurs-Gewinn-Verhältnisses

4.2.6 Cashflow-Multiplikatoren

Die Cashflow-Multiplikatoren stehen vom Berechnungsprinzip her den DCF-Ansätzen sehr nahe. Je nachdem ob als Bezugsgröße operative Cashflows oder Cashflows to equity verwendet werden[124], handelt es sich um Enterprise Value-

[124] Vgl. hierzu Abschnitt 4.2.1.

Multiplikatoren bzw. um Equity Value-Multiplikatoren. Allen Cashflow-Multiplikatoren ist gemein, dass sie im Gegensatz zu den anderen Multiplikatoren nur relativ geringen bilanzpolitischen Einflüssen unterliegen.

Die Enterprise-Value-Multiplikatoren werden auf Basis der Cashflows aus der operativen Geschäftstätigkeit berechnet. Bezugsgröße kann zum einen der Cashflow der operativen Geschäftstätigkeit selbst sein:

$$CF\text{-}Multiplikator\ (Variante\ 1) = \frac{Enterprise\ Value}{CF\ der\ operativen\ Geschäftstätigkeit},$$

zum anderen der nach Investitionen verbleibende operative Free Cashflow, also der freie Cashflow aus der operativen Geschäftstätigkeit:

$$CF\text{-}Multiplikator\ (Variante\ 2) = \frac{Enterprise\ Value}{operativer\ Free\ Cash\text{-}flow},$$

wobei sich der operative Free Cashflow berechnet als Summe aus dem Cashflow der operativen Geschäftstätigkeit und dem Cashflow aus der Investitionstätigkeit.

Um den Cashflow der operativen Geschäftstätigkeit bestimmen zu können, ist neben den operativen Aufwendungen und Erträgen aus der Gewinn- und Verlustrechnung auch die Kenntnis der Veränderungen des Working Capital notwendig. Zur Berechnung des operativen Free Cashflows werden darüber hinaus noch die Investitionen und Desinvestitionen im Anlagevermögen benötigt[125].

Bei der Berechnung des Equity Value-Multiplikators auf Cashflow-Basis, dem so genannten Kurs-Cashflow-Multiplikator, wird der Marktwert des Eigenkapitals in Beziehung zum Cashflow to Equity, also dem Cashflow, der allein den Eigenkapitalgebern zusteht, gesetzt. Um den Cashflow to Equity zu berechnen, muss die Veränderung der zinstragenden Verbindlichkeiten bekannt sein.

$$CF\text{-}Multiplikator\ (Variante\ 3) = \frac{Marktkapitalisierung}{CF\ to\ Equity}$$

Vorteile	– Berücksichtigung der Ertragskraft – umfangreiche Berücksichtigung unternehmensspezifischer Einflussfaktoren – relativ geringer Einfluss von Bilanzierungs- und Bewertungsmethoden und unterschiedlichen Steuersystemen
Nachteile	– keine Schätzungen vorhanden – nicht sinnvoll bei negativen Cashflows

Tabelle 4–10: Zusammenfassende Bewertung der Cashflow-Multiplikatoren

Die Notwendigkeit der Kenntnis der Investitionen in das Anlage- und das Umlaufvermögen sowie der Veränderung der zinstragenden Verbindlichkeiten stellt ein besonderes Problem der Cashflow-Multiplikatoren dar. In der Regel sind diese Größen auf Basis der frei zugänglichen Unternehmensinformationen nur schwer abschätzbar. Deshalb gibt es für die meisten Unternehmen auch keine Cashflow-Schätzungen.

[125] Zur Berechnung des operativen Free Cashflows vgl. Abschnitt 3.2.1. Der Cashflow der operativen Geschäftstätigkeit ergibt sich aus dem oFCF durch Addition der Investitionen/Desinvestitionen in das Anlagevermögen.

4.2.7 Nicht-Finanzmultiplikatoren

Neben den oben erläuterten Finanzmultiplikatoren werden mitunter auch Nicht-Finanzmultiplikatoren gebildet. Bei diesen Multiplikatoren wird als Bezugsgröße in der Regel ein Werttreiber für den Umsatz verwendet. Entsprechend den Umsatzmultiplikatoren handelt es sich daher bei den Nicht-Finanzmultiplikatoren auch um Enterprise Value-Multiplikatoren. Ein Nicht-Finanzmultiplikator berechnet sich damit als:

$$Multiplikator = \frac{Enterprise\ Value}{Wertreiber}$$

Als Werttreiber werden Größen herangezogen, die in einem direkten funktionalen Zusammenhang mit der operativen Geschäftstätigkeit eines Unternehmens stehen und aus denen sich prinzipiell der Umsatz ableiten lässt.

In der Praxis kommt beispielsweise bei der Bewertung von Krankenhäusern ein Multiplikator auf Basis der Bettenzahl und bei der Bewertung von Brauereien ein Multiplikator auf Basis der Produktionskapazität in Hektolitern zur Anwendung. In den Hochzeiten des Neuen Marktes wurden Internetprovider in der Regel mit der Anzahl ihrer registrierten Nutzer und Internetportale mit der Anzahl der Page-Impressions bewertet. Während bei den ersten beiden Beispielen noch ein direkter Zusammenhang zum Umsatz unterstellt werden kann, haben die letzten Jahre deutlich gemacht, dass es sich bei Internetprovidern und Internetportalen nur um einen vermuteten Zusammenhang gehandelt hat. Nicht jedes hochgefeierte Unternehmen war auch in der Lage, seine Werttreiber in Umsatz umzusetzen[126].

Vorteile	– (zumindest aus technischer Sicht) auch Bewertung defizitärer Unternehmen möglich
Nachteile	– keine Berücksichtigung der Ertragskraft – keine Schätzungen vorhanden – führt leicht zu Fehleinschätzungen

Tabelle 4–11: Zusammenfassende Bewertung der Nicht-Finanzmultiplikatoren

4.2.8 Berücksichtigung des Wachstums

Wie bereits erwähnt sind alle dargestellten Multiplikatoren in ihrer Betrachtungsweise statisch, d.h. die Bewertung stellt auf die Bezugsgröße eines bestimmten Jahres ab. Die künftige Entwicklung dieser Kenngröße wird nicht berücksichtigt.

Um Multiplikatoren ein dynamisches Element zu verleihen und damit eine bessere Vergleichbarkeit von Unternehmen mit unterschiedlichen Wachstumsprofilen zu ermöglichen, kann man die einzelnen Multiplikatoren ins Verhältnis zum langfristigen Wachstum der Bezugsgröße des Multiplikators setzen.

So wird beispielsweise bei der Berechnung der Price-Earnings-Growth-Ratio (PEG-Ratio, PEGR) das erwartete Gewinnwachstum integriert, indem das Kurs-

[126] Als Beispiel wird in Abschnitt 4.5 dargestellt, wie T-Mobile mit der Anzahl seiner Kunden bewertet werden kann.

Gewinn-Verhältnis (KGV bzw. PER) in Relation zum langfristigen durchschnittlichen Gewinnwachstum ($CAGR_{JÜ}$ = Compounded Annual Growth Rate des Jahresüberschusses) des Unternehmens gesetzt wird:

$$PEGR = \frac{PER}{CAGR_{JÜ}} = \frac{\frac{\text{Kurs je Aktie}}{\text{Ergebnis je Aktie}}}{\text{langfristiges durchschnittliches Gewinnwachstum}}$$

Das langfristige durchschnittliche Wachstum basiert auf einem Zeitraum der (auf das zur Berechnung des KGV verwendete Jahr) folgenden drei bis fünf Geschäftsjahre.

Derartige „Wachstumsmultiplikatoren" sind jedoch keine Multiplikatoren im herkömmlichen Sinn: So kann bei der PEG-Ratio nur das enthaltene KGV für die Unternehmenswertberechnung verwendet werden. Die PEG-Ratio selbst eignet sich eher zur Plausibilisierung von Unternehmenswerten. Hohe Kurs-Gewinn-Verhältnisse lassen sich mittels der PEG-Ratio relativieren: Ein hohes KGV ist nicht grundsätzlich negativ (im Sinne eines überteuerten Unternehmens), möglicherweise spiegelt es nur künftige Wachstumserwartungen wider. In diesem Fall führt das künftige Gewinnwachstum bei konstanter Marktkapitalisierung zu einem im Zeitablauf sinkenden KGV.

Die PEG-Ratio ist in ihrer Aussagekraft jedoch eingeschränkt. *Jim Slater*, der Erfinder der PEG-Ratio, hat vier Gültigkeitsannahmen aufgestellt, welche die Verwendbarkeit und die Aussagekraft der PEG-Ratio massiv einschränken:

- Das kontinuierliche Unternehmenswachstum muss über dem durchschnittlichen Marktwachstum liegen.
- Eine niedrige PEG-Ratio ist nur im Marktvergleich ein Indiz dafür, dass ein Unternehmen relativ teuer bzw. relativ billig ist.
  Das bedeutet, dass ein mithilfe der PEG-Ratio plausibilisierter Unternehmenswert nur aussagt, dass das zu bewertende Unternehmen genauso über- bzw. unterbewertet ist wie die Peer Group der Vergleichsunternehmen.
  Aufgrund regionaler Unterschiede in Bezug auf Steuervorschriften und Zinsniveau lässt sich darüber hinaus nur im Vergleich mit Vergleichsunternehmen desselben Wirtschaftsraums eine Aussage darüber treffen, ob ein Unternehmen relativ billig oder relativ teuer ist.
- Nur ein KGV zwischen 12 und 20 erlaubt eine zuverlässige Aussage.
  Das KGV kann auch als Kehrwert des Terms „geforderte Eigenkapitalrendite abzüglich Unternehmenswachstum" interpretiert werden[127]. Ein KGV von 12 entspricht demgemäß einer „Eigenkapitalrendite abzüglich Unternehmenswachstum" in Höhe von 8,33 %. Bei einem KGV kleiner 12 nähert sich dieser Term sehr schnell der Marktrendite an, wobei das eingepreiste Unternehmenswachstum entsprechend sinkt. Unterstellt man beispielsweise eine Marktrendite von 10 %, so bedeutet ein KGV von 10 Nullwachstum. Der durch die PEG-Ratio unterstellte Zusammenhang zwischen Wachstum und KGV gilt für langsam wachsende Unternehmen somit nicht.

[127] Bezüglich der Erläuterung des Zusammenhangs zwischen KGV und Eigenkapitalrendite vgl. Abschnitt 4.7.2.

Bei hohen KGVs und hohen Wachstumsraten reagieren die Kurse und die erwarteten Gewinne sehr empfindlich auf neue Informationen zum Unternehmen und zur gesamtwirtschaftlichen Lage. Dies führt dazu, dass die PEG-Ratio keinen stabilen Zusammenhang für solche Unternehmen bildet.

- Aufgrund der mit einer längerfristigen Betrachtung verbundenen Unsicherheit ist besonders auf eine möglichst geringe Standardabweichung bei den Schätzungen zu achten: Je geringer die Standardabweichung, desto höher die Zuverlässigkeit.
  Ein hoher Grad an Unsicherheit in Bezug auf die langfristige Entwicklung schlägt sich in relativ hohen Streubreiten bei den Schätzungen der nächsten drei bis fünf Jahre nieder, was wiederum eine relativ hohe Streuung des aus den Schätzungen ermittelten langfristigen durchschnittlichen Unternehmenswachstums zur Folge hat.

Aufgrund dieser Einschränkungen, die in der Praxis häufig außer acht gelassen werden, ist die pauschale Aussage, dass Unternehmen mit einer PEG-Ratio kleiner als 1 billig und größer als 1 teuer sind, nicht haltbar.

Insbesondere bei Wachstumsunternehmen sollte man deshalb die PEG-Ratio nicht verwenden, da Wachstumsunternehmen in der Regel ein sehr hohes KGV und eine sehr hohe Standardabweichung bei den Schätzungen aufweisen.

4.3 Berechnung der Multiplikatoren der Vergleichsunternehmen

4.3.1 Auswahl der Vergleichsunternehmen

Die Grundannahme der Bewertung mit Multiplikatoren besteht darin, dass ähnliche Unternehmen bzw. Transaktionen ähnlich bewertet werden. Maßgeblich für die Aussagefähigkeit der Bewertung ist daher, dass die Vergleichsunternehmen hinsichtlich folgender Kriterien eine möglichst große Ähnlichkeit mit dem zu bewertenden Unternehmen aufweisen:

- Geschäftsmodell
- Umsatzstruktur
- Ertragsstruktur/Margen
- Verschuldungsgrad
- Steuersystem
- gesetzliche/politische Rahmenbedingungen
- Unternehmensgröße
- Wachstumsprofil
- Reifephase im Unternehmenslebenszyklus
- Rechnungslegung

Je ähnlicher die Vergleichsunternehmen dem zu bewertenden Unternehmen sind, umso größer ist die Aussagefähigkeit des Multiplikators und damit des daraus resultierenden Unternehmenswertes. Bei mangelnder Vergleichbarkeit ist eine Multiplikatorenbewertung nicht sinnvoll. So wäre eine Bewertung der *SAP AG* auf Basis der Multiplikatoren der *Volkswagen AG*, der *BMW AG* und der *DaimlerChrysler AG* nicht zielführend.

Allerdings ist der Grundsatz der Ähnlichkeit dehnbar und es liegt im Ermessen des Bewertenden, die nach seiner Einschätzung passenden Unternehmen auszuwählen. Die Auswahl sollte jedoch für Dritte nachvollziehbar sein.

Häufig gibt es – wenn überhaupt – nur ein oder zwei wirklich vergleichbare Unternehmen, womit die Gruppe der Vergleichsunternehmen statistisch zu klein ist. Die Vergleichsgruppe sollte mindestens fünf Unternehmen umfassen. Erweitert man die Peer Group, um statistisch verwertbare Aussagen zu erhalten, so muss man die Vergleichbarkeitskriterien lockern. Es muss folglich eine Abwägung stattfinden zwischen einer ausreichenden Anzahl an Vergleichsunternehmen und der strikten Beachtung des Grundsatzes der Ähnlichkeit. Bei einer Lockerung der Vergleichbarkeitskriterien sollte man die damit vorhandenen Unterschiede zwischen den Vergleichsunternehmen dann jedoch bei der Interpretation der Ergebnisse berücksichtigen.

Mitunter kann es bei der Abwägung hilfreich sein, mehrere Vergleichsgruppen zu bilden: Ausgehend von den ähnlichsten Unternehmen, den so genannten closest comparables, können schrittweise weniger vergleichbare Unternehmen hinzugenommen werden. Auf diese Weise kann der Einfluss unterschiedlicher Vergleichsgruppen auf den berechneten Unternehmenswert gut sichtbar gemacht werden. So kann in einem ersten Schritt beispielsweise eine Vergleichsgruppe aus deutschen Unternehmen gebildet werden, in einem zweiten Schritt wird diese um europäische Unternehmen erweitert, eine dritte Peer Group enthält zusätzlich noch US-Unternehmen.

Die Bildung mehrerer Vergleichsgruppen bietet sich auch dann an, wenn das zu bewertende Unternehmen über verschiedene Geschäftszweige verfügt. Hier kann für jeden Geschäftszweig eine separate Vergleichsgruppe gebildet werden.

Bei der Aggregation der Multiplikatoren werden die verschiedenen Vergleichsgruppen üblicherweise entsprechend der ihnen beigemessenen Bedeutung gewichtet.

Eine fehlende Vergleichbarkeit hinsichtlich einzelner der angeführten Kriterien lässt sich zum Teil heilen durch entsprechende Auswahl des Multiplikators.

Voraussetzung für die Auswahl der Vergleichsunternehmen ist eine genaue Analyse des zu bewertenden Unternehmens im Hinblick auf die wesentlichen Werttreiber und oben aufgeführten Strukturparameter.

Bei der Suche nach Vergleichsunternehmen beginnt man sinnvollerweise mit Unternehmen, die ähnliche Produkte für ähnliche Kundengruppen herstellen. Diese sind dann auf eine Vergleichbarkeit hinsichtlich der übrigen Kriterien zu untersuchen.

Vorsicht ist geboten, wenn Unternehmen in unterschiedlichen Reifephasen miteinander verglichen werden. Hier kommt es häufig zu Fehleinschätzungen, insbesondere wenn es sich bei den Vergleichsunternehmen um in ihrem Markt bereits etablierte Unternehmen handelt, während das zu bewertende Unternehmen noch am Anfang seiner Entwicklung steht und gerade erst den Proof of Concept erbracht hat. Bei einem derartigen Vergleich müssen dann die unterschiedlichen Wachstumsperspektiven in die Interpretation einfließen. Ein Beispiel für eine Außerachtlassung der Vergleichbarkeit hinsichtlich der Reifephase ist die Bewertung anlässlich des Börsengangs der *Openshop AG* im März 2000, bei der die *Openshop AG* mit den im Unternehmenslebenszyklus wesentlich weiter fortgeschrittenen Unternehmen *Intershop AG* und *Broadvision Inc.* verglichen wurde.

Die Forderung nach einer ähnlichen Größe und Diversifikation bezieht sich insbesondere auf die Organisationsstruktur, die Finanzkraft und die Marktstellung eines Unternehmens. So ist zu beobachten, dass der Marktführer in einem Segment einen Bewertungsaufschlag gegenüber anderen, ansonsten gleichartigen Unternehmen besitzt. Beispiele hierfür sind *Microsoft Corp.* bei Betriebssystemen, *SAP AG* bei ERP-Software und *Medion AG* bei den Marketing- und Logistikdienstleistern. Dieser Aufschlag liegt darin begründet, dass ein Neueinsteiger in ein bestimmtes Segment im Normalfall größeren Risiken ausgesetzt ist als ein etabliertes Unternehmen und wesentlich größeren Risiken als der Marktführer.

Probleme können auch entstehen, wenn Unternehmen aus unterschiedlichen (nationalen) Wirtschaftsräumen in die Vergleichsgruppe einbezogen werden. So ist davon auszugehen, dass die äußeren Rahmenbedingungen sich von Land zu Land unterscheiden. Dies wirkt sich direkt auf die Multiplikatoren aus[128]. Insbesondere unterschiedliche Zinsniveaus und unterschiedliche steuerliche Rahmenbedingungen können zu regional unterschiedlichen Bewertungsniveaus führen. So lassen sich die höheren Multiplikatoren für japanische Unternehmen in den 1990er-Jahren im Vergleich mit europäischen und amerikanischen Unternehmen mit dem wesentlich geringeren Zinsniveau in Japan erklären.

Die Vergleichsunternehmen der KfZ-Zulieferer GmbH

Die Gruppe der Vergleichsunternehmen für die KfZ-Zulieferer GmbH wurde nach folgenden Suchkriterien zusammengestellt:

- Hersteller von Fahrzeugteilen oder -systemen
- Lieferant für Automobilproduzenten

Der Hauptfokus lag dabei auf europäischen und nordamerikanischen Unternehmen.

Das Produktspektrum reicht von Autoelektronik, Motor- und Getriebeteilen sowie Reifen bis hin zu Karosserieteilen. Trotz dieses breiten Produktspektrums sind die Vergleichsunternehmen repräsentativ für den Markt der Automobilzulieferer, da alle Unternehmen zum Großteil direkt die Automobilhersteller beliefern. In Tabelle 4–12 sind die identifizierten Vergleichsunternehmen mit Sitz und einem beispielhaften Produkt aufgelistet.

Die Peer Group beinhaltet die deutschen sowie die großen internationalen börsennotierten Automobilzulieferer. Mit *Denso Corp.* wurde ein japanischer Automobilzulieferer in die Vergleichsgruppe aufgenommen. Anhand dieses Unternehmens soll exemplarisch gezeigt werden, ob es Unterschiede im Bewertungsniveau zwischen Europa sowie Nordamerika einerseits und Japan andererseits gibt.

Die Gruppe der Vergleichsunternehmen für die Bewertung der KfZ-Zulieferer GmbH wurde im August 2002 zusammengestellt. Die Zusammensetzung einer

[128] Warum dies so ist, wird in Abschnitt 4.7 bei der Herleitung der Multiplikatoren aus dem DCF-Verfahren deutlich.

Unternehmen	Hauptsitz	Produktbeispiel
Beru AG	Deutschland	Dieselstartsysteme
Borgwarner Inc.	USA	Antriebssysteme
Continental AG	Deutschland	Reifen
Cummins Inc.	USA	Dieselmotoren
Dana Corp.	USA	Achsen
Delphi Corp.	USA	Autoelektronik
Denso Corp.	Japan	Einspritzpumpe
Eaton Corp	USA	Zylinderköpfe
Edscha AG	Deutschland	Türscharniere
Faurecia Gruppe	Frankreich	Armaturen
Grammer AG	Deutschland	Sitze
Kolbenschmidt Pierburg AG	Deutschland	Motorblöcke
Lear Corp.	USA	Sitze
Magna International Inc.	Kanada	Chassis
Michelin (CGDE)	Frankreich	Reifen
TRW Inc.	USA	Bremssysteme
Valeo SA	Frankreich	Scheinwerfer
Visteon Corp.	USA	Innenraumkonsolen
W.E.T. Automotive Systems AG	Deutschland	Kabelbäume

Tabelle 4–12: Vergleichsunternehmen der KfZ-Zulieferer GmbH

Vergleichsgruppe ist immer abhängig vom aktuellen Kenntnisstand[129] und der Einschätzung des jeweiligen Bewerters sowie dem Zeitpunkt der Erhebung. Eine einzig richtige und vollständige Peer Group gibt es daher nicht. So lässt sich beispielsweise darüber streiten, ob *Eaton Corp.* in die Gruppe der Vergleichsunternehmen einzubeziehen ist, da *Eaton Corp.* nicht nur Automobilzulieferer ist, sondern auch Produkte für die Luft- und Raumfahrtindustrie produziert. Im Zeitablauf kann die Peer Group durch Börsengänge größer werden, möglicherweise fallen jedoch durch Insolvenzen (*Sachsenring AG*) und Übernahmen (*Kiekert AG*) auch Unternehmen heraus. Wichtig ist, dass eine Vergleichsgruppe nicht durch bewusstes Weglassen von Unternehmen manipuliert wird und die Gruppe ausreichend groß ist, um statistisch relevante Aussagen zu ermöglichen.

4.3.2 Auswahl der Bewertungsperiode

Die Multiplikatoren sind in ihrer Betrachtungsweise alle statisch, d.h. die Berechnung stellt auf die Bezugsgröße eines bestimmten Jahres ab. Für eine Bewertung können nur Multiplikatoren aggregiert werden, die auf Basis desselben Vergleichs-

[129] Beispielsweise wurde bei Zusammenstellung der Vergleichsgruppe die *Leoni AG* (Hersteller von Kabelbäumen) nicht bewusst unberücksichtigt gelassen, sondern schlichtweg übersehen.

zeitraumes berechnet wurden. Dieser kann in der Vergangenheit liegen und die Bezugsgrößen können dann den Jahresabschlüssen entnommen werden. Da eine Bewertung jedoch zukunftsgerichtet sein sollte, handelt es sich üblicherweise um geschätzte künftige Kenngrößen, wobei man sich in der Regel auf Schätzungen von Analysten stützt. Je mehr Analystenschätzungen für eine Unternehmenskennzahl vorliegen, je aktueller diese Schätzungen sind und je geringer die Varianz dieser Schätzungen ist, umso besser ist die Güte der berechneten Multiplikatoren. Ein entscheidender Faktor für die Auswahl der Bewertungsperiode ist daher das Vorliegen von Schätzungen für die Unternehmenskenngrößen.

Je nach ausgewählter Bewertungsperiode differieren die berechneten Unternehmenswerte mitunter erheblich. Es ist daher für eine Entscheidungsfindung hilfreich, jeweils eine separate Bewertung auf Basis von zwei aufeinanderfolgenden Perioden durchzuführen. Häufig werden für eine Bewertung in der ersten Jahreshälfte die Kenngrößen des aktuellen und des nächsten Kalenderjahres und für eine Bewertung in der zweiten Jahreshälfte die Kenngrößen des nächsten und übernächsten Kalenderjahres verwendet[130]. Bei Unternehmen, bei denen das Geschäftsjahr nicht mit dem Kalenderjahr übereinstimmt, empfiehlt es sich, jeweils eine lineare Interpolation[131] zweier Geschäftsjahre auf ein Kalenderjahr durchzuführen.

Anschließend ist eine Wertung bzw. Gewichtung der beiden daraus resultierenden Unternehmenswerte vorzunehmen, wobei verschiedene Faktoren zu berücksichtigen sind:

- Die Unsicherheit steigt, je weiter der betrachtete Zeitraum in der Zukunft liegt.
- Wird eine Bewertung für ein Unternehmen mit einer hohen geplanten Wachstumsdynamik vorgenommen, so ist zu beachten, dass künftige Bewertungsperioden aufgrund des starken geplanten Umsatz- bzw. Ergebniswachstums in der Regel zu höheren Unternehmenswerten führen.

In der Vergangenheit ließ sich beobachten, dass bei der Bewertung von Börsengängen in Hype-Phasen das Gewicht eher auf der Zukunft und in Baisse-Phasen eher auf der Gegenwart lag. Eine hohe geplante Wachstumsdynamik des zu bewertenden Unternehmens im Vergleich mit der Peer Group, wie sie charakteristisch ist für Hype-Phasen, führt dann dazu, dass in Hype-Phasen tendenziell höher bewertet wird als in Baisse-Phasen.

Das im Folgenden dargestellte Beispiel liegt aus heutiger Sicht in der Vergangenheit. Wir haben auf eine Aktualisierung des Beispiels verzichtet, da die dargestellte Vorgehensweise bei der Multiplikatorenbewertung unverändert Gültigkeit besitzt. Da die Multiplikatorenbewertung abhängig ist vom zeitlichen Kontext, d.h. von der zum Bewertungszeitpunkt vorherrschenden Börsenstimmung, kann das Beispiel ohne neue – sehr zeitaufwendige – Datenerhebung nicht auf einen anderen Bewertungsstichtag „übertragen" werden.

Die Bewertung für die KfZ-Zulieferer GmbH zum Bewertungsstichtag 20. August 2002 basiert auf dem aktuellen (2002) und dem folgenden (2003) Kalenderjahr. Die Auswahl dieser gegenwartsnahen Bewertungsperioden – trotz des Bewertungs-

[130] Vgl. *DVFA*-Standards für Researchberichte am Neuen Markt (1999), S. 5.

[131] In Abschnitt 4.3.5.4.3 ist die Vorgehensweise bei der linearen Interpolation zweier Geschäftsjahre auf ein Kalenderjahr anhand eines Beispiels erläutert.

stichtages in der zweiten Jahreshälfte – erfolgte vor dem Hintergrund der zu diesem Zeitpunkt vorherrschenden Börsenstimmung und der starken Unsicherheit bezüglich der künftigen Unternehmensentwicklungen.

4.3.3 Auswahl des Multiplikators

Die unterschiedlichen Multiplikatoren führen i.d.R. zu – mitunter deutlich – unterschiedlichen Unternehmenswerten. Daher ist bei einer Multiplikatorenbewertung die Auswahl des oder der geeigneten Multiplikatoren mit besonderer Sorgfalt vorzunehmen.

Grundsätzlich sollten die Multiplikatoren verwendet werden, in deren Bezugsgrößen sich die für den Unternehmenswert wichtigsten Werttreiber (z.B. Ertragskraft) widerspiegeln. Im Hinblick hierauf sind Ertragsmultiplikatoren den Umsatzmultiplikatoren i.d.R. vorzuziehen, da der Wert eines Unternehmens maßgeblich von den künftigen Erträgen bestimmt wird.

Ein weiteres wichtiges Kriterium für die Auswahl eines Multiplikators ist die Vergleichbarkeit der Bezugsgröße zwischen den Vergleichsunternehmen und dem zu bewertenden Unternehmen.

Eine Vergleichbarkeit ist nur dann gegeben, wenn die Bezugsgrößen nach den gleichen Schemata ermittelt werden. Beispielsweise sollten *Amazon.com, Inc.* und *eBay Inc.* niemals gleichzeitig zur Bewertung eines Unternehmens auf Umsatzbasis verwendet werden: Während beim Internethandelsunternehmen *Amazon.com, Inc.* das gesamte Handelsvolumen Umsatz darstellt, wird beim Internetauktionshaus *eBay Inc.* nur der Provisionsanteil am Handelsvolumen als Umsatz verbucht.

Der Einfluss unterschiedlicher Rechnungslegungsnormen, unternehmerischer Bilanzpolitik sowie unterschiedlicher nationaler Rahmenbedingungen – wie Zinsniveau und Steuerbelastung – werden umso größer, je weiter unten die Bezugsgröße in der Gewinn- und Verlustrechnung zu finden ist.

Des weiteren ist zu beachten, dass mit der Wahl des Multiplikators und damit der Bezugsgröße implizit ceteris paribus-Annahmen bezüglich aller Faktoren getroffen werden, die in die Bezugsgröße nicht einfließen: Es wird implizit unterstellt, dass in Bezug auf diese Faktoren (z.B. Verschuldung und Steuerquote) vergleichbare Verhältnisse bei dem zu bewertenden Unternehmen und allen Vergleichsunternehmen bestehen.

In der Bewertungspraxis hängt die Auswahl des Multiplikators auch von den zur Verfügung stehenden Daten (z.B. Schätzungen für die Bezugsgröße) ab.

4.3.4 Erhebung und Aufbereitung der Informationen

Die Basis für jeden Multiplikator und damit für jede Bewertung mittels Multiplikatoren bilden die in den jeweiligen Multiplikator einfließenden Informationen über ein Unternehmen. Bei den für die Multiplikatorenbildung verwendbaren Informationen handelt es sich um veröffentlichte Jahres- und Quartalsabschlusszahlen, Analystenschätzungen und Börsenkurse.

Neben den veröffentlichten Abschlüssen der Unternehmen können zur Datenerhebung jedermann zugängliche Informationsquellen, z.B. *onvista.de* oder *comdirect*[132], sowie kostenpflichtige Datendienste, wie z.B. *Bloomberg* oder *Datastream*, genutzt werden. Die hieraus gewonnenen Zahlen sind vor der Verwendung für die Multiplikatorenbildung jedoch grundsätzlich zu hinterfragen.

Wie schon angesprochen ist es für eine fundierte Bewertung zudem notwendig, eine möglichst große Ähnlichkeit bezüglich der Ermittlungsschemata zwischen den für die Bildung von Multiplikatoren verwendeten Daten unterschiedlicher Unternehmen herzustellen. Dies bedingt eine eingehende Analyse aller zu den Unternehmen zur Verfügung stehenden Informationen.

4.3.4.1 Marktwert des Eigenkapitals und Enterprise Value

Das Ziel einer Unternehmensbewertung ist in der Regel die Ermittlung des Wertes des Eigenkapitals. Bei der Bildung von Multiplikatoren für die Vergleichsunternehmen wird der umgekehrte Weg gegangen und aus dem Wert des Eigenkapitals ein Multiplikator gebildet. Bei börsennotierten Unternehmen ist der Wert des Eigenkapitals dabei definiert als Produkt aus Aktienanzahl und Kurs je Aktie:

$$\textit{Marktwert des Eigenkapitals} = \textit{Aktienanzahl} \cdot \textit{Kurs je Aktie}$$

Verfügt ein Unternehmen über mehrere börsennotierte Aktiengattungen, z.B. Vorzugs- und Stammaktien, so ist der Marktwert des Eigenkapitals als Summe der Marktwerte aller Aktiengattungen definiert. Etwas komplizierter wird die Ermittlung des Marktwertes des Eigenkapitals, wenn mehrere Aktiengattungen existieren, von denen nicht alle börsennotiert sind. Ein Beispiel hierfür ist die *Porsche AG*, bei der 8,75 Mio. nicht börsengehandelte Stammaktien mit Stimmrecht, die sich in Familienbesitz befinden, und 8,75 Mio. börsengehandelte Vorzugsaktien ohne Stimmrecht existieren. In Abhängigkeit von der Ausgestaltung der einzelnen Aktiengattungen in Bezug auf Stimmrechte und Dividendenrechte muss dann für die nicht börsennotierten Aktiengattungen deren Marktwert abgeleitet werden. In der Regel wird aus Vereinfachungsgründen davon ausgegangen, dass alle Aktien denselben Wert haben.

Der Enterprise Value für die Vergleichsunternehmen berechnet sich, wie in Abschnitt 4.2.1 dargestellt, aus dem Marktwert des Eigenkapitals. In der Bewertungspraxis werden jedoch für die Finanzverbindlichkeiten, die Anteile Dritter, Anteile an nicht vollkonsolidierten Beteiligungen und Kasse/liquide Aktiva meist die Buchwerte aus den letzten Abschlüssen herangezogen.

Um eine möglichst große Aktualität zu gewährleisten, sollte dafür auf die aktuellen Quartalsabschlüsse zurückgegriffen werden. Bei Rückgriff auf Datendienste wie *Bloomberg* ist deshalb zu prüfen, ob die Daten der aktuellsten Jahres- bzw. Quartalsabschlüsse schon in den Datenbestand eingepflegt wurden und ob das Berechnungsschema des Datendienstes dem eigenen entspricht. Eine eigene Ermittlung aus den Abschlüssen ist aufgrund des höheren Grads an Aktualität einer Übernahme des in Datendiensten veröffentlichten Enterprise Value immer vorzuziehen.

---

[132] Der Zugang zu den Schätzungen bei *comdirect* erfordert inzwischen eine Kontoverbindung.

4.3.4.2 Ermittlung der Bezugsgrößen: Jahresabschlusszahlen

Die Jahresabschlusszahlen liegen in der Regel nicht in der Form vor, die für die Bildung von Multiplikatoren wünschenswert ist[133]. Beispielsweise sind Anpassungen notwendig, um bei den Umsatz- und Ertragszahlen nicht wiederkehrende Einmaleffekte zu eliminieren. Eine weitere Schwierigkeit liegt darin, dass häufig die Ermittlung der einzelnen Unternehmenskenngrößen in den Jahresabschlüssen der einzelnen Vergleichsunternehmen unterschiedlich vorgenommen wird und teilweise nicht einmal zwei aufeinanderfolgende Abschlüsse eines Unternehmens dem Grundsatz der Bilanzkontinuität genügen.

Bei börsennotierten Unternehmen sind die Jahresabschlusszahlen i.d.R. in Datenbanken, wie *comdirect.de* oder *Bloomberg*, aufbereitet. Aufgrund der Vielzahl der Unternehmen kann es jedoch bezüglich der Integration des letzten veröffentlichten Jahresabschlusses in die Datenbank zu zeitlichen Verzögerungen kommen.

4.3.4.3 Ermittlung der Bezugsgrößen: Schätzungen

Grundlegende Voraussetzung für die Bildung zukunftsorientierter Multiplikatoren ist die Existenz von Analystenschätzungen. Für die *Grammer AG*, die grundsätzlich als ein Vergleichsunternehmen für die KfZ-Zulieferer GmbH identifiziert wurde, liegen beispielsweise keine Schätzungen vor. Deshalb muss sie aus der Peer Group, welche die Grundlage für die Bewertung der KfZ-Zulieferer GmbH bildet, wieder herausgenommen werden.

Oft scheitert die Bildung bestimmter zukunftsorientierter Multiplikatoren auch daran, dass Analysten sich mit ihren Schätzungen auf wenige Kennzahlen fokussieren. Am häufigsten wird der Gewinn je Aktie (EPS) geschätzt. Danach folgen der Umsatz, das EBITDA und das EBIT. Andere Kennzahlen, wie beispielsweise der Cashflow je Aktie, werden von Analysten selten geschätzt.

In Tabelle 4–13 ist die Häufigkeitsverteilung der für bestimmte Kennzahlen vorliegenden Schätzungen für die Gruppe der Automobilzulieferer-Vergleichsunternehmen (vgl. Tabelle 4–12) und für die *Beru AG* dargestellt. Für die Gruppe der Vergleichsunternehmen wird bei den einzelnen Kennzahlen die Anzahl der Unternehmen, für die Schätzungen vorliegen, angegeben und für die *Beru AG* die Anzahl der Analystenschätzungen für die einzelnen Kennzahlen.

Die Anzahl der Schätzungen für bestimmte Kennzahlen hängt neben der Bedeutung des Unternehmens zusammen mit dem Schwierigkeitsgrad bei der Schätzung. Eine Ausnahme bildet dabei das Ergebnis je Aktie, das generell von jedem Analysten, der ein Unternehmen „covered", veröffentlicht wird. Je mehr Komponenten zu schätzen sind und je weniger Informationen über die zukünftige Unternehmensentwicklung zur Verfügung stehen, desto schwieriger wird die Schätzung. Für den Cashflow je Aktie muss beispielsweise neben der Gewinn- und Verlustrechnung auch die Bilanz geschätzt werden, um die zur Cashflow-Berechnung erforderlichen Investitionen in das Anlagevermögen, das Working Capital und die Veränderung des Nettofinanzvermögens errechnen zu können.

Die auf Schätzungen basierenden Multiplikatoren für ein Unternehmen sind umso zuverlässiger, d.h. eindeutiger, je mehr aktuelle Analystenschätzungen für die

---

[133] Vgl. hierzu auch Abschnitt 4.2.5.

	Vergleichsunternehmen				Beru AG	
	Bloomberg		comdirect		Bloomberg	
	2002	2003	2002	2003	02/03	03/04
Anzahl*	19	19	19	19	12	12
EPS	18	18	18	18	12	9
Umsatz	18	18	18	18	10	8
EBITDA	17	16	15	15	8	8
EBIT	13	13	15	15	7	6

* der Unternehmen der Vergleichsgruppe bzw. der Analystenschätzungen

Tabelle 4–13: Häufigkeitsverteilung der Schätzungen für die Vergleichsunternehmen der KfZ-Zulieferer GmbH und für die Beru AG

einzelnen Bezugsgrößen existieren und je geringer die Streuung dieser Schätzungen ist. Je weiter die Schätzzeiträume in der Zukunft liegen, desto größer ist die Unsicherheit bezüglich der Unternehmensentwicklung und damit die Schwierigkeit bei der Planung bzw. Schätzung. Daher nimmt mit steigender Gegenwartsferne die Anzahl der vorhandenen Schätzungen ab und i.d.R. die Streuung dieser Schätzungen zu. Deshalb ist in der Regel eine Bewertung auch nur auf Basis der Multiplikatoren der nächsten zwei Jahre sinnvoll.

Bei den Analystenschätzungen muss der Anwender darauf bauen, dass die Schätzungen der Analysten auf der laufenden operativen Geschäftstätigkeit ohne Sondereffekte und ohne Akquisitionen basieren.

In der Regel werden die Schätzungen unterschiedlicher Analysten für dieselbe Unternehmenskenngröße differieren. Um aus mehreren unterschiedlichen Schätzungen die für die Multiplikator-Berechnung anzusetzende Höhe der Bezugsgröße zu ermitteln, bietet sich die Bildung des arithmetischen Mittels oder des Medians an. Es stellt sich jedoch die Frage, ob hierbei alle vorliegenden Schätzungen einzubeziehen sind.

Grundsätzlich sind aktuellere Schätzungen zu präferieren, da sie neuere Erkenntnisse bezüglich der Unternehmensentwicklung bereits berücksichtigen und Analystenschätzungen auf den Informationen basieren, die dem Analysten zum Zeitpunkt der Schätzung zur Verfügung stehen. Unternehmensexterne Entwicklungen, wie z.B. die Ereignisse des „11. September 2001", und auch unternehmensinterne Entwicklungen, wie zum Beispiel Auftragsverschiebungen und -stornierungen, können einen gravierenden Einfluss auf die Höhe der Unternehmenszahlen haben. Da derartige Entwicklungen sich in den aktuellen (zum Bewertungsstichtag erhobenen) Börsenkursen, die Eingang in die Zählergrößen der Multiplikatoren finden, bereits niedergeschlagen haben, sollten für die Bezugsgrößen, die ja den Nenner der Multiplikatoren bilden, nur Schätzungen verwendet werden, die nach solchen kritischen Ereignissen erstellt wurden und diese somit ebenfalls schon berücksichtigen.

Diesbezüglich bietet der Datendienst *Bloomberg*[134] den Vorteil, dass die Schätzungen aller Analysten einzeln mit Datumsangabe aufgegliedert sind. Ein Vergleich

[134] *Bloomberg* bietet bisher noch I/B/E/S-Schätzungen an, plant jedoch in Zukunft die Analystenschätzungen selbst zu erheben.

der Einzelschätzungen ermöglicht es, Schätzungen, die vor einem für das Unternehmen signifikanten Ereignis, wie beispielsweise einer Gewinnwarnung, liegen, und auch Extremwerte bei den Schätzungen zu eliminieren.

Bei *comdirect* werden grundsätzlich *JCF-Consensus*-Schätzungen der letzten 75 Tage verwendet und einmal pro Woche aktualisiert. Dieses Verfahren stellt sicher, dass „alte" Schätzungen nicht berücksichtigt werden. Allerdings können aufgrund fehlender Detailangaben extreme Schätzungen ebenso wenig aussortiert werden wie Schätzungen, die vor einem signifikanten Unternehmensereignis liegen. Letzteres ist jedoch nur problematisch, sofern derartige Ereignisse in den Zeitraum der letzten 75 Tage fallen. In der Regel dürften sich die Abweichungen zu den aus *Bloomberg* ermittelten Schätzungen im Rahmen halten. Darüber hinaus werden für eine Unternehmenswertberechnung ja die auf Schätzungen basierenden Multiplikatoren mehrerer Unternehmen zu einem Multiplikator aggregiert: Über diese Bestimmung eines mittleren Wertes für alle Vergleichsunternehmen werden Schätzdifferenzen bezüglich einzelner Unternehmen normalerweise großteils eliminiert.

Die so aus den Schätzungen ermittelten künftigen Unternehmenskenngrößen für die einzelnen Vergleichsunternehmen sollten anschließend noch mit den Jahresabschlusszahlen des jeweiligen Unternehmens und den zum Unternehmen vorliegenden Nachrichten plausibilisiert werden.

4.3.5 Informationsaufbereitung und Multiplikatoren-Berechnung am Beispiel der Beru AG

Nach den eher theoretischen Ausführungen in den vorangegangenen Gliederungspunkten soll im Folgenden am Beispiel der *Beru AG* – als einem Vergleichsunternehmen der KfZ-Zulieferer GmbH – gezeigt werden, wie aus den zur Verfügung stehenden Informationen Multiplikatoren gebildet werden und worauf bei der Aufbereitung der vorhandenen Daten besonders geachtet werden sollte.

4.3.5.1 Marktwert des Eigenkapitals

Alle bewertungsrelevanten Daten wurden am 20.08.2002 erhoben. In die Berechnungen sind für die europäischen und das japanische Unternehmen aktuelle Tageskurse und für die amerikanischen Unternehmen die Schlusskurse vom 19.08.2002 eingegangen. An diesem Tag notierte die *Beru AG* zu einem Kurs von 44,10 € je Aktie. Bei der *Beru AG* existieren nur Stammaktien. Bei der Aktienanzahl von 10 000 000 Stück ergibt sich damit als Marktwert des Eigenkapitals 441 Mio. €.

4.3.5.2 Enterprise Value

Der Enterprise Value als Marktwert des operativen Geschäfts lässt sich aus dem Marktwert des Eigenkapitals berechnen wie in Abschnitt 4.2.1 dargestellt:

Enterprise Value	= 441 000 T€	Marktwert des Eigenkapitals
	+ 2 150 T€	Anteile Dritter an Konzerntöchtern
	+ 11 236 T€	Pensionsrückstellungen
	+ 24 425 T€	zinstragende Verbindlichkeiten
	– 3 978 T€	Finanzanlagen (= nicht vollkonsolidierte Beteiligungen und liquide Aktiva im Finanzanlagevermögen)
	– 27 027 T€	Flüssige Mittel
	– 80 205 T€	Wertpapiere
	= 367 601 T€	Enterprise Value

Für den Wert des Eigenkapitals wurde die Marktkapitalisierung vom 20.08.2002 verwendet. Alle anderen Positionen wurden dem Jahresabschluss zum 31.03.2002 entnommen. Ein aktueller Quartalsabschluss lag noch nicht vor.

4.3.5.3 Berechnung vergangenheitsorientierter Multiplikatoren

4.3.5.3.1 Ermittlung der Bezugsgrößen für die einzelnen Multiplikatoren aus den Jahresabschlusszahlen

Als Basis für die Bestimmung der Bezugsgrößen für die einzelnen Multiplikatoren dient der letzte veröffentlichte Jahresabschluss eines Unternehmens. Im Falle der *Beru AG* ist das zum Bewertungsstichtag 20.08.2002 der Jahresabschluss für das Geschäftsjahr 2001/2002 (Geschäftsjahresende 31.03.).

Dem Kurs-Buchwert-Multiplikator liegt als Bezugsgröße das wirtschaftliche Eigenkapital zugrunde. Zu dessen Berechnung[135] wurde dem bilanziellen Eigenkapital der Sonderposten für Investitionszuschüsse – vermindert um seinen Steueranteil, d.h. die bei ertragswirksamer Auflösung des Sonderpostens zu entrichteten Ertragssteuern – addiert und die Geschäfts- und Firmenwerte sowie die aktiven latenten Steuern subtrahiert, vgl. Tabelle 4–14.

in T€	zum 31.03.2002
bilanzielles Eigenkapital	= 215 071
60% des Sonderposten für Investitionszuschüsse	+ 1 379
Geschäfts- und Firmenwerte	– 11 612
aktive latente Steuern	– 598
wirtschaftliches Eigenkapital	= 204 240

Tabelle 4–14: Bilanzielles und wirtschaftliches Eigenkapital der Beru AG

Die Bezugsgrößen der auf GuV-Zahlen beruhenden Multiplikatoren, wie z.B. EBITDA, EBIT etc., können direkt aus dem Jahresabschluss (Gewinn- und Verlustrechnung) der *Beru AG* übernommen werden. Aus Gründen der Vergleichbarkeit empfiehlt es sich jedoch, bestimmte Anpassungen vorzunehmen.

In Tabelle 4–15 sind die Unternehmenskenngrößen aus der Gewinn- und Verlustrechnung für die *Beru AG* dargestellt. Die beiden linken Spalten geben die Größen

[135] Vgl. Abschnitt 4.2.4.

in T€	Zahlen aus dem Jahresabschluss		Zahlen nach Bereinigungen	
	00/01	01/02	00/01	01/02
Umsatz	276 534	303 062	276 534	303 062
EBITDA	73 563	78 075	64 790	64 722
EBITA	54 768	57 374	45 995	44 021
EBIT	53 388	55 632	44 811	42 476
EBT	57 835	59 389	57 453	58 759
EAT	33 191	42 377	33 191	42 377
EATM	33 146	42 819	33 146	42 819

Tabelle 4–15: Gegenüberstellung der GuV-Zahlen von Beru vor und nach Bereinigungen

wieder, die sich direkt aus dem Jahresabschluss ableiten, die beiden rechten Spalten zeigen die Kenngrößen, die sich nach Bereinigungen berechnen.

Die in Tabelle 4–16 vorgenommenen Bereinigungen der operativen Ertragsgrößen dienen einerseits dazu, einmalige Effekte – beispielsweise den Gewinn aus dem Verkauf von Beteiligungen – zu eliminieren. Andererseits sind bestimmte Umgliederungen notwendig, um einer einheitlichen Definition des operativen Geschäfts Rechnung zu tragen: So sollten die sonstigen Steuern dem operativen Geschäft zugeordnet, Firmenwertabschreibungen auf at-equity-konsolidierte Beteiligungen hingegen ausgegliedert werden.

Bei einem Vergleich der Kenngrößen vor und nach Bereinigung fällt auf, dass fast 25 % der aus dem Jahresabschluss ermittelten EBIT-Marge des Geschäftsjahres 2001/2002 nicht durch das laufende operative Geschäft erwirtschaftet wurde. Die bereinigten Kenngrößen zeigen im Vergleich mit dem Vorjahr nicht nur einen Rückgang bezüglich der Margen, sondern auch bezüglich der absoluten Zahlen. Mit einer bereinigten EBIT-Marge von 14,0 % für das Geschäftsjahr 2001/2002 gehört das Unternehmen jedoch immer noch zu den besserverdienenden Automobilzulieferern.

Bei der Ermittlung der Cashflows für die Cashflow-Multiplikatoren ergeben sich bei der Ableitung aus den Jahresabschlusszahlen verschiedene Probleme. Um einen aussagekräftigen Multiplikator zu erhalten, müssen aus den Cashflows alle außerordentlichen und einmaligen Vorgänge entsprechend dem Vorgehen in Tabelle 4–16 eliminiert werden. Im Hinblick hierauf sollten für die Ermittlung der Cashflow-Multiplikatoren nicht die Cashflows aus der Kapitalflussrechnung der Unternehmen herangezogen werden. Sinnvoller ist es, in Anlehnung an die Vorgehensweise bei der DCF-Bewertung die Cashflows ausgehend von einem bereinigten und nachhaltigen EBIT bzw. EBITDA zu ermitteln.

Um Probleme bei der Zuordnung der Steuern zu umgehen, wurden für die Cashflow-Multiplikatoren (Variante 1 und Variante 2) die Cashflows vor Steuern ermittelt. Zur Ermittlung der Cashflows nach Steuern hätte das EBIT mit einem typisierten Steuersatz versteuert werden müssen[136].

[136] Vgl. Vorgehensweise in Abschnitt 3.2.1.

in T€	EBITDA		EBITA		EBIT		EBT	
	00/01	01/02	00/01	01/02	00/01	01/02	00/01	01/02
Zahlen aus der Bilanz	73 563	78 075	54 768	57 374	53 388	55 632	57 835	59 389
in Prozent vom Umsatz	26,6%	25,8%	19,8%	18,9%	19,3%	18,4%	20,9%	19,6%
sonstige Steuern	– 382	– 630	– 382	– 630	– 382	– 630	– 382	– 630
Firmenwert-AfA at-equity-Beteiligungen					196	197		
Auflösung SoPo aus Investitionszuschüssen	– 869	– 803	– 869	– 803	– 869	– 803		
Verkauf Beteiligungen und eigene Anteile		– 5 745		– 5 745		– 5 745		
Auflösung von Wertberichtigungen auf Forderungen	– 318	– 99	– 318	– 99	– 318	– 99		
Erträge aus dem Verkauf von AV	– 149	– 191	– 149	– 191	– 149	– 191		
Auflösung Rückstellungen	– 4 892	– 5 775	– 4 892	– 5 775	– 4 892	– 5 775		
Kursgewinne	– 2 796	– 1 055	– 2 796	– 1 055	– 2 796	– 1 055		
Verluste aus dem Verkauf von AV	+ 36	+ 292	+ 36	+ 292	+ 36	+ 292		
Zinsanteil der Pensionsrückstellungen im Personalaufwand	+ 597	+ 653	+ 597	+ 653	+ 597	+ 653		
Zahlen nach Bereinigungen	64 790	64 722	45 995	44 021	44 811	42 476	57 453	58 759
in Prozent vom Umsatz	23,4%	21,3%	16,6%	14,5%	16,2%	14,0%	20,8%	19,4%
Differenz	3,2%	4,5%	3,2%	4,4%	3,1%	4,4%	0,1%	0,2%

Tabelle 4–16: Darstellung der Bereinigungen der GuV-Zahlen der Beru AG

Ausgangspunkt für die Ermittlung der Cashflows ist das bereinigte EBITDA (vgl. Tabelle 4–16). In Tabelle 4–17 ist ausgehend von diesem die Ermittlung der Cashflows dargestellt.

4.3.5.3.2 Berechnung der Multiplikatoren

Die Berechnung der vergangenheitsorientierten Multiplikatoren für die *Beru AG* aus den in Abschnitt 4.3.5.3.1 ermittelten Kenngrößen ist in Tabelle 4–18 für das Geschäftsjahr 2001/2002 dargestellt.

4.3.5.4 Berechnung zukunftsorientierter Multiplikatoren

4.3.5.4.1 Erhebung der Schätzungen

Die Ermittlung der Schätzungen für die *Beru AG* ist je nach verwendeter Datenquelle mit unterschiedlichen Problemen behaftet.

Comdirect bietet *JCF-Consensus-Schätzungen* an, die auf Analystenschätzungen basieren, die nicht älter als 75 Tage sind. Bewertungsstichtag für die KfZ-Zulieferer GmbH und somit auch für das Vergleichsunternehmen *Beru AG* ist der 20.08.2002. Am 02.08.2002, also 18 Tage vorher, hat *Beru* eine Umsatz- und Gewinnwarnung abgegeben, die einen massiven Kursrutsch zur Folge hatte. Aufbauend auf der Hypothese der informationseffizienten Kapitalmärkte muss davon ausgegangen werden, dass diese Information vor dem Tag der Veröffentlichung

in T€	2001/2002
bereinigtes EBITDA	64 722
Zunahme der Vorräte, der Forderungen aus Lieferungen und Leistungen sowie anderer Aktiva, die nicht der Investitions- oder Finanzierungstätigkeit zuzuordnen sind	– 10 218
Abnahme der Verbindlichkeiten aus Lieferungen und Leistungen sowie anderer Passiva, die nicht der Investitions- oder Finanzierungstätigkeit zuzuordnen sind	– 3 046
Cashflow der operativen Geschäftstätigkeit vor Steuern	= 51 458
Einzahlungen aus Abgängen von Gegenständen des Sachanlagevermögens und von Gegenständen des immateriellen Anlagevermögens	+ 1 610
Auszahlungen für Investitionen in das Sachanlagevermögen und das immaterielle Anlagevermögen und für den Erwerb konsolidierter Unternehmen abzgl. gewährter Investitionszuschüsse	– 20 947
operativer Free Cashflow vor Steuern	= 32 121
Saldo aus Einzahlungen aus dem Abgang von Finanzanlagevermögen und Auszahlungen für Investitionen in das Finanzanlagevermögen	+ 7 725
Zinsaufwendungen und ähnliche Aufwendungen	– 1 334
Zinsanteil der Pensionsrückstellungen im Personalaufwand	– 653
Zinserträge und ähnliche Erträge	+ 4 720
Saldo aus Einzahlungen aus der Aufnahme und Auszahlungen aus der Tilgung von Finanzkrediten	+ 5 275
Steuern vom Einkommen vom Ertrag	– 16 382
Cashflow to Equity	= 31 472

Tabelle 4–17: Ermittlung der Cashflows für die Beru AG

Wert in T€		/	Bezugsgröße in T€		=	Multiplikator	
Marktwert des Eigenkapitals	441 000	/	bilanzielles EK	215 071	=	KBV	2,05
Marktwert des Eigenkapitals	441 000	/	wirtschaftliches EK	204 240	=	KBV	2,16
Enterprise Value	367 601	/	Umsatz	303 062	=	EV/Umsatz	1,21
Enterprise Value	367 601	/	EBITDA	64 722	=	EV/EBITDA	5,68
Enterprise Value	367 601	/	EBITA	44 021	=	EV/EBITA	8,35
Enterprise Value	367 601	/	EBIT	42 476	=	EV/EBIT	8,65
Marktwert des Eigenkapitals	441 000	/	EATM	42 819	=	KGV	10,30
Enterprise Value	367 601	/	operativer Cashflow*	51 458	=	CF-Multiplikator (Variante 1)*	7,14
Enterprise Value	367 601	/	oFCF*	32 121	=	CF-Multiplikator (Variante 2)*	11,44
Marktwert des Eigenkapitals	441 000	/	Cashflow to Equity	31 472	=	CF-Multiplikator (Variante 3)	14,01

* vor Steuern

Tabelle 4–18: Multiplikatoren der Beru AG für das Geschäftsjahr 2001/2002

weder im Kurs noch in den Analystenschätzungen verarbeitet war. Alle vor dem 02.08.2002 vorgenommenen Schätzungen beruhen daher auf einer Datenbasis, die nicht mit der für den Börsenkurs des Bewertungsstichtages relevanten Informationslage übereinstimmt. Daher besteht eine Inkonsistenz zwischen diesen Schätzungen und dem aktuellen Börsenkurs des Bewertungsstichtages.

Da bei *comdirect* nicht bekannt ist, von wann die einzelnen Schätzungen stammen und wie viele Analysten ihre Schätzungen nach der Gewinnwarnung angepasst haben, kann keine Bereinigung des Schätzwertes vorgenommen werden. Daraus resultiert ein Potenzial für Ungenauigkeiten. Der potenzielle Fehler dürfte sich jedoch in Grenzen halten, da in der Regel davon ausgegangen werden kann, dass die meisten Analysten, die Schätzungen veröffentlichen, ihre Schätzungen nach einer Gewinnwarnung relativ zügig aktualisieren.

Bezüglich der Unternehmen mit einem vom Kalenderjahr abweichenden Geschäftsjahr, wie z.B. der *Beru AG*, weist das *Analyst-Quote-Sheet* bei *comdirect* eine Besonderheit in der Darstellung auf, die berücksichtigt werden sollte: Die Schätzungen sind immer dem Jahr zugeordnet, in dem das Geschäftsjahr beginnt. So bilden bei *comdirect* die Schätzungen für das Jahr 2002 das Geschäftsjahr 2002/2003 der *Beru AG* ab.

Bei *Bloomberg* hingegen sind die Geschäftsjahre eindeutig bezeichnet. Des weiteren liefert *Bloomberg* mehr Detailinformationen: So sind neben einem durch *Bloomberg* gemittelten Schätzwert auch die Schätzungen der einzelnen Analysten abrufbar, vgl. Tabelle 4–19. Das ermöglicht dem Bewerter, die Einzel-Schätzungen

in Mio. € bzw. in € je Aktie	Datum	Umsatz		EBITDA		EBIT		EPS	
		02/03	03/04	02/03	03/04	02/03	03/04	02/03	03/04
Berenberg Bank	16.08.02	326,0	487,0	79,5	113,1	52,5	80,4	3,67	5,47
Deutsche Bank	14.08.02	311,0	334,0	78,0	83,0	56,0	58,0	3,48	3,79
SSSB	14.08.02	315,7		78,1	79,1	55,8		3,84	
HSBC Trinkaus&Burckhardt	07.08.02	325,0	370,0	77,3	82,1	51,3	60,1	3,65	3,93
M.M. Warburg	06.08.02	465,5	368,6	105,2	87,7			4,16	4,71
Ohne Namen	04.07.02							4,20	
Oppenheim	24.06.02	303,1	333,1					3,51	4,18
BW-Bank	21.06.02	315,0	355,0	75,8	84,0	53,1	59,2	3,81	4,28
LBBW	24.04.02	315,0						3,60	
ABN Amro	15.03.02	298,0	322,0	78,6	85,1	59,6	63,6	3,63	4,11
Bankhaus Lampe	06.03.02							3,66	4,04
Fortis Bank	03.12.01	305,0	325,0	78,0	79,0	60,0	60,0	4,08	4,10
Mittelwert aller Schätzungen		327,9	361,8	81,3	86,6	55,5	63,6	3,77	4,29
Mittelwert Bloomberg		327,9	344,0	81,3	82,9	55,5	60,2	3,77	4,14
Mittelwert eigene Berechnung		317,2	352,0	77,8	81,4	54,4	59,1	3,66	3,86
Delta Bloomberg zu eigene Berechnung		3,4%	–2,3%	4,5%	1,8%	2,0%	1,9%	3,2%	7,3%

Tabelle 4–19: Bloomberg-I/B/E/S-Schätzungen für die Beru AG

nach eigenen Maßstäben zu einem Wert zu aggregieren. Unseres Erachtens führt dies zu besseren Ergebnissen. Eine Verwendung der durch *Bloomberg* gemittelten Schätzung ist aus folgenden Gründen nicht empfehlenswert:

- *Bloomberg* eliminiert bei der Mittelwertbildung automatisch extreme Werte. Bei der *Beru AG* beispielsweise führt das dazu, dass die zum Erhebungszeitpunkt aktuellste Schätzung, nämlich die von *Berenberg* für das Geschäftsjahr 2003/2004, bei der Mittelwertbildung nicht berücksichtigt wird. Ein Ausschluss mag zwar – wie in diesem Beispiel, vgl. unten – berechtigt sein, generell ist jedoch nicht jeder Extremwert ein Ausreißer, vielmehr können Extrema auch durch die Verarbeitung neuer Informationen zustande kommen. Diesbezüglich ist eine Einzelfall-Prüfung vorzunehmen.
- *Bloomberg* verwendet für die Berechnung des Mittelwerts die in der Datenbank hinterlegten Schätzungen. Schätzungen, die älter als sechs Monate sind, werden überprüft und gegebenenfalls bei der Berechnung nicht berücksichtigt. Außerdem existiert eine Funktion, die den Mittelwert der Schätzungen der letzten vier Wochen anzeigt. Die Schätzungen werden somit zwar einer regelmäßigen Überprüfung unterzogen, jedoch ist nicht immer nachvollziehbar, warum einzelne Schätzungen eliminiert werden und andere nicht.

In eine Aggregation zu einem Schätzwert sollten nur solche Einzelschätzungen einbezogen werden, die den Anforderungen an die Aktualität und die Stimmigkeit mit anderen Unternehmensinformationen genügen.

Für die *Beru AG* bedeutet das, dass alle Schätzungen, die vor dem 02.08.2002 erstellt wurden, von der Aggregation ausgeschlossen werden sollten. Darüber hinaus wurden die Schätzungen der *Berenberg-Bank* und die von *M.M. Warburg* im Folgenden nicht berücksichtigt. Diese sind zwar aktuell, passen jedoch nicht zu den vorliegenden Unternehmensinformationen.

Die von der *Berenberg-Bank* angenommene Wachstumsrate vom Geschäftsjahr 2002/2003 auf das Geschäftsjahr 2003/2004 von fast 50 % im Umsatz ist gerade in Anbetracht der Umsatz- und Gewinnwarnung nicht nachvollziehbar und trotz neuer Produkte mittels organischem Wachstum, d. h. ohne Akquisition, kaum erreichbar.

Die Analysten von *M.M. Warburg* gehen als einzige davon aus, dass Umsatz, EBITDA und EBIT sinken werden, während der Gewinn je Aktie (EPS) steigt. Die Schätzungen erscheinen insgesamt nicht stimmig: Die Gründe hierfür sind die Inkonsistenz der Schätzungen selbst, die nicht nachvollziehbaren, extremen Abweichungen von den Schätzungen der anderen Analysten und die veröffentlichten Unternehmensinformationen, die einen solchen Umsatz und ein solches EBITDA für das Geschäftsjahr 2002/2003 unrealistisch erscheinen lassen.

Für die Aggregation wurde deshalb aus den Schätzungen von *Deutsche Bank*, *Schroder Salomon Smith Barney (SSSB)* und *HSBC Trinkaus & Burckhardt* der Mittelwert gebildet. Ein Vergleich dieses Mittelwertes mit dem Mittelwert aus allen bei *Bloomberg* eingestellten *I/B/E/S.-Schätzungen* und dem durch *Bloomberg* berechneten Mittelwert ergibt, dass die eigene Aggregation bis auf den Umsatz für das Geschäftsjahr 2003/2004 die niedrigsten Werte liefert und damit die aktuelle Unternehmensentwicklung am besten nachvollzieht.

Wie die vorstehenden Erläuterungen zeigen, existieren bei der Ermittlung des für die Bewertung zu verwendenden Schätzwertes Ermessensspielräume. Diese können missbräuchlich natürlich auch dazu genutzt werden, die Bewertung in eine bestimmte Richtung zu steuern. Für die Einschätzung des aus der Bewertung resultierenden Unternehmenswertes ist es daher erforderlich, dass die vom Bewerter durchgeführten Bewertungsschritte für Dritte nachvollziehbar sind.

Im Vergleich mit *comdirect* – vgl. Tabelle 4–20 – liefert die eigene Aggregation der *Bloomberg*-Schätzungen sämtlich niedrigere Werte. Während für das Geschäftsjahr 2002/2003 die Abweichungen nicht signifikant sind, zeigt sich für das Geschäftsjahr 2003/2004, dass eine einzige deutlich höhere Schätzung wie die der *Berenberg-Bank* eine gravierende Auswirkung auf die Consensus-Schätzung besitzt. Diese Verzerrung ist jedoch im Hinblick auf die Verwässerung von Extremschätzungen durch eine Mittelwertbildung tolerierbar, insbesondere wenn die Einzelschätzungen nicht zugänglich sind.

in Mio. € bzw. in € je Aktie	Datum	Umsatz		EBITDA		EBIT		EPS	
		02/03	03/04	02/03	03/04	02/03	03/04	02/03	03/04
Bloomberg*		317,2	352,0	77,8	81,4	54,4	59,1	3,66	3,86
comdirect	19.08.02	317,2	366,1	78,5	88,0	55,2	61,8	3,73	4,18
Delta comdirect zur eigenen Berechnung		0,0%	4,0%	0,9%	8,1%	1,5%	4,6%	2,0%	8,3%

* eigene Berechnung des Mittelwerts auf Basis der *Bloomberg* – I/B/E/S-Schätzungen für *Beru* (siehe Tabelle 4–19)

Tabelle 4–20: comdirect-JCF Consensus Schätzungen für die Beru AG

Die Basis für die folgenden Berechnungen bilden die auf den *Bloomberg*-Schätzungen beruhenden, selbst aggregierten Schätzwerte.

4.3.5.4.2 Plausibilisierung der Schätzungen

Es ist empfehlenswert, im Anschluss an die Datenerhebung eine Plausibilisierung der Schätzungen auf der Grundlage der vorhandenen Unternehmensinformationen vorzunehmen. Um den Zeitaufwand in Grenzen zu halten, wird in der Praxis jedoch häufig hierauf verzichtet.

Die Entwicklung des Umsatzes wird dabei auf Basis der vom Unternehmen veröffentlichten neuen Aufträge und dem prognostizierten Absatzvolumen an Automobilen sowie den allgemeinen Marktentwicklungen in der Automobilindustrie überprüft.

Die *Beru AG* ist in den vergangenen fünf Jahren jedes Jahr kontinuierlich zwischen 9,6 % und 13,8 % im Umsatz gewachsen, vergleiche Tabelle 4–21. Dieses Wachstum gründete sich insbesondere darauf, dass *Beru* als Spezialist für Kaltstarttechnologie bei Dieselfahrzeugen von dem in den letzten Jahren vorhandenen Trend hin zu Dieselfahrzeugen profitierte. Da sich *Beru* mit seinen Technologien am Markt gut positioniert hat, scheinen die geschätzten Wachstumsraten von 4,7 % für das laufende und 11,0 % für das folgende Geschäftsjahr auch vor dem Hintergrund der konjunkturellen Entwicklung erreichbar.

Zur Plausibilisierung der geschätzten EBITDA-Margen und der geschätzten EBIT-Margen bietet sich ein Vergleich mit den erzielten EBITDA- und EBIT-Margen der Vergangenheit an, vgl. Tabelle 4–22. Der Vergleich mit den (bereinigten) Margen zeigt, dass die Schätzungen im EBITDA 2002/2003 um 3,2 und

	96/97 97/98	97/98 98/99	98/99 99/00	99/00 00/01	00/01 01/02	01/02 02/03	02/03 03/04
Umsatzwachstum	9,7%	12,4%	13,8%	11,5%	9,6%	4,7%*	11,0%*

* auf Basis der *Bloomberg*-Schätzungen

Tabelle 4–21: Umsatzentwicklung der Beru AG

	Historische Margen nach Anpassungen*		Schätzungen: Bloomberg	
	2000/2001	2001/2002	2002/2003	2003/2004
EBITDA-Marge	23,4%	21,3%	24,5%	23,1%
EBIT-Marge	16,2%	14,0%	17,1%	16,8%

* vgl. Tabelle 4–16

Tabelle 4–22: Historische und geschätzte Margen der Beru AG im Vergleich

2003/2004 um 1,8 Margenpunkte und im EBIT um 3,1 bzw. um 2,8 Margenpunkte über der im Geschäftsjahr 2001/2002 erzielten Marge liegen. In 2002/2003 rechnen die Analysten gegenüber einer angepassten EBITDA-Marge von 21,3 % aus dem Jahr 2001/2002 mit absolut 10,9 Mio. € und für 2003/2004 mit 7,1 Mio. € mehr Erträgen bzw. weniger Aufwendungen. Dies ist auf Basis der zur Verfügung stehenden Informationen eine positive Einschätzung.

Im Geschäftsjahr 2001/2002 beträgt der Unterschied in der Marge zwischen EBITDA und EBIT 7,3 Margenpunkte, während die Schätzungen für 2002/2003 von 7,4 und 2003/2004 von 6,3 Margenpunkten ausgehen. In absoluten Beträgen bedeutet das, dass nach Abschreibungen von 22,2 Mio. € in 2001/2002 mit Abschreibungen in Höhe von 23,5 Mio. € für 2002/2003 und in Höhe von 22,2 Mio. € für 2003/2004 gerechnet wird. Ohne weitere Akquisitionen erscheint dies realistisch.

Aus dem geschätzten Ergebnis von 3,66 € je Aktie in 2002/2003 und 3,86 € in 2003/2004 errechnet sich bei 10 Mio. Aktien ein Jahresüberschuss von 36,6 Mio. € für 2002/2003 bzw. 38,6 Mio. € für 2003/2004. Wenn das geschätzte EBIT mit einem Steuersatz von 38,6 % versteuert wird, ergibt dies einen net operating profit less adjusted taxes (NOPLAT) von 33,4 Mio. € für 2002/2003 und 36,3 Mio. € für 2003/2004. Das Finanzergebnis nach Steuern bildet die Differenz zwischen dem NOPLAT und dem Jahresüberschuss[137]. Für 2002/2003 errechnet sich eine Differenz von 3,2 Mio. € und für 2003/2004 von 2,3 Mio. €. Bei einem Nettofinanzvermögen von 82,8 Mio. € zum 31.03.2002 entspricht dies einem durchschnittlichen Zinssatz von 3,8 % bzw. 2,8 % nach Steuern. Wenn man davon ausgeht, dass sowohl Haben- als auch Sollzinsen voll der Besteuerung unterliegen, resultiert daraus unter Hinzurechnung der Steuer in Höhe von 38,6 % ein durchschnittlicher Zinssatz vor Steuern von 6,2 % bzw. 4,6 %. Im Hinblick hierauf ist das geschätzte Finanzergebnis trotz des sehr hohen Nettofinanzvermögens als ambitioniert zu bezeichnen, insbesondere vor dem Hintergrund, dass Habenzinssätze generell geringer sind als Sollzinssätze und Habenzinsen voll der Gewerbesteuer unterliegen, während Sollzinsen auf Dauerschulden nur hälftig abziehbar sind.

[137] Dies setzt voraus, dass es kein außerordentliches Ergebnis gibt. Das außerordentliche Ergebnis ist i.d.R. jedoch auch nicht planbar.

Auch wenn die Analystenschätzungen für die *Beru AG* zumindest bei den Ertragskennzahlen auf Basis der uns zur Verfügung stehenden allgemein zugänglichen Informationen – dies sind die Jahres- und Quartalsabschlüsse sowie die Adhoc Mitteilungen des Unternehmens – eher etwas zu positiv scheinen, sind die Schätzungen insgesamt nachvollziehbar.

4.3.5.4.3 Interpolation bei einem vom Kalenderjahr abweichenden Geschäftsjahr

Das Geschäftsjahr der *Beru AG* endet am 31. März. Damit weicht das Geschäftsjahr vom Kalenderjahr ab. Auch die Vergleichsunternehmen *Denso*, *Edscha* und *W.E.T. Automotive* haben vom Kalenderjahr abweichende Geschäftsjahre. *Denso* erstellt seinen Jahresabschluss wie für japanische Unternehmen typisch zum 31. März. *Edscha* und *W.E.T. Automotive* schließen ihr Geschäftsjahr zum 30. Juni ab. Bei allen anderen Vergleichsunternehmen der KfZ-Zulieferer GmbH stimmt das Geschäftsjahr mit dem Kalenderjahr überein.

Da die Unternehmen voneinander abweichende Geschäftsjahre besitzen, sind die für die Geschäftsjahre ermittelten Multiplikatoren nicht direkt miteinander vergleichbar. Die Vergleichbarkeit lässt sich am einfachsten durch eine Interpolation der Unternehmenskenngrößen der Geschäftsjahre aller Unternehmen auf das Kalenderjahr herstellen.

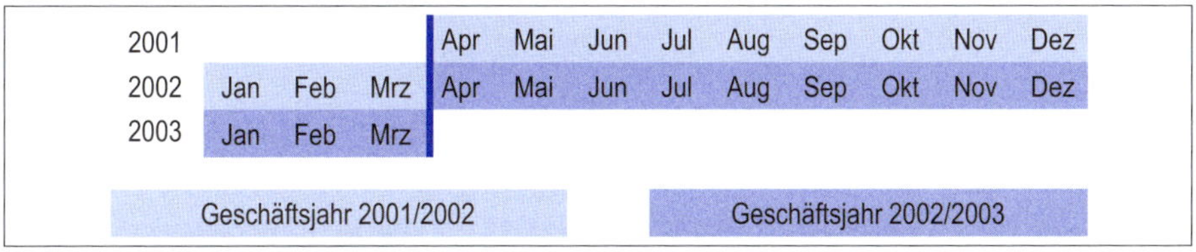

2001				Apr	Mai	Jun	Jul	Aug	Sep	Okt	Nov	Dez
2002	Jan	Feb	Mrz	Apr	Mai	Jun	Jul	Aug	Sep	Okt	Nov	Dez
2003	Jan	Feb	Mrz									

Geschäftsjahr 2001/2002 — Geschäftsjahr 2002/2003

Abbildung 4–4: Interpolation von Geschäftsjahren auf Kalenderjahre am Beispiel Beru AG

Beispielsweise wird der Umsatz des Kalenderjahres 2002 von *Beru* aus den Umsätzen der Geschäftsjahre 2001/2002 und 2002/2003 ermittelt. Wie in Abbildung 4–4 dargestellt fallen 3 Monate des Geschäftsjahres 2001/2002 und 9 Monate des Geschäftsjahres 2002/2003 in das Kalenderjahr 2002. Der Umsatz für das Kalenderjahr 2002 wird demgemäß nach folgender Formel aus den Umsätzen der Geschäftsjahre 2001/2002 und 2002/2003 linear interpoliert:

$$\begin{aligned} \text{Umsatz 2002} &= \tfrac{3}{12} \cdot \text{Umsatz 2001/2002} + \tfrac{9}{12} \cdot \text{Umsatz 2002/2003} \\ &= 0{,}25 \cdot 303{,}1 + 0{,}75 \cdot 317{,}2 \\ &= 313{,}7 \end{aligned}$$

Die Interpolation sollte eigentlich Kenngrößen-anteilig durchgeführt werden, d.h. dass die entsprechende Kenngröße (z.B. der Umsatz) des Kalenderjahres aus den zugehörigen Kenngrößenanteilen der zwei Geschäftsjahre zusammengesetzt wird, die in das betreffende Kalenderjahr fallen. Wird beispielsweise die Hälfte des Umsatzes in den Monaten Januar bis März erwirtschaftet, so müsste obige Interpolation dahingehend geändert werden, dass jeweils die Hälfte des Umsatzes aus 2001/2002 und 2002/2003 den Umsatz 2002 ergeben.

Alternativ kann das Kalenderjahr linear – d.h. zeitanteilig wie in obiger Formel aus zwei Geschäftsjahren interpoliert werden. Eine lineare Interpolation zweier aufeinanderfolgender Geschäftsjahre auf ein Kalenderjahr unterstellt eine Gleichverteilung der Kenngrößen, beispielsweise der Umsätze, innerhalb eines Geschäftsjahres. Häufig ist das operative Geschäft jedoch durch saisonale Effekte geprägt. So erwirtschaftet beispielsweise der Einzelhandel ca. 40 % seines Jahresumsatzes im Weihnachtsgeschäft.

Die lineare Interpolation ist zwar ungenauer als die Kenngrößen-anteilige Berechnung, sie ist jedoch praktikabler, zumal für die meisten Unternehmen nicht ausreichend Informationen bezüglich der saisonalen Aufteilung der Umsatz- und Ertragsgrößen vorhanden sind. Da die Saisonalitäten i.d.R. wiederkehrend sind, ist der verzerrende Effekt einer linearen Interpolation vernachlässigbar, insbesondere wenn die Umsätze der beiden einbezogenen Geschäftsjahre nicht gravierend voneinander abweichen.

In Tabelle 4–23 sind die interpolierten Werte inklusive ihrer Ausgangswerte für das Kalenderjahr 2002 und 2003 für alle Bezugsgrößen der *Beru AG* dargestellt.

Beru AG in Mio. €	comdirect					Bloomberg				
Geschäftsjahr	01/02		02/03		03/04	01/02		02/03		03/04
Kalenderjahr		2002		2003			2002		2003	
Umsatz	303,1	313,7	317,2	353,8	366,1	303,1	313,7	317,2	343,3	352,0
EBITDA	78,1	78,4	78,5	85,6	88,0	78,1	77,9	77,8	80,5	81,4
EBIT	55,6	55,3	55,2	60,2	61,8	55,6	54,7	54,4	57,9	59,1
EPS	4,28	3,87	3,73	4,07	4,18	4,28	3,81	3,66	3,81	3,86

Tabelle 4–23: Lineare Interpolation der Schätzungen für die Beru AG auf Kalenderjahre

4.3.5.4.4 Berechnung der Multiplikatoren

Auf Basis der auf die Kalenderjahre interpolierten Schätzungen berechnen sich die in Tabelle 4–24 aufgelisteten Multiplikatoren für die Kalenderjahre 2002 und 2003.

Wert in Mio. €		/	Bezugsgröße in Mio. T€		=	Multiplikator	
Enterprise Value	367,6	/	Umsatz 2002	313,7	=	EV/Umsatz 2002	1,17
Enterprise Value	367,6	/	Umsatz 2003	343,3	=	EV/Umsatz 2003	1,07
Enterprise Value	367,6	/	EBITDA 2002	77,9	=	EV/EBITDA 2002	4,72
Enterprise Value	367,6	/	EBITDA 2003	80,5	=	EV/EBITDA 2003	4,57
Enterprise Value	367,6	/	EBIT 2002	54,1	=	EV/EBIT 2002	6,80
Enterprise Value	367,6	/	EBIT 2003	57,9	=	EV/EBIT 2003	6,35
Kurs je Aktie	44,1	/	EPS 2002	3,81	=	KGV 2002	11,57
Kurs je Aktie	44,1	/	EPS 2003	3,81	=	KGV 2003	11,58

Tabelle 4–24: Zukunftsorientierte Multiplikatoren für die Beru AG auf Basis der Bloomberg-Schätzungen (eigene Aggregation)

Exkurs: Bedeutung des Bewertungsstichtags vor dem Hintergrund der Volatilität des KGVs im Zeitverlauf

Bei der Multiplikatorenbewertung handelt es sich um eine Stichtagsbetrachtung. Da der Aktienkurs täglichen Schwankungen unterliegt, hat die Auswahl des Stichtages einen signifikanten Einfluss auf den Marktwert des Eigenkapitals und damit – wie im Folgenden beispielhaft dargestellt – auch auf die berechneten Multiplikatoren.

Während der Aktienkurs täglichen Schwankungen unterliegt, werden die Schätzungen i.d.R. zu bestimmten Stichtagen und/oder nach Ereignissen, die einen signifikanten Einfluss auf die Unternehmensentwicklung haben, aktualisiert. Dies sind beispielsweise die Veröffentlichung von Quartals- und Jahresabschlüssen oder auch Ad-hoc-Mitteilungen wie z.B. die Gewinnwarnung der *Beru AG* vom 02.08.2002.

Tabelle 4–25 zeigt beispielhaft die zeitliche Entwicklung der Analystenschätzungen der *ABN-Amro-Bank* für das Ergebnis je Aktie (EPS) der *Beru AG*. In der Schätzung von Ende August 2002 wurde sowohl der inzwischen veröffentlichte Jahresabschluss als auch die Gewinnwarnung verarbeitet.

Datum	Ergebnis je Aktie	
	02/03	03/04
23.11.2001	4,16 €	4,70 €
30.01.2002	keine Aktualisierung	4,16 €
26.02.2002	4,11 €	4,11 €
15.03.2002	3,63 €	4,11 €
27.08.2002	3,90 €	4,35 €

Tabelle 4–25: Zeitliche Entwicklung der EPS-Schätzungen von ABN-Amro für die Beru AG (Quelle: Bloomberg)

In Abbildung 4–5 werden die auf der Grundlage der in Tabelle 4–25 enthaltenen EPS-Schätzungen der *ABN-Amro-Bank* ermittelten Kurs-Gewinn-Multiplikatoren (KGV) dem Kursverlauf gegenüberstellt.

Der Kurs-Gewinn-Multiplikator verläuft (definitionsgemäß) größtenteils parallel zur Kursentwicklung und springt nur zu den Zeitpunkten, in denen die Schätzungen angepasst wurden. In der Abbildung ist erkennbar, dass eine Anhebung der Schätzung zu einem niedrigeren und eine Absenkung zu einem höheren Multiplikator führt. Es zeigt sich, dass die Multiplikatoren fast ebenso volatil sind wie der Aktienkurs.

Extreme Kursentwicklungen bei einem einzelnen Unternehmen werden durch die Verwendung des Medians bei der Aggregation der Multiplikatoren über alle Vergleichsunternehmen neutralisiert. Starke Stimmungsschwankungen an den Börsen, die sich auf die Mehrzahl der Vergleichsunternehmen auswirken, haben jedoch einen signifikanten Einfluss auf den über alle Vergleichsunternehmen aggregierten Multiplikator. Demgemäß ist die Multiplikatorenbewertung von Börsenstimmungen abhängig.

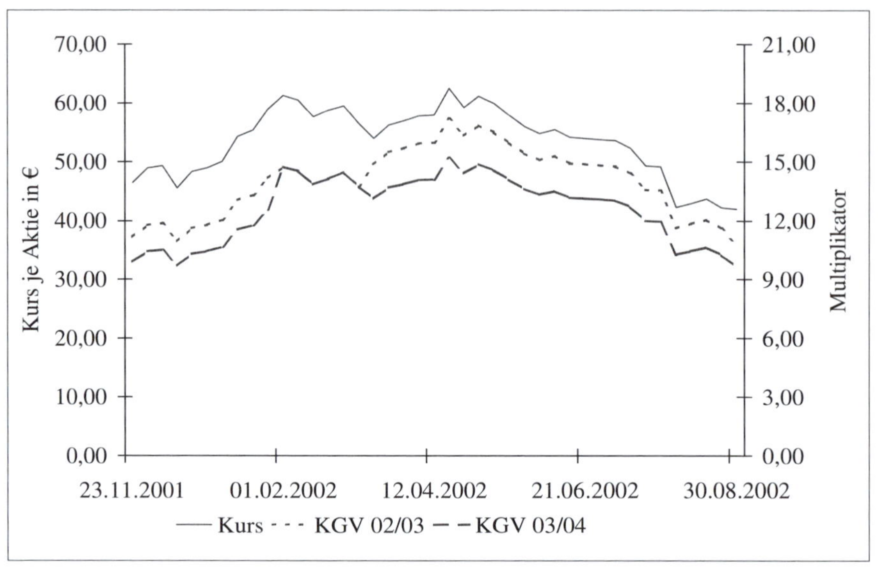

Abbildung 4–5: Zeitliche Entwicklung des Aktienkurses und der KGV-Multiplikatoren für die Beru AG (auf Basis der Schätzungen von ABN-Amro)

Grundsätzlich sollte auf Basis aktueller Börsenkurse bewertet werden, da der Zweck der Multiplikatorenbewertung die Ableitung aktueller Marktpreise ist. Bei der Interpretation der Multiplikatoren bzw. des aus ihnen abgeleiteten Unternehmenswertes ist jedoch die Börsenentwicklung einzubeziehen und auf ihre Nachhaltigkeit zu hinterfragen.

4.3.6 Marktwert versus Buchwert bei Anteilen Dritter und nicht-vollkonsolidierten Beteiligungen

Für die Berechnung des Enterprise Value werden theoretisch die Marktwerte der Anteile Dritter und der nicht vollkonsolidierten Beteiligungen benötigt. Aus den zur Verfügung stehenden Informationen lassen sich für die Vergleichsunternehmen in der Regel jedoch nur die Buchwerte ableiten.

Solange die Anteile Dritter und die nicht vollkonsolidierten Beteiligungen wertmäßig relativ gering sind, ist das mit einem Ansatz der Buchwerte verbundene Fehlerpotenzial vernachlässigbar. Was wertmäßig relativ gering bedeutet, liegt hierbei im Ermessen des Bewertenden. Ist der Wertanteil der Anteile Dritter bzw. der nicht vollkonsolidierten Beteiligungen (gemessen an den Buchwerten) jedoch groß, sollte versucht werden, anhand von Werttreibern eine Größenvorstellung über die Marktwerte zu gewinnen und die angesetzten Buchwerte damit gegebenenfalls zu korrigieren.

Eine Möglichkeit zur Ableitung von Marktwerten besteht darin, die Anteile Dritter und die nicht vollkonsolidierten Beteiligungen nach einem ähnlichen Verfahren wie den Konzern zu bewerten (z.B. über Multiplikatoren). Informationen über den Umsatz oder das EBIT können hierfür als Basis dienen. Um überhaupt Werte ableiten zu können, müssen jedoch Annahmen getroffen werden (z.B. Annahme einer ähnlichen Verschuldung).

Für die Bewertung der Anteile Dritter und der nicht vollkonsolidierten Beteiligungen gibt es in Anbetracht der häufig vorhandenen Informationsdefizite in Bezug auf die Vergleichsunternehmen kein Patentrezept[138]. Wichtig ist die logische Nachvollziehbarkeit der berechneten Werte für Dritte.

Im Folgenden wird an zwei Beispielen, bei denen bezüglich der Beteiligungen Marktwerte in Form von Börsenwerten vorliegen, gezeigt, welche Auswirkungen eine Differenzierung nach Markt- und Buchwerten bei den Anteilen Dritter und nicht vollkonsolidierten Beteiligungen auf Multiplikatoren haben können: Ein Beispiel für eine Diskrepanz zwischen Marktwert und Buchwert bei den Anteilen Dritter ist die Mehrheitsbeteiligung von *Peugeot* am Automobilzulieferer *Faurecia*, ein Beispiel für die Abweichung von Marktwert und Buchwert bei nicht vollkonsolidierten Beteiligungen stellen die Minderheitsbeteiligungen von *Renault* an *Nissan* und *Volvo* dar.

4.3.6.1 Berücksichtigung der Anteile Dritter am Beispiel von Peugeot und Faurecia

Peugeot besitzt 71,6 % der Anteile des Automobilzulieferers *Faurecia* und konsolidiert diese Beteiligung voll. Auf Basis des Konzernabschlusses zum 31.12.2001 entfallen 19,1 % des Konzernumsatzes, 12,6 % des Konzern-EBITDA und 6,9 % des Konzern-EBIT des *Peugeot*-Konzerns auf *Faurecia*. Damit spielt *Faurecia* eine wichtige Rolle im *Peugeot*-Konzern.

in Mio. €	Peugeot-Konzern		Faurecia		Anteil am Konzern
Umsatz	50 288		9 611		19,1%
EBITDA	4 378	8,7%	552	5,7%	12,6%
EBIT	2 404	4,8%	167	1,7%	6,9%

Tabelle 4–26: Konsolidierter Faurecia-Anteil am Gesamtkonzern Peugeot

Sowohl *Peugeot* als auch *Faurecia* sind börsennotiert. Es lässt sich somit für beide Unternehmen der Marktwert des Eigenkapitals und der Enterprise Value ermitteln. In Tabelle 4–27 sind die Marktwerte zum 20.08.2002 dargestellt.

in Mio. €	Peugeot	Faurecia	Faurecia im Verhältnis zu Peugeot
Market Cap	11 807	1 126	9,5%
Enterprise Value	26 972	2 978	11,0%

Tabelle 4–27: Verhältnis von Faurecia zu Peugeot hinsichtlich Marktwert des Eigenkapitals und Marktwert des operativen Geschäfts

[138] Der in *Bloomberg* angegebene Enterprise Value erfasst – vermutlich aufgrund der Schwierigkeiten bei der Informationsgewinnung – die Anteile Dritter (Minorities) zu Buchwerten, die nicht vollkonsolidierten Beteiligungen werden gar nicht berücksichtigt.

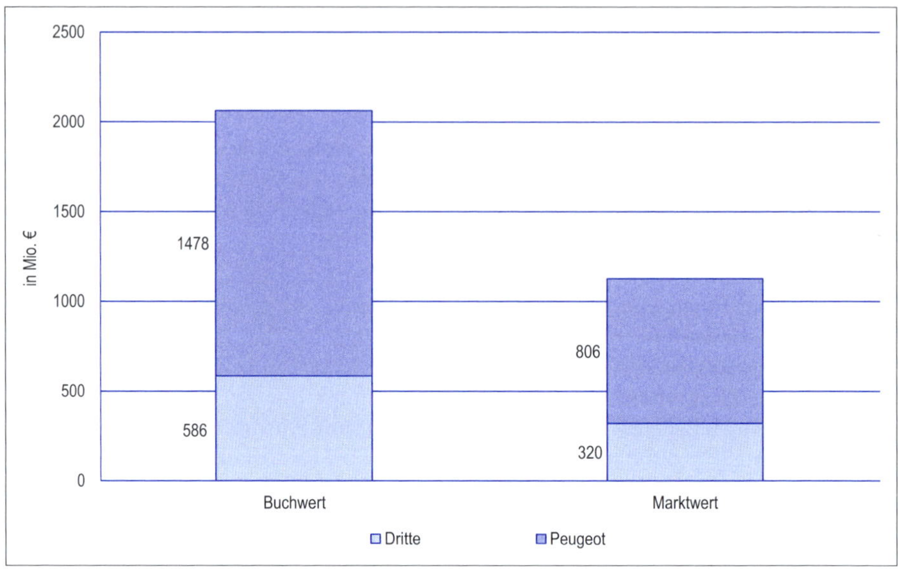

Abbildung 4–6: Buchwert und Marktwert von Faurecia, die zu 71,6 % zu Peugeot gehören

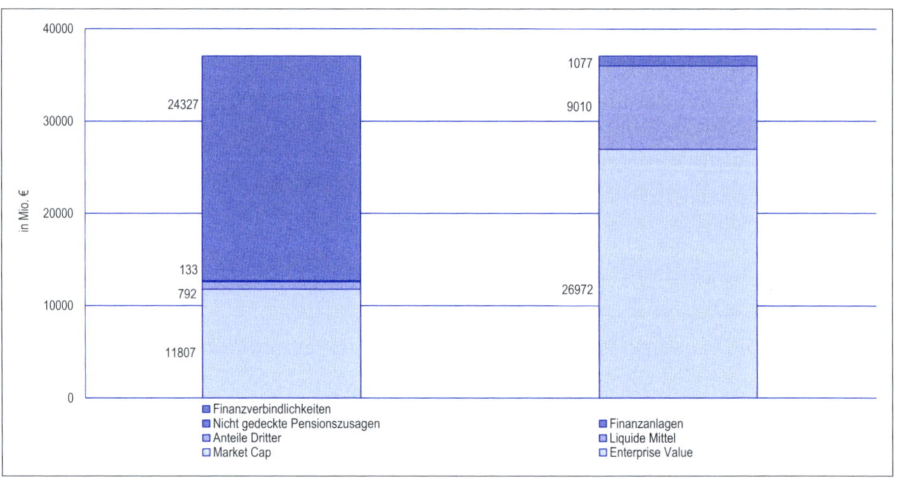

Abbildung 4–7: Enterprise Value-Ermittlung für Peugeot[139]

Der von *Peugeot* konsolidierte Anteil Dritter am Konzernunternehmen *Faurecia* beträgt 28,4 %. *Faurecia* fließt mit einem Buchwert in Höhe von 2064 Mio. € in

[139] Die angegebenen Anteile Dritter betragen in der Bilanz von Peugeot 792 Mio. €. Dieser Wert beinhaltet mit 586 Mio. € die Anteile Dritter an *Faurecia* sowie die Anteile Dritter an anderen vollkonsolidierten Mehrheitsbeteiligungen. Bezüglich dieser anderen Anteile Dritter ist die Informationsbasis für die Ermittlung von Marktwerten jedoch nicht ausreichend, so dass auf Buchwerte zurückgegriffen wurde. Die Differenzierung zwischen Markt- und Buchwert wird beispielhaft an der *Faurecia*-Beteiligung dargestellt, da hier ausreichend Informationen für die Ableitung eines Marktwertes vorhanden sind.

die Konsolidierung ein. Der in der Konzernbilanz von *Peugeot* ausgewiesene Buchwert der Anteile Dritter bestimmt sich nach dem Anteil Dritter (28,4 %) an diesem (konsolidierten) Buchwert des Konzernunternehmens *Faurecia*, d.h. bei einem Buchwert von 2064 Mio. € entfallen 586 Mio. € auf Dritte.

Der sich aus dem Börsenkurs ergebende Marktwert von 1 126 Mio. € von *Faurecia* beträgt zum Bewertungsstichtag nur rund 55 % des Buchwertes. Dementsprechend liegt der Marktwert der Anteile Dritter bei 320 Mio. €. Der Wert der Anteile Dritter ist – wie in Abbildung 4–6 dargestellt – in der Konzernbilanz gemessen an der aktuellen Börsenbewertung wesentlich zu hoch angesetzt.

Gemessen in Relation zum Marktwert des operativen Geschäfts von *Peugeot* in Höhe von 26972 Mio. € – vgl. Abbildung 4–7 – beläuft sich diese Abweichung in Höhe von 266 Mio. € jedoch auf nicht einmal 1 %. Damit ergibt sich auch nur eine geringfügige Beeinflussung der Enterprise Value-Multiplikatoren. Der Fehler aus der Verwendung von Buchwerten ist in diesem Falle somit vernachlässigbar.

4.3.6.2 Berücksichtigung nicht-vollkonsolidierter Beteiligungen am Beispiel von Renault und Nissan

Renault verfügt mit seinen at-equity-bilanzierten Beteiligungen von 44,4 % an *Nissan* und 20 % an *Volvo* über bedeutende Beteiligungen, deren Umsätze und Erträge nicht vollkonsolidiert werden und die somit nicht direkt zum operativen Geschäft des *Renault*-Konzerns gehören. In die Ermittlung des Enterprise Value von *Renault* gemäß Abbildung 4–8 sind sowohl *Nissan* als auch *Volvo* auf Basis von Buchwerten einbezogen.

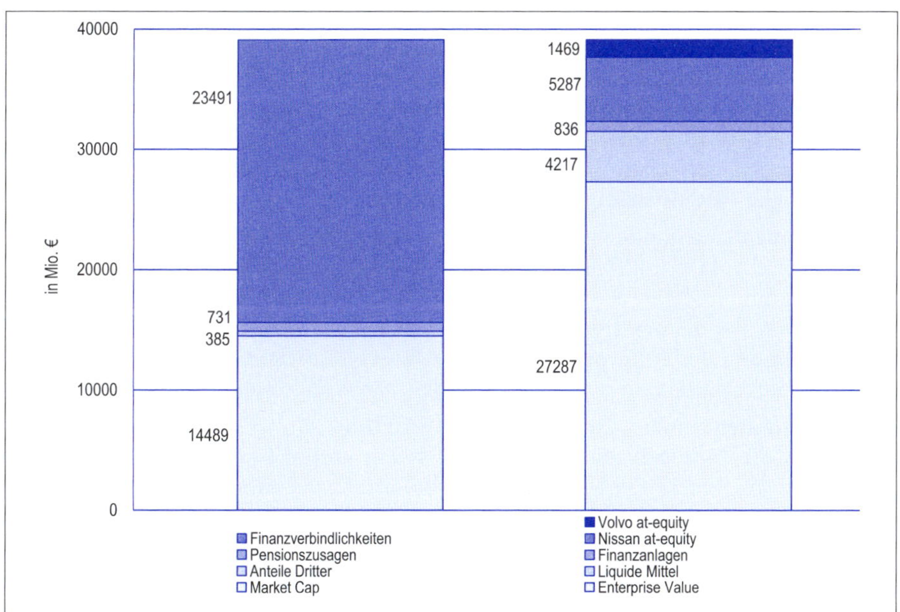

Abbildung 4–8: Enterprise Value-Ermittlung für Renault auf Basis von Buchwerten für Nissan und Volvo

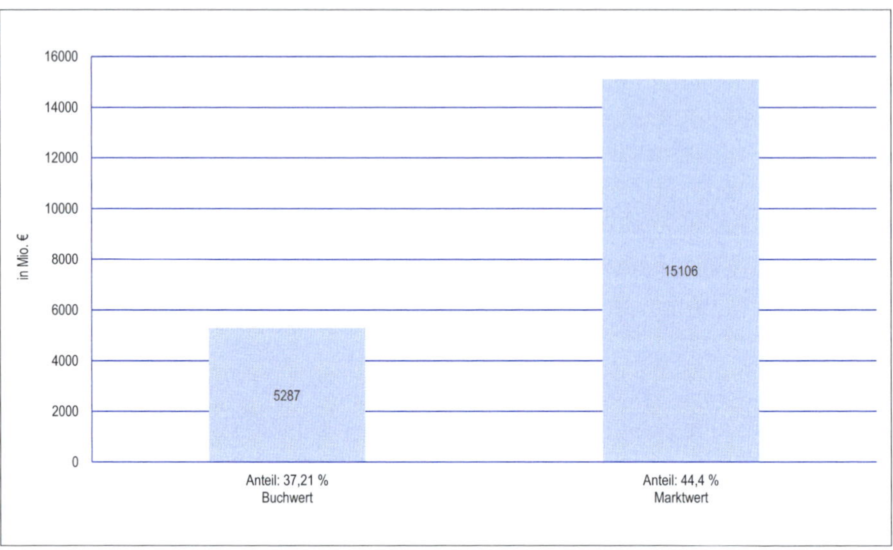

Abbildung 4–9: Buchwert und Marktwert (zum 20.08.02) der von Renault gehaltenen Beteiligung an Nissan

Bei *Renault* liegt der im Jahresabschluss 2001 at-equity-konsolidierte Buchwert von *Nissan* jedoch erheblich unter dem aus dem Börsenkurs abgeleiteten Marktwert der Anteile, die sich zum Stichtag 20.8.2002 im Besitz von *Renault* befanden (vgl. Abbildung 4–9). Dies ist zum einen darauf zurückzuführen, dass *Renault* seine Beteiligungsquote durch eine Kapitalerhöhung zwischenzeitlich von 37,21 % zum 31.12.2001 auf 44,40 % erhöht hat. Zum anderen übersteigt der Marktwert je Anteil (also der Börsenkurs) den bilanziellen Ansatz. Damit vermengen sich zwei Effekte, die bei einem Rückgriff auf Buchwerte aus dem letzten Jahresabschluss beide vernachlässigt werden. Die Jahres- und Quartalsabschlusszahlen sind neben Abweichungen zwischen Buchwert und Marktwert je Anteil auch auf zwischenzeitliche Anteilsverschiebungen zu prüfen.

Im Zusammenhang mit der Aufstockung der Beteiligung von *Renault* an *Nissan* hat sich *Nissan* ebenfalls im Wege der Kapitalerhöhung mit 15 % an *Renault* beteiligt. Aus den Kapitalmaßnahmen ergibt sich ein Saldo von rund 200 Mio. € zu Gunsten von *Renault*, der bei den liquiden Mitteln berücksichtigt wurde. Dieser Effekt bei der Berechnung des Enterprise Value von *Renault* sowie der Ansatz der Marktwerte für die *Nissan*- und die *Volvo*-Anteile ist in Abbildung 4–10 dargestellt.

Bei *Renault* steht einem Enterprise Value in Höhe von 27287 Mio. € zu Buchwerten für die Minderheitsbeteiligungen Nissan und Volvo somit ein Enterprise Value in Höhe von 17459 Mio. € zu Marktwerten gegenüber. Der zu Marktwerten berechnete Enterprise Value und damit auch die Enterprise Value Multiplikatoren unterschreiten die zu Buchwerten berechneten Werte um 36 %. Die mit Marktwerten berechneten Enterprise Value-Multiplikatoren lagen zum Erhebungszeitpunkt im Marktdurchschnitt, während die zu Buchwerten berechneten deutlich höher waren. Der Markt hat in diesem Fall somit die nicht vollkonsolidierten Beteiligungen zu Marktwerten berücksichtigt.

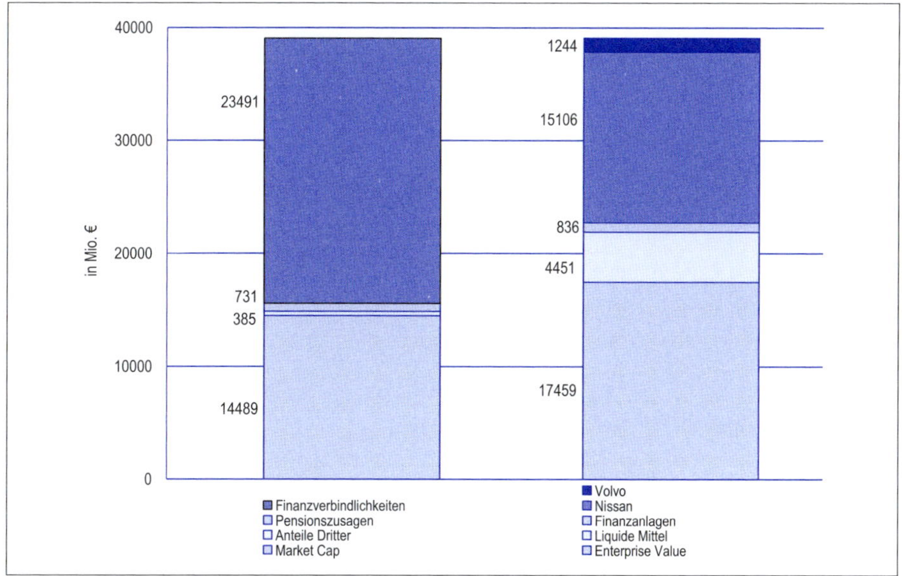

Abbildung 4–10: Enterprise Value-Ermittlung für Renault auf Basis von Marktwerten für Nissan und Volvo

Bei der Bewertung können Abweichungen dieser Größenordnung zwischen Buchwert und Marktwert zu einer Verschiebung des aggregierten Multiplikators und damit zu einer Beeinflussung der Bewertung führen. Sie sind deshalb nicht mehr vernachlässigbar und müssen berücksichtigt werden, wenn aussagekräftige Enterprise Value-Multiplikatoren ermittelt werden sollen.

4.4 Multiplikatorenbewertung der KfZ-Zulieferer GmbH

4.4.1 Ermittlung der Multiplikatoren für die Vergleichsunternehmen

Die für die KfZ-Zulieferer GmbH eruierten Vergleichsunternehmen wurden bereits in Abschnitt 4.3.1 eingeführt. Bei näherer Analyse dieser Vergleichsunternehmen zeigt sich, dass die KfZ-Zulieferer GmbH auf nationaler Ebene zu den größeren Automobilzulieferern gehört, im internationalen Vergleich jedoch relativ klein ist (vgl. Tabelle 4–28 und Tabelle 4–32).

Zur Berechnung der Multiplikatoren sollte in einem ersten Schritt der Unternehmenswert der Vergleichsunternehmen ermittelt werden: Tabelle 4–28 enthält die Marktwerte des Eigenkapitals (Market Cap), die zur Berechnung der Marktwerte des operativen Geschäfts aus den Marktwerten des Eigenkapitals notwendigen Angaben sowie die Marktwerte des operativen Geschäfts (Enterprise Value). Die Marktkapitalisierung basiert auf zum Bewertungsstichtag aktuellen Börsenkursen, während bei allen anderen Positionen die Buchwerte aus dem jeweils letzten öffentlich zugänglichen Quartals- bzw. Jahresabschluss entnommen wurden.

in Mio. € bzw. in € je Aktie	Kurs je Aktie	Market Cap	Finanz-anlagen	Kasse	Anteile Dritter	Pensions-RSt.	Finanz-verb.	Enterprise Value
Beru	44,10	441	– 4	– 107	+ 2	+ 11	+ 24	= 367
Borgwarner	61,80	1 649	– 146	– 31	+ 11	+ 410	+ 684	= 2 577
Continental	16,70	2 168	– 160	– 618	+ 101	+ 1 202	+ 3 219	= 5 912
Cummins	32,12	1 237	– 194	– 104	+ 89	+ 537	+ 1 177	= 2 742
Dana	17,28	2 568	– 2 264	– 326	+ 108	+ 938	+ 4 231	= 5 255
Delphi	9,52	5 326	– 1 651	– 772		+ 7 011	+ 3 753	= 13 667
Denso	15,24	13 199	– 5 165	– 2 621	+ 546	+ 1 527	+ 1 616	= 9 102
Eaton	74,64	5 262		– 330		+ 683	+ 2 335	= 7 950
Edscha	23,90	222		– 11		+ 38	+ 200	= 449
Faurecia	46,60	1 126	– 69	– 533	+ 47	+ 112	+ 2 294	= 2 977
Grammer	14,11	148	– 10	– 3	+ 2	+ 24	+ 144	= 305
Kolbenschmidt Pierburg	9,22	258	– 55	– 27	+ 15	+ 288	+ 294	= 773
Lear	48,22	3 168		– 102		+ 45	+ 2 297	= 5 408
Magna	149,19	13 482	– 134	– 1 607	+ 705	+ 130	+ 1 431	= 14 007
Michelin	38,60	5 250	– 493	– 786	+ 330	+ 2 638	+ 5 820	= 12 759
TRW	57,32	7 373	– 613	– 265	+ 86	– 2 954	+ 5 678	= 9 305
Valeo	39,60	3 300	– 226	– 831	+ 130	+ 607	+ 1 364	= 4 344
Visteon	11,54	1 509	– 168	– 1 249		+ 2 251	+ 1 854	= 4 197
WET Automotive	33,80	108		– 18		+ 1	+ 25	= 116

Tabelle 4–28: Marktwert des Eigenkapitals und Marktwert des operativen Geschäft für die Vergleichsunternehmen der KfZ-Zulieferer GmbH

Die Basis für die Ermittlung zukunftsorientierter Multiplikatoren bilden die auf Kalenderjahre interpolierten Schätzungen der jeweiligen Bezugsgrößen aller Vergleichsunternehmen.

Die Tabellen 4–29 und 4–30 zeigen die aus *comdirect* bzw. *Bloomberg* entnommenen Schätzwerte. Bezüglich der *comdirect*-Schätzungen wurde eine Interpolation anhand der angegebenen Consensus-Schätzungen durchgeführt. Bezüglich der *Bloomberg*-Schätzungen wurde zunächst für jede Bezugsgröße eine eigene Aggregation der vorhandenen Schätzungen vorgenommen, anschließend wurden diese eigen-aggregierten Werte interpoliert.

Sowohl bei *comdirect* als auch bei *Bloomberg* sind nicht für alle Unternehmen bzw. Bezugsgrößen Schätzungen vorhanden. Die *Bloomberg*-Schätzungen wurden grundsätzlich vorgezogen, da aufgrund der vorhandenen Detailinformationen eine Plausibilisierung der Einzelschätzungen und eine eigene Berechnung eines mittleren Schätzwertes auf Grundlage der plausibilisierten Einzelschätzungen möglich war. Um „Schätz-Lücken“ zu schließen, wurden ergänzend die *comdirect*-Schätzungen herangezogen. Tabelle 4–32 enthält die aus diesem Vorgehen resultierenden

in Mio. € bzw. in € je Aktie	Umsatz		EBITDA		EBIT		EPS	
	2002	2003	2002	2003	2002	2003	2002	2003
Beru	314	354	78	86	55	60	3,87	4,07
Borgwarner	2 703	3 025	372	424	259	299	5,75	6,60
Continental	11 466	11 922	1 236	1 375	598	684	1,94	2,40
Cummins	5 893	6 175	n/a	n/a	n/a	n/a	0,72	2,54
Dana	10 595	11 002	826	951	406	536	1,18	1,75
Delphi	27 360	27 166	1 942	2 435	933	1 454	0,87	1,20
Denso	19 467	19 422	2 480	2 491	1 160	1 202	1,20	0,95
Eaton	7 302	7 806	n/a	n/a	n/a	n/a	4,36	5,76
Edscha	860	964	101	108	63	67	2,58	3,04
Faurecia	9 700	10 190	563	635	229	310	3,74	5,59
Grammer	n/a	n/a	n/a	n/a	n/a	n/a	n/a	n/a
Kolbenschmidt Pierburg	1 838	1 950	230	240	65	78	1,10	1,32
Lear	14 415	15 033	1 094	1 222	745	822	4,51	5,29
Magna	29 490	33 340	3 173	3 679	2 203	2 530	14,64	16,61
Michelin	15 903	16 404	2 086	2 319	1 139	1 307	3,38	4,12
TRW	16 596	17 344	1 660	1 778	1 002	1 130	3,63	4,03
Valeo	9 868	10 280	1 027	1 121	474	573	2,85	3,59
Visteon	18 567	18 679	n/a	n/a	n/a	n/a	0,52	0,96
WET Automotive	146	161	29	33	21	24	4,18	4,59

Tabelle 4–29: Auf Kalenderjahre interpolierte Consensus-Schätzungen aus comdirect für die Vergleichsunternehmen der KfZ-Zulieferer GmbH

Schätzwerte für die einzelnen Bezugsgrößen, welche die Basis für die weiteren Rechenschritte darstellen.

Steht *Bloomberg* als Datenquelle nicht zur Verfügung, so kann *comdirect* oder eine andere zur Verfügung stehende Datenquelle für die Erhebung der Schätzungen für die Bezugsgrößen verwendet werden. Extreme Abweichungen wie im Beispiel bei den Schätzungen für den Gewinn je Aktie von *Faurecia* bilden eher die Ausnahme und im Normalfall halten sich die Abweichungen im Rahmen (vgl. Tabelle 4–31). Je nach Datenquelle stehen allerdings nur bestimmte Bezugsgrößen zur Verfügung.

Je sorgfältiger die Ausgangsgrößen für die Bildung der Multiplikatoren ermittelt werden, umso zuverlässiger sind die Aussagen, die aus den Multiplikatoren abgeleitet werden können. Überall dort, wo Meinungen in Zahlen einfließen, wie zum Beispiel bei den Analystenschätzungen per se oder bei der Aggregation der Analystenschätzungen zu einer Bezugsgröße, besteht jedoch Potenzial für Unsicherheiten bzw. Ungenauigkeiten. Deshalb können Multiplikatoren nie „absolut richtig" sein, sie besitzen vielmehr nur eine Indikatorfunktion.

in Mio. € bzw. in € je Aktie	Umsatz		EBITDA		EBIT		EPS	
	2002	2003	2002	2003	2002	2003	2002	2003
Beru	314	343	77	80	54	58	3,81	3,81
Borgwarner	2 725	3 041	377	420	n/a	n/a	5,77	6,57
Continental	11 499	12 001	1 272	1 379	608	683	2,02	2,42
Cummins	5 855	6 344	336	416	n/a	n/a	0,64	2,43
Dana	10 640	11 390	850	1 071	n/a	n/a	1,21	1,73
Delphi	27 482	28 119	1 970	2 270	941	1 046	0,89	1,18
Denso	19 469	19 323	2 533	2 670	n/a	n/a	1,26	0,96
Eaton	7 262	7 596	871	999	228	259	4,39	5,81
Edscha	864	991	101	116	63	69	2,57	3,20
Faurecia	9 672	10 287	551	648	237	318	–0,09	1,94
Grammer	n/a	n/a	n/a	n/a	n/a	n/a	n/a	n/a
Kolbenschmidt Pierburg	1 835	1 880	225	239	82	90	0,94	1,32
Lear	14 614	15 412	1 020	1 094	754	755	4,57	5,30
Magna	28 127	32 271	3 177	3 859	2 214	2 616	13,98	15,44
Michelin	15 868	16 394	2 075	2 272	1 130	1 304	3,48	4,50
TRW	16 663	17 604	n/a	n/a	n/a	n/a	3,58	4,16
Valeo	9 859	10 333	1 028	1 132	466	571	2,23	3,10
Visteon	18 690	18 981	829	1 013	207	261	0,51	0,96
WET Automotive	154	171	31	n/a	22	24	4,02	4,38

Tabelle 4–30: Auf Kalenderjahre interpolierte eigen-aggregierte Schätzungen aus Bloomberg für die Vergleichsunternehmen der KfZ-Zulieferer GmbH

Aus den Unternehmenswerten der Tabelle 4–28 und den Bezugsgrößen der Tabelle 4–32 lassen sich nun die Multiplikatoren für die Vergleichsunternehmen berechnen, vgl. Tabelle 4–33.

Die Multiplikatoren der einzelnen Unternehmen differieren zum Teil erheblich. Zur Analyse dieser Abweichungen wurden in Tabelle 4–34 die sich aus den erhobenen Schätzwerten ergebenden operativen Margen für 2002 und 2003, das Umsatzwachstum von 2002 auf 2003 und die Eigenkapitalquote zu Marktwerten berechnet.

Es stellt sich die Frage, ob ein funktionaler Zusammenhang zwischen den Multiplikatoren und den Unternehmenskennzahlen besteht. Zur Klärung wurde für verschiedene Multiplikator-Kennzahlen-Kombinationen des Jahres 2003 eine Regressionsanalyse[140] durchgeführt – vgl. Abbildungen 4–11, 4–12 und 4–13 – und jeweils der Korrelationskoeffizient r bzw. das Bestimmtheitsmaß r^2 berechnet, vgl. Tabelle 4–35. Korrelationskoeffizient bzw. Bestimmtheitsmaß sind Maßgrößen für die Stärke des linearen Zusammenhangs.

[140] Zur Technik vgl. Abschnitt 3.3.3.2.2.4.

	Umsatz		EBITDA		EBIT		EPS	
	2002	2003	2002	2003	2002	2003	2002	2003
Beru	0,0%	3,1%	0,7%	6,4%	1,2%	3,9%	1,4%	6,8%
Borgwarner	-0,8%	-0,5%	-1,3%	1,1%	n/a	n/a	-0,3%	0,5%
Continental	-0,3%	-0,7%	-2,8%	-0,3%	-1,7%	0,3%	-3,9%	-0,9%
Cummins	0,7%	-2,7%	n/a	n/a	n/a	n/a	12,7%	4,8%
Dana	-0,4%	-3,4%	-2,7%	-11,2%	n/a	n/a	-2,8%	1,1%
Delphi	-0,4%	-3,4%	-1,4%	7,3%	-0,9%	38,9%	-2,0%	1,2%
Denso	0,0%	0,5%	-2,1%	-6,7%	n/a	n/a	-4,5%	-1,2%
Eaton	0,6%	2,8%	n/a	n/a	n/a	n/a	-0,7%	-0,8%
Edscha	-0,3%	-2,7%	0,1%	-6,7%	-0,2%	-2,8%	0,4%	-4,9%
Faurecia	0,3%	-0,9%	2,1%	-2,0%	-3,4%	-2,7%	-4121,5%	187,5%
Grammer	n/a	n/a	n/a	n/a	n/a	n/a	n/a	n/a
Kolbenschmidt Pierburg	0,1%	3,7%	2,1%	0,6%	-21,4%	-13,2%	17,0%	0,0%
Lear	-1,4%	-2,5%	7,3%	11,8%	-1,2%	8,8%	-1,3%	-0,2%
Magna	4,8%	3,3%	-0,1%	-4,6%	-0,5%	-3,3%	4,8%	7,6%
Michelin	0,2%	0,1%	0,5%	2,1%	0,7%	0,2%	-2,9%	-8,3%
TRW	-0,4%	-1,5%	n/a	n/a	n/a	n/a	1,3%	-3,3%
Valeo	0,1%	-0,5%	-0,1%	-0,9%	1,7%	0,5%	27,6%	16,0%
Visteon	-0,7%	-1,6%	n/a	n/a	n/a	n/a	2,0%	0,3%
WET Automotive	-5,2%	-5,4%	-4,9%	n/a	-4,5%	-1,2%	4,1%	4,8%
Minimum	-5,2%	-5,4%	-4,9%	-11,2%	-21,4%	-13,2%	-4121,5%	-8,3%
Maximum	4,8%	3,7%	7,3%	11,8%	1,7%	38,9%	27,6%	187,5%
Median	-0,2%	-0,8%	-0,1%	-0,3%	-0,9%	0,2%	0,1%	0,4%

Tabelle 4–31: Prozentuale Abweichungen der comdirect-Schätzungen von den Bloomberg-Schätzungen für die Vergleichsunternehmen der KfZ-Zulieferer GmbH

Dabei lässt sich feststellen, dass die Einbeziehung von *Eaton* zu einer extremen Verschlechterung des Bestimmtheitsmaßes führt (vgl. die Position von *Eaton* mit der Position der Regressionslinie in Abbildung 4–11). Für diese extreme Abweichung gibt es zwei mögliche Begründungen: Zum einen ist es möglich, dass der Markt *Eaton* nicht als einen Automobilzulieferer ansieht und deshalb anders bewertet, zum anderen kann es sein, dass der Markt bei *Eaton* künftig (d.h. für die Jahre ab 2004) mit wesentlich höheren operativen Margen rechnet.

Als Ergebnis der Regressionsanalyse lässt sich festhalten, dass der funktionale Zusammenhang für Automobilzulieferer bei den EBIT-Multiplikatoren wesentlich größer ist als bei den EBITDA-Multiplikatoren. Den stärksten Zusammenhang erhält man, wenn die EV/Umsatz-Multiplikatoren ins Verhältnis zu operativen Margen gesetzt werden.

in Mio. € bzw. in € je Aktie	Umsatz		EBITDA		EBIT		EPS	
	2002	2003	2002	2003	2002	2003	2002	2003
Beru	314	343	77	80	54	58	3,81	3,81
Borgwarner	2 725	3 041	377	420	259	299	5,77	6,57
Continental	11 499	12 001	1 272	1 379	608	683	2,02	2,42
Cummins	5 855	6 344	336	416	n/a	n/a	0,64	2,43
Dana	10 640	11 390	850	1 071	406	536	1,21	1,73
Delphi	27 482	28 119	1 970	2 270	941	1 046	0,89	1,18
Denso	19 469	19 323	2 533	2 670	1 160	1 202	1,26	0,96
Eaton	7 262	7 596	871	999	228	259	4,39	5,81
Edscha	864	991	101	116	63	69	2,57	3,20
Faurecia	9 672	10 287	551	648	237	318	–0,09	1,94
Grammer	n/a	n/a	n/a	n/a	n/a	n/a	n/a	n/a
Kolbenschmidt Pierburg	1 835	1 880	225	239	82	90	0,94	1,32
Lear	14 614	15 412	1 020	1 094	754	755	4,57	5,30
Magna	28 127	32 271	3 177	3 859	2 214	2 616	13,98	15,44
Michelin	15 868	16 394	2 075	2 272	1 130	1 304	3,48	4,50
TRW	16 663	17 604	1 660	1 778	1 002	1 130	3,58	4,16
Valeo	9 859	10 333	1 028	1 132	466	571	2,23	3,10
Visteon	18 690	18 981	829	1 013	207	261	0,51	0,96
WET Automotive	154	171	31	33	22	24	4,02	4,38

Tabelle 4–32: Kombination der Schätzungen aus Bloomberg und comdirect

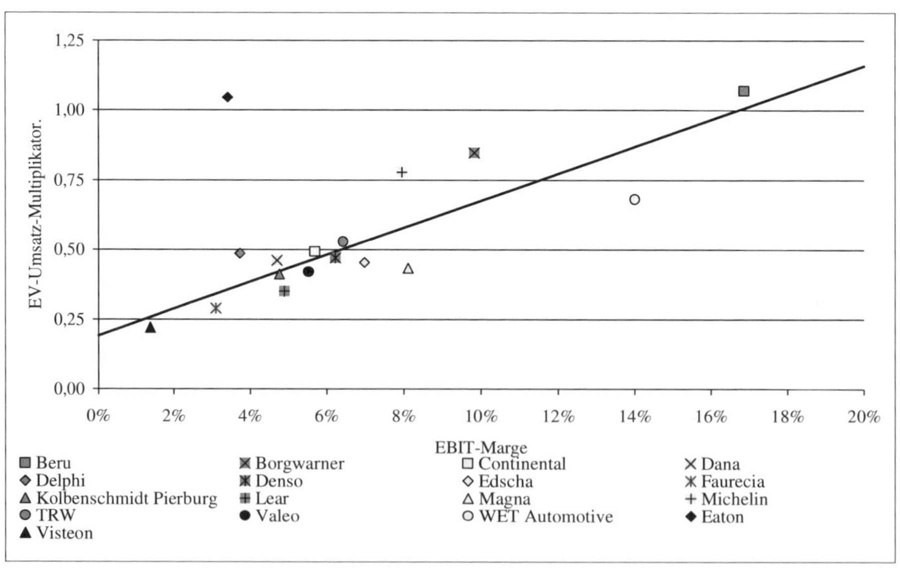

Abbildung 4–11: Zusammenhang zwischen EV/Umsatz-Multiplikator und EBIT-Marge

	EV/Umsatz		EV/EBITDA		EV/EBIT		KGV	
	2002	2003	2002	2003	2002	2003	2002	2003
Beru	1,17	1,07	4,8	4,6	6,8	6,3	11,6	11,6
Borgwarner	0,95	0,85	6,8	6,1	9,9	8,6	10,7	9,4
Continental	0,51	0,49	4,6	4,3	9,7	8,7	8,3	6,9
Cummins	0,47	0,43	8,2	6,6	n/a	n/a	50,2	13,2
Dana	0,49	0,46	6,2	4,9	12,9	9,8	14,3	10,0
Delphi	0,50	0,49	6,9	6,0	14,5	13,1	10,7	8,1
Denso	0,47	0,47	3,6	3,4	7,8	7,6	12,1	15,9
Eaton	1,09	1,05	9,1	8,0	34,9	30,7	17,0	12,8
Edscha	0,52	0,45	4,4	3,9	7,1	6,5	9,3	7,5
Faurecia	0,31	0,29	5,4	4,6	12,6	9,4	–517,8	24,0
Grammer	n/a	n/a	n/a	n/a	n/a	n/a	n/a	n/a
Kolbenschmidt Pierburg	0,42	0,41	3,4	3,2	9,4	8,6	9,8	7,0
Lear	0,37	0,35	5,3	4,9	7,2	7,2	10,6	9,1
Magna	0,50	0,43	4,4	3,6	6,3	5,4	10,7	9,7
Michelin	0,80	0,78	6,1	5,6	11,3	9,8	11,1	8,6
TRW	0,56	0,53	5,6	5,2	9,3	8,2	16,0	13,8
Valeo	0,44	0,42	4,2	3,8	9,3	7,6	17,8	12,8
Visteon	0,22	0,22	5,1	4,1	20,3	16,1	22,6	12,0
WET Automotive	0,75	0,68	3,7	3,5	5,3	4,8	8,4	7,7

Tabelle 4–33: Zukunftsorientierte Multiplikatoren der Vergleichsunternehmen der KfZ-Zulieferer GmbH

Mit einem r^2 von 76,4 % besteht ein vergleichsweise starker Zusammenhang zwischen EV/Umsatz-Multiplikator und der EBIT-Marge (ohne Berücksichtigung von *Eaton*), vgl. Abbildung 4–11. Obwohl der Zusammenhang statistisch nicht eindeutig ist, kann das Ergebnis als Indiz dafür gewertet werden, dass Unternehmen nach Erträgen und nicht nach Umsätzen bewertet werden. Der Enterprise Value eines Unternehmens ist im Vergleich zum Umsatz umso größer, je höher der aus jeder Umsatz-Einheit generierte Ertrag bzw. mit anderen Worten die operative Marge ist.

Der in Abbildung 4–12 (Seite 277) dargestellte Zusammenhang zwischen EV/EBIT-Multiplikator und EBIT-Marge ist in Anbetracht eines Bestimmtheitsmaßes von 42,3 % eher als lose zu bezeichnen. Es ist jedoch der Trend zu erkennen, dass Unternehmen mit niedrigen Margen hohe Multiplikatoren und Unternehmen mit hohen Margen niedrige Multiplikatoren besitzen. Eine mögliche Begründung hierfür kann darin liegen, dass bei niedrigen Margen mittelfristig eher mit einer Verbesserung der Marge gerechnet wird, bei hohen Margen hingegen eher mit einer Verschlechterung. *Eaton* fällt mit einem EV/EBIT-Multiplikator von 30,7 wiederum aus dem Rahmen.

in Mio. €	EBITDA-Marge		EBIT-Marge		Wachstum	EK[141]	FK[142]	EK-Quote
	2002	2003	2002	2003	02/03			
Beru	24,5%	23,3%	17,2%	16,9%	9,2%	443	35	93%
Borgwarner	13,8%	13,8%	9,5%	9,8%	11,6%	1 660	1 094	60%
Continental	11,1%	11,5%	5,3%	5,7%	4,4%	2 269	4 421	34%
Cummins	5,7%	6,6%	n/a	n/a	8,4%	1 326	1 714	44%
Dana	8,0%	9,4%	3,8%	4,7%	7,0%	2 676	5 169	34%
Delphi	7,2%	8,1%	3,4%	3,7%	2,3%	5 326	10 764	33%
Denso	13,0%	13,8%	6,0%	6,2%	-0,7%	13 745	3 143	81%
Eaton	12,0%	13,2%	3,1%	3,4%	4,6%	5 262	3 018	64%
Edscha	11,7%	11,7%	7,3%	7,0%	14,7%	222	238	48%
Faurecia	5,7%	6,3%	2,5%	3,1%	6,4%	1 173	2 406	33%
Grammer	n/a	n/a	n/a	n/a	n/a	150	168	47%
Kolbenschmidt Pierburg	12,3%	12,7%	4,5%	4,8%	2,5%	273	582	32%
Lear	7,0%	7,1%	5,2%	4,9%	5,5%	3 168	2 342	57%
Magna	11,3%	12,0%	7,9%	8,1%	14,7%	14 187	1 561	90%
Michelin	13,1%	13,9%	7,1%	8,0%	3,3%	5 580	8 458	40%
TRW	10,0%	10,1%	6,0%	6,4%	5,6%	7 459	2 724	73%
Valeo	10,4%	11,0%	4,7%	5,5%	4,8%	3 430	1 971	64%
Visteon	4,4%	5,3%	1,1%	1,4%	1,6%	1 509	4 105	27%
WET Automotive	20,1%	19,3%	14,3%	14,0%	10,8%	108	26	81%

Tabelle 4–34: Operative Margen, Umsatzwachstum und Eigenkapitalquoten der Vergleichsunternehmen der KfZ-Zulieferer GmbH im Vergleich

	r^2	r^2 ohne Eaton
EV-EBIT zu EK-Quote	5,8%	52,1%
EV-EBITDA zu EK-Quote	2,2%	7,3%
EV/Umsatz zu EBIT-Marge	38,6%	76,4%
EV/Umsatz zu EBITDA-Marge	58,6%	71,4%
EV/EBIT zu EBIT-Marge	22,9%	42,3%
EV-EBITDA zu EBITDA-Marge	3,0%	8,3%

Tabelle 4–35: Überprüfung funktionaler Zusammenhänge zwischen Multiplikatoren und unternehmensspezifischen Kennzahlen anhand des Bestimmtheitsmaßes r^2

Der Zusammenhang zwischen EV/EBIT-Multiplikator und Eigenkapitalquote (vgl. Abbildung 4–13) ist mit einem Bestimmtheitsmaß von 52,1 % wieder etwas stärker. Dieser Zusammenhang basiert auf dem Leverage-Effekt des Fremdkapi-

[141] Eigenkapital (EK) = Marktkapitalisierung + Anteile Dritter.
[142] Fremdkapital (FK) = Finanzverbindlichkeiten + Pensionsrückstellungen.

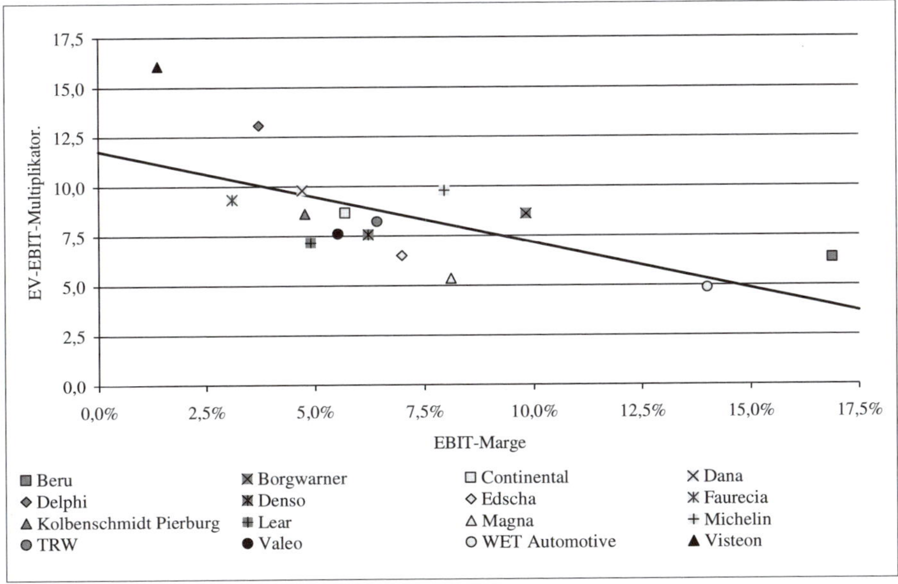

Abbildung 4–12: Zusammenhang zwischen EV/EBIT-Multiplikator und EBIT-Marge

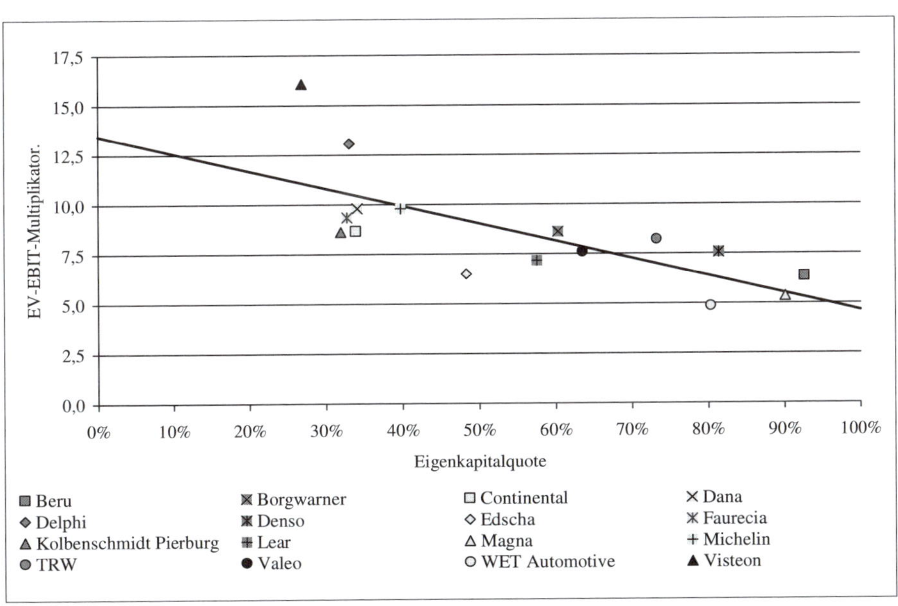

Abbildung 4–13: Zusammenhang zwischen EV/EBIT-Multiplikator und Eigenkapitalquote

tals. Bei konstanten Eigen- und Fremdkapitalkapitalkosten sinken mit zunehmender Verschuldung die durchschnittlichen Kapitalkosten des Unternehmens, da Eigenkapital teurer ist als Fremdkapital. Interpretiert man den Multiplikator als

Kehrwert der Kapitalkosten[143], so führt eine zunehmende Verschuldung demgemäß zu steigenden Multiplikatoren.

Die dargestellten Ergebnisse sind spezifisch für die Vergleichsunternehmen der KfZ-Zulieferer GmbH zu einem bestimmten Bewertungsstichtag. Für andere Unternehmensvergleiche und zu anderen Zeitpunkten können sich andere Zusammenhänge ergeben.

4.4.2 Aggregation der Einzelmultiplikatoren

Für jede Multiplikator-Art müssen die Multiplikatoren der einzelnen Vergleichsunternehmen zu einem aggregierten Multiplikator zusammengefasst werden, anhand dessen dann jeweils – d.h. je Multiplikator-Art – ein Unternehmenswert für die KfZ-Zulieferer GmbH ermittelt wird.

Die Aggregation erfolgt i.d.R. durch Bildung eines mittleren Wertes. Das bedeutet, dass man fiktiv davon ausgeht, dass es sich bei dem zu bewertenden Unternehmen im Wettbewerbsvergleich um ein durchschnittliches Unternehmen handelt. Der mittlere Wert kann dabei entweder als arithmetisches Mittel (auch als Durchschnitt oder Mittelwert bezeichnet) oder als Median über alle Multiplikatoren der Vergleichsgruppe berechnet werden.

Für die Bildung des Medians als das geeignetere Verfahren spricht, dass er robuster gegenüber Ausreißern ist. Das arithmetische Mittel wird durch Extremwerte in der Regel stärker beeinflusst.

Als Beispiel sei der EV/Umsatz-Multiplikator für 2002 der *Beru AG* betrachtet. Im Vergleich mit den anderen Unternehmen der deutschen Vergleichsgruppe ist der EV/Umsatz-Multiplikator von *Beru* in Höhe von 1,17 um 56 % größer als der Multiplikator für das zweitbeste Unternehmen *W.E.T. Automotive Systems* (vgl. Tabellen 4–36 und 4–37). Das führt dazu, dass der Mittelwert um knapp 31 % über dem Median liegt. Bereits ein extremer Wert kann damit einen erheblichen Einfluss auf das Ergebnis haben.

Auch eine nur vorübergehende „Schwächephase" eines Unternehmen kann eine Verzerrung des Mittelwertes zur Folge haben. Beispielsweise hat *Cummins* im Jahr 2002 nach Analystenmeinung ein schlechtes Jahr, was sich in der Schätzung schlechter Ertragszahlen niederschlägt, wird sich aber in 2003 wieder erholen. Deshalb sinkt der KGV-Multiplikator von 50,5 in 2002 auf 13,2 in 2003.

Der Einfluss von Extremwerten stellt jedoch sowohl beim arithmetischen Mittel als auch beim Median ein Problem dar, insbesondere da extrem positive Werte schnell in negative Werte umschlagen können (und umgekehrt). Dies sei im Folgenden verdeutlicht:

Bei *Faurecia* schwanken die Schätzungen für das Ergebnis je Aktie in 2002 zwischen gerade noch positiv und deutlich negativ. Die eigen-gemittelte leicht negative Schätzung führt zu einem sehr großen negativen KGV-Multiplikator für *Faurecia*, der den Mittelwert über alle Unternehmen deutlich nach unten verzerrt und auch den Median nach unten zieht. Wäre die Schätzung leicht positiv, so würde

[143] Für die Herleitung des Zusammenhang zwischen EBIT, Eigenkapitalquote, Eigenkapitalkosten und Fremdkapitalkosten siehe Abschnitt 4.7.1.

	EV/Umsatz		EV/EBITDA		EV/EBIT		KGV	
	2002	2003	2002	2003	2002	2003	2002	2003
Deutschland								
Beru	1,17	1,07	4,8	4,6	6,8	6,3	11,6	11,6
Continental	0,51	0,49	4,6	4,3	9,7	8,7	8,3	6,9
Edscha	0,52	0,45	4,4	3,9	7,2	6,5	9,3	7,5
Grammer	n/a	n/a	n/a	n/a	n/a	n/a	n/a	n/a
Kolbenschmidt Pierburg	0,42	0,41	3,4	3,2	9,4	8,6	9,8	7,0
WET Automotive	0,75	0,68	3,7	3,5	5,3	4,8	8,4	7,7
Europa								
Faurecia	0,31	0,29	5,4	4,6	12,6	9,4	-517,8	24,0
Michelin	0,80	0,78	6,1	5,6	11,3	9,8	11,1	8,6
Valeo	0,44	0,42	4,2	3,8	9,3	7,6	17,8	12,8
Nordamerika								
Borgwarner	0,95	0,85	6,8	6,1	9,9	8,6	10,7	9,4
Cummins	0,47	0,43	8,2	6,6	n/a	n/a	50,2	13,2
Dana	0,49	0,46	6,2	4,9	12,9	9,8	14,3	10,0
Delphi	0,50	0,49	6,9	6,0	14,5	13,1	10,7	8,1
Eaton	1,09	1,05	9,1	8,0	34,9	30,7	17,0	12,8
Lear	0,37	0,35	5,3	4,9	7,2	7,2	10,6	9,1
Magna	0,50	0,43	4,4	3,6	6,3	5,4	10,7	9,7
TRW	0,56	0,53	5,6	5,2	9,3	8,2	16,0	13,8
Visteon	0,22	0,22	5,1	4,1	20,3	16,1	22,6	12,0
Japan								
Denso	0,47	0,47	3,6	3,4	7,8	7,6	12,1	15,9

Tabelle 4–36: Zuordnung der Vergleichsunternehmen zu den Vergleichsgruppen

sich stattdessen ein sehr großer positiver KGV-Multiplikator ergeben, was den Mittelwert deutlich nach oben verzerren und auch den Median nach oben ziehen würde.

Dieses Beispiel unterstreicht auch den Einfluss, den die Ausübung der vorhandenen Spielräume bei der Auswahl der Schätzungen auf das Bewertungsergebnis haben kann. So sind die Gewinnschätzungen für 2003 bei *Faurecia* derart unterschiedlich, dass sich auf Basis der Schätzung von *comdirect* ein Kurs-Gewinn-Verhältnis von 8,3, auf Basis von *Bloomberg* hingegen ein KGV von 24,0 berechnet. Würde anstelle der *Bloomberg*-Schätzung die *comdirect*-Schätzung verwendet, so würde *Faurecia* den durchschnittlichen Wert der internationalen Vergleichsgruppe nicht mehr nach oben ziehen, sondern nach unten drücken.

Um starke Verzerrungen zu vermeiden, empfiehlt es sich, sowohl negative als auch extrem positive Multiplikatoren bei der Aggregation unberücksichtigt zu lassen.

	EV/Umsatz		EV/EBITDA		EV/EBIT		KGV	
	2002	2003	2002	2003	2002	2003	2002	2003
Deutschland								
Median	0,52	0,49	4,4	3,9	7,1	6,5	9,3	7,5
Mittelwert	0,67	0,62	4,2	3,9	7,7	7,0	9,5	8,1
Europa inkl. Deutschland								
Median	0,52	0,47	4,5	4,1	9,4	8,1	9,6	8,2
Mittelwert	0,62	0,57	4,6	4,2	8,9	7,7	–55,2	10,8
Europa inkl. Deutschland + Nordamerika								
Median	0,50	0,46	5,3	4,6	9,6	8,6	10,7	9,7
Mittelwert	0,59	0,55	5,6	4,9	11,7	10,1	–16,4	10,8
Gesamt								
Median	0,50	0,47	5,2	4,6	9,4	8,6	10,9	9,9
Mittelwert	0,59	0,55	5,4	4,8	11,4	9,9	–14,8	11,1
Gesamt ohne negative und extreme Werte								
Median	0,50	0,47	5,2	4,6	9,4	8,4	10,9	9,9
Mittelwert	0,59	0,55	5,4	4,8	10,0	8,6	12,6	11,1

Tabelle 4–37: Mediane und Mittelwerte der einzelnen Multiplikatoren für die Vergleichsgruppen

Bei den KfZ-Zulieferer-Vergleichsunternehmen sind dies die EBIT-Multiplikatoren von *Eaton* sowie die KGV-Multiplikatoren für 2002 von *Cummins* und von *Faurecia*. Während diese Korrekturen nahezu keinen Einfluss auf den Median über alle Vergleichsunternehmen besitzen, rückt der Mittelwert zum Teil deutlich näher an den Median heran. Die Entscheidung, welche Werte im Einzelfall als extrem anzusehen sind, liegt dabei im Ermessen des Bewertenden.

Für die Bewertung der KfZ-Zulieferer GmbH wurde für die Aggregation der Multiplikatoren der Median verwendet und auf die Eliminierung extremer Schätzungen verzichtet.

Wie bereits erwähnt kann die Aggregation über alle identifizierten Vergleichsunternehmen durchgeführt werden, es können aber auch verschiedene Gruppen gebildet werden. In letzterem Fall sind die berechneten Unternehmenswerte je Multiplikator-Art dann nochmals über eine Gewichtung der einzelnen Gruppen zu einem einzigen Wert zusammenzufassen. Tabelle 4–37 enthält die mittleren Werte, Median und arithmetisches Mittel, für verschiedene Vergleichsgruppen. Es zeigt sich, dass die Ertragsmultiplikatoren im Median für die deutschen Unternehmen die niedrigsten sind und mit jeder Erweiterung der Gruppe der Vergleichsunternehmen die Multiplikatoren größer werden. Die Auswahl einer Vergleichsgruppe bzw. die Gewichtung einzelner Vergleichsgruppen liegt im Ermessen des Bewertenden, sie ist jedoch für Dritte nachvollziehbar zu begründen.

Ein gestalterisches Element bei der Zusammenstellung der für die Bewertung relevanten Vergleichsgruppe besteht darin, ein Unternehmen aus der Gruppe der Vergleichsunternehmen auszuschließen mit dem Argument, dass es nicht den

Grundsätzen der Ähnlichkeit genügt, oder auch nach weiteren Unternehmen zu suchen, um eventuell „günstigere" Multiplikatoren zu erhalten. Dies dient dann jedoch der zielgerichteten Manipulation der Bewertung aus subjektiven Beweggründen und sollte bei einer objektivierten Wertfindung unterlassen werden.

Bei der Bewertung der KfZ-Zulieferer GmbH wurde *Denso* nicht berücksichtigt, obwohl die Multiplikatoren bezüglich ihrer Größenordnung mit denen der anderen Vergleichsunternehmen vergleichbar sind. Eine große Differenz hinsichtlich der Bewertungsniveaus zwischen den Weltregionen ist bei *Denso* zum Bewertungszeitpunkt nicht zu beobachten. Allerdings waren in der Vergangenheit die Multiplikatoren für japanische Unternehmen verglichen mit denen europäischer und amerikanischer Unternehmen auch schon deutlich höher. Gründe für die Annäherung der Bewertungsniveaus sind zum Beispiel darin zu sehen, dass sich nach den Zinssenkungen in 2001 und 2002 in Europa und Amerika das Zinsniveau an die „Nullzinspolitik" Japans angenähert hat oder auch dass inzwischen in jeder Weltregion Überbewertungen bei Immobilien und Aktien abgebaut wurden.

Wie dargestellt eröffnen sich bei der Aggregation der Einzelmultiplikatoren große Spielräume (Median versus Mittelwert, Ausschluss von Extremwerten, Auswahl bzw. Gewichtung der Vergleichsgruppen). Je nach Ausübung dieser Spielräume können die errechneten Unternehmenswerte erheblich voneinander abweichen. Daher ist bei einer von dritter Seite erstellten Multiplikatorenbewertung das Zustandekommen der einzelnen Multiplikatoren immer kritisch zu hinterfragen.

Alternativ zum Median kann die Ermittlung des durchschnittlichen Multiplikators auch auf Basis von Regressionsgeraden erfolgen, wie sie in Abschnitt 4.4.1 dargestellt wurden. Beispielsweise ergibt sich unter Ausschluss von *Eaton* in Abhängigkeit von der EBIT-Marge folgende Gleichung für die Berechnung des EV/Umsatz-Multiplikators für das Jahr 2003:

$$EV/Umsatz = 4{,}84 \cdot EBIT\text{-}Marge + 0{,}19$$

Durch Einsetzen der EBIT-Marge des zu bewertenden Unternehmens in die Regressionsgleichung erhält man dann den anzuwendenden Umsatz-Multiplikator. Der Vorteil dieser Vorgehensweise bei der Bewertung auf Umsatzbasis ist, dass die operative Marge in die Bewertung miteinbezogen wird.

Die Aggregation mittels Regressionsgerade ist in der Bewertungspraxis jedoch nur bei der Bewertung von Banken, Versicherungen und anderen Finanzdienstleistern üblich.

4.4.3 Berechnung des Unternehmenswertes der KfZ-Zulieferer GmbH

Zur Berechnung des Unternehmenswertes der KfZ-Zulieferer GmbH werden die diversen Bezugsgrößen der KfZ-Zulieferer GmbH benötigt. Diese werden dann jeweils mit den aggregierten Multiplikatoren multipliziert. Bei den Equity Value-Multiplikatoren erhält man so bereits den Marktwert des Eigenkapitals. Bei den Enterprise Value-Multiplikatoren muss der resultierende Enterprise Value noch in den Marktwert des Eigenkapitals übergeleitet werden.

Die Ermittlung des Differenzbetrages zwischen Equity Value und Enterprise Value für die KfZ-Zulieferer GmbH ist in Tabelle 4–38 dargestellt. Für die Antei-

Anteile Dritter	+ 21,3
Pensionsrückstellungen	+ 39,5
Finanzverbindlichkeiten	+ 259,7
Minderheitsbeteiligungen	– 73,7
Liquide Mittel	– 32,9
Differenz zwischen Equity Value und Enterprise Value	= 213,9

Tabelle 4–38: Überleitungsrechnung vom Equity Value zum Enterprise Value für die KfZ-Zulieferer GmbH

in Mio. €	Bezugsgröße			Multiplikator			Enterprise Value		Equity Value
2002	Umsatz	1 522,1	·	EV/Umsatz	0,52	=	791,5		577,6
2003		1 570,8	·		0,49	=	769,7		555,8
2002	EBITDA	128,0	·	EV/EBITDA	4,4	=	563,2		349,3
2003		138,3	·		3,9	=	539,4		325,5
2002	EBIT	53,0	·	EV/EBIT	7,1	=	376,3		162,4
2003		59,6	·		6,5	=	387,4		173,5
2002	EAT	27,0	·	KGV	9,3			=	251,1
2003		32,0	·		7,5			=	240,0

Tabelle 4–39: Multiplikatorenbewertung der KfZ-Zulieferer GmbH auf Basis deutscher Vergleichsunternehmen

le Dritter und die Minderheitsbeteiligungen werden die in Abschnitt 3.8.2 ermittelten Marktwerte angesetzt. Die Pensionsrückstellungen, die Finanzverbindlichkeiten und die liquiden Mittel wurden aus der Bilanz entnommen (vgl. Kapitel 2). Für die Bezugsgrößen wurde auf die Gewinn- und Verlustrechnung der KfZ-Zulieferer GmbH zurückgegriffen, wobei jedoch die in Abschnitt 3.8.2 angesetzten Beteiligungserträge und die Ergebnisanteile Dritter beim Nachsteuerergebnis (EAT) berücksichtigt wurden.

Da es sich bei der KfZ-Zulieferer GmbH annahmegemäß um ein deutsches Unternehmen handelt, das einen großen Umsatzanteil im europäischen Ausland und Nordamerika erwirtschaftet, wurden als aggregierte Multiplikatoren zum einen die Multiplikatoren der deutschen Vergleichsgruppe, zum anderen die der europäisch-nordamerikanischen Vergleichsgruppe herangezogen.

Tabelle 4–39 zeigt die sich aus den Multiplikatoren der deutschen Vergleichsgruppe ergebenden Unternehmenswerte der KfZ-Zulieferer GmbH. Tabelle 4–40 enthält die Unternehmenswerte, die sich auf Basis der Multiplikatoren der europäisch-nordamerikanischen Vergleichsgruppe ergeben.

Die Berechnung wird im Folgenden am Beispiel des EV/EBITDA-Multiplikators für 2002 der deutschen Vergleichsunternehmen erläutert.

Aus dem Produkt des EBITDA der KfZ-Zulieferer GmbH des Jahres 2002 in Höhe von 128,0 Mio. € und dem EV/EBITDA-Multiplikator von 4,4 ergibt sich ein Enterprise Value von 563,2 Mio. €:

$$EV = 128{,}0 \text{ Mio. €} \cdot 4{,}4 = 563{,}2 \text{ Mio. €}$$

Um von diesem Enterprise Value zum Marktwert des Eigenkapitals zu gelangen, muss der oben ermittelte Differenzbetrag zwischen Equity Value und Enterprise Value in Höhe von 213,3 Mio. € subtrahiert werden:

$$\textit{Equity Value} = 563{,}2 \text{ Mio. €} - 213{,}9 \text{ Mio. €} = 349{,}3 \text{ Mio. €}$$

Die Tabellen zeigen, dass die resultierenden Unternehmenswerte je nach Vergleichsgruppe und verwendetem Multiplikator sehr stark voneinander abweichen: Die errechneten Werte bewegen sich in einer Spanne von 162,4 Mio. € (EV/EBIT-Multiplikator der deutschen Vergleichsunternehmen für das Jahr 2002) bis 577,6 Mio. € (EV/Umsatz-Multiplikator der deutschen Vergleichsunternehmen für das Jahr 2003). Diese große Wertbandbreite unterstreicht eindrucksvoll die Bedeutung, die der Auswahl des geeigneten Multiplikators und der Vergleichsgruppe zukommt.

in Mio. €	Bezuggröße			Multiplikator			Enterprise Value	Equity Value
2002	Umsatz	1 522,1	·	EV/Umsatz	0,50	=	761,1	547,2
2003		1 570,8	·		0,46	=	722,6	508,7
2002	EBITDA	128,0	·	EV/EBITDA	5,3	=	678,4	464,5
2003		138,3	·		4,6	=	636,2	422,3
2002	EBIT	53,0	·	EV/EBIT	9,6	=	508,8	294,9
2003		59,6	·		8,6	=	512,6	298,7
2002	EAT	27,0	·	KGV	10,7		=	288,9
2003		32,0	·		9,7		=	310,4

Tabelle 4–40: Multiplikatorenbewertung der KfZ-Zulieferer GmbH auf Basis europäischer und amerikanischer Vergleichsunternehmen

Es stellt sich nun die Frage, welcher Unternehmenswert bzw. welche Wertbandbreite aus der Vielzahl der Werte herangezogen werden soll.

Eine Möglichkeit zu einer Einengung der Wertbandbreite kann die Gewichtung der unterschiedlichen Vergleichsgruppen bzw. der für die jeweiligen Gruppen ermittelten Werte darstellen. Die Festlegung der Gewichte liegt dabei im Ermessen des Bewertenden, ist jedoch gut zu begründen. Die *KfZ-Zulieferer GmbH* ist annahmegemäß international tätig und erwirtschaftet einen wesentlichen Teil ihres Umsatzes im europäischen Ausland und Nordamerika. Deshalb erscheint eine Gleichgewichtung der aggregierten Multiplikatoren der nationalen und der europäisch-nordamerikanischen Vergleichgruppe angebracht[144]. Daraus ergeben sich die in Tabelle 4–41 dargestellten Unternehmenswerte für die einzelnen Bezugsgrößen.

[144] Hierbei ist zu beachten, dass die deutschen Vergleichsunternehmen damit mit einem stärkeren Gewicht in die Gesamtbewertung eingehen, da sie ja auch in der europäisch-nordamerikanischen Vergleichsgruppe enthalten sind. Dies ist im Hinblick auf das Herkunftsland der KfZ-Zulieferer GmbH jedoch auch gewünscht und gerechtfertigt.

in Mio. €	Vergleichgruppe		gewichtete Werte
	national	international	
Gewichtung	50%	50%	
2002			
EV/Umsatz	577,6	547,2	562,4
EV/EBITDA	349,3	464,5	406,9
EV/EBIT	162,4	294,9	228,7
KGV	251,1	288,9	270,0
2003			
EV/Umsatz	555,8	508,7	532,3
EV/EBITDA	325,5	422,3	373,9
EV/EBIT	173,5	298,7	236,1
KGV	240,0	310,4	275,2

Tabelle 4–41: Gewichtete Unternehmenswerte für die KfZ-Zulieferer GmbH aus der deutschen und der europäisch-nordamerikanischen Vergleichgruppe

Die höchsten Werte ergeben sich aus den EV/Umsatz-Multiplikatoren. Diese sind für eine Bewertung jedoch am wenigsten geeignet, da sie die Ertragskraft des Unternehmens außer Acht lassen. Eine nähere Analyse zeigt, dass die Bewertung mit den EV/Umsatz-Multiplikatoren zu zu hohen Unternehmenswerten führt, da die Wettbewerber in den betrachteten Zeiträumen im Schnitt höhere Margen erwirtschaften.

Eine Bewertung mithilfe einer Regressionsgeraden heilt den Mangel der EV/Umsatz-Multiplikatoren – die Vernachlässigung der Ertragskraft eines Unternehmens – durch die Berücksichtigung der EBIT-Marge. Deshalb ist dieses Verfahren einer einfachen Bewertung auf Umsatzbasis vorzuziehen. Aus der Regressionsgleichung[146] für den EV/Umsatz-Multiplikator für das Jahr 2003 wird der Unternehmenswert der *KfZ-Zulieferer GmbH* wie folgt errechnet:

Zunächst wird der EV/Umsatz-Multiplikator durch Einsetzen der EBIT-Marge (Quotient aus EBIT und Umsatz) des Jahres 2003 der *KfZ-Zulieferer GmbH* in die Regressionsgleichung ermittelt:

$$EV/Umsatz = 4{,}84 \cdot 59{,}6 \text{ Mio. €} / 1\,570{,}8 \text{ Mio. €} + 0{,}19 = 0{,}3736$$

Aus dem Produkt des so berechneten EV/Umsatz-Multiplikators von 0,3736 und dem Umsatz des Jahres 2003 der *KfZ-Zulieferer GmbH* ergibt sich dann der Enterprise Value der *KfZ-Zulieferer GmbH* in Höhe von 586,9 Mio. €:

$$EV = 0{,}3736 \cdot 1\,570{,}8 \text{ Mio. €} = 586{,}9 \text{ Mio. €}$$

Um vom Enterprise Value zum Equity Value zu gelangen, wird wiederum der Differenzbetrag in Höhe von 213,9 Mio. € vom Enterprise Value abgezogen. Der Marktwert des Eigenkapitals der *KfZ-Zulieferer GmbH* beträgt somit 373,0 Mio. €.

$$Equity\ Value = 586{,}9 \text{ Mio. €} - 213{,}9 \text{ Mio. €} = 373{,}0 \text{ Mio. €}$$

[146] Vgl. Abschnitt 4.4.2.

In der Praxis kommt das Regressions-Verfahren jedoch aufgrund des hohen Rechenaufwands – insbesondere für die Bestimmung der Regressionsgeraden – kaum zur Anwendung.

Sprechen keine eindeutigen Argumente für oder gegen einzelne Multiplikatoren, so ist eine weitere Eingrenzung des Wertes nur unter Berücksichtigung der persönlichen Einschätzung des Bewertenden möglich. Damit wird die Bewertung aber auch anfällig für Gegenargumentationen. Als neutrale Lösung bietet sich die Mittelwertbildung über die einzelnen Multiplikatoren an.

Bei der Bildung des Mittelwertes wird der EV/Umsatz-Multiplikator aus den oben genannten Gründen nicht berücksichtigt. Die Mittelwertbildung über alle anderen Multiplikatoren ergibt einen Unternehmenswert von 301,9 Mio. € auf Basis der Werte aus den Multiplikatoren für 2002 und von 295,1 Mio. € für 2003.

Um zu einem Unternehmenswert zu gelangen, können noch die beiden betrachteten Zeiträume zueinander gewichtet werden. Bei einer Gleichgewichtung der beiden Zeiträume ergibt sich ein Unternehmenswert von 298,5 Mio. €.

In der Bewertungspraxis wird oft auch eine Wertbandbreite als Ergebnis aus der Multiplikatorenbewertung ermittelt. Zur Bestimmung einer Bandbreite sind unterschiedliche Methoden möglich. Beispielsweise kann die Bandbreite auf Grundlage der Unternehmenswerte für 2002 und 2003 festgelegt werden, sie beträgt dann 295,1 Mio. € bis 301,9 Mio. €. Eine andere Möglichkeit besteht darin, aus den sechs gemittelten Werten der beiden Peer Groups die vier mittleren herauszugreifen. Die Spanne reicht vom niedrigsten dieser vier Werte (EV/EBIT 2003) bis zum höchsten (EV/EBITDA 2003). Der Unternehmenswert liegt dann in einer Wertbandbreite von 236,1 Mio. € bis 373,9 Mio. €.

Mitunter wird in der Praxis auch auf Basis nur eines Multiplikators bewertet. Dies ist dann in der Regel ein EBIT-Multiplikator oder das KGV. Vor dem Hintergrund der teilweise extremen Wertbandbreite bei der Bewertung mit Multiplikatoren birgt dies die Gefahr von Verzerrungen. In obigem Beispiel liegen sowohl die Bewertungen auf Basis des EV/EBIT-Multiplikators als auch des KGV am unteren Ende der Bandbreite. Dies ist jedoch Fall-spezifisch und kann nicht verallgemeinert werden.

Als Fazit ist festzuhalten, dass sich aufgrund der häufig sehr großen Wertbandbreiten die Multiplikatorenbewertung nur eingeschränkt zur Berechnung eines Unternehmenswertes eignet. Sie stellt jedoch ein nützliches Werkzeug zur Plausibilisierung der nach dem DCF-Verfahren ermittelten Unternehmenswerte dar, da sie den DCF-Werten Marktwerte gegenüberstellt.

Für die KfZ-Zulieferer GmbH liegt der Unternehmenswert auf Basis von Multiplikatoren deutlich unter dem nach dem DCF-Verfahren ermittelten Wert. Eine Begründung dafür kann die Tatsache liefern, dass bei der Multiplikatorenbewertung das hohe geplante Ertragswachstum (EBIT und EAT) der KfZ-Zulieferer GmbH im Jahr 2004, das in den DCF-Wert einfließt, unberücksichtigt bleibt. Das Wachstum nach 2003 findet in der Multiplikatorenbewertung nur insoweit Berücksichtigung, als sich ein für die Vergleichsunternehmen erwartetes Wachstum in deren Kursen und damit in deren Multiplikatoren niederschlägt. Wächst die KfZ-Zulieferer GmbH nach 2003 stärker als die Vergleichsunternehmen, wirkt sich das nicht auf den nach dem Multiplikatorverfahren berechneten Unternehmenswert aus.

4.5 Nicht-Finanzmultiplikatoren am Beispiel von T-Mobile

Mitunter werden auch Enterprise Value-Multiplikatoren auf Basis von nichtfinanziellen Bezugsgrößen gebildet. Als Bezugsgröße wird dabei in der Regel ein Werttreiber für den Umsatz verwendet. Im Folgenden wird die Bewertung mit Nicht-Finanzmultiplikatoren am Beispiel von *T-Mobile* erläutert. Bezugsgröße für den Multiplikator ist hierbei die Anzahl der Kunden. Der Vorteil dieser Bezugsgröße ist, dass es sich um einen zentralen Werttreiber für den Umsatz handelt, da alle betrachteten Unternehmen reine Mobilfunkbetreiber sind und somit andere Einflüsse weitgehend ausgeschlossen werden können.

Da keine Schätzungen für *T-Mobile* existieren, wird die Bewertung auf Basis von vergangenheitsorientierten Multiplikatoren vorgenommen. Für die Tochter der *Deutschen Telekom* liegen neben Umsatz und EBITDA-Zahlen für das Geschäftsjahr 2001 auch Nutzerzahlen vor.

Als Vergleichsunternehmen wurden börsennotierte europäische Mobilfunkunternehmen ausgewählt (vgl. Tabelle 4–42), die Datenerhebung wurde zum Stichtag 24.09.2002 durchgeführt. Es ist anzumerken, dass die Datenbasis bezüglich der einzelnen Unternehmen sehr heterogen ist.

Die Indikatorfunktion der Anzahl der Handy-Nutzer wird durch den sehr unterschiedlichen durchschnittlichen Umsatz je Kunde eingeschränkt. Mit 428 € ist der durchschnittliche Umsatz je Kunde bei *TIM* am höchsten. Am niedrigsten ist der durchschnittliche Umsatz je Kunde bei *T-Mobile* mit 286 €.

Die Vorgehensweise bei der Bewertung mit Nicht-Finanzmultiplikatoren entspricht derjenigen bei Finanzmultiplikatoren. Zum Vergleich wurden in Tabelle

	Market Cap in Mio. €	EV in Mio. €	Kunden in Tsd.	Umsatz in Mio. €	Umsatz je Kunde in €	EBITDA in Mio. €	EBITDA Marge	EV/ Kunde	EV/ Umsatz	EV/ EBITDA
mm02	5 372	6 353	17 457	6 794	389	688	10,1%	364	0,94	9,23
Orange	21 906	23 237	39 271	15 087	384	3 288	21,8%	592	1,54	7,07
Telefonica Moviles	26 157	30 472	28 038	8 411	300	3 334	39,6%	1 087	3,62	9,14
TIM	33 209	32 303	23 950	10 253	428	4 710	45,9%	1 349	3,15	6,86
Vodafone	87 647	62 829	101 136	36 296	359	7 229	19,9%	621	1,73	8,69
Median								621	1,73	8,69
T-Mobile			51 200	14 637	286	3 137	21,4%			
Bewertung	Bezugsgröße			·	Multiplikator			=	Wert in Mio. €	
T-Mobile	Kunden in Tsd		51 200	·	EV/Kunde		621	=	EV	31 795
	Umsatz in Mio €		14 637	·	EV/Umsatz		1,73	=	EV	25 322
	EBITDA in Mio €		3 137	·	EV/EBITDA		8,69	=	EV	27 261

Tabelle 4–42: Bewertung mit Nicht-Finanzmultiplikatoren am Beispiel von T-Mobile

4–42 neben dem EV/Kunde-Multiplikator auch die Finanzmultiplikatoren EV/Umsatz und EV/EBITDA berechnet.

Da der Umsatz je Kunde bei *T-Mobile* geringer ist als bei den Vergleichsunternehmen, führt der EV/Kunde-Multiplikator, der die differierenden Kundenumsätze vernachlässigt, zu einem höheren Enterprise Value als der Umsatzmultiplikator. Für den Wert eines Unternehmen sind jedoch weder Umsatz-Werttreiber, d.h. in diesem Fall Kunden, noch Umsätze maßgeblich, sondern die operativen Erträge. Daher gibt der auf Basis des EV/EBITDA-Multiplikators berechnete Wert von 27261 Mio. € die beste Wertindikation.

Die Bewertung mit Nicht-Finanzmultiplikatoren stellt nur dann eine brauchbare Alternative dar, wenn für eine Gruppe von Unternehmen der gleiche Werttreiber für den Umsatz maßgeblich ist und ein fester Zusammenhang zwischen Werttreiber, Umsatz und operativen Erträgen gegeben ist. Da das selten der Fall ist, sollte man bei der Verwendung von Nicht-Finanzmultiplikatoren Vorsicht walten lassen. Insbesondere sollte immer hinterfragt werden, ob die Anwendung des Multiplikators nicht dem Zweck dient, einen höheren Unternehmenswert zu begründen.

4.6 Multiplikatorenbewertung von Banken und Versicherungen

Banken und Versicherungen sind heute die einzige Gruppe von Unternehmen die regelmäßig mit einem aus einer Regressionsgerade abgeleiteten Multiplikator, nämlich dem Kurs-Buchwert-Verhältnis (KBV), bewertet werden. Das Kurs-Buchwert-Verhältnis wird hierfür in Relation zur buchhalterischen Eigenkapitalrendite, dem klassischen Return on Equity, gesetzt.

Generell besteht bei Banken und Versicherungen die Problematik, dass die Refinanzierung der operativen Geschäftstätigkeit selbst Teil des operativen Geschäfts ist und so nicht zwischen der operativen Geschäftstätigkeit und der Finanzierungstätigkeit unterschieden werden kann und selbst Größen wie Umsatz – Brutto- versus Nettozinsergebnis – für Finanzdienstleister schwer zu definieren sind. Die einheitliche Ermittlung der Bezugsgrößen Umsatz, EBITDA oder EBIT sowie des Gesamtkapitals ist jedoch Vorbedingung für die Anwendung der in den Vorkapiteln beschriebenen Enterprise-Value-Multiplikatoren. Da diese Vorbedingung nicht erfüllt ist, stehen nur die Equity-Value-Multiplikatoren Kurs-Gewinn- und Kurs-Buchwert-Verhältnis zur Verfügung.

Da für Banken und Versicherungen auch aufgrund staatlicher Regulierung, wie z.B. die Eigenkapitalvorschriften für Banken nach Basel II, ein direkter Zusammenhang zwischen dem buchhalterischen Eigenkapital und dem möglichen zukünftigen Geschäftsvolumen gegeben ist, ist es auch sinnvoll diese auf Basis des Kurs-Buchwert-Verhältnisses zu bewerten. Um jedoch die unterschiedliche zukünftige Ertragskraft der einzelnen Banken und Versicherungen zu berücksichtigen, wird für die Aggregation des Kurs-Buchwert-Verhältnisses die Regressionsgerade des Kurs-Buchwert-Verhältnisses gegen den erwarteten Return on Equity (RoE) ermittelt.

		Market Cap. in Mio. €	KGV 2005	KBV	RoE 2005
Alliance & Leicester PLC	GB	5 706	10,7	2,23	20,9%
Alpha Bank AE	GR	6 639	14,4	3,20	22,2%
Anglo Irish Bank Corp PLC	IR	7 436	15,4	6,00	38,9%
Banca Antonveneta SpA	I	7 801	16,5	2,53	15,3%
Banca Monte dei Paschi di Siena SpA	I	9 912	15,5	1,50	9,7%
Banca Nazionale del Lavoro SpA	I	8 149	19,5	1,83	9,4%
Banche Popolari Unite Scrl	I	5 830	13,9	1,47	10,5%
Banco Comercial Portugues SA	P	6 873	12,2	1,99	16,3%
Banco Popolare di Verona e Novara Scrl	I	5 389	11,1	1,41	12,7%
Banco Popular Espanol SA	ES	11 887	12,8	2,49	19,5%
Banco Sabadell SA	ES	6 399	15,0	2,10	14,0%
Capitalia SpA	I	10 638	15,2	1,62	10,7%
Commerzbank AG	D	11 774	15,1	1,18	7,8%
Deutsche Postbank AG	D	6 857	15,1	1,40	9,3%
DNB NOR ASA	N	11 588	11,6	1,75	15,0%
EFG Eurobank Ergasias SA	GR	8 453	17,9	3,83	21,4%
Erste Bank der Oesterreichischen Sparkassen AG	AU	10 907	15,7	2,95	18,7%
ForeningsSparbanken AB	S	10 069	11,1	2,06	18,6%
Mediobanca SpA	I	12 077	27,7	2,24	8,1%
Natexis Banques Populaires	F	5 844	11,9	1,46	12,3%
National Bank of Greece SA	GR	10 312	16,4	3,29	20,1%
Northern Rock PLC	GB	5 004	10,8	2,25	20,9%
Raiffeisen International Bank Holding AG	AU	6 627	18,0	3,60	20,0%
Skandinaviska Enskilda Banken AB	S	10 645	12,1	1,88	15,5%
Svenska Handelsbanken	S	12 214	11,7	1,80	15,4%
Median			15,0	2,06	15,4%
Mittelwert			14,7	2,32	16,1%
Minimum			10,7	1,18	7,8%
Maximum			27,7	6,00	38,9%

Tabelle 4–43: Vergleichsgruppe Banken für Bewertung von Commerzbank und Postbank

Unternehmen anderer Branchen wie z.B. Automobilzulieferer werden normalerweise nicht nach dieser Methode bewertet, da der Zusammenhang zwischen Kurs-Buchwert-Verhältnis und Return on Equity aufgrund der größeren Heterogenität der Geschäftsmodelle schwächer ist, keine Geschäftmodell-spezifische Korrelation zwischen dem Umfang der operativen Geschäftstätigkeit und dem Eigenkapital besteht und weitere Ertragsmultiplikatoren zur Bewertung zur Verfügung stehen.

Im Folgenden wird die Bewertungsmethodik beispielhaft für die Postbank und die Commerzbank dargestellt. Die Vergleichsgruppe bilden Banken im Euro STOXX 600 mit einer Marktkapitalisierung zwischen 5 000 Mio. € und 12 500 Mio. €. Die Daten für die Bewertung wurden am 12.08.2005 erhoben (vgl. Tabelle 4–43).

Die aus Tabelle 4–43 abgeleitete Regressionsgerade, die das KBV der Vergleichsunternehmen in Abhängigkeit vom RoE darstellt, lautet:

$$KBV = 0{,}0366 + 14{,}1694 \cdot RoE$$

und besitzt ein Bestimmtheitsmaß r^2 von 79 %. In der Regel liegt der Wert für das Bestimmtheitsmaß für die Beziehung zwischen KBV und RoE zwischen 50 % und 90 % und der Zusammenhang zwischen den beiden Größen ist auch im Zeitverlauf relativ stabil.

In den Abbildungen 4–14 und 4–15 wird das RoE dem KGV und dem KBV gegenüberstellt. Die durchgezogene Linie steht für den mittleren Multiplikator. Dies ist beim KGV der Medianwert und beim KBV die ermittelte Regressionsgerade. Die gestrichelten Linien bilden einen Korridor von +/– 25 % um diesen mittleren Multiplikator. Die Commerzbank AG wird in den Abbildungen durch einen Kreis hervorgehoben und die Deutsche Postbank AG durch ein Dreieck.

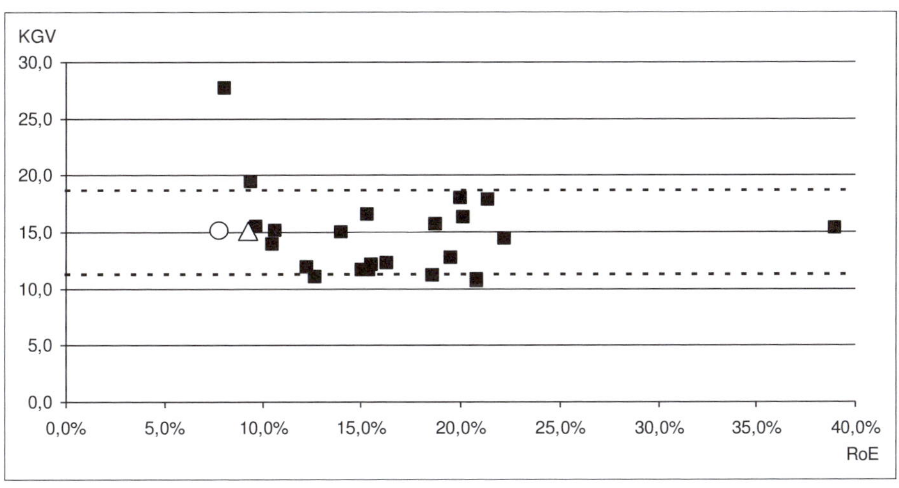

Abbildung 4–14: Grafische Darstellung des KGV der Banken in Abhängigkeit von ihrem RoE

In Tabelle 4–44 und Tabelle 4–45 ist der Marktwert sowie die Bewertung der Commerzbank AG und der Deutschen Postbank AG dargestellt. In Tabelle 4–44 ist in den beiden linken Spalten die zum Bewertungsstichtag aktuelle Marktbewertung und rechts die Bewertung mittels KGV abgebildet. Der Kurs je Aktie errechnet sich als Produkt aus dem Ergebnis je Aktie (EPS) und dem mittleren KGV (gemäß Tabelle 4–43) und liegt für beide Banken leicht unter dem Börsenkurs je Aktie. In Tabelle 4–45 wird der Wert der Banken als Produkt aus Eigenkapital und KBV ermittelt. Das KBV ergibt sich durch Einsetzen des RoE in die Regressionsgerade. Zur besseren Vergleichbarkeit wurde der Kurs je Aktie[146] für die Bewertung mittels KBV

[146] Kurs je Aktie = berechnete Marktkapitalisierung geteilt durch Aktienanzahl.

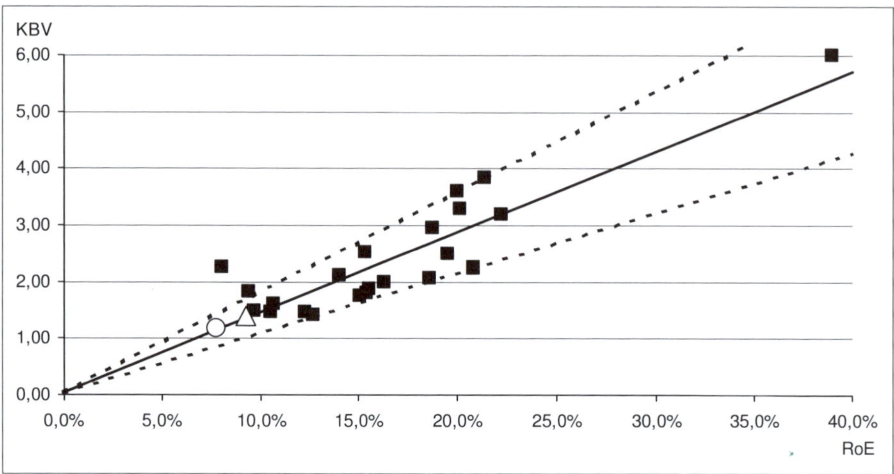

Abbildung 4–15: Grafische Darstellung des KBV der Banken in Abhängigkeit von ihrem RoE

	Market Cap. in Mio. €	Börsenkurs je Aktie in €	EPS 2005	·	KGV 2005	=	Kurs je Aktie in €
Commerzbank AG	11 774	19,67	1,30		15,0		19,56
Deutsche Postbank AG	6 857	41,81	2,76		15,0		41,47

Tabelle 4–44: Marktwert von Commerzbank und Deutsche Postbank sowie Bewertung beider mittels KGV

	RoE 2005	KBV	·	Buchwert EK in Mio. €	=	Market Cap. in Mio. €	Kurs je Aktie in €
Commerzbank AG	7,8%	1,14		10 009		11 418	19,07
Deutsche Postbank AG	9,3%	1,35		4 896		6 600	40,24

Tabelle 4–45: Bewertung von Commerzbank und Deutsche Postbank mittels Regressionsgerade für KBV in Abhängigkeit vom RoE

ebenfalls berechnet. Er ist im gewählten Beispiel nochmals niedriger als der mittels KGV berechnete Kurs. Auf Basis der Bewertung ist ersichtlich, dass der Markt beide Banken mit einem minimalen Aufschlag (< 1 %) auf das KGV und einem etwas größeren Aufschlag (< 5 %) auf das mithilfe des RoE ermittelte KBV handelt.

4.7 Multiplikatoren als verkürzte DCF-Modelle

Den theoretischen Hintergrund für die Multiplikatoren liefern die unterschiedlichen DCF-Ansätze. Die Ertrags- bzw. Cashflow-basierte Unternehmensbewertung der DCF-Ansätze wird durch Treffen einer Vielzahl von ceteris paribus-Annahmen auf eine Kennzahl fokussiert. Die Multiplikatoren sind somit als starke Vereinfachungen der jeweiligen DCF-Ansätze zu betrachten.

Während die Enterprise Value-Multiplikatoren auf dem DCF-Modell nach dem Entity-Ansatz beruhen, basieren die Equity Value-Multiplikatoren auf dem DCF-Ansatz nach dem Equity-Ansatz. Im Folgenden wird der Zusammenhang beispielhaft für den EV/EBIT-Multiplikator und für den KGV-Multiplikator hergeleitet.

Für die Herleitung werden zwei vereinfachende Annahmen getroffen:

- Keine Detailplanungsperiode: Die für die Berechnung der normalisierten Höhe des Cashflows im Terminal Value gemachten Annahmen[147] gelten somit für alle zukünftigen Geschäftsjahre des Unternehmens
- Nullwachstum

Ohne Detailplanungsperiode verkürzt sich die Abzinsung der Cashflows im DCF-Verfahren auf die Berechnung des Endwertes. Aus dem Cashflow im Terminal Value wird mittels der Formel für die nachschüssige ewige Rente der Unternehmenswert berechnet. Der verwendete Diskontierungszins lässt sich dann in einen Multiplikator umformen:

$$\begin{aligned} Wert &= \frac{Cashflow\ im\ Terminal\ Value}{Diskontierungszinssatz} \\ &= Cashflow\ im\ Terminal\ Value \cdot Multiplikator \end{aligned}$$

Daraus folgt:

$$Multiplikator = \frac{1}{Diskontierungszinssatz}$$

Die zweite Annahme ist notwendig, damit der im DCF-Verfahren abzuzinsende Cashflow im Terminal Value sich direkt aus den Bezugsgrößen für die Multiplikatorenbewertung, d.h. in unseren Beispielen dem EBIT bzw. dem Ergebnis nach Steuern, ableiten lässt. Bei Nullwachstum gibt es im Terminal Value modellbedingt keine Nettoinvestitionen ins Anlagevermögen und ins Netto-Umlaufvermögen, damit „reduziert" sich der bewertungsrelevante Cashflow auf die Nachsteuer-Ergebnisse.

4.7.1 Ableitung des EV/EBIT-Multiplikators aus dem DCF-Entity-Ansatz

Unter den getroffenen Annahmen berechnet sich der Enterprise Value als Barwert der operativen Free Cashflows aus dem DCF-Entity-Ansatz nach folgender Formel:

$$EV = \frac{oFCF}{WACC}$$

Bei Nullwachstum ergibt sich die normalisierte Höhe des operativen Free Cashflows im Terminal Value aus der Formel:

[147] Vgl. Abschnitt 3.2.3.2.

$$\begin{aligned} oFCF &= EBIT - \textit{adaptierte Unternehmenssteuern auf das EBIT} \\ &= EBIT \cdot (1 - Steuerquote) \end{aligned}$$

In Tabelle 4–46 werden der EV/EBIT-Multiplikator und das DCF-Modell nach dem Entity-Ansatz einander gegenübergestellt. Durch Umformen der Gleichungen ist der durchschnittliche Kapitalkostensatz in den EV/EBIT-Multiplikator überführbar.

EV/EBIT-Multiplikator	DCF-Modell nach Entity-Ansatz
$EV = EBIT \cdot EV/EBIT$	$EV = \frac{oFCF}{WACC}$ $= EBIT \cdot \frac{(1 - Steuerquote)}{WACC}$

Tabelle 4–46: Gegenüberstellung von EV/EBIT-Multiplikator und DCF-Entity-Ansatz

Da beide Formeln zur Berechnung des Enterprise Value dienen, können in einem ersten Schritt die linke und die rechte Formel aus Tabelle 4–46 gleichgesetzt werden:

$$EBIT \cdot EV/EBIT = EBIT \cdot \frac{(1 - Steuerquote)}{WACC}$$

Sowohl die linke als auch die rechte Seite enthalten das EBIT. Werden jetzt beide Seiten der Gleichung durch das EBIT dividiert, ergibt sich eine Formel, die den EV/EBIT-Multiplikator in einen funktionalen Zusammenhang zu den gewichteten Kapitalkosten und zur Steuerquote stellt:

$$EV/EBIT = \frac{(1 - Steuerquote)}{WACC}$$

Dieser Zusammenhang verdeutlicht, dass sowohl die Eigenkapitalquote[148] als auch die jeweiligen nationalen steuerlichen Rahmenbedingungen Einfluss auf die Enterprise Value-Multiplikatoren haben. Während sich die Steuerquote direkt auf den Multiplikator auswirkt, fließt die Eigenkapitalquote über den Leverage-Effekt in die durchschnittlichen Kapitalkosten (*WACC*) ein. Da die Eigenkapitalkosten höher sind als die Fremdkapitalkosten, sinken bei konstanten Eigenkapital- und Fremdkapitalkosten die durchschnittlichen Kapitalkosten, wenn die Eigenkapitalquote verringert wird.

Somit ist nachvollziehbar, dass aufgrund unterschiedlicher nationaler Rahmenbedingungen die Bewertungsniveaus variieren. Dies sollte bei der Auswahl der Vergleichsunternehmen ebenso berücksichtigt werden wie die Auswirkung unterschiedlicher Eigenkapitalquoten.

Nach der Formel errechnet sich bei durchschnittlichen Kapitalkosten von 7,8 %[149] und einer Steuerquote von 38,6 % ein EV/EBIT-Multiplikator von 7,87 für die KfZ-Zulieferer GmbH. Auf Basis dieses Multiplikators ergibt sich ein Wert des operativen Geschäfts von 417,2 Mio. € für 2002 und von 469,2 Mio. € für 2003.

[148] Vgl. Abbildung 4–13.

[149] Vgl. Abbildung 3–11.

Bei der Wertung dieser Ergebnisse seien nochmals obige einschränkende Annahmen in Erinnerung gerufen.

Meistens gehen Unternehmen bzw. Analysten allerdings von einem Unternehmenswachstum aus mit der Folge, dass die Multiplikatoren – wie in Tabelle 4–33 – für 2003 niedriger sind als für 2002.

4.7.2 Ableitung des KGV-Multiplikators aus dem DCF-Equity-Ansatz

Der Marktwert des Eigenkapitals berechnet sich unter den getroffenen Annahmen nach dem DCF-Equity-Verfahren wie folgt:

$$Market\ Cap = \frac{Flow\ to\ Equity}{Eigenkapitalrendite}$$

Die Berechnungsformel für die normalisierte Höhe des Flow to Equity im Terminal Value verkürzt sich bei Nullwachstum zum Jahresüberschuss nach Steuern (EAT), da annahmegemäß weder Nettoinvestitionen in das Anlage- noch in das Umlaufvermögen getätigt werden und auch keine Veränderungen beim Nettofinanzvermögen, d.h. Kreditaufnahme oder -tilgung, erfolgen:

$$Flow\ to\ Equity = EBIT - Zinsen - Unternehmenssteuern\ auf\ EBT = EAT$$

Die Formeln für die Bewertung mit dem KGV-Multiplikator und mit dem DCF-Equity-Verfahren sind in Tabelle 4–47 dargestellt. Analog zur Vorgehensweise im Abschnitt 4.7.1 bezüglich des EV/EBIT-Multiplikators lässt sich auch hier durch Umformen der Gleichungen ein funktionaler Zusammenhang zwischen dem KGV-Multiplikator und der Eigenkapitalrendite herausarbeiten.

KGV-Multiplikator	DCF-Modell nach Equity-Ansatz
$Market\ Cap = EAT \cdot KGV$	$Market\ Cap = \frac{EAT}{EK\text{-}Rendite}$

Tabelle 4–47: Gegenüberstellung von KGV-Multiplikator und DCF-Equity-Ansatz

Werden die beiden Tabellenseiten einander gleichgesetzt, so erhält man folgende Formel:

$$EAT \cdot KGV = \frac{EAT}{EK\text{-}Rendite}$$

Nach der Division beider Seiten durch das Ergebnis nach Steuern vereinfacht sich die Formel zu:

$$KGV = \frac{1}{EK\text{-}Rendite}$$

Das KGV definiert sich damit als Kehrwert der Eigenkapitalrendite. Das KGV ist nach dieser Formel in dem Maße von nationalen steuerlichen Rahmenbedingungen und von der Finanzierungsstruktur beeinflusst, in dem diese in die Eigenkapitalrendite einfließen.

Bei einer Eigenkapitalrendite von 9,3 %[150] ergibt sich somit ein KGV von 10,75 für die KfZ-Zulieferer GmbH. Bei einem Gewinn nach Steuern von 27,0 Mio. € in 2002 und 32,0 Mio. € in 2003 berechnet sich hieraus, je nachdem welcher Wert für die Berechnung verwendet wird, ein Marktwert des Eigenkapitals von 290,3 Mio. € bzw. 344 Mio. €. Auch hier sei nochmals auf die einschränkenden Annahmen hingewiesen, unter denen dieser Wert zustande gekommen ist.

4.7.3 Nutzung der abgeleiteten Zusammenhänge zur vereinfachten Ermittlung von (Nicht-Markt-)Multiplikatoren

Die in den vorangegangenen Gliederungspunkten aufgezeigten Zusammenhänge für die EV/EBIT-Multiplikatoren und die KGV-Multiplikatoren lassen sich in Tabellenform darstellen, vgl. Tabelle 4–48.

Während für die Berechnung der KGV-Multiplikatoren in der Tabelle keine weiteren Annahmen notwendig sind, müssen für die Ermittlung der EV/EBIT-Multiplikatoren Annahmen bezüglich der Höhe des Fremdkapitalzinssatzes und der Unternehmenssteuerquote getroffen werden.

Die Berechnungen in Tabelle 4–48 wurden für folgende Parameterausprägungen vorgenommen:

- Fremdkapitalzinssatz von 7,5 %
- Steuersatz von 40 %

Auf dieser Basis berechnet sich der EV/EBIT-Multiplikator wie folgt:

$$EV/EBIT = \frac{(1 - 40\%)}{WACC} = \frac{0{,}6}{WACC}$$

mit

$$\begin{aligned} WACC &= EK\text{-}Rendite \cdot (1 - FK\text{-}Quote) + FK\text{-}Zins \cdot (1 - Steuersatz) \cdot FK\text{-}Quote \\ &= EK\text{-}Rendite \cdot (1 - FK\text{-}Quote) + 7{,}5\,\% \cdot 0{,}6 \cdot FK\text{-}Quote^{151} \end{aligned}$$

Bei einer Fremdkapitalquote von 60 % und einer geforderten Eigenkapitalrendite von 15 % ergibt sich auf Basis dieser Formeln ein Wert von 6,9 für den EV/EBIT-Multiplikator und von 6,7 für das KGV:

$$WACC = 15\% \cdot (1 - 60\%) + 7{,}5\% \cdot 60\% \cdot 0{,}6 = 8{,}7\%$$

$$EV/EBIT = \frac{0{,}6}{8{,}7\%} = 6{,}9$$

$$KGV = \frac{1}{15\%} = 6{,}7$$

Je nach veranschlagter Eigenkapitalrendite lässt sich aus der Tabelle das zugehörige Kurs-Gewinn-Verhältnis und die in Abhängigkeit von der Fremdkapitalquote variierenden EV/EBIT-Multiplikatoren ablesen.

Die Tabelle ist jedoch unter einer Reihe vereinfachender Annahmen (z.B. Nullwachstum, künftig konstante Unternehmensergebnisse, bestimmter Fremdkapital-

[150] Vgl. Abbildung 3–11.

[151] Vgl. Abschnitt 3.3.1.

EK-Rendite	EV/EBIT Fremdkapitalquote											KGV
	0%	10%	20%	30%	40%	50%	60%	70%	80%	90%	100%	
5%	12,0	12,1	12,2	12,4	12,5	12,6	12,8	12,9	13,0	13,2	13,3	20,0
6%	10,0	10,3	10,5	10,8	11,1	11,4	11,8	12,1	12,5	12,9	13,3	16,7
7%	8,6	8,9	9,2	9,6	10,0	10,4	10,9	11,4	12,0	12,6	13,3	14,3
8%	7,5	7,8	8,2	8,6	9,1	9,6	10,2	10,8	11,5	12,4	13,3	12,5
9%	6,7	7,0	7,4	7,8	8,3	8,9	9,5	10,3	11,1	12,1	13,3	11,1
10%	6,0	6,3	6,7	7,2	7,7	8,3	9,0	9,8	10,7	11,9	13,3	10,0
11%	5,5	5,8	6,2	6,6	7,1	7,7	8,5	9,3	10,3	11,7	13,3	9,1
12%	5,0	5,3	5,7	6,2	6,7	7,3	8,0	8,9	10,0	11,4	13,3	8,3
13%	4,6	4,9	5,3	5,7	6,3	6,9	7,6	8,5	9,7	11,2	13,3	7,7
14%	4,3	4,6	5,0	5,4	5,9	6,5	7,2	8,2	9,4	11,0	13,3	7,1
15%	4,0	4,3	4,7	5,1	5,6	6,2	**6,9**	7,8	9,1	10,8	13,3	**6,7**
16%	3,8	4,0	4,4	4,8	5,3	5,9	6,6	7,5	8,8	10,6	13,3	6,3
17%	3,5	3,8	4,1	4,5	5,0	5,6	6,3	7,3	8,6	10,4	13,3	5,9
18%	3,3	3,6	3,9	4,3	4,8	5,3	6,1	7,0	8,3	10,3	13,3	5,6
19%	3,2	3,4	3,7	4,1	4,5	5,1	5,8	6,8	8,1	10,1	13,3	5,3
20%	3,0	3,3	3,6	3,9	4,3	4,9	5,6	6,6	7,9	9,9	13,3	5,0
21%	2,9	3,1	3,4	3,7	4,2	4,7	5,4	6,3	7,7	9,8	13,3	4,8
22%	2,7	3,0	3,2	3,6	4,0	4,5	5,2	6,2	7,5	9,6	13,3	4,5
23%	2,6	2,8	3,1	3,4	3,8	4,4	5,0	6,0	7,3	9,4	13,3	4,3
24%	2,5	2,7	3,0	3,3	3,7	4,2	4,9	5,8	7,1	9,3	13,3	4,2
25%	2,4	2,6	2,9	3,2	3,6	4,1	4,7	5,6	7,0	9,2	13,3	4,0

Tabelle 4–48: Zusammenhang zwischen EK-Rendite, Fremdkapitalquote und EV/EBIT- bzw. KGV-Multiplikatoren

zins etc.) zustande gekommen. Daher eignet sie sich nur als Hilfsmittel zur Ermittlung einer ersten, eingeschränkt verwendbaren Wertindikation. Sie ersetzt jedoch niemals die genaue Analyse und die detaillierte Bewertung.

Das langfristige durchschnittliche Wachstum (CAGR) im Umsatz und im Cashflow kann bei der Erstellung einer Multiplikatorentabelle ebenfalls berücksichtigt werden. EV/EBIT-Multiplikator und KGV-Multiplikator berechnen sich dann nach den Formeln:

$$EV/EBIT = \frac{(1 - Steuersatz)}{WACC - CAGR}$$

$$KGV = \frac{1}{EK\text{-}Rendite - CAGR}$$

Bei diesen Formeln handelt es sich jedoch um Vereinfachungen, die mit Fehlern behaftet sind: Wachstumsinvestitionen ins Anlage- und Umlaufvermögen und beim KGV darüber hinaus eine damit eventuell verbundene Fremdkapitalfinanzierung werden nicht berücksichtigt. Mit steigendem Wachstum potenziert sich die daraus erwachsende Fehlerquelle.

Bezüglich der anzusetzenden langfristigen durchschnittlichen Wachstumsrate sollte die Überlegung angestellt werden, wie viel Umsatz dem Unternehmen ohne Akquisitionen beispielsweise in 25 Jahren zugetraut werden kann. Selbst wenn kurzfristig mit Wachstumsraten über 10 % gerechnet wird, ist langfristig ein Wachstum von 5 % schon sehr ehrgeizig. Die langfristige Wachstumsrate muss sich dabei immer auch am langfristigen Wachstum des Marktes orientieren, in dem das Unternehmen tätig ist.

In Tabelle 4–49 sind die EV/EBIT- und KGV-Multiplikatoren für eine Eigenkapitalrendite von 15 % und unterschiedliche Wachstumsraten berechnet. Die für Tabelle 4–48 gemachten Annahmen (mit Ausnahme des Nullwachstums natürlich) gelten analog.

Wachstum	EV/EBIT Fremdkapitalquote											KGV
	0%	10%	20%	30%	40%	50%	60%	70%	80%	90%	100%	
0%	4,0	4,3	4,7	5,1	5,6	6,2	6,9	7,8	9,1	10,8	13,3	6,7
1%	4,3	4,6	5,0	5,5	6,1	6,9	7,8	9,0	10,7	13,2	17,1	7,1
2%	4,6	5,0	5,5	6,1	6,8	7,7	**9,0**	10,6	13,0	16,9	24,0	7,7
3%	5,0	5,5	6,1	6,8	7,7	8,9	10,5	12,9	16,7	23,5	40,0	8,3
4%	5,5	6,0	6,7	7,6	8,8	10,4	12,8	16,4	23,1	38,7	120,0	9,1
5%	6,0	6,7	7,6	8,8	10,3	12,6	16,2	22,6	37,5	109,1		10,0

Tabelle 4–49: Zusammenhang zwischen Fremdkapitalquote, Wachstum und EV/EBIT- bzw. KGV-Multiplikatoren bei einer Eigenkapitalrendite von 15 %

Bei einem Wachstum von 2 % und einer Fremdkapitalquote von 60 % errechnet sich ein EV/EBIT-Multiplikator von 9,0 (vgl. Tabelle 4–49):

$$EV/EBIT = \frac{(1 - Steuersatz)}{WACC - CAGR} = \frac{0{,}6}{8{,}7\% - 2{,}0\ \%} = 9{,}0$$

mit

$$\begin{aligned} WACC &= EK\text{-}Rendite \cdot (1 - FK\text{-}Quote) + FK\text{-}Zins \cdot FK\text{-}Quote \cdot (1 - Steuerquote) \\ &= 15\ \% \cdot (1\text{–}60\ \%) + 7{,}5\ \% \cdot 60\ \% \cdot (1\text{–}40\ \%) = 8{,}7\ \% \end{aligned}$$

4.7.4 Ableitung des KGV-Multiplikators aus dem Gordon Growth-Modell

Das Gordon Growth-Modell[152] ist eine Variante des Dividend Discount Modells, das auf der Annahme konstanter Wachstumsraten basiert. Der Wert des Eigenka-

[152] Vgl. *Gordon/Shapiro* (1956) sowie *Gordon* (1962).

pitals lässt sich unter dieser Annahme mit der Formel für die nachschüssige ewige Rente ermitteln:

$$EK_0 = \frac{D_0 \cdot (1+g)}{r_{EK} - g} = \frac{D_1}{r_{EK} - g}$$

Der Wert des Eigenkapitals im Jahr 0 (EK_0) ergibt sich aus der Dividende im Jahr 1 (D_1) geteilt durch die Differenz aus geforderter Eigenkapitalrendite (r_{EK}) und nachhaltiger Wachstumsrate (g). Die erwartete Dividende für Jahr 1 (D_1) errechnet sich aus der Dividende des Vorjahres (D_0), indem man diese um die Wachstumsrate g erhöht.

Die Anwendbarkeit des Gordon Growth-Modells wird durch die Formel implizit auf die Fälle beschränkt, in denen die nachhaltige Wachstumsrate kleiner ist als die geforderte Eigenkapitalrendite. In Bezug auf die Wachstumsrate gilt für das Gordon Growth-Modell dasselbe, was in Abschnitt 3.2.4 zur Wachstumsrate im Terminal Value gesagt wurde. Ist das Wachstum größer als die geforderte Eigenkapitalrendite bzw. wesentlich größer als das Nominalwachstum der Volkswirtschaft, so ist ein Mehrphasen-Modell mit anfänglich hohen Wachstumsraten und realistischen nachhaltigen Wachstumsraten beim Übergang in den Terminal Value zu verwenden. Das KGV lässt sich jedoch nur aus der oben dargestellten Formel ableiten.

Die Dividende D_1 ist hierzu durch das Produkt aus Jahresüberschuss EAT_1 und Ausschüttungsquote bzw. Eins minus Einbehaltungsquote b zu ersetzen.

$$D_1 = EAT_1 \cdot (1-b)$$

Durch Einsetzen dieser Formel in die Formel für das Gordon Growth-Modell erhält man folgende Formel für den Wert des Eigenkapitals:

$$EK_0 = \frac{EAT_1 \cdot (1-b)}{r_{EK} - g}$$

Das Dividieren dieser Formel durch den erwarteten Jahresüberschuss EAT_1 ergibt eine Formel, die das Kurs-Gewinn-Verhältnis KGV als resultierende Größe der Annahmen für Einbehaltungsquote, Wachstum und geforderter Eigenkapitalrendite bestimmt:

$$KGV = \frac{EK_0}{EAT_1} = \frac{(1-b)}{r_{EK} - g}$$

Von diesen Größen sind für die KfZ-Zulieferer GmbH die geforderte Eigenkapitalrendite von 9,35 % und die Einbehaltungsquote von 70 % bekannt.

Die nachhaltige Wachstumsrate g ergibt sich bei der Annahme konstanten Wachstums aus dem Wachstum des Eigenkapitals, das sich berechnet als Produkt aus Return on Equity und Einbehaltungsquote b:

$$g = RoE \cdot b$$

Der Return on Equity beträgt gemäß Tabelle 3–52 14,6 % im Jahr 1. Wird dieser Return on Equity als nachhaltig angesehen, ergibt sich bei einer Einbehaltungsquote von 70 % eine rechnerische Wachstumsrate von 10,2 %. Da diese größer ist als die geforderte Eigenkapitalrendite, ist der vereinfachende Zusammenhang des

Gordon Growth-Modell nicht auf die KfZ-Zulieferer GmbH anwendbar. Die Annahme eines nachhaltigen Wachstums von 10,2 % ist zudem eher unrealistisch.

4.8 Kritische Würdigung der Multiplikatorenbewertung

Eine Bewertung auf Basis von Multiplikatoren beruht im Prinzip auf einer recht einfachen und für jeden verständlichen Systematik. Die Multiplikatorenbewertung ermöglicht es, mit wenig Input eine erste Wertindikation zu gewinnen. Diese rasche Werteinschätzung geht jedoch zu Lasten einer individuellen Berücksichtigung der Unternehmenssituation und -entwicklung. Sobald die Multiplikatorenbewertung mit der gebotenen Sorgfalt durchgeführt wird, ist sie zudem mit erheblichem Aufwand verbunden.

Der Gestaltungsspielraum bei der Anwendung von Multiplikatoren ist vielfältig und durch die Darstellung (beispielsweise in IPO-Broschüren) ist nicht immer ersichtlich, wo und wie dieser Spielraum ausgenutzt wurde. Jeder Bewertungsschritt beinhaltet Ermessensentscheidungen des Bewertenden, die einen Einfluss auf den resultierenden Unternehmenswert haben. Die Einschätzung des Bewerters fließt beispielsweise ein in

- Auswahl der Vergleichsunternehmen
- Auswahl des Bewertungsstichtages
- Auswahl der Schätzungen
- Ansatz der Größen (z.B. Anteile Dritter) für die Berechnung des Enterprise Value der Vergleichsunternehmen
- Auswahl des Aggregationsverfahrens zur Bildung durchschnittlicher Werte und Zusammensetzung sowie Gewichtung möglicher Vergleichsgruppen
- Auswahl des Multiplikators für die Bewertung nach Art und Zeitraum und bei der Verwendung mehrerer Multiplikatoren die Gewichtung der einzelnen Multiplikatoren zueinander

Bei Würdigung einer von Dritten erstellten Bewertung sollten diese Punkte immer hinterfragt werden. Jeder Empfänger eines Bewertungsgutachtens sollte bedenken, dass vorhandene Spielräume in der Regel im Sinne des Auftraggebers der Bewertung genutzt werden.

Bei Erstellung einer eigenen Bewertung sollte die Ausübung von gestalterischen Spielräumen nachvollziehbar dargestellt und begründet werden. Der Empfänger einer Bewertung sollte in die Lage versetzt werden, sich eine eigene Meinung zu bilden.

Die Güte der Wertindikation einer Multiplikatorenbewertung ist umso besser, je enger die auf Basis von verschiedenen Multiplikatoren ermittelten Werte beieinander liegen.

Bezüglich der Auswahl der Multiplikatoren ist es empfehlenswert, Unternehmen auf Basis laufender operativer Erträge (EBIT oder EBITDA) zu bewerten. Das KGV stellt den am weitesten verbreiteten Standard für eine Bewertung mit Multiplikatoren dar und sollte deshalb – sofern die Berechnung möglich und auf der vorhandenen Datenbasis sinnvoll ist – bei einer Bewertung berücksichtigt werden. Bei der Interpretation der Ergebnisse ist jedoch zu beachten, dass das KGV am stärksten durch nationale Rahmenbedingungen (z.B. Steuern, Zinsen, Rechnungslegungsvorschriften) und bilanzielle Wahlrechte beeinflusst ist.

Bei der Verwendung von Umsatzmultiplikatoren und Nicht-Finanzmultiplikatoren sollten diese mit Ertragsmargen hinterlegt werden. Eine Möglichkeit hierzu ist die Verwendung einer Regressionsgeraden, die den Multiplikator in Abhängigkeit einer operativen Marge berechnet. Bei alleiniger Verwendung von Umsatzmultiplikatoren sollte man Vorsicht walten lassen. Wenn eine Wertermittlung mit Ertragsmultiplikatoren nicht möglich ist, weil beispielsweise für ein Wachstumsunternehmen sogar auf EBITDA-Ebene negative oder nur sehr kleine positive Zahlen in den kommenden zwei Jahren erwartet werden, so können zur Plausibilisierung der Umsatzmultiplikatoren beispielsweise auch aktuelle Rohertragsmargen verwendet werden.

Der Vergleich und die Bewertung mit Multiplikatoren eröffnet die Möglichkeit, nach anderen Verfahren ermittelte Unternehmenswerte mit am Markt gezahlten Preisen zu plausibilisieren bzw. Unternehmenswerte auf Basis von Marktpreisen zu berechnen. Aus dieser Orientierung an Marktpreisen entspringt jedoch ein genereller Nachteil der Berechnung von Unternehmenswerten mit Multiplikatoren: Am Kapitalmarkt vorhandene Ineffizienzen bzw. Fehleinschätzungen pflanzen sich als Bewertungsfehler durch den Multiplikatoransatz fort. Eine nach dem Multiplikatorverfahren ermittelte Wertindikation erlaubt nur die Aussage, dass am Markt für ähnliche Unternehmen ähnliche Preise erzielt werden; eine Einschätzung, ob diese Preise vor dem Hintergrund der Unternehmenserträge auch gerechtfertigt sind, fließt in die Multiplikatorenbewertung nicht ein.

Als Beispiel hierfür können die Bewertungen im Rahmen der Börsengänge in der Hype-Phase 1999/2000 dienen, bei denen die Wertfindung primär auf Basis von Multiplikatoren vorgenommen wurde. Die Folge war ein Hochschrauben der Emissionskurse.

Wie an anderer Stelle erläutert existieren auch bei einer Wertermittlung nach dem DCF-Verfahren umfangreiche Ermessensspielräume des Bewertenden. Die Berechnung des Unternehmenswertes nach zwei alternativen Verfahren – DCF und Multiplikatoren – führt daher zu einer Verbesserung der Entscheidungsgrundlage. Neben der schnellen Generierung einer ersten Wertindikation eignet sich die Multiplikatorenbewertung unseres Erachtens primär zur Plausibilisierung von DCF-Unternehmenswerten. Die Bewertung eines Unternehmens ausschließlich nach dem Multiplikatorverfahren führt entweder zu einer Vernachlässigung der individuellen Unternehmenssituation und -entwicklung oder verursacht – wenn unternehmensindividuelle Aspekte hinreichend berücksichtigt werden sollen – denselben Bewertungsaufwand wie ein DCF-Verfahren.

5 Vor- und Nachteile der Bewertungsverfahren im Überblick

Substanzwertverfahren auf Basis von Reproduktionswerten

Vorteile	– Für die Bewertung wird keine (mit Unsicherheit behaftete) Unternehmensplanung benötigt → geringere Komplexität (keine Analyse der Produkte, Absatzmärkte, Kostenfaktoren etc. notwendig). → geringere Unsicherheit. – Geeignet bei einer Entscheidung zwischen Unternehmenskauf oder Erstellung eines Unternehmens „auf der grünen Wiese" (green field investment).
Nachteile	– Die Ertragskraft und künftigen Zahlungsüberschüsse eines Unternehmens werden komplett vernachlässigt. – Die Zukunftsaussichten eines Unternehmens (z.B. künftige Wachstumschancen und Risiken) werden nicht berücksichtigt. – Immaterielle Vermögenswerte kaum quantifizierbar, daher werden meistens nur Teilreproduktionswerte ermittelt. – Sehr aufwändig bei großen Unternehmen, da für jede einzelne Bilanzposition der Marktpreis festzustellen ist. – Bei spezifischen Unternehmen Feststellung der Marktpreise schwierig und daher Fehleranfällig. – Bei isolierter Betrachtung von Vermögenspositionen bleibt das Wesen unternehmerischen Handelns unberücksichtigt, daher ungeeignet für die Bewertung von Unternehmen, die fortgeführt werden sollen (Going Concern).

Substanzwerte auf Basis von Liquidationswerten

Vorteile	– Für die Bewertung wird keine (mit Unsicherheit behaftete) Unternehmensplanung benötigt → Geringere Komplexität (keine Analyse der Produkte, Absatzmärkte, Kostenfaktoren etc. notwendig) → Geringere Unsicherheit – Geeignet für die Bewertung von Unternehmen mit schwacher Ertragssituation, bei denen eine Insolvenz in Erwägung gezogen wird. – Einfache Berechnung, sofern Marktwerte der einzelnen Vermögensgegenstände vorhanden sind. – In der Regel die Preisuntergrenze bei einer Unternehmensbewertung.
Nachteile	– Die Ertragskraft und künftigen Zahlungsüberschüsse eines Unternehmens werden komplett vernachlässigt. – Die Zukunftsaussichten eines Unternehmens (z.B. künftige Wachstumschancen und Risiken) werden nicht berücksichtigt. – Sehr aufwändig bei größeren Unternehmen, da jede einzelne Bilanzgröße zum Liquidationswert bewertet werden muss. – Keine Berücksichtigung immaterieller Vermögenswerte. – Liquidationswert wird beeinflusst von der Transaktionsdauer/Ausmaß des Zeitdrucks. – Bei isolierter Betrachtung von Vermögenspositionen bleibt das Wesen unternehmerischen Handelns unberücksichtigt, daher ungeeignet für die Bewertung von Unternehmen, die fortgeführt werden sollen (Going Concern).

Mittelwertverfahren

Vorteile	– Ertragswert eines Unternehmens wird miteinbezogen, insofern werden die negativen Aspekte der reinen Substanzwertverfahren gemildert.
Nachteile	– Die Nachteile der Substanzwertverfahren können nicht vollständig vermieden werden. – Der gewählte Gewichtungsfaktor hat einen bedeutsamen Einfluss auf den resultierenden Unternehmenswert. Die Wahl des Gewichtungsfaktors beruht aber auf rein subjektiven Einschätzungen. – Aufwändiges Verfahren, da sowohl der Substanzwert als auch ein Ertragswert ermittelt werden müssen. – Anwendung nur als grobe Einschätzung des Unternehmenswertes.

Übergewinnverfahren

Vorteile	– Ertragskraft eines Unternehmens wird miteinbezogen. – Mischung zwischen dem Substanzwert und dem prognostizierten Ertragswert stellt Verbesserung gegenüber den Substanzwertverfahren dar. – Relevanz für wertorientierte Steuerung. – Anwendung im Rahmen der wertorientierten Steuerung (EVA, CVA) akzeptiert.
Nachteile	– Die Nachteile von Substanzwertverfahren können nicht komplett vermieden werden. – Die Ermittlung des Übergewinns basiert auf subjektiven Einschätzungen, die nur schwer von Dritten nachvollzogen werden können.

DCF-Verfahren

1. DCF-Verfahren allgemein

Vorteile	– Unternehmensbewertung stellt ab auf künftige Ertragskraft und Zahlungsflüsse des Unternehmens → Zukunftsaussichten des Unternehmens sind entscheidend für dessen Wert. → Unternehmerisches Handeln wird berücksichtigt. – Cashflows spiegeln den Nutzen eines Unternehmens für die Kapitalgeber besser wider als Erträge und unterliegen darüber hinaus weniger den Einflüssen der Bilanzpolitik.
Nachteile	– Für die Bewertung wird eine mehrjährige Unternehmensplanung (mit vollständiger GuV- und Bilanzplanung) benötigt → Hohe Komplexität. → Ergebnis mit Unsicherheit behaftet, Unternehmenswert ist stark abhängig von den Planannahmen. – Großer Einfluss des Terminal Value und der diesbezüglich gemachten Annahmen (Wachstumsrate, normalisierte Höhe des Cashflow) auf den Unternehmenswert kann leicht zu Bewertungsfehlern führen. – Vereinfachende Annahmen (Vollausschüttungshypothese, konstante Kapitalkosten) können – je nach Modell – zu gewissen (idR aber geringen) Ungenauigkeiten bei den berechneten Unternehmenswerten führen.

2. Zusätzliche Vor- und Nachteile, sofern Ermittlung der EK-Kosten über das CAPM erfolgt

Vorteile	– International übliche, sehr weit verbreitete Methode. – Die Berechnung ist für jeden nachvollziehbar und damit „marktmäßig objektiviert".
Nachteile	– Das CAPM basiert auf sehr restriktiven Annahmen, die in der Realität nicht anzutreffen sind. – Das unsystematische Risiko wird bei Verwendung des CAPM nicht berücksichtigt. – Objektivität stößt an Grenzen, da Marktrisikoprämie vom Untersuchungszeitraum, Berechnungsmethode und gewähltem Markt abhängig ist. – Geeignete Datenbasis ist nicht immer leicht zugänglich.

3. Spezielle Vor- und Nachteile der unterschiedlichen DCF-Verfahren

a) Entity-Ansatz

Vorteile	– International die etablierteste Unternehmensbewertungsmethode.
Nachteile	– Annahme einer in Zukunft konstanten Kapitalstruktur kann zu Bewertungsfehlern führen. – Vereinfachende Annahme von konstanten, vom Verschuldungsgrad unabhängigen Renditeforderungen der EK- und FK-Geber kann zu Verzerrungen führen. – Mögliche Verzerrungen aufgrund der Verwendung von durchschnittlich zu zahlenden FK-Zinssätzen (die verwendeten Kapitalkosten sind häufig Durchschnittswerte und spiegeln nicht exakt die einzelnen Finanzierungskosten wider). – Bei der Berechnung des WACC kann sich ein Zirkularitätsproblem ergeben (Iteration notwendig).

b) Periodenspezifischer WACC

Vorteile	– Periodenspezifischer WACC-Ansatz liefert exaktere Ergebnisse, da einige der Nachteile des Entity-Ansatzes durch Berücksichtigung künftiger Veränderungen der Kapitalstruktur vermieden werden.
Nachteile	– Herleitung des periodenspezifischen WACC ist methodisch anspruchsvoller/komplexer als die des WACC. – Die retrograde Berechnung des Unternehmenswerts ist weniger übersichtlich als beim Entity-Ansatz.

c) APV-Ansatz

vergleiche auch a)

Vorteile	
Nachteile	– APV-Ansatz findet in der Praxis nur selten Verwendung.

d) Equity-Ansatz

Vorteile	– Equity-Ansatz entspricht der modernen Auslegung des Ertragswertverfahrens und ist daher in Deutschland (insbesondere bei Wirtschaftsprüfern) stärker akzeptiert als der Entity-Ansatz. – Geringere Komplexität als Entity-Ansatz, daher leichter vermittelbar. – Wesentlich flexiblere Handhabung als Entity-Ansatz: → Möglichkeit einer exakten Abbildung des tatsächlich geplanten Ausschüttungsverhaltens eines Unternehmens (und damit Aufgabe der vereinfachenden Vollausschüttungsannahme). → Finanzierungsprämisse frei wählbar: explizite Berücksichtigung der künftigen Kapitalstruktur und genaue, periodenspezifische Planung der FK-Kosten möglich, was zu genauen Ergebnissen führt. → Bewertung von Minderheitsbeteiligungen, Verlustvorträgen o.ä. separat möglich und daher deutlich einfacher und transparenter als beim Entity-Ansatz.
Nachteile	– International nicht gebräuchlich. – Voraussetzung ist eine exakte Planung der Fremdkapitalentwicklung.

Vereinfachtes Ertragswertverfahren

Vorteile	– Planungsunsicherheit wird vermieden. – Einfache Berechnung.
Nachteile	– Zukünftige Entwicklung des Unternehmens wird nicht ausreichend berücksichtigt. – Vorgegebener Risikozuschlag drückt nicht das unternehmensspezifische Risiko aus.

Multiplikatoren-Verfahren

Vorteile	– Multiplikatorenbewertung liefert relativ einfach und schnell und mit wenig Input eine erste Wertindikation. – Leicht verständliche Berechnung durch erhebliche Komplexitätsreduktion, daher in der Praxis häufig verwendetes Bewertungsverfahren. – Bei Verwendung von Börsenmultiplikatoren: Öffentlicher Zugang zu einer Fülle branchenüblicher Multiplikatoren und Erfahrungswerten. – Ermöglicht relative Vergleichsbasis zum Markt und schafft damit die Möglichkeit zur Plausibilisierung von nach anderen Verfahren ermittelten Unternehmenswerten mit am Markt gezahlten Preisen.
Nachteile	– Erheblicher Gestaltungsspielraum (Wahl des/der Multiplikatoren und deren Gewichtung, der Vergleichsunternehmen, Auswahl der Schätzungen etc.). – Hoher Vereinfachungsgrad, unternehmensspezifische Besonderheiten bleiben unberücksichtigt. – Erforderliche Investitionen, Cashflows und Kapitalkosten bleiben unbeachtet. – Multiplikatoren sind statisch, die künftige Unternehmensentwicklung wird nicht hinreichend berücksichtigt. – Probleme in der Vergleichbarkeit: Bei Verwendung von Börsenmultiplikatoren bezüglich Vergleich von börsennotierten mit nicht börsennotierten Unternehmen und mit internationalen Unternehmen. Bei Verwendung von Transaktionsmultiplikatoren unterschiedliche Zeitpunkte der Vergleichstransaktionen, u.U. Prämie für Kontrollmehrheit enthalten. – Bei Transaktionsmultiplikatoren: schwierige Informationsbeschaffung, idR wenige Vergleichstransaktionen. – Komplexes Bewertungsverfahren bei Berücksichtigung verbundener Problemfelder wie z.B. unterschiedlicher Rechnungslegung der Peer-Group-Unternehmen. – Unternehmenswert kann in volatilen Zyklen starken Schwankungen unterliegen. – Am Kapitalmarkt ggf. vorhandene Ineffizienzen/Fehleinschätzungen pflanzen sich als Bewertungsfehler fort (das Verfahren erlaubt keine Aussage, ob am Markt gezahlte Preise vor dem Hintergrund der Ertragskraft eines Unternehmens auch gerechtfertigt sind).

Glossar

Abzinsungssatz
Vgl. Diskontierungszinssatz

Adjusted Present Value-Ansatz (kurz: APV-Ansatz)
Der APV-Ansatz ist eine Variante des DCF-Verfahrens, bei der auf Basis der mit der Eigenkapitalrendite (für das fiktiv unverschuldete Unternehmen) diskontierten künftigen operativen Free Cashflows unter Hinzurechnung des Barwertes des Tax Shield, in dem die Auswirkung der Fremdfinanzierung des Unternehmens Berücksichtigung findet, und des Wertes des nicht-betriebsnotwendigen Vermögens der Wert des Gesamtkapitals berechnet wird. Um zum Wert des Eigenkapitals zu gelangen, muss noch der Marktwert des verzinslichen Fremdkapitals abgezogen werden.

Amerikanische Option
Eine amerikanische Option bedeutet, dass eine Ausübung der Option während der gesamten Laufzeit möglich ist.

Arbitrage
Ausnutzung von Preis- oder Kursunterschieden, die zur gleichen Zeit an verschiedenen Orten für die gleichen Marktobjekte auftreten. Arbitrage führt dadurch zum Ausgleich von Preisunterschieden an verschiedenen Märkten.

Arbitrage Pricing Theory (kurz: APT)
Die Arbitrage Pricing Theory ist ein zum CAPM alternatives kapitalmarkttheoretisches Modell zur Ableitung der Marktrisikoprämie bzw. der Eigenkapitalkosten. Die APT kann als multifaktorielle Variante des CAPM betrachtet werden, da das systematische Risiko auf verschiedene Faktoren (z.B. Industrieproduktion, Inflation, Zins) aufgeteilt wird.

Barwert
Der Barwert ist der Wert, den ein zukünftiger Zahlungsstrom zum Bewertungszeitpunkt hat. Zur Ermittlung des Barwertes eines Cashflows wird dieser mit dem Diskontierungszinssatz abdiskontiert. Je nach DCF-Ansatz wird als Diskontierungszinssatz die Eigenkapitalrendite (Equity-Ansatz) oder der Mischzinssatz *WACC* (Entity-Ansatz) verwendet.

Base Case (auch Normal Case)
Unter Base Case versteht man das (nach bestem Wissen und Gewissen) wahrscheinlichste Geschäftsszenario; vgl. auch Szenarien.

Best Case
Der Best Case ist ein Geschäftsszenario unter Annahme mehrheitlich positiver Ereignisse oder Verläufe („günstigster Fall"); vgl. auch Szenarien.

Beta-Faktor
Das Konzept des Beta-Faktors basiert auf dem CAPM. Der Beta-Faktor ist ein relatives Risikomaß, das die Schwankungsbreite der Kurse einer Anlage im Verhältnis zur Schwankungsbreite des gesamten Aktienmarktes angibt. Der Beta-Faktor berechnet sich als Quotient aus Kovarianz der Rendite einer Anlage mit der Rendite des Marktportfolios und Varianz der Rendite des Marktportfolios.

Beta, financial
Das Financial Beta repräsentiert das Kapitalstrukturrisiko, d.h. das Risiko, das sich aus einer Fremdkapitalfinanzierung für die Eigenkapitalgeber ergibt. Es entspricht der Differenz zwischen den Beta-Faktoren des verschuldeten und des (fiktiv) unverschuldeten Unternehmens (levered Beta abzüglich unlevered Beta).

Beta, levered
Das levered Beta ist der Beta-Faktor des verschuldeten Unternehmens. Es setzt sich zusammen aus dem Financial Beta als Maß für das Kapitalstrukturrisiko, d.h. dem Risiko, das sich aus einer Fremdkapitalfinanzierung für die Eigenkapitalgeber ergibt, und dem Operating Beta als Maß für das Geschäftsrisiko.

Beta, Operating
Das Operating Beta repräsentiert das Geschäftsrisiko im Beta-Faktor. Es entspricht dem unlevered Beta; vgl. auch levered Beta.

Beta, unlevered
Das unlevered Beta ist der Beta-Faktor des (fiktiv) unverschuldeten Unternehmens. Da bei einem unverschuldeten Unternehmen kein Kapitalstrukturrisiko existiert, entspricht das unlevered Beta dem Operating Beta.

Betriebsnotwendiges Vermögen
Das betriebsnotwendige Vermögen umfasst die Vermögensbestandteile eines Unternehmens, die die Basis der operativen Geschäftstätigkeit des Unternehmens bilden und deren Verkauf die Leistungsfähigkeit des Unternehmens einschränkt.

Bewertungsstichtag
Der Bewertungsstichtag ist der Zeitpunkt, an dem bzw. für den die Bewertung erstellt wird.

Bezugsgröße
Vgl. Multiplikatorenbewertung. Die Bezugsgröße ist bei der Multiplikatorenbewertung die Nennergröße eines Multiplikators, d.h. die Unternehmensgröße, zu der der Marktpreis – das ist je nach Bezugsgröße entweder der Equity Value oder der Enterprise Value – ins Verhältnis gesetzt wird, um daraus einen Multiplikator zu bilden.

Bruttoverfahren
Vgl. Entity-Ansatz

Buchwert
Der Buchwert ist der Wert, mit dem ein Vermögensgegenstand bzw. eine Verbindlichkeit in der Bilanz eines Unternehmens angesetzt ist.

Capital Asset Pricing Model (kurz: CAPM)
Das CAPM ist ein kapitalmarkttheoretisches Modell zur Ableitung der Eigenkapitalkosten bei risikoaversen (risikoscheuen) Investoren. Gemäß CAPM berechnen sich die Eigenkapitalkosten als Rendite risikofreier Wertpapiere zuzüglich einer Risikoprämie, die sich als Produkt aus der Marktrisikoprämie und einem unternehmensspezifischen Beta-Faktor ergibt. Die Marktrisikoprämie stellt dabei den Marktpreis des systematischen Risikos dar. Das unsystematische Risiko findet keine Berücksichtigung, da es auf perfekten Kapitalmärkten – eine der Grundannahmen des CAPM – wegdiversifiziert werden kann. Das CAPM basiert auf restriktiven Annahmen.

Cashflow
Unter Cashflow versteht man den Saldo der Ein- und Auszahlungen (Nettogeldzufluss) während einer Periode. Der Cashflow stellt einen Indikator für die Innenfinanzierungskraft eines Unternehmens dar.

comparable public company approach
Vgl. Multiplikatorenverfahren

Detailprognosehorizont, Detailprognoseperiode, Detailplanungsperiode
Die Detailplanungsperiode bezeichnet im DCF-Verfahren den Zeitraum, für den die bewertungsrelevanten Cashflows detailliert geplant werden.

Discounted Cashflow-Modelle (kurz: DCF-Modelle)
Die DCF-Modelle sind Verfahren zur Bewertung von Unternehmen, bei denen sich der Unternehmenswert aus der Summe des Barwerts der zukünftigen Cashflows und des separat zu bestimmenden Wertes des nicht-betriebsnotwendigen Vermögens ergibt. Je nach Definition der bewertungsrelevanten Cashflows und der anzuwendenden Diskontierungszinssätze können verschiedene DCF-Verfahren unterschieden werden: der Entity-Ansatz (Bruttoverfahren), der Equity-Ansatz (Nettoverfahren) und der Adjusted Present Value-Ansatz.

Diskontierungsfaktor
Der Diskontierungsfaktor ist der Wert, mit dem eine Größe (z.B. ein Cashflow) auf einen zurückliegenden oder zukünftigen Zeitpunkt (durch Multiplikation) zurück- bzw. hochgerechnet wird.

Diskontierungszinssatz (auch Diskontierungssatz, Abzinsungssatz)
Der Diskontierungszinssatz ist der jährliche Prozentsatz (Zins, Rendite), mit dem ein Zahlungsstrom diskontiert wird, um den Zeitwert (Barwert) dieses Zahlungsstroms zu erhalten.

Dividendenzahlungen bzw. (entgangene) Erträge
Dividenden sind Anteile des Bilanzgewinns je Aktie an einer Aktiengesellschaft, die an die Aktionäre ausgeschüttet werden. Dividendenähnliche Auszahlungen bei Realoptionen haben immer dann eine Bedeutung, wenn die Nichtausübung der Realoption mit Opportunitätskosten verbunden ist. Diese Effekte sind in erster Linie entgangene Gewinne, die durch den Wartecharakter von Realoptionen zustande kommen. Entgangene Erträge führen bei Realoptionen zu einem Wertrückgang der Option.

Due Diligence
Der englische Begriff Due Diligence bedeutet wörtlich übersetzt „nötige Sorgfalt“. Unter Due Diligence versteht man die detaillierte Untersuchung, Prüfung und Bewertung der betriebswirtschaftlichen, technischen, steuerrechtlichen und rechtlichen Gegebenheiten und Planungen eines Unternehmens. Due Diligence-Prüfungen werden im Rahmen von Unternehmensakquisitionen und Börseneinführungen durchgeführt. Ziel ist es, potenzielle Risiken, die Einfluss auf die zukünftige Geschäftsentwicklung haben könnten, frühzeitig zu erkennen und zu vermeiden.

Eigenkapitalkosten
Die Eigenkapitalkosten eines Unternehmens werden bestimmt durch die von den Eigenkapitalgebern geforderte Rendite.

Einzelbewertungsverfahren
Bei den Einzelbewertungsverfahren wird der Unternehmenswert aus der Summe der einzelnen „Unternehmensbestandteile“ (Vermögensgegenstände und Schulden) zu einem bestimmten Stichtag berechnet.

Endwert
Vgl. Terminal Value

Enterprise Value (kurz: EV)
Der Enterprise Value ist der Marktwert der operativen Geschäftstätigkeit eines Unternehmens. Durch Addition des nicht-betriebsnotwendigen Vermögens erhält man den Entity Value.

Entity-Ansatz (auch Bruttoverfahren)
Der Entity-Ansatz ist eine Variante des DCF-Verfahrens, bei der auf Basis der mit dem Mischzinssatz *WACC* diskontierten künftigen operativen Free Cashflows unter Hinzurechnung des Wertes des nicht-betriebsnotwendigen Vermögens der Wert des Gesamtkapitals bestimmt wird. Um zum Wert des Eigenkapitals zu gelangen, muss noch der Marktwert des verzinslichen Fremdkapitals abgezogen werden.

Entity Value (auch Entity-Wert)
Der Entity Value ist der Gesamtwert des Unternehmens bzw. der Marktwert des Gesamtkapitals. Er berechnet sich aus der Summe der Marktwerte des Eigen- und des Fremdkapitals. Der Entity Value bildet den Wert des Leistungsbereichs eines Unternehmens ab.

Entscheidungsbaumverfahren
Das Entscheidungsbaumverfahren dient zur Lösung sequenzieller Entscheidungsprobleme unter Einbeziehung zustandsabhängiger Folgeentscheidungen. Dabei wird im ersten Schritt auf Basis subjektiver Wahrscheinlichkeiten die mögliche Entwicklung von Zuständen im Zeitablauf durch einen Wertentwicklungsbaum dargestellt. Im zweiten Schritt werden durch einen Entscheidungsbaum für die einzelnen Entscheidungszeitpunkte Entscheidungswerte abgeleitet.

Equity-Ansatz (auch Nettoverfahren)
Der Equity-Ansatz ist eine Variante des DCF-Verfahrens, bei der auf Basis der mit der Eigenkapitalrendite diskontierten künftigen Flows to Equity unter Hinzurechnung des Wertes des nicht-betriebsnotwendigen Vermögens der Wert des Eigenkapitals bestimmt wird.

Equity Value (auch Equity-Wert, Market Capitalization (kurz: MC))
Der Equity Value ist der Marktwert des Eigenkapitals. Oftmals wird er als Synonym für den Unternehmenswert verwendet.

Ertragswertverfahren
Der Ertragswert – auch Zukunftserfolgswert genannt – ist die Summe der abgezinsten Unternehmenserfolge. Wird als modernste Ausprägung des Ertragswertverfahrens der zahlungsstromorientierte (Cashflow-orientierte Ansatz) herangezogen und die Ableitung des Eigenkapitalkostensatzes aus kapitalmarkttheoretischen Modellen (z.B. CAPM) vorgenommen, so führen der DCF-Equity-Ansatz und das Ertragswertverfahren zu identischen Bewertungsergebnissen.

Financial Leverage bzw. Financial Gearing
Das Verhältnis von zinstragendem Fremdkapital zu Eigenkapital wird als Gearing bzw. Leverage bezeichnet.

Finanzierungsneutralität
Die Finanzierungsneutralität resultiert aus der dem DCF-Entity-Ansatz zugrunde liegenden Aufteilung des Unternehmens in einen Leistungs- und einen Finanzierungsbereich. Sie bezeichnet die Unabhängigkeit der vom Unternehmen erwirtschafteten Zahlungsüberschüsse (oFCF) von Finanzierungsmaßnahmen.

Finanzoption
Eine Finanzoption ist eine Vereinbarung, die dem Käufer der Option das zeitlich auf den Fälligkeitstermin begrenzte Recht (europäische Option) oder während der Laufzeit der Option jederzeit ausübbare Recht (amerikanische Option) zukommen lässt, einen bestimmten Vermögensgegenstand zu einem vorab festgelegten Preis zu kaufen (Call-Option) bzw. zu verkaufen (Put-Option). Der Verkäufer der Option ist verpflichtet, bei Ausübung des Optionsrechts durch den Optionskäufer die Gegenseite des Geschäfts zu übernehmen, d.h. zu liefern oder abzunehmen. Er erhält dafür vom Optionskäufer den bei Geschäftsabschluss zu bezahlenden Optionspreis. Finanzoptionen können sich auf Aktien, Währungen, Anleihen oder Indices beziehen.

Flow to Equity (kurz: FtE)
Der Flow to Equity ist der Zahlungsstrom, der ausschließlich zur Verteilung an die Eigenkapitalgeber zur Verfügung steht. Er ist die Basis für die Berechnung des Unternehmenswertes nach dem Equity-Ansatz und berechnet sich aus dem operativen Free Cashflow, indem von diesem die Zinszahlungen sowie die Tilgung von verzinslichem Fremdkapital subtrahiert und die Unternehmenssteuerersparnis auf die Fremdkapitalzinsen und die Aufnahme von verzinslichem Fremdkapital addiert wird.

Fortführungswert
Der Fortführungswert ist der Wert eines Unternehmens, der sich ergibt, wenn das Unternehmen als Einheit fortgeführt wird.
Beim DCF-Verfahren wird der Begriff Fortführungswert auch als ein Synonym für den Terminal Value verwendet.

Free Float
Der Free Float in einer Aktie ist der Anteil der Aktien, die sich nicht in Festbesitz befinden.

Fremdkapitalkosten
Die Fremdkapitalkosten eines Unternehmens entsprechen den um das Tax Shield verringerten Fremdkapitalzinsen.

Gesamtbewertungsverfahren
Gesamtbewertungsverfahren stellen im Gegensatz zu den Misch- bzw. den Einzelbewertungsverfahren bei der Unternehmensbewertung alleinig auf die zukünftige Ertragskraft des Unternehmens ab. Die Unternehmensbewertung erfolgt durch die Bewertung der zukünftigen Erträge, die aus dem Zusammenwirken aller realen Bestandteile eines Unternehmens resultieren.

Hedging (auch Hedge)
Englisch für „Hecke“. Eine Hecke bauen bedeutet, zu versuchen, sich gegen Preisrisiken abzusichern. Wer beispielsweise im Besitz von Aktien ist, trägt das volle Risiko der Preisschwankungen. Durch den An- oder Verkauf von Optionen kann man sich durch das entsprechende Gegengeschäft an den Terminbörsen absichern.

I/B/E/S
Institutional Brokers Estimate System: Schätzungssystem der institutionellen Börsenbroker. Hier werden Gewinnschätzungen von Analysten gesammelt.

IFRS bzw. IAS
International Financial Reporting Standards bzw. International Accounting Standards: Internationale Rechnungslegungsvorschriften

Initial Public Offering
Erstmaliger Börsengang eines Unternehmens und Publikumsöffnung, d.h. eine breitere Öffentlichkeit erhält Gelegenheit, in ein Unternehmen zu investieren.

IPO
Vgl. Initial Public Offering

Leverage
Grad der Fremdverschuldung eines Unternehmens, meistens ausgedrückt durch das Verhältnis von Fremd- zu Eigenkapital.
Leverage-Effekt: Hebelwirkung. Durch die Aufnahme von Fremdkapital kann die Eigenkapitalrentabilität gesteigert werden, solange der Fremdkapitalzinssatz niedriger ist als die durchschnittliche Verzinsung des gesamten eingesetzten Kapitals. Die Hebelwirkung ist umso stärker, je höher der Verschuldungsgrad ist.

Liquidationswert
Der Liquidationswert ist der Wert eines Unternehmens, der realisiert wird, wenn das Unternehmen aufgegeben und in seine Einzelteile zerschlagen wird. Er berechnet sich i.d.R. als Summe der Einzelveräußerungswerte aller Vermögensgegenstände abzüglich der Verbindlichkeiten und abzüglich eventueller Veräußerungs- bzw. Liquidationskosten.
Bezogen auf einen einzelnen Vermögensgegenstand ist der Liquidationswert der Einzelveräußerungswert abzüglich der Einzelveräußerungskosten.

Market Approach
Vgl. Multiplikatorenverfahren. Die Multiplikatorenverfahren werden auch als Market Approach bezeichnet, weil der zu ermittelnde Wert des zu bewertenden Unternehmens anhand von Multiplikatoren, die aus den bekannten Marktwerten anderer mit dem Bewertungsobjekt vergleichbarer Unternehmen oder ähnlicher M&A-Transaktionen abgeleitet werden, bestimmt wird.

Marktkapitalisierung (auch Market Capitalization, kurz: MC)
Aktienkurs multipliziert mit der Aktienanzahl

Marktportfolio
Das Konzept des Marktportfolios basiert auf dem CAPM. Es bezeichnet ein perfekt diversifiziertes Portfolio, in das alle am Markt gehandelten Finanztitel eingehen. Die Gewichtung der einzelnen Finanztitel wird dabei (in Abhängigkeit der Korrelationen der einzelnen Wertpapiere) so bestimmt, dass die bestmögliche Rendite-Risiko-Kombination realisiert wird. Das unsystematische Risiko der Einzeltitel wird durch die Diversifizierung eliminiert, das Marktportfolio unterliegt jedoch dem systematischen Risiko. In der Bewertungspraxis wird in der Regel ein relativ breiter Aktienindex (z.B. der S&P 500 in den USA) dem Marktportfolio gleichgesetzt.

Marktrisikoprämie
Das Konzept der Marktrisikoprämie basiert auf dem CAPM. Die Marktrisikoprämie ist im CAPM definiert als Differenz zwischen der erwarteten Rendite des Marktportfolios und der Rendite der risikofreien Anlage. Die Marktrisikoprämie stellt den Marktpreis des systematischen Risikos dar.

Marktwert
Der Marktwert ist der Preis, der zum Bewertungsstichtag bezahlt wird bzw. bei einer fairen Bewertung bezahlt werden müsste.

Mezzanine(-Kapital)
Hybrides Finanzierungsinstrument zwischen Eigen- und Fremdkapital (z.B. stille Beteiligung, Gesellschafterdarlehen, nachrangige Darlehen, Subordinated Debt mit Equity-Kicker, etc.)

Mischverfahren
Mischverfahren sind als Weiterentwicklung der Einzelbewertungsverfahren zu betrachten und resultieren aus der Erkenntnis, nicht nur die Substanz eines Unternehmens, sondern auch dessen Ertragskraft in die Unternehmensbewertung einzubeziehen.

Mittelwertmethode
Bei der auch als Berliner bzw. Schweizer Methode bezeichneten Mittelwertmethode wird der Unternehmenswert im einfachsten Fall als arithmetisches Mittel aus dem Substanzwert in Form des Teilreproduktionswertes und dem auf Basis von Periodenerfolgen ermittelten Ertragswert berechnet.

Monte-Carlo-Simulation
Bei der Monte-Carlo-Simulation werden Zufallsprozesse nachgeahmt, indem Stichprobenziehungen auf der Basis gegebener statistischer Verteilungen der

Inputgrößen erfolgen. Eine Verarbeitung der Stichprobenwerte führt zur Häufigkeitsverteilung der Zielgröße. Die Monte-Carlo-Simulation wird beim Realoptions-Ansatz zur Berechnung der Projektvolatilität eingesetzt.

Multiplikatoren
Vgl. Multiplikatorenverfahren. Multiplikatoren werden gebildet, indem der Wert eines Unternehmens zu einem bestimmten Zeitpunkt ins Verhältnis zu einer bestimmten Bezugsgröße des Unternehmens (z.B. Umsatz oder Gewinn) gesetzt wird:

$$\text{Multiplikator} = \frac{\text{Wert}}{\text{Bezugsgröße}}$$

Als Bezugsgröße können Zahlen aus der Bilanz, der Gewinn- und Verlustrechnung, der Kapitalflussrechnung oder auch sonstige Kennzahlen des Unternehmens dienen. Wichtig ist hierbei, dass beide Komponenten – Wert und Bezugsgröße – in einem sinnvollen Zusammenhang zueinander stehen. Die Bildung von Multiplikatoren beruht auf der Grundannahme, dass ein lineares Verhältnis zwischen dem Unternehmenswert und der verwendeten Bezugsgröße besteht. In der verwendeten Bezugsgröße sollten sich daher die für das Unternehmen wichtigsten Werttreiber (z.B. Umsatzwachstum, Gewinn etc.) widerspiegeln.

Multiplikatoren: Cashflow-Multiplikatoren
Vgl. Multiplikatorenverfahren. Es gibt verschiedene Cashflow-Multiplikatoren; in der Praxis wird in der Regel der Kurs-Cashflow-Multiplikator verwendet, der den Marktwert des Eigenkapitals (bzw. den Kurs je Aktie) ins Verhältnis zum Cashflow to Equity (bzw. dem Cashflow to Equity je Aktie) setzt.

Multiplikatoren: Enterprise Value-Multiplikatoren
Vgl. Multiplikatorenverfahren. Enterprise Value-Multiplikatoren sind Multiplikatoren, bei deren Berechnung der Enterprise Value als Zählergröße verwendet wird. Ob für die Bildung eines Multiplikators der Equity Value oder der Enterprise Value herangezogen werden muss, ist von der verwendeten Bezugsgröße abhängig: Wird die als Bezugsgröße verwendete Unternehmensgröße vom Gesamtkapital erwirtschaftet bzw. steht sie allen Kapitalgebern zu, ist für die Multiplikatorermittlung nur die Verwendung des Wertes des im operativen Geschäft gebundenen Kapitals, also des Enterprise Value, sinnvoll. Zu den Enterprise-Value-Multiplikatoren zählen EV/EBIT-, EV/EBITA-, EV/EBITDA-, EV/Umsatz- und EV/oFCF-Multiplikatoren sowie Nicht-Finanzmultiplikatoren.

Multiplikatoren: Equity Value-Multiplikatoren
Vgl. Multiplikatorenverfahren. Equity Value-Multiplikatoren sind Multiplikatoren, bei deren Berechnung der Marktwert des Eigenkapitals als Zählergröße verwendet wird. Ob für die Bildung eines Multiplikators der Equity Value oder der Enterprise Value herangezogen werden muss, ist von der verwendeten Bezugsgröße abhängig: Wird die als Bezugsgröße verwendete Unternehmensgröße alleine vom Eigenkapital erwirtschaftet, so ist sie in Beziehung zum Equity Value zu setzen. Zu den Equity Value-Multiplikatoren zählen Kurs-Buchwert-, Kurs-Umsatz-, Kurs-Gewinn-Verhältnis und Kurs-Cashflow to Equity-Multiplikator.

Multiplikatoren: Ertragsmultiplikatoren
Vgl. Multiplikatorenverfahren. Unter Ertragsmultiplikatoren werden der EV/EBITDA-, der EV/EBITA- und der EV/EBIT-Multiplikator sowie das Kurs-Gewinn-Verhältnis subsummiert.

Multiplikatoren: EV/EBIT-Multiplikator
Vgl. Multiplikatorenverfahren. Der EV/EBIT-Multiplikator setzt den Enterprise Value ins Verhältnis zum EBIT.

Multiplikatoren: EV/EBITA-Multiplikator
Vgl. Multiplikatorenverfahren. Der EV/EBITA-Multiplikator setzt den Enterprise Value ins Verhältnis zum EBITA.

Multiplikatoren: EV/EBITDA-Multiplikator
Vgl. Multiplikatorenverfahren. Der EV/EBITDA-Multiplikator setzt den Enterprise Value ins Verhältnis zum EBITDA.

Multiplikatoren: EV/Umsatz-Multiplikator
Vgl. Multiplikatorenverfahren. Der EV/Umsatz-Multiplikator setzt den Enterprise Value ins Verhältnis zum Umsatz.

Multiplikatoren: Kurs-Buchwert-Verhältnis
Vgl. Multiplikatorenverfahren. Das Kurs-Buchwert-Verhältnis setzt den Marktwert des Eigenkapitals ins Verhältnis zum Buchwert des Eigenkapitals.

Multiplikatoren: Kurs-Gewinn-Verhältnis
Vgl. Multiplikatorenverfahren. Das Kurs-Gewinn-Verhältnis setzt den Marktwert des Eigenkapitals ins Verhältnis zum Jahresüberschuss bzw. den Kurs je Aktie ins Verhältnis zum Ergebnis je Aktie.

Multiplikatoren: Kurs-Umsatz-Verhältnis
Vgl. Multiplikatorenverfahren. Das Kurs-Umsatz-Verhältnis setzt den Marktwert des Eigenkapitals ins Verhältnis zum Umsatz.

Multiplikatoren: Nicht-Finanzmultiplikatoren
Vgl. Multiplikatorenverfahren. Nicht-Finanzmultiplikatoren sind Multiplikatoren, die auf Basis von nichtfinanziellen Kennzahlen gebildet werden: Bei den Kennzahlen handelt es sich i.d.R. um Werttreiber für den Umsatz. In der Praxis kommt beispielsweise bei der Bewertung von Krankenhäusern ein Multiplikator auf Basis der Bettenzahl und bei der Bewertung von Brauereien ein Multiplikator auf Basis der Produktionskapazität in Hektolitern zur Anwendung. In den Hochzeiten des Neuen Marktes wurden Internetprovider in der Regel mit der Anzahl ihrer registrierten Nutzer und Internetportale mit der Anzahl der Page-Impressions bewertet.

Multiplikatoren: Price-Book-Value
Vgl. Kurs-Buchwert-Verhältnis

Multiplikatoren: Price-Earnings-Ratio
Vgl. Kurs-Gewinn-Verhältnis

Multiplikatoren: Price-Sales-Ratio
Vgl. Kurs-Umsatz-Verhältnis

Multiplikatoren: Trading-Multiplikatoren
Vgl. Multiplikatorenverfahren. Trading-Multiplikatoren sind Multiplikatoren, die auf Basis von an der Börse zustande gekommenen Marktpreisen berechnet werden. Multiplikatorenverfahren unter Verwendung von Trading-Multiplikatoren werden auch als comparable public company approach bezeichnet.

Multiplikatoren: Transaction-Multiplikatoren
Vgl. Multiplikatorenverfahren. Transaction-Multiplikatoren sind Multiplikatoren, die auf Basis von bei M&A-Transaktionen gezahlten Kaufpreisen berechnet werden. Multiplikatorenverfahren unter Verwendung von Transaction-Multiplikatoren werden auch als recent acquisition approach bezeichnet.

Multiplikatoren: Umsatzmultiplikatoren
Vgl. Multiplikatorenverfahren. Unter Umsatzmultiplikatoren werden der EV/Umsatz-Multiplikator und das Kurs-Umsatz-Verhältnis subsummiert.

Multiplikatorenverfahren
Bei den Multiplikatorenverfahren handelt es sich um marktorientierte Verfahren zur Unternehmensbewertung, bei denen der unbekannte Wert des zu bewertenden Unternehmens anhand von Multiplikatoren, die aus den bekannten Marktwerten anderer mit dem Bewertungsobjekt vergleichbarer Unternehmen (comparable public company approach) oder ähnlicher M&A-Transaktionen (recent acquisition approach) abgeleitet sind, bestimmt wird. Der Unternehmenswert ergibt sich aus dem Produkt eines Multiplikators und einer Bezugsgröße des zu bewertenden Unternehmens. Je nach Bezugsgröße bzw. resultierendem Wert (Enterprise Value oder Equity Value) werden verschiedene Multiplikatoren unterschieden.

net operating profit less adjusted taxes (kurz: NOPLAT)
Der NOPLAT ist das operative Ergebnis vor Zinsen und nach adaptierten Steuern. Er ist die Ausgangsbasis für die Berechnung der oFCF im Entity-Ansatz und wird ermittelt, indem vom EBIT die (fiktiven) ertragsabhängigen Unternehmenssteuern, die das Unternehmen zahlen müsste, wenn es kein Fremdkapital und keine nicht-betriebsbedingten Aufwendungen und Erträge hätte, abgezogen werden.

Nettofinanzverbindlichkeiten
Die Nettofinanzverbindlichkeiten sind definiert als der Saldo aus zinstragenden Verbindlichkeiten und liquiden Aktiva (Kasse und liquide Wertpapiere). Die Nettofinanzverbindlichkeiten entsprechen dem Nettofinanzvermögen mit umgekehrten Vorzeichen.

Nettofinanzvermögen
Das Nettofinanzvermögen ist definiert als der Saldo aus liquiden Aktiva (Kasse und liquide Wertpapiere) und zinstragenden Verbindlichkeiten. Das Nettofinanzvermögen entspricht den Nettofinanzverbindlichkeiten mit umgekehrten Vorzeichen.

Nettoverfahren
Vgl. Equity-Ansatz

Nicht-betriebsnotwendiges Vermögen
Zum nicht-betriebsnotwendigen Vermögen zählen die Vermögensbestandteile eines Unternehmens, die in keinem direkten Zusammenhang zur operativen Ge-

schäftstätigkeit des Unternehmens stehen und daher auch verkauft werden können, ohne die Leistungsfähigkeit des Unternehmen einzuschränken.

Normal Case
Vgl. Base Case

Normalisierter Cashflow
Unter dem normalisierten Cashflow wird in diesem Buch der nachhaltige Cashflow verstanden, anhand dessen im DCF-Modell der Terminal Value berechnet wird.

Operativer Free Cashflow (kurz: oFCF)
Der operative Free Cashflow ist der Zahlungsstrom, der zur Verteilung an die Eigenkapitalgeber und die Fremdkapitalgeber zur Verfügung steht. Er ist die Basis für die Berechnung des Unternehmenswertes nach dem Entity-Ansatz und berechnet sich aus dem Brutto-Cashflow durch Abzug der Investitionen ins Umlauf- und Anlagevermögen. Der oFCF gibt an, wie hoch der Überschuss bzw. die Unterdeckung an Liquidität aus der operativen Geschäftstätigkeit eines Unternehmens ist.

Option
Eine Option ist eine vertragliche Vereinbarung, die das Recht beinhaltet, einen bestimmten Gegenstand zu kaufen (Call-Option) oder einen bestimmten Gegenstand zu verkaufen (Put-Option). Kann eine Option jederzeit während ihrer Laufzeit vor ihrem Verfalltermin ausgeübt werden, handelt es sich um eine amerikanische Option. Eine europäische Option kann hingegen erst am Ende ihrer Laufzeit ausgeübt werden.

Optionspreismodell
Mathematisches Modell zur Berechnung des fairen Wertes einer Option. Zu den Optionspreismodellen zählen beispielsweise das Black-Scholes-Modell und das Binomial-Modell. Ein Optionspreismodell kann rückwirkend auch zur Berechnung der impliziten Volatilität benutzt werden.

Peer Group
Unter Peer Group versteht man bei der Multiplikatorenbewertung eine Gruppe von Unternehmen, die mit dem zu bewertenden Unternehmen vergleichbar sind und auf Basis derer das zu bewertende Unternehmen bewertet wird.

Price-Earnings-Growth-Ratio (kurz: PEG-Ratio, PEGR)
Vgl. Multiplikatorenverfahren. Die Price-Earnings-Growth-Ratio setzt das Kurs-Gewinn-Verhältnis in Relation zum langfristigen durchschnittlichen Gewinnwachstum. Sie dient dazu, der Multiplikatorenbewertung ein dynamisches Element zu verleihen und damit eine bessere Vergleichbarkeit von Unternehmen mit unterschiedlichen Wachstumsprofilen zu ermöglichen.

Recent Acquisition Approach
Vgl. Multiplikatorenverfahren

Residual Value
Vgl. Terminal Value

Restwert
Vgl. Terminal Value

Risiko, systematisches
Das systematische Risiko, das auch als allgemeines Marktrisiko bezeichnet wird, umfasst all die Einflussfaktoren, die dem generellen gesamtwirtschaftlichen und politischen Umfeld zugerechnet werden können. Es ist dadurch gekennzeichnet, dass es von einem Investor nicht durch Diversifizierung innerhalb der Volkswirtschaft vermieden werden kann.

Risiko, unsystematisches
Das unsystematische Risiko umfasst alle unternehmensspezifischen Risikofaktoren. Auf perfekten Kapitalmärkten lässt sich dieses Risiko – gemäß den Annahmen des CAPM – durch Portfoliobildung wegdiversifizieren.

Risikofreier Zinssatz
Der risikofreie Zins ist die Rendite einer Anlage ohne jedes Ausfallrisiko und ohne Korrelation mit Renditen anderer Kapitalanlagen. In der Praxis zieht man zur Bestimmung des risikofreien Zinssatzes vereinfachend die Rendite langfristiger festverzinslicher Anleihen der öffentlichen Hand heran.

Sensitivitätsanalyse
Analyse der Wirkung möglicher Veränderungen der Erlöse und Kosten z.B. auf die Profitabilität eines Projektes oder eines Unternehmens oder auf den Unternehmenswert.

Stuttgarter Verfahren
Das Stuttgarter Verfahren ist ein rein steuerliches Verfahren zur Ermittlung der Vermögen-, Erbschaft- und Schenkungsteuer und dient seit 1955 der Ermittlung des gemeinen Wertes von nicht notierten Aktien und Anteilen, wenn sich dieser nicht aus Verkäufen ableiten lässt. Der Unternehmenswert nach dem Stuttgarter Verfahren setzt sich ähnlich dem Übergewinnverfahren aus zwei Komponenten zusammen: dem Vermögenswert und dem Ertragswert.

Substanzwertverfahren
Unter Substanz können bei einer Unternehmensbewertung die materiellen und immateriellen sowie die betriebsnotwendigen und die nicht-betriebsnotwendigen Vermögensgegenstände verstanden werden. Die Substanz kann unter der Annahme der Fortführung oder der Liquidation eines Unternehmens bewertet werden.

Substanzwertverfahren auf Basis von Liquidationswerten
Der Liquidationswert stellt den Wert dar, der sich bei Auflösung des Unternehmens aus dem Verkauf der einzelnen Vermögensgegenstände ergibt. Von den Liquidationserlösen sind die Schulden und Liquidationskosten (z.B. Kosten eines Sozialplans) abzuziehen.

Substanzwertverfahren auf Basis von Reproduktionswerten
Ausgangspunkt der Bewertung ist die Vorstellung, das gegebene Unternehmen zu reproduzieren und die dabei entstehenden Kosten als Wertansatz heranzuziehen. Die Reproduktionswerte entsprechen daher den „Wiederbeschaffungswerten“ bzw. den „Zeitwerten“.

Sum of the Parts-Bewertung
Bewertungsansatz, bei dem der Eigenkapitalwert eines Konzerns berechnet wird als Summe der Werte der einzelnen Geschäftsbereiche zuzüglich des Wertes des nicht-betriebsnotwendigen Vermögens und abzüglich des Barwertes der Kosten der Konzernzentrale und ggf. der Nettofinanzverbindlichkeiten auf Konzernebene.

SWOT-Profil (strenghts, weaknesses, opportunities, threats)
Das SWOT-Profil ist eine Zusammenfassung der Stärken und Schwächen sowie der Chancen und Risiken eines Unternehmens.

Szenarien
Planungstechnik, um Chancen und Risiken einer Entscheidung besser abschätzen zu können. Es werden üblicherweise drei Modelle dargestellt, darunter die beiden Extreme „Best Case“ und „Worst Case“ sowie ein Modell, mit dessen Eintritt man am ehesten rechnet (Base Case).

Tax Shield
Das Tax Shield entspricht der Steuerersparnis eines Unternehmens, die sich aus der steuerlichen Abzugsfähigkeit der Fremdkapitalzinsen ergibt.

Terminal Value (kurz: TV; auch Endwert, Restwert, Fortführungswert oder Residual Value)
Der Terminal Value bezeichnet beim DCF-Verfahren den Barwert (zum Ende der Detailplanungsperiode) aller zukünftigen bewertungsrelevanten Cashflows eines Unternehmens für die Jahre nach der Detailplanungsperiode. Üblicherweise geht man davon aus, dass sich das Unternehmen nach Ablauf der Detailprognoseperiode in einem Gleichgewichtszustand (steady state) befindet, so dass der Terminal Value mit Hilfe der Formel für den Barwert einer (konstant wachsenden) ewigen Rente auf Basis des „normalisierten“ Cashflows bestimmt werden kann.

Total Cashflow (kurz: TCF)
Der Total Cashflow ist der um den Steuervorteil aus den Fremdkapitalzinsen erhöhte oFCF und wird zur Berechnung des Entity Value bei einer Variante des DCF-Verfahrens (Entity-Ansatz auf Basis von TCF) verwendet. Um die Konsistenz zwischen Cashflow und Diskontierungszinssatz zu wahren, sind die Fremdkapitalkosten im *WACC* in dieser DCF-Variante ohne Tax Shield anzusetzen.

US-GAAP
United States-Generally Accepted Accounting Principles: US-amerikanische Rechnungslegungsvorschriften

Vergleichsgruppe
Vgl. Peer Group

Volatilität
Auf das Jahr umgerechnete Standardabweichung der logarithmischen Zuwächse eines Risikofaktors. Je höher die Volatilität eines Papiers ist, desto größer ist das mit dem Papier verbundene Risiko. Bei Optionen führt auf Grund der asymmetrischen Pay-off-Struktur eine höhere Volatilität zu einem höheren Wert der Option. Hier kann Volatilität auch als Chancenparameter verstanden werden. Die wichtigsten Volatilitätsarten sind die historische Volatilität und die implizite Volatilität.

Weighted Average Cost of Capital (kurz: *WACC*; gewichtete Kapitalkosten)
Der *WACC* ist der Diskontierungszinssatz, der beim DCF-Verfahren nach dem Entity-Ansatz verwendet wird. Er berechnet sich aus den zu Marktwerten gewichteten Kapitalkosten für Eigen- und Fremdkapital.

Working Capital
Das Working Capital ist das Netto-Umlaufvermögen. In seiner engen Definition umfasst es die um erhaltene Anzahlungen verminderten Vorräte und die Forderungen aus Lieferungen und Leistungen abzüglich der Verbindlichkeiten aus Lieferungen und Leistungen. In der weiten Definition kommt der Saldo aus den sonstigen Forderungen und Vermögensgegenständen abzüglich der sonstigen Verbindlichkeiten hinzu.

Worst Case
Der Worst Case ist ein Geschäftsszenario unter Annahme mehrheitlich negativer Ereignisse oder Verläufe („ungünstigster Fall"); vgl. auch Szenarien.

Zielkapitalstruktur
Die Zielkapitalstruktur bezeichnet eine zur Berechnung des *WACC* im DCF-Entity-Ansatz vorgegebene Kapitalstruktur. Bei der Vorgabe der Zielkapitalstruktur sollte die gegenwärtige Kapitalstruktur des zu bewertenden Unternehmens sowie die geplante zukünftige Finanzierungspolitik des Unternehmens berücksichtigt werden.

Zirkularitätsproblem
Das Zirkularitätsproblem entsteht beim DCF-Modell nach dem Entity-Ansatz dadurch, dass für die Ermittlung des Inputfaktors *WACC* (gewichtete Kapitalkosten) der Marktwert des Eigenkapitals benötigt wird. Dieser Marktwert des Eigenkapitals soll jedoch erst als Ergebnis der Unternehmensbewertung – durch Abzinsung der bewertungsrelevanten Cashflows mit dem *WACC* – berechnet werden. Das Problem kann durch Iteration, durch Vorgabe einer Zielkapitalstruktur oder durch die Verwendung periodenspezifischer *WACC*s gelöst werden.

Zwei-Phasenmodell
Im Rahmen einer DCF-Unternehmensbewertung lässt sich der Unternehmenswert eines Unternehmens in einem Zwei-Phasenmodell bestimmen als Summe des Barwertes der Cashflows während der Detailprognoseperiode und des Barwertes der Cashflows nach der Detailprognoseperiode. Letzterer entspricht dem Barwert des Terminal Value.

Literaturverzeichnis

Bajaj M., Denis, D., Ferris, S. P., Sarin, A. (2001): Firm Value and Marketability Discounts, in: The Journal of Corporation Law, S.89–115.

Ballwieser, W. (2007): Unternehmensbewertung, 2., überarbeitete Auflage, Stuttgart.

Barcaly, M. J., Clifford, G. (1989): Private Benefits from Control of Public Corporations, in: Journal of Financial Economics 25, S.371–395.

Bausch, A., Pape, U. (2005): Ermittlung von Restwerten – eine vergleichende Gegenüberstellung von Ausstiegs- und Fortführungswerten, in: FINANZ BETRIEB, Nr.7–8, S.474–484.

Bea, f. X., Haas, J. (2001): Strategisches Management, 3. Auflage, Stuttgart.

Betsch, A., Groh, A., Lohmann, L. (2000): Corporate finance: Unternehmensbewertung, M&A und innovative Kapitalmarktfinanzierung, München.

Black, f., Scholes, M. (1973): The Pricing of Options and Corporate Liabilities, in: Journal of Political Economy, Vol. 81, S.637–659.

Born, K. (2003): Unternehmensanalyse und Unternehmensbewertung, 2., überarbeitete und aktualisierte Auflage, Stuttgart.

Brealey, R., Myers, S.(1984): Principles of corporate finance, 2. Auflage, New York.

Busse von Colbe, W., Becker, W., Berndt, H. (2000): Ergebnis je Aktie nach DVFA/SG, 3., überarbeitete Auflage, Stuttgart.

Copeland, T., Antikarov, V. (2002): Realoptionen: Das Handbuch für Finanzpraktiker, Weinheim.

Copeland, T., Koller, T., Murrin, J. (2002): Unternehmenswert: Methoden und Strategien für eine wertorientierte Unternehmensführung, 3., völlig überarbeitete und erweiterte Auflage, Frankfurt/Main, New York.

Cox, J. C., Ross, S.A., Rubinstein, M. (1979): Option Pricing: A Simplified Approach, in: Journal of financial Economics, No. 7, S.229–263.

Damodaran, A. (2016): Equity Risk Premiums (ERP): Determinants, Estimation and Implications – The 2016 Edition (March 5, 2016):
SSRN: https://ssrn.com/abstract=2742186 oder http://dx.doi.org/10.2139/ssrn.2742186

Damodaran, A. (2002): Investment Valuation: Tools and Techniques for Determining the Value of Any Asset, 2. Auflage, New York.

Damodaran, A. (1999): The Dark Side of Valuation: firms with no Earnings, no History and no Comparables, Department of finance.

Deutsches Aktieninstitut (1999): Aktie versus Rente, Langfristige Renditevergleiche von Aktien und festverzinslichen Wertpapieren, Studien des Deutschen Aktieninstituts, Heft 6, Frankfurt/Main.

Deutsche Vereinigung für Finanzanalyse und Asset Management (1999): DVFA-Standards für Research-Berichte am Neuen Markt.

Dodel, K. (2008): Abschläge auf Unternehmenswerte nicht börsennotierter Gesellschaften – Nachweis und Implikation bei der Bewertung deutscher Privatunternehmen, in: Bewertungspraktiker, 1/2008, S.2–9.

Drukarcyk, J., Schüler, A. (2009): Unternehmensbewertung, 6. Auflage, München.

Drukarcyk, J., Ernst, D. (2007): Branchenorientierte Unternehmensbewertung, 2. Auflage, München.

Duch, S., Jonas, M., Weiland-Blöse, H. (2007): Zum Basiszinssatz in der Unternehmensbewertung, in: Ernst, D., Häcker, J., Moser, U. (Hrsg.): Praxis der Unternehmensverwertung und Akquisitionsfinanzierung, 22. Journal, München.

Eayrs, W. E., Ernst, D., Prexl, S. (2007): Corporate finance Training: Planung, Bewertung und Finanzierung von Unternehmen, Stuttgart.

Eisele, D. (2010): Unternehmensbewertung für Zwecke der Erbschaft- und Schenkungsteuer, in: NWBBB3/2010, Herne.

Emory, J. (Sr.), Dengel,f. R., Emory, J. (Jr.) (2001): Expanded Study of the Value of Marketability as Illustrated in Initial Public Offerings of Common Stock May 1997 through December 2000, in: Business Valuation Review 2001, S.4–20.

Ernst, D., Amann, T., Großmann, M., Lump (2012): Internationale Unternehmensbewertung, Pearson, München.

Ernst, D., Gleißner, W. (2012): Wie problematisch für die Unternehmensbewertung sind die restriktiven Annahmen des CAPM?, in: DER BETRIEB, Heft 49, S. 2761-2764.

Ernst, D. (2002): Praxisgerechte Bewertung von Start-up-Unternehmen mit dem Realoptions-Ansatz: Plan-based Real Options Approach versus Compound Real Options Approach, in: v. Auge-Dickhut, S., Moser, U., Widmann, B. (Hrsg.): Praxis der Unternehmensbewertung, Grundwerk 2000, Landsberg/Lech.

Ernst, D., Häcker, J. (2007): Applied International Corporate finance, München.

Ernst, D., Häcker, J. (2002): Realoptionen im Investment Banking: Mergers & Acquisitions, Initial Public Offering, Venture Capital, Stuttgart.

Ernst, D., Häcker, J., Moser, U. (Hrsg.): Praxis der Unternehmensbewertung und Akquisitionsfinanzierung, München.

Ernst, D., Haug, M., Schmidt, W. (2004): Spezialfragen der Realoptionsbewertung, in: Richter,f., Timmreck, C. (Hrsg.): Unternehmensbewertung: Moderne Instrumente und Lösungsansätze, Stuttgart, S.399–447.

Ernst, D., Thümmel, R. C. (2000): Realoptionen zur Strukturierung von M&A-Transaktionen, in: FINANZ BETRIEB, Jg. 02, Nr.11, S.665–673.

Estrada, J. (2007): Discount Rates in Emerging Markets: Four Models and an Application, in: Journal of Applied Corporate Finance, Vol. 19, No. 2, 72-77.

Geske, R. (1979): The Valuation of Compound Options, in: Journal of financial Economics, No. 7, S.63–81.

Gordon, Myron J. (1962): The Investment, financing, and Valuation of the Corporation. Homeward, IL: Richard D. Irwin.

Gordon, Myron J. und Eli Shapiro (1956): Capital Equipment Analysis: The Required Rate of Profit, in: Management Science, Vol. 3, No. 1, S.102–110.

Großfeld, B. (1994): Unternehmens- und Anteilsbewertung im Gesellschaftsrecht, 3. Auflage, Köln.

Hachmeister, D. (2000): Der Discounted Cash flow als Maßstab der Unternehmenswertsteigerung, 4. Auflage, Frankfurt a. M.

Hanouna, P., Sarin, A., Shapiro, A. C. (2001): Value of Control: Some International Evidence, in: USC Marshall School of Business, Working Paper No. 01-4.

Hertzel, M., Smith, R. L. (1993): Market Discounts and Shareholder Gains for Placing Equity Privately, in Journal of Finance 48, S.459–485.

Hofbauer, E. (2011): Kapitalkosten bei der Unternehmensbewertung in den Emerging Markets Europas, Wiesbaden.

Hommel, U., Pritsch, G. (1999): Marktorientierte Investitionsbewertung mit dem Realoptionsansatz, in: Achleitner, A., Thoma, G. (Hrsg.): Handbuch Corporate finance, Supplement September, S.1–67.

Hommel, U., Scholich, M., Vollrath, R. (Hrsg., 2001): Realoptionen in der Unternehmenspraxis: Wert schaffen durch Flexibilität, Berlin.

Hull, J. (2000): Options, futures and other Derivatives, 4. Auflage, London u.a.O.

IDW (2012): Fragen und Antworten zur praktischen Anwendung des IDW Standards: Grundsätze zur Durchführung von Unternehmensbewertungen (IDW S1 i.d.F. 2008), in: IDW Homepage, Meldung vom 25.06.2012 im Mitgliederbereich.

Institut der Wirtschaftsprüfer (2007): Entwurf einer Neufassung des IDW Standards: Grundsätze zur Durchführung von Unternehmensbewertungen (IDW ES 1 i.d.F. 2007).

Institut der Wirtschaftsprüfer (2005): IDW Standard: Grundsätze zur Durchführung von Unternehmensbewertungen (IDW S 1), Neufassung vom 18.10.2005, in: Die Wirtschaftsprüfung, Jg. 58, Nr.23/2005, S.1303–1321.

Institut der Wirtschaftsprüfer (2000): IDW Standard: Grundsätze zur Durchführung von Unternehmensbewertungen (IDW S 1), in: FN, o. Jg., S.415–441.

Institut der Wirtschaftsprüfer (2007): Wirtschaftsprüfer Handbuch 2008, Wirtschaftsprüfung, Rechungslegung, Beratung, Band II, 13., überarbeitete Neuauflage, Düsseldorf.

Jensen, M. C., Ruback, R. S. (1983): The market for Corporate Control: The Scientific Evidence, in: Journal of Financial Economics 11, S.5–50.

Jonas, M., Weiland-Blöse, H., Schiffarth, S. (2006): Basiszinssatz in der Unternehmensbewertung, in: FINANZ BETRIEB, Jg. 07, Nr. 10, S.647-653.

Kilka, M. (1995): Realoptionen: Optionstheoretische Ansätze bei Investitionsentscheidungen unter Unsicherheit, Frankfurt/Main.

Koch, Ch. (1999): Optionsbasierte Unternehmensbewertung, Wiesbaden.

Koch, W., Wegmann J. (2002): Praktiker-Handbuch Due Diligence, 2. Auflage, Stuttgart.

Küting, K., Weber, C.-P. (2006): Die Bilanzanalyse: Beurteilung von Abschlüssen nach HGB und IFRS, 8., aktualisierte und überarbeitete Auflage, Stuttgart.

Lease, R., McConnell, J. J., Mikkelson, W. H. (1984): The Market of Value Control in Publicly Traded Corporations, in: Journal of Financial Economics 57, S.443–468.

Liebler, H. (1996): Strategische Optionen: Eine kapitalmarktorientierte Bewertung von Investitionen unter Unsicherheit, St. Gallen.

Mandl, G., Rabel, K. (1997): Unternehmensbewertung: Eine praxisorientierte Einführung, Graz.

McConnell, J. J., Servaes, H. (1990): Additional Evidence on Equity ownership and Corporate Value, in: Journal of Financial Economics 27, S.595–612.

Moxter, A. (1983): Grundsätze ordnungsmäßiger Unternehmensbewertung, 2. Auflage, Wiesbaden.

Müller, J. (2000): Real Option Valuation in Service Industries, Wiesbaden.

Nelson, Ch./Siegel, A. (1988): Parsimoneous Modeling of Yield Curves for U.S. Treasury Bills, NBER Working Paper No. 1594.

Nowak, K. (2000): Marktorientierte Unternehmensbewertung, Wiesbaden.

Peemöller, V. (2004): Praxishandbuch der Unternehmensbewertung, 3., aktualisierte und erweiterte Auflage, Berlin.

Peemöller, V., Meister, J. M., Beckmann, Ch. (2002): Der Multiplikatoransatz als eigenständiges Verfahren in der Unternehmensbewertung, in: FINANZ BETRIEB, Nr.4, S.197–209.

Pereiro, L. E. (2002): Valuation of Companies in Emerging Markets: A practical Approach, New York 2002, S. 39ff.

Pratt, S. P. (2001): Business Valuation Discounts and Premiums, New York.

PricewaterhouseCoopers, Sattler, H. (1999): Praxis von Markenbewertung und Markenmanagement in deutschen Unternehmen, Industriestudie, Frankfurt/Main.

Rams, A. (1998): Strategisch-dynamische Unternehmensbewertung mittels Realoptionen, in: Die Bank, Nr.11, S.676–680.

Rams, A. (1999): Realoptionsbasierte Unternehmensbewertung, in: FINANZ BETRIEB, Jg. 1, Nr.11, S.349–364.

Rams, A. (2001): Die Bewertung von Kraftwerksinvestitionen als Realoption, in: Hommel, U., Scholich, M., Vollrath, R. (Hrsg., 2001): Realoptionen in der Unternehmenspraxis: Wert schaffen durch Flexibilität, Berlin, S.156–178.

Sandmann, K. (2007): Einführung in die Stochastik der finanzmärkte, 2., verbesserte und erweiterte Auflage, Heidelberg u.a.O.

Schäfer, H. (2005): Unternehmensinvestitionen: Grundzüge in Theorie und Management, 2., überarbeitete Auflage, Heidelberg.

Schütte-Biastoch, S. (2011): Unternehmensbewertung von KMU, Wiesbaden.

Schulz, R. (2009): Größenabhängige Risikoanpassung in der Unternehmensbewertung, in: Baetge, J.; Kirsch, H.-J. (Hrsg.) Schriften zum Revisionswesen, Düsseldorf.

Steward, G. B. (1990): The Quest for Value: A guide for Senior Managers, o.O.

Svensson, L. (1994): Estimating and Interpreting forward Interest Rates: Sweden 1992–1994, NBER Working Paper No. 4871.

Wiese, Jörg (2007): Unternehmensbewertung und Abgeltungsteuer, in: Die Wirtschaftsprügung WPg, 9/2007, S. 368–375.

Stichwortverzeichnis